# 소재분석 및 증착 실무

은상원 · 장용수 · 황경주 · 배대성 공저

도서출판 상 학 당

# 머 리 말

21세기는 고도로 발달된 문명사회에 필요한 신기술 · 신소재 개발에 대한 욕구가 그 어느 때보다도 절실하게 요구되고 있다. 이러한 요구에 부응하기 위하여 미국, 일본 등 선진국을 비롯한 세계 각국에서는 연구를 위한 노력이 활발하게 진행되고 있으며, 이미 개발된 일부 신소재들은 우리 일상생활 및 산업현장 속에 깊숙이 침투해 활용되고 있다.

현대산업의 근간이 되는 신소재 분야의 기초 및 전문지식과 응용기술을 금속재료와 무기재료인 세라믹, 유기재료인 고분자를 중심으로 교육하고, 다양한 실험 실습 및 산업체와의 교류를 통해 배양함으로써 산업현장에서의 적응능력과 응용능력을 발휘하여 지역사회와 국가의 산업발전에 기여할 수 있는 창의적인 우수한 중간 기술인 양성과 수천년에 걸친 물질문명을 이끌어온 주역은 다양한 소재이다.

이러한 소재들은 장비의 운영기술과 정확한 분석기술을 통해 시편채취, 마운팅, 조연마, 미세연마, 광택연마, 부식 및 조직 관찰 등의 공정으로부터 조사하여 결함이 없는 건전한 소재를 제작할 수 있었으며, 아울러 소재표면에 다양한 성질의 박막을 증착하는 복합표면 처리기술이 발전하여 반도체, 전기, 전자분야의 LED 제작에 활용되고 있다.

이와 같이 현재의 고도 문명시대 및 가까운 장래에 다가올 예측치 못한 신기술시대에도 다양한 소재들의 역할이 커질 것이라는 사실은 명약관화하므로 국내에서도 소재에 대한 중요성을 인식하여 신소재 및 신기술 개발에 대한 연구가 지속적으로 필요한 때라고 생각된다.

이 책이 금속, 기계, 전기 · 전자 관련분야에서 전공하는 공학도에게 지침서가 될 뿐만 아니라 산업현장에서 소재분석 및 증착에 종사하는 현장기술자들에게도 도움이 되는 참고서가 되었으면 한다.

저자 씀

# 차 례

## ■ 제 I 장 소재의 결정과 시편제작 ⊸ 11



## ■ 제2장 소재 관찰 및 분석 ⊸ 39

## ■ 제6장 박막의 특성평가 ⊸ 231



## ■ 제7장 박막제조의 응용 ⊸ 273

# 제 1 장

# 소재의 결정과 시편제작

# 1-1 결 정

## 1. 원자의 구조

태양계에서 태양을 중심으로 수성, 금성, 지구 등과 같은 행성들이 일정한 궤도를 이루면서 돌고 있듯이 [그림 1-1]의 원소 속에서도 핵을 중심으로 전자들이 회전하고 있으며, 핵과 전자들이 가지고 있는 특징은 다음과 같다.

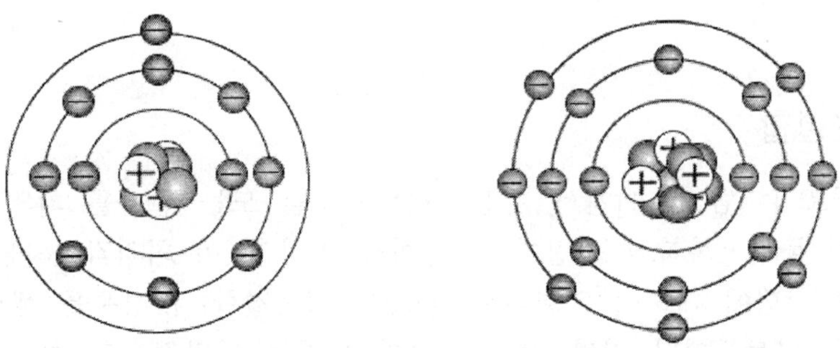

(a) 나트륨(Na) (b) 염소(Cl)

[그림 1-1] 나트륨(Na)과 염소(Cl)의 원자 구조

① 핵은 + 전하를 가지고 있는 양자와 전기적으로 중성인 중성자로 되어 있다.
② 전자는 - 전하를 가지고 있으며, 양자 하나가 가지고 있는 전기량(+)과 전자 하나가 가지고 있는 전기량(-)은 같다.
③ 하나의 원자 속에 있는 양자의 수와 전자의 수가 같으므로 모든 + 전기량과 - 전기량이 같다. 그러므로 원소는 전기적으로 중성(中性)이다.

예를 들어 보자. 나트륨(Na) 원자(원자번호 11, 원자량 23)는 핵 속에 11개의 양자와 12개의 중성자로 되어 있다. 그리고 전자의 수도 11개이므로 나트륨 원자는 전기적으로 중성이다.

금속결합하여 가장 작은 물질(분자)을 만드는 방법은 몇 종류가 있으나, 그 중에서 금속원자들이 결합하는 금속결합과 이온결합이 있다.

## 2. 원자의 결합

금속이 금속 특유의 성질을 나타내는 원인의 하나는 결정(結晶)이라는 점이지만 금속 이외에도 결정을 이루는 것은 많다. 금속 특유의 성질, 전기 및 열전도도가 우수하다든가, 소성변형이 크다든가 혹은 금속광택을 나타내는 근본적인 원인은 원자간의 결합방식에 있다.

일반적으로 원자끼리 결합하는 힘을 대별하면 이온결합, 공유결합, 금속결합, 반 데어 발스(Van der Waals)결합이 있다.

### 가. 이온결합

원자의 구조 [그림 1－1]에서 가장 바깥 궤도를 도는 전자를 최외각전자라고 하며, 물질의 물리·화학적 성질에 큰 영향을 미친다. 이 최외각전자들이 원자들을 결합하는 방법에 대하여 염화나트륨(NaCl, 이온결합)의 경우를 예로 들어 조사하여 보자. 나트륨이나 철과 같은 금속의 원자는 일반적으로 최외각전자가 3개 이하이지만, 염소나 규소와 같은 원자(준금속)들의 최외각전자는 이보다 많다.

최외각전자의 수가 적을수록 핵이 이 전자들을 잡아당기는 힘이 약하다. 그러므로 금속원자와 준금속원자가 접근하면 금속원자의 최외각전자는 준금속원자의 최외각으로 이동한다.

그 결과 나트륨(Na) 원자의 전자 수는 11개에서 10개로 하나 감소하였으므로 양자(11개)가 하나 더 많게 되었다. 그러므로 전기적으로 중성이었던 나트륨 원자는 전기적으로 ＋전하의 이온인 양(陽ion)으로 변한다. 그러나 염소(Cl) 원자의 경우 전자의 수가 하나 더 증가하였으므로 전자의 수가 양자의 수보다 하나 더 많으므로 전기적으로 －전하의 이온, 즉 음이온(陰ion)으로 변한다.

양이온인 나트륨(Na) 이온과 음이온인 염소(Cl) 이온은 서로 잡아당겨서 NaCl (소금)이 만들어지며, 이와 같이 결합하는 방법을 이온결합(ionic bond)이라고 한다. [그림 1－2]는 이온결합한 NaCl(소금)의 원자구조이다.

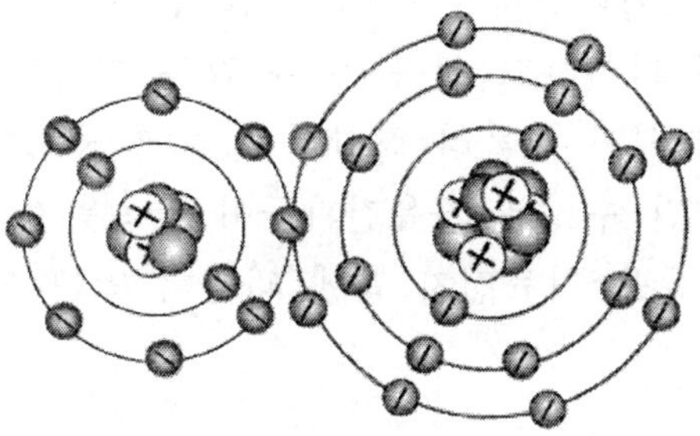

[그림 1-2] 이온결합

## 나. 금속결합

금속원자들이 금속을 만드는 방법은 이온결합이 아니고 금속만의 독특한 결합 방법이 있다. 금속이 결합하는 방법을 조사하여 보자.

[그림 1-3]은 철(Fe)의 원자구조이다. 철 원자의 최외각전자의 수는 2개이고 철의 원자궤도를 정상적으로 회전하고 있다. 그러나 앞에서 설명한 것처럼 금속 원자의 경우 핵이 이 전자들을 잡아당기는 힘이 약하다.

이와 같이 금속원자의 최외각전자는 한 원자의 궤도만을 계속 회전하는 것이 아니라 인접해 있는 원자의 최외각궤도로 이동하여 회전한다.

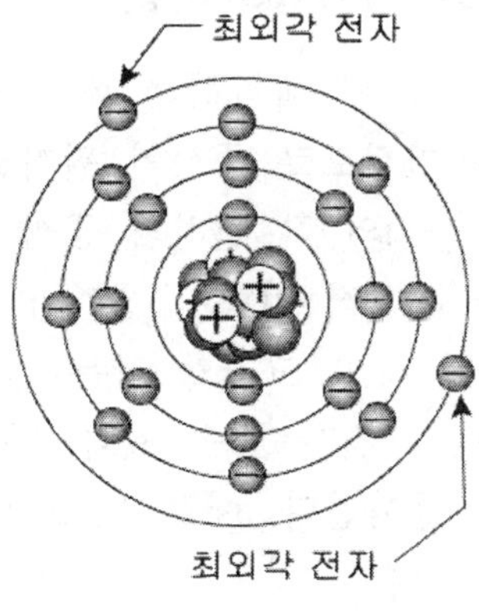


[그림 1-3] 철의 원자구조

다시 말하면 금속의 최외각전자들은 어느 한 원자에 속하지 않고, 금속 내부를 자유롭게 이동하면서 회전하고 있다. 이와 같은 전자들을 자유전자라고 한다. 이 자유전자는 금속의 특성이나 물리 화학적 성질에 중요한 역할을 한다.

모든 금속원자에서 생긴 수많은 자유전자들이 금속원자 주위를 고속으로 회전하고 있으므로 금속원자들은 자유전자 속에 파묻혀 있는 모양으로 된다.

### 다. 공유결합

공유결합은 2개의 원자 각각의 최외각에 있는 전자가 이 2개의 원자만에 공통인 전자궤도를 움직이며, 서로 연결되어 그 힘으로 2개의 원자를 결합한 상태의 경우로서 대표적인 예가 다이아몬드이다. 이는 서로 똑같은 종류의 원자(C) 간에 힘이 작용하여 결합한 것이다. 이 경우에 전자는 어느 쪽의 원자에 속한다고 말할 수 없는, 즉 2개의 원자에 공유된 형태이므로 공유결합 또는 동극결합이라 한다.

다이아몬드는 강한 방향성 외에 원자 간의 결합력이 강하여 경도가 크며, 결정 내부 전체를 돌아 움직이는 전자가 없으므로 전기부도체이고, 빛에 대해서는 투명하다.

### 라. 반 데어 발스(Van der Waals)결합

Ne, Ar과 같은 원자는 다른 원자와 화합하는 힘을 거의 갖고 있지 않다. 그러나 이와 같은 원자 사이에도 전기적으로 중성인 원자들이 접근하면 그들 원자내부에서 각 순간 순간에 (+)와 (−)의 각 전하의 중심 분리, 즉 분극이 일어난다. 그 결과 인접원자 사이에 약간 전기적 인력이 생긴다.

이것이 반 데어 발스힘으로 분자의 크기가 작은 경우에는 극저온에서만 원자의 열진동보다 우세하여 원자끼리 결합할 수 있다. 따라서 이러한 힘에 의해 결합한 것은 매우 낮은 온도에서 풀어진다. 예로 Ar 고체는 −190℃에서 용해하며, −186℃에서는 기체로 되어 버린다.

# 3. 결정의 구조

## 가. 구 조

금속이 고체상태에서 결정구조를 갖는다. 보통의 금속은 다양한 크기의 결정립자가 무질서한 상태로 접합되어 있는 다결정체(polycrystal)이지만 개개의 결정을 보면 원자들이 어떤 규칙을 이루면서 배열되어 있다. 이같은 원자들의 배열을 결정격자 또는 공간격자라고 한다.

공간격자는 기본적으로 공간에 존재하는 원자의 배열이므로 이들 원자가 주기적인 배열을 하고 있다면, 결정 전체의 배열을 조사하기 위해서는 기본단위의 배열과 원자들의 상대적인 위치관계를 파악한 뒤 다른 부분들은 이들을 연장함으로써 전체 배열을 알 수 있으며, 단위배열(單位配列)로서는 평행육면체를 생각할 수 있다.

이 육면체의 각 모서리의 방향으로 연장시켜 단위모서리 길이의 정수배가 되는 점을 구해가면 3차원의 주기적인 원자배열을 얻을 수가 있으며 이러한 평행이동의 조작을 병진(translation)이라고 한다.

## 나. 금속의 결정립

① 보통 금속은 작고 수많은 결정립들이 무질서한 상태로 집합되어 있는 다결정체(多結晶體)이다.

② 금속재료의 파단면을 자세히 관찰해 보면 무수히 작은 입자의 모임으로 구성되어 있는 것을 알 수 있으며, 이 작은 입자를 금속의 결정립(結晶粒 : crystal grain)이라고 한다.

③ [그림 1-4]에서 결정립의 경계를 결정립계(grain boundary)라 하고 결정립 내에는 원자가 규칙적으로 배열되어 있다. 이것을 결정격자(結晶格子 : crystal lattice), 또는 공간격자(空間格子 : space lattice)라 한다.

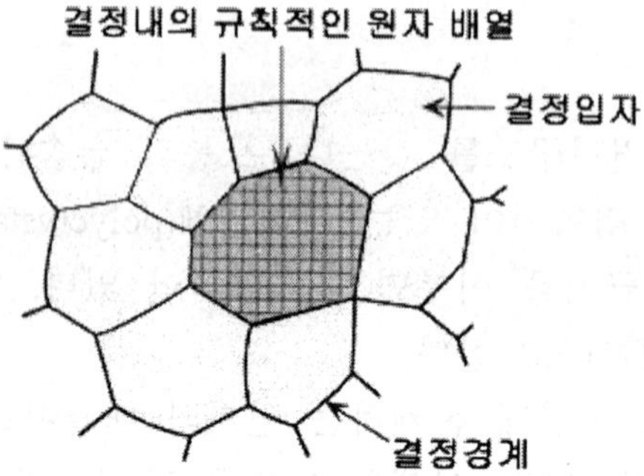


[그림 1-4] 결정입자 및 결정립계

## 다. 결정격자

결정을 이루고 있는 원자 또는 분자의 배열상태를 직접 고찰하는 것보다 원자 또는 원자집단을 대표하는 가공적인 점의 배열상태를 고찰하는 것이 편리할 때가 많다. 이 가공적인 점의 규칙적인 공간배열을 공간격자, 각 점을 격자점(lattice point)이라고 하며 [그림 1-5]에 가장 간단한 공간격자를 예시하였다.

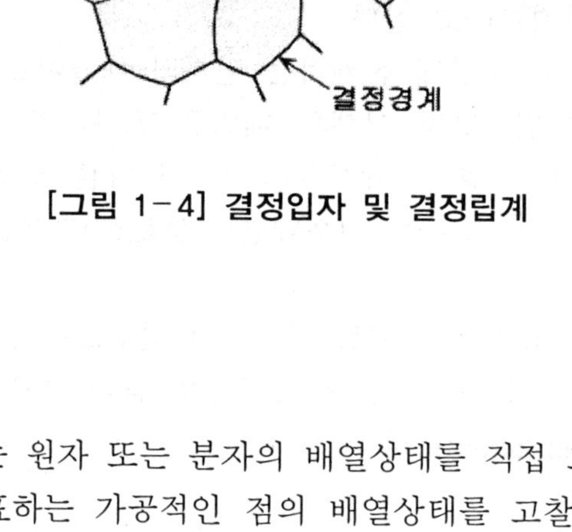

[그림 1-5] 공간격자

이와 같은 각 격자점을 항상 동등한 주위(identical surrounding)를 갖는다. 다시 말하여 어떤 격자점도 주위의 상황이 공간적으로 똑같으며 등가이다. 이것이 매우 중요한 격자점 및 공간격자의 특성이다.

따라서 [그림 1-6] (a), (b), (c)와 같이 다른 결정구조를 가진 것도 같은 공간격자(d)로 표시할 수 있다. 이와 같이 공간격자는 결정구조를 분류하는 데 있어 매우 편리하다.

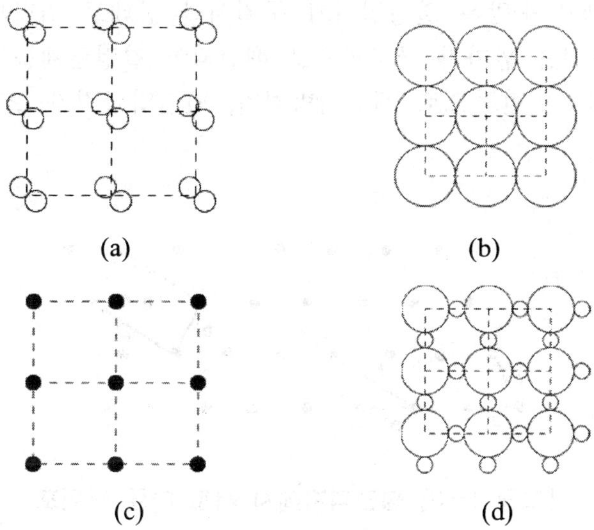

[그림 1-6] 결정구조와 점격자

이 공간격자의 기본이 되는 격자, 즉 점의 대칭성과 같은 대칭성을 가진 가장 간단한 격자를 단위격자(unit lattice) 또는 단위포(unit cell)라고 한다. 단위격자의 크기와 모양은 단위격자의 한 점을 원점으로 하는 3개의 벡터 a, b, c로 나타낼 수 있다.

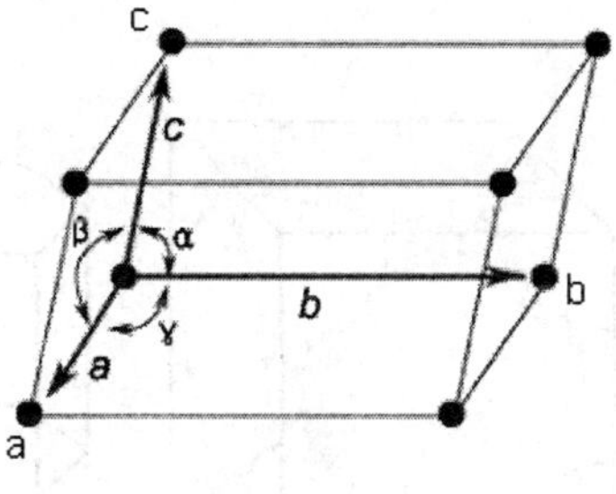


[그림 1-7] 단위격자

격자를 규정해 주는 이 벡터를 결정축(crystallographic axis)이라고 한다. 또한 결정체의 크기, 즉 a, b, c 및 축간의 각 $\alpha$, $\beta$, $\gamma$로도 단위격자를 표시할 수 있으며, [그림 1-7]은 격자상수(lattice constant)라고 한다.

그 중에서 결정 또는 공간격자의 대칭성을 잘 나타내며, 결정축 a, b, c가 될 수 있는대로 짧고, 축 사이의 각 $\alpha$, $\beta$, $\gamma$가 90°, 또는 120°로 설정한다.

단위포의 선택방법은 [그림 1-8]의 평면격자같이 무수히 많지만, [그림 1-9]의 금속결정은 작고 수많은 결정입자가 무질서한 상태로 집합되어 있는 다결정체로서 결정립 내에는 원자가 규칙적으로 배열되어 결정립계를 형성하고 있으며, 금속의 결정구조는 일반적으로 체심입방격자, 면심입방격자, 조밀육방격자로 구분할 수 있다.

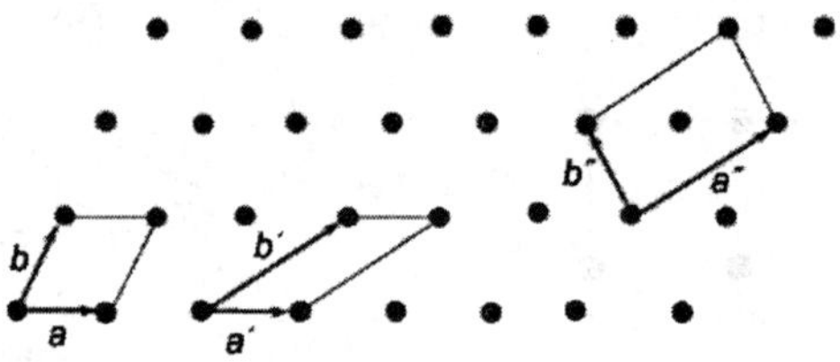


[그림 1-8] 평면격자에서 서로 다른 단위포

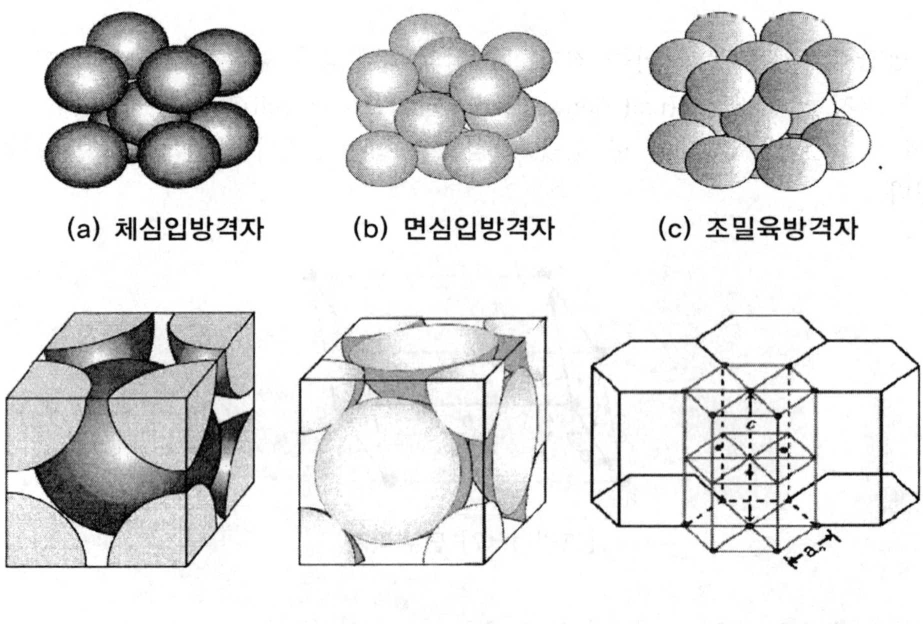


(a) 체심입방격자 (b) 면심입방격자 (c) 조밀육방격자

[그림 1-9] 결정구조의 종류

## 라. 결정계

모든 결정은 그것을 나타내고 있는 단위격자의 결정축 a, b, c 사이의 관계 및 축 사이의 각 $\alpha$, $\beta$, $\gamma$ 사이의 관계에 따라 <표 1-1>과 같은 7종의 결정계로 분류할 수 있다.

**〈표 1-1〉 결정계와 브래비스 격자**

| 결정계 | 축길이 및 축간각과의 관계 | 브래비스 격자 | 기호 |
|---|---|---|---|
| 3사정계(triclinic) | $a \neq b \neq c$, $\alpha \neq \beta \neq \gamma \neq 90°$ | 단순 | P |
| 단사정계(monoclinic) | $a \neq b \neq c$, $\alpha = \gamma = 90° \neq \beta$ | 단순<br>저심 | P<br>C |
| 사방정계(orthorhombic) | $a \neq b \neq c$, $\alpha = \beta = \gamma = 90°$ | 단순<br>체심<br>저심<br>면심 | P<br>I<br>C<br>F |
| 3방정계(trigonal) | $a = b = c$, $\alpha = \beta = \gamma \neq 90°$ | 단순 | R |
| 정방정계(tetragonal) | $a = b \neq c$, $\alpha = \beta = \gamma = 90°$ | 단순<br>체심 | P<br>I |
| 입방정계(cubic) | $a = b = c$, $\alpha = \beta = \gamma = 90°$ | 단순<br>체심<br>면심 | P<br>I<br>F |
| 6방정계(hexagonal) | $a = b \neq c$, $\alpha = \beta = 90°$, $\gamma = 120°$ | 단순 | P |

결정축의 어떤 것을 a, b, c로 하는가는 임의이나 3개의 축길이가 다른 3사정계 및 사방정계에서는 $c > a > b$, 그리고 단사정계에서는 $c > a$로 하여 연구자에 따라 축의 이름이 달라지는 혼란을 막고 있다.

## 마. 브래비스 격자

결정축 a, b, c는 대칭적인 관점으로 7종의 결정계로 분류하였는데 이 각각의 대칭성을 갖는 공간격자는 a, b, c를 기본 벡터로 하면 쉽게 단위격자를 얻는다. 즉 각 결정계에 속하는 단위격자의 모퉁이에 격자점을 놓기만 하면 만들 수 있다. 그러나 격자점의 필요조건을 만족시키는 방법으로 격자를 만들면 14종의 공간격자가 나온다. 이것을 브래비스(Bravais) 격자라고 한다. [그림 1-10]에 브래비스 격자를 나타내었다.

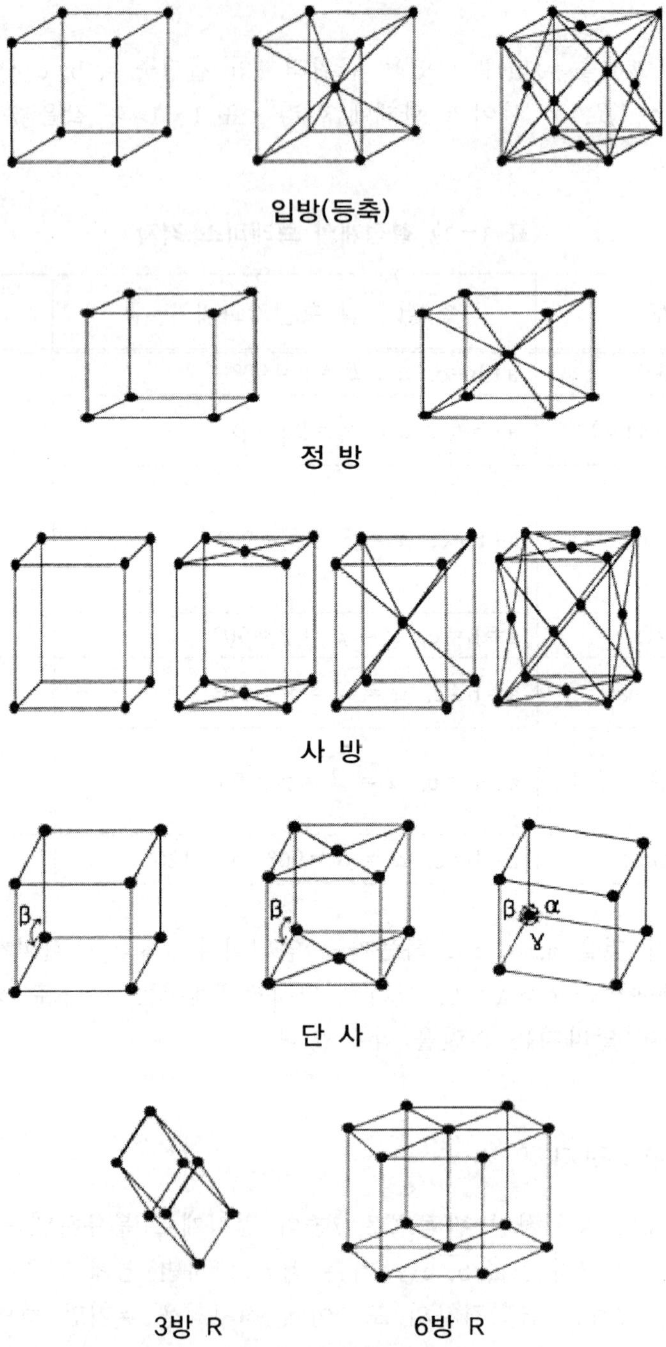


[그림 1-10] 브래비스 격자

각 결정계의 단위격자 중에서 모퉁이에만 격자점이 있는 단순한 단위격자를 단순포(primitive cell)라 하며, 그렇지 않은 것을 비단순포(non primitive cell)라고 한다. 비단순포 중에서 단위격자의 격자 중심에 격자점이 있는 경우를 체심입방격자(body centered lattice), 각 면의 중심에 격자점이 있는 경우를 면심입방격자(face centered lattice), 서로 마주보고 있는 면의 중심에 격자점이 있는 경우를 저면심입방격자(base centered lattice)라고 한다.

저면심입방격자의 경우는 어떤 저면에 격자점이 있는가에 따라 A, B, C의 기호를 나타낸다. 예컨대 C는 ab면 중심에 격자점이 있는 것을 뜻한다. 3방정계에 한해서 능면체를 만드므로 기호 R을 사용한다. 공간격자의 단위포를 택하는 방법은 여러 가지로 변화시킬 수 있다. [그림 1－10]의 14종의 브래비스 격자는 격자의 대칭요소(symmetry element)에 따르면서도 편리한 것으로 택한 것이다. [그림 1－11]을 보면 저심정방정(base－centered tetragonal)을 브래비스 격자에 포함시키지 않은 이유를 알게 될 것이다. 저심정방정은 점선으로 표시한 단순정방정과 같은 것이며, 단순정방정이 대칭적으로도 더욱 간단하기 때문이다.

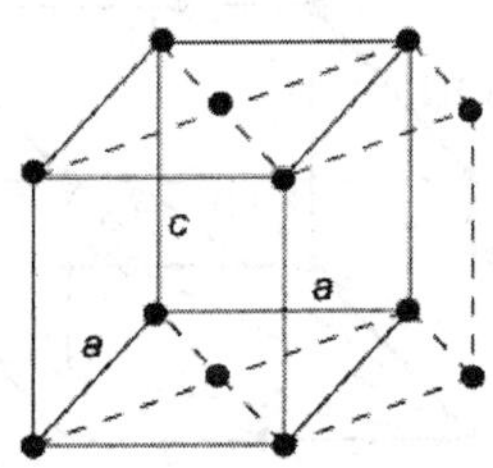


**[그림 1－11] 저심정방정과 단순정방정과의 관계**

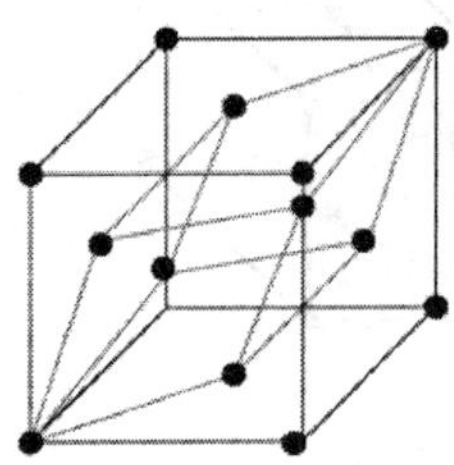

**[그림 1－12] 면심입방정과 3방정과의 관계**

[그림 1－12]는 면심입방정에서 면 중심의 격자점을 이으면 단순3방정(α=60°)의 단위격자를 얻을 수 있다. 그러나 면심입방정의 모양이 바르고 입체적인 대칭이 더욱 편리하므로 단순포인 3방정보다 비단순적인 면심입방정으로 취급한다. 이와 같이 브래비스 격자에는 편의상 격자도 포함되어 있다.

## 바. 격자방향

결정의 성질 중에서 가장 중요한 특성은 결정의 이방성(anisotropy)이다. 즉 여러 가지 성질이 방향성을 가지고 있다. 따라서 결정방향을 표시하는 데 간단한 지수를 사용하는 것이 매우 편리하다.

격자 중의 어떤 직선방향을 결정하려면 그 선에 나란하고 원점을 지나는 직선을 긋고 그 선 위에 위의 임의의 점을 좌표를 정하면 결정할 수 있다.

지금 단순격자의 원점과 uvw의 좌표를 가진 점을 지나는 직선을 생각해 보자. 이 방향을 나타내는데 지수 [uvw]를 사용한다(방향은 크기가 없으므로 벡터가 아니다). 이 지수는 나중에 나오는 다른 지수와 구별하기 위하여 [ ]괄호를 사용한다. 이 지수도 컴마를 사용하지 않는다. 지수 [uvw]에 나란한 방향은 다 같은 방향이므로 같은 지수가 된다. 또한 격자는 무한하게 펼쳐져 있으므로 원점은 아무 곳에서나 취할 수 있다. 그러므로 uvw의 값은 가장 간단한 정수비로 표시한다.

예컨대 $[\frac{1}{2}\ \frac{1}{2}\ 1]$, [112], [224]들은 다 같은 방향을 나타내지만 [1 1 2]로 표시한다. 그리고 (−)방향은 [uvw]와 같이 표시한다. [그림 1−13]에 몇 개의 간단한 방향을 나타내었다.

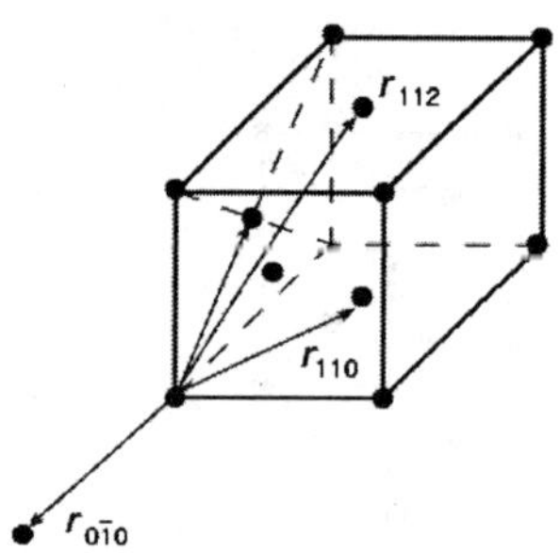


**[그림 1−13] 방향지수**

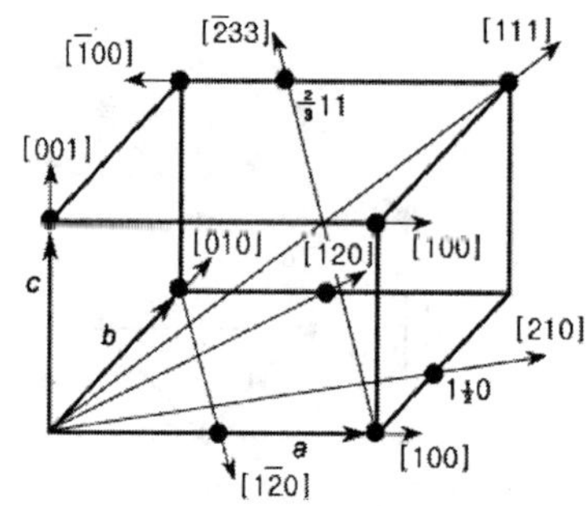


**[그림 1−14] 격자벡터**

동일한 격자점을 지나는 벡터를 격자벡터(lattice vector) $r_{uvw}$라고 한다. 격자벡터의 수는 등가인 격자점의 수만큼 많다. 그러나 실제에 있어서 가장 짧은 격자벡터만이 필요하다. 격자벡터의 길이는 가장 짧은 반복거리이다. 따라서 $r_{200}$, $r_{300}$보다 $r_{100}$을 사용한다.

예를 들어 [그림 1−14]에 면심입방격자(fcc)에서의 $r_{110}$, $r_{111}$, $r_{112}$을 나타내었는데 이 격자벡터의 길이는 격자상수가 a일 때 각각 $\frac{a}{\sqrt{2}}$, $\frac{a}{\sqrt{3}}$, a, $\frac{a}{\sqrt{6}}/2$ 이다. 입방정에 있는 격자벡터는 방향은 다르지만 길이가 같은 것이 많다. 편의상 이 길이가 같은 격자벡터의 방향을 한데 묶어 [uvw]로 표시한다.

## 사. 격자면

한 격자에는 같은 성질을 가지는 격자면이 매우 많다. 예컨대 운모같은 결정은 어떤 격자면에 따라 벽개가 일어나며, 또한 일반적인 금속결정은 원자밀도가 큰 결정면에서 슬립(소성변형)이 잘 일어난다. 이와 같이 격자면에 따라 성질이 다르기 때문에 격자면에 이름을 붙여서 사용하는 것이 편리하다. 격자면의 이름을 격자면지수라고 하며, 영국의 결정학자 밀러(Miller)가 창안한 밀러 지수를 널리 사용하고 있다.

밀러 지수는 결정면이 3결정축과 교차된 점의 원점으로부터의 거리와 그 축 단위길이와의 비의 역수를 간단한 정수로 나타낸 것이다. 지금 어떤 면의 밀러 지수가 {hkl}이라면 이 면은 축과 각 축 단위길이의 1/k, 1/k, 1/t 비로 만나고 있다. 만일 각 축의 단위길이가 a, b, c라면 결정면은 원점에서 a/h, b/k, c/l의 점에서 [그림 1-15]처럼 만나고 있다.

어떠한 결정계에도 대칭관계에 있는 등가인 격자면의 면형(plane form)이 있다. 이러한 면은 그 중의 한 지수를 {hkl}과 같이 표시하여 그 면 전체를 대표한다.

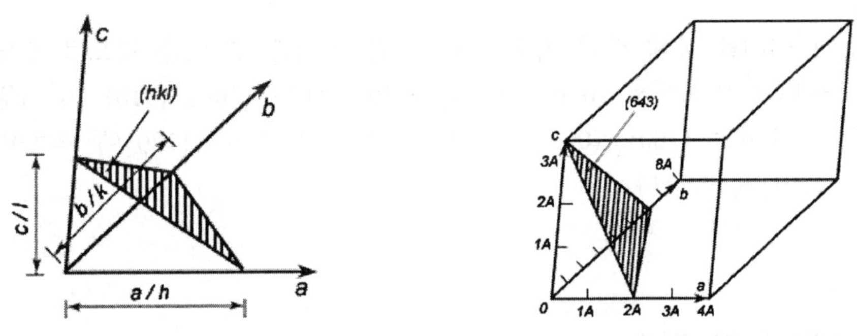


(a) (b)

**[그림 1-15] 밀러 지수에 의한 결정면의 명명**

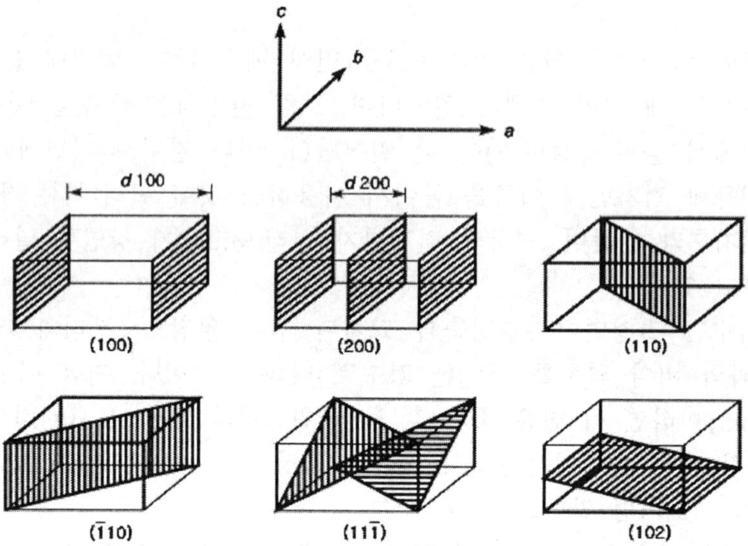


**[그림 1-16] 격자면의 밀러 지수**

[그림 1-16]을 통해 밀러 지수를 더욱 잘 이해할 수 있을 것으로 판단된다.

예를 들면 입방정에서 {001}은 (100), (010), (001), (100), (010), (001)을 내표하며, 정방정에서는 (100), (010), (001), (100)의 4면만이 {100}에 속하며, (001), (001)은 {001}에 속한다.

## 아. 육방정의 지수

육방정의 면의 지수도 밀러 지수로 정할 수 있다. 그러나 결정학적으로 똑같은 등가인 측면을 표시하면 (100), (110) 등과 같이 숫자상으로 등가 같지 않은 느낌을 받는다. 그러므로 육방정의 면지수는 특별한 표시방법인 밀러 지수를 사용한다.

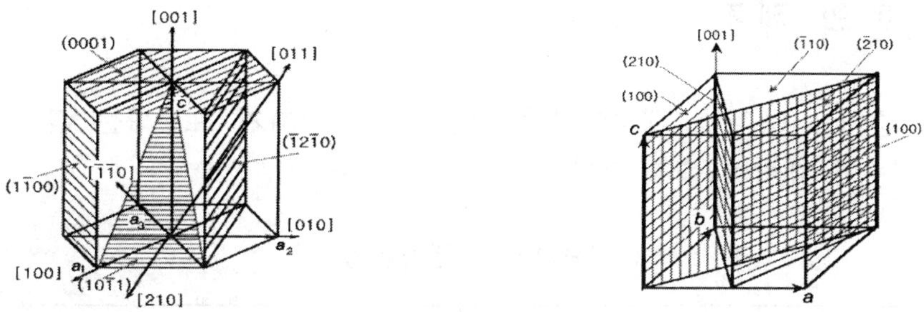


[그림 1-17] 육방정의 면 및 방향지수

## 1-2 소재 채취

### 1. 조직관찰 목적

각종 재료의 기계적 성질은 그 미세조직과 밀접한 관계를 가진다. 즉 금속이나 합금의 미세조직을 현미경으로 관찰하면 석출상이나 결정립의 형상 또는 편석부분의 상황 등을 판별할 수 있어 기계적 성질과 금속 조직의 관계를 규명할 수 있다.

현미경 조직시험법은 그 목적에 따라 몇 기지로 나눌 수 있으며, 다음과 같이 구분한다.

① 광학 금속 현미경에 의한 조직시험방법
② 섬프(sump) 시험편에 의한 현미경 조직시험방법
③ 전자현미경에 의한 조직시험법

일반적으로 광학 금속현미경에 의한 조직시험방법이 가장 많이 쓰이며, 섬프법은 대형 재료에 응용되고, 전자현미경은 더욱 상세하게 조직을 관찰할 때 사용된다.

## 2. 시편의 제조

시편의 준비는 목적상, 예비연마나 최종 광택연마까지 요구되는 경우가 있는데 이의 작용은 대략 다음과 같다.

〈표 1-2〉 연마공정

| 연 마 과 정 | 시 험 응 용 |
|---|---|
| 절단(sectioning) | |
| 조연마(rough grinding) 50~180 입자 | 브리넬 경도시험<br>분광분석 |
| 성형(mounting) | |
| 미세연마(fine grinding) | 로크웰 경도시험 |
| 광택연마(rough grinding) | |
| 최종연마(final polishing) | 비커즈 경도시험<br>현미경분석 |

대체로 초기 및 최종 단계로 나누어진다.

초기 단계는 절단, 조연마, 성형의 3단계이며 최종 단계는 미세연마, 광택연마, 그리고 부식, 세정 및 건조 단계이다.

### 가. 시편의 채취(절단)

시편 준비의 첫 단계로서 검사목적에 따라 재료의 알맞은 부분을 채취해야 하며 채취한 시편이 재료의 전체를 대표할 수 있어야 한다. 예를 들어, 결함의 원인 규명을 위해 결함부위를 채취하여야 하고, 압연 및 단조 가공을 한 재료는 횡, 종단면을 채취하여 조사하여야 한다.

또한 탄소강의 경우 열간 가공한 재료는 표면이 산화 또는 탈탄되었기 때문에 채취부분을 잘 선택하여야 한다.

이 선택된 시편이 절단 중 가열되면 조직이 변태되는 경우가 있으므로 아주 조심하여야 한다.

시편의 크기는 가로, 세로 각 1~2cm 또는 원형인 경우 지름이 1~2cm가 일반적이며 박판, 와이어 등과 같이 작은 시편은 시편매립제를 사용해야 한다. 시편 절단시는 다음의 3가지 요소에 주의하여야 한다.

### (1) 휠의 선택

절단하는 재료의 물리적 및 화학적 특성에 근거하여야 한다.

① 철계 및 그 화합물 : 산화 알루미나 휠
② 비철계 및 그 화합물 : 실리콘 휠
③ 매우 경한 시편 및 세라믹 : 다이아몬드 휠

### (2) 냉각수

① 절단 중 열에 의한 변형 방지를 위하여 적당하고 일정하게 냉각수를 공급해야 한다.
② 냉각수(coolant) 속에서의 절단이 가장 좋으나 대부분의 절단기에서는 절단면에 직접 냉각수를 분사하므로 이와 유사한 효과를 얻는다.
③ 이때 주의해야 할 점은 냉각수에 의한 절단 날의 휨 등이 발생하는 수가 있는데 이때는 냉각수의 양(量)이나 분사거리 등을 조절해야 한다.

### (3) 기 술

① 절단할 시편은 바이스로 잘 조여서 절단 도중에 움직임이 없어야 한다.
② 그렇지 않으면 날이 부러지거나 시편의 정확한 절단이 어렵다.
③ 그리고 시편에 가하는 힘의 조절에 주의해야 한다.
④ 지석을 이용한 절단(abrasive cutting)은 일반 강재, 합금 등에 널리 사용되며, 미세한 부품이나 신소재, 광물시편 등의 절단은 정밀절단기(precision saw)를 주로 이용한다.
⑤ 이 절단기는 아주 얇은 다이아몬드 날을 저속 및 고속(0~300rpm or 200~5000rpm)으로 회전시켜 각종 재료를 절단한다.
이 절단기는 미세조정기를 이용하여 좌우로 이동이 가능하여 원하는 두께만큼의 시편 절단이 가능하다.

# 1-3 소재 연마

## 1. 조연마

조연마(rough grinding) 단계는 절단시 열에 의해 변형된 조직 및 산화잔류물 등을 제거하며, 시편의 표면을 평활하게 만드는 작업이다. 이에 적절한 장비로는 벨트 및 원형이 있는데 벨트형 연마기는 원형보다 더욱 효율적이다.

연마포는 2가지 종류가 있으며 탄화규소가 가장 일반적이고, 입자크기가 50에서 600범위까지 있다. 지르코니아, 알루미나, 세라믹, 복합 재료는 백주철 등과 같이 특별히 단단(hard)한 재료에 사용한다. 이 벨트는 절단 및 냉각효과가 높고 내구성이 우수하다.

냉각수를 사용할 수 없는 경우(발광 분광 분석기용 시편 준비시)에는 냉각수 순환장치 대신 진공먼지 흡입장치를 사용할 수 있다.

## 2. 성 형

성형(mounting)은 연마시 시편을 간편하고 안전하게 처리 가능하게 할 뿐만 아니라 시편의 가장자리 부분의 한 몫을 한다.

성형에는 성형기의 열 및 압축을 이용하는 방법(compressing molding)과 상온 경화(room temperature curing or cold mounting)의 2가지 방법이 있다.

압축성형에 사용되는 열경화성 에폭시수지, 페놀수지 및 열가소성 아크릴수지를 150℃~180℃ 온도에서 녹여 3,000~4,200psi의 압력을 가해 냉각하여 시편을 만든다.

성형될 시편의 크기는 지름이 25~50mm에서 선택가능하다. 이 방법은 열 및 압력에 의해 손상을 입지 않는 일반 금속재료 등에 널리 사용되며 상온 경화에 의한 방법보다 매우 경제적이고 시간도 절약된다. 상온 경화(cold mounting)는 열이나 압력에 약한 PC 보드나 암석 시편에 특별히 이용된다.

시편의 가장자리는 보존(edge retention)이 필요한 압흔(indentation), 도금 두께 등의 유지를 위해 무전해 니켈 등을 이용한 약품이나 저경도의 수지를 이용하는 방법이 있으며 전해연마, 부식 그리고 주사현미경(SEM)으로 관찰시에 필요한 전기전도도(conductivity)가 좋은 수지도 있다.

상온 경화는 컵 등에 아크릴, 에폭시, 폴리에스테르 등의 다양한 수지와 경화제를 사용하며, 경화시간은 5분에서부터 8시간까지 소요된다.

## 3. 미세연마

미세연마(fine grinding) 단계에서는 광택연마에 앞서 원하는 조직을 얻기 위한 표면의 거칠기를 일정하게 해주는 단계이다.

실리콘 카바이드 연마지(silicon carbide paper)를 가장 많이 사용하는데 이는 에머리 연마지(emery paper)보다 물에 강하여 건식이나 습식 모두에 사용 가능하기 때문이며 보통 240, 320, 400, 600단계별로 연마를 한다.

이때 시편의 수량이 적은 경우에는 냉각수가 공급되는 롤 그라인더(roll grinder)를 사용하며 시편의 수량이 많을 경우에는 원형의 연마기를 사용하는데 각 단계마다 연마지를 교환한다.

이때 여분의 휠을 준비하면 더욱 편리하다. 냉각수는 필히 공급되어야 하며, 냉각수의 양이 너무 많을 경우 수막현상에 의해 시편의 연마에 영향을 주므로 적당한 양을 공급해야 한다.

연마 중 시편은 각 단계별로 필히 세척하여야 하며 특히 자동장치를 사용할 경우 초음파 세척기에 의한 세척이 필수적이다.

연마방법은 [그림 1-18]처럼 연마각도를 90°로 바꾸어가면서 연마한다.

연마 중 주의하여야 할 사항은 대체로 다음과 같다.

① 시편에 무리한 힘을 가하지 않아야 한다. 거친 연마에서는 시편이 빨리 마모되기 때문에 시편에 무리한 힘이 가해지면 연마로 인하여 연마면이 평활하게 되지 않는다.

② 입도가 큰 연마지로부터 차례로 연마한다. 그 전의 연마지에서 발생한 흠과 직각방향으로 연마하여 발생한 새로운 방향의 연마 흠으로 인하여 이전 과정의 연마 흠이 없어질 때까지 연마해야 한다.

③ 연질재료를 연마할 경우 시편의 표면에 연마재가 박히지 않도록 양초나 알코올, 석유 또는 벤젠 등을 묻혀서 연마한다.
④ 한 연마지로부터 다음 단계 연마지로 옮길 때는 시편이나 연마지에 부착된 찌꺼기를 완전히 제거한다. 특히 시편에 부착된 찌꺼기는 알코올 또는 초음파 세척기로 제거한다.
⑤ 회전 원판 위에 연마지를 부착한 연마기를 사용할 경우에는 마찰열에 의한 조직이 변화되기 쉬우므로 반드시 물을 흘려가면서 연마하여야 한다.

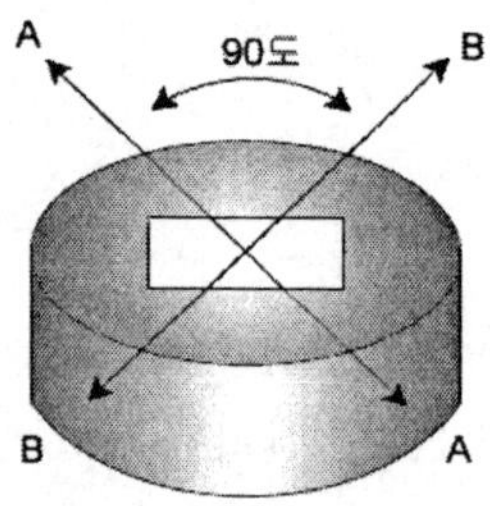


[그림 1-18] AA 첫번째 연마시의 방향
BB. 다음 단계에서의 연마방향

## 1-4 연 마

### 1. 초기 광택연마

초기 광택연마(rough polishing) 단계는 최종 연마의 성공 및 실패를 가늠하는 중요한 단계이므로 미세연마(fine grinding) 후의 흠집을 반드시 이 과정에서 제거시켜야 한다. 대부분의 시편은 한 단계의 초기 광택연마로 충분하여 시편에 따라 추가로 더 요구될 수도 있다.

이 단계에서는 알루미나 연마재도 사용할 수 있으나 다이아몬드 연마재가 다른 연마재보다 연마속도가 빠르고 깨끗하며 가장 좋은 평활도를 보장한다.

그리고 다이아몬드 연마재는 아주 단단한 시편의 굴곡 곡면 및 잡아 뜯김(plucking)을 최소화시킨다. 연마천은 나일론이나 Texmet을 이용하여 윤활제를 별도로 사용해야 한다. 연마기의 회전속도는 150~200rpm 정도가 적당하고 연마효율을 높이기 위해 압력을 많이 주어야 한다.

최종 연마단계에서는 흠집 등의 제거가 불가능하므로 여기에서는 신중한 연마가 요구된다.

## 2. 최종 연마

최종 연마(final polishing) 단계는 상 분석을 위한 시편을 만들어야 하는 마지막 단계로서 과다한 연마는 양각, 패인 곳, 곡면, 가장자리의 봉우리, 그리고 불규칙한 표면을 발생하게 하므로 최종 연마는 빠른 시간 내에 처리하여야 한다.

보통 회전 연마판에 적당한 길이와 미끄럼을 가진 천(microcloth)을 부착시킨 후 0.3 $\mu$ 또는 0.5 $\mu$ 알루미나 연마제(액상 및 파우더)를 사용한다. 이때 연마천에는 증류수 등을 미리 적당히 뿌려준다. 진동 연마기에는 액상의 알루미나가 최적이다. 연마천이 너무 많이 젖어 있는 상태는 좋지 않은데 이는 연마시 패인 곳 및 개재물이 빠져 달아나게 한다.

연마판의 회전속도는 150~200rpm이 적당하며 소재에 따라서 약간 빠른 속도로 요구된다. 최적의 시편을 얻기 위하여 다음의 [그림 1－19]와 같은 방향으로 연마하는 것이 좋다.

알루미나 외의 연마재, 즉 실리카($SiO_2$)계는 알루미늄 합금, 구리 등의 연마에 좋으며 크롬옥사이드($CrO_2$)계는 개재물 분석용 시편에 적합하다.

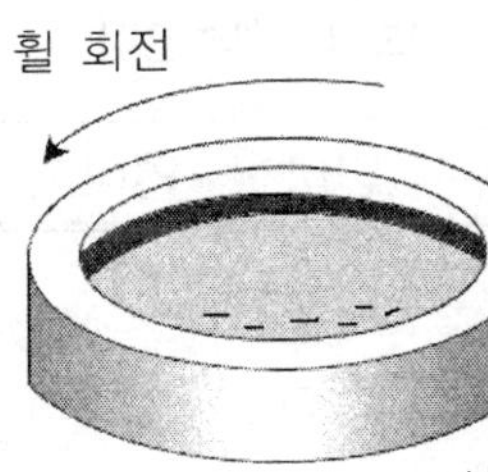


**[그림 1－19] 휠 회전시 시편의 연마방향**

# 3. 재질별 연마

## (1) 철계 시편의 연마순서

**〈초기 광택연마〉**

| 연마재, 크기 | 연마천, 연마지 | 윤활제 |
|---|---|---|
| METADiR II 6 μ | TEXMET 1000 | 래핑 오일 |

**〈최종 연마〉**

| 연마재, 크기 | 연마천, 연마지 | 윤활유 |
|---|---|---|
| GAMMa MICROPLISH<br>알루미나<br>0.05 μ | MICROCLOTH | 증류수 |

## (2) Cu 및 Cu 화합물의 연마순서

**〈미세연마〉**

| 연마재, 크기 | 연마천, 연마지 | 윤활제 |
|---|---|---|
| Sin 240 입자 | CARBIMET | 물 |
| Sin 320 입자 | CARBIMET | 물 |
| Sin 400 입자 | CARBIMET | 물 |
| Sin 600 입자 | CARBIMET | 물 |

**〈초기 광택연마〉**

| 연마재, 크기 | 연마천, 연마지 | 윤활제 |
|---|---|---|
| METADI II 6 μ | TEXMET | 증류수 |

〈최종연마〉

| 연마재, 크기 | 연마천, 연마지 | 윤활제 |
|---|---|---|
| Colloidal silica, 0.06 μ | MASTERTEX | 증류수 |

(3) 알루미늄, 마그네슘 및 화합물의 연마순서

〈미세연마〉

| 연마재, 크기 | 연마천, 연마지 | 윤활제 |
|---|---|---|
| Sin 240 입자 | CARBIMET | 물 |
| Sin 400 입자 | CARBIMET | 물 |
| Sin 600 입자 | CARBIMET | 물 |

〈초기 광택연마〉

| 연마재, 크기 | 연마천, 연마지 | 윤활제 |
|---|---|---|
| METADI supereme3 μ | TRIDENT | 래핑 오일 |

(4) Cemented Carbide의 연마순서

〈미세연마〉

| 연마재, 크기 | 연마천, 연마지 | 윤활제 |
|---|---|---|
| 다이아몬드 45 supereme | RESIN BONDED<br>DIAMAND DISC | 물 |

〈초기광택연마〉

| 연마재, 크기 | 연마천, 연마지 | 윤활제 |
|---|---|---|
| 9 μ METADI supereme | ULTRAPAD | 래핑 오일 |

〈최종 연마〉

| 연마재, 크기 | 연마천, 연마지 | 윤활제 |
|---|---|---|
| 3μ METADI supereme | TEXMET 1000 | 래핑 오일 |

### (5) 납, 아연 및 화합물의 연마순서

〈미세연마〉

| 연마재, 크기 | 연마천, 연마지 | 윤활제 |
|---|---|---|
| 탄화규소 320 입자 | waxed CARBIMET | 물 |
| 9μ METADI supereme | TEXMET 1000 | 래핑 오일 |

〈초기 광택연마〉

| 연마재, 크기 | 연마천, 연마지 | 윤활제 |
|---|---|---|
| METADIⅡ 3μ | TEXMET | 래핑 오일 |

〈최종 연마〉

| 연마재, 크기 | 연마천, 연마지 | 윤활제 |
|---|---|---|
| coillodal Silica, 0.06μ | CHEMOMET | 증류수 |

# 1-5 부 식

부식하지 않은 연마면에서는 모상(matrix)과 색이 다른 상이라든지, 또는 비금속 개재물이 혼입되어 있는 경우 이외에는 아무런 조직도 볼 수 없다. 그러므로 적당한 부식액으로 연마면을 부식시키면 결정의 입계, 상의 입계, 상의 종류, 결정방향 등이 부식 정도에 따라 다르게 나타나므로 쉽게 조직을 관찰할 수 있다.

어떤 상이 특수하게 착색되는 경우를 제외하고는 부식이란 전기 화학적으로 진행되는 것이다. 즉 전위가 높은 상이 양극이 되어 부식액 중에 용해하며, 전위가 낮은 상은 음극이 되어 큰 변화를 일으키지 않는다. 그러므로 전위차가 큰 상들로 이루어진 시료는 부식되기 쉬우나, 고용체와 같이 단상인 경우는 부식이 진행되기 어렵다.

부식시간은 시약의 종류와 시편의 재질 및 조직에 따라 다르지만, 온도에 의해서도 반응시간이 달라지므로, 눈으로 예측할 수 있도록 숙달되어야 한다. 적당하게 부식된 면은 눈으로 보면 흐리게 보이며, 흐린 정도에 따라 부식의 정도를 파악할 수 있다.

부식액은 금속의 종류와 조직 관찰의 목적에 따라 다르며, 동일한 금속에서도 여러 가지를 사용하므로 적당한 부식액을 선택하여 사용하여야 한다.

**〈표 1-3〉 금속재료의 부식액**

| 재 료 | 철 강 |
|---|---|
| 철 강 | 질산-알코올 용액 : 진한질산 5cc + 알코올 100cc |
| | 피크린산-알코올 용액 : 피크린산 5cc + 알코올 100cc |
| 구리, 황동, 청동 | 염화제2철 용액 : 염화제2철 5g +진한염산 50cc + 물 100cc |
| Ni 및 그 합금 | 질산 초산 용액 : 질산(70%) 50cc + 초산(50%) 50cc |
| Sn 합금 | 질산 용액 및 나이탈 : 질산 2cc + 알코올 100cc |
| Pb 합금 | 질산 용액 : 질산 5cc + 물 100cc |
| Zn 합금 | 염산 용액 : 염산 5cc + 물 100cc |
| Al 및 그 합금 | 수산화나트륨액 : 수산화나트륨 20g + 물 100cc |
| Au, Pt, 귀금속 | 왕수 : 진한질산 1cc + 진한염산 5cc + 물 6cc |

## 1-6 세척 및 건조(cleaning & drying)

세척과 건조 단계는 시편준비 단계에서 가장 간과되어지고 있으나, 부적절한 세척은 목적한 올바른 결과를 얻을 수 없고 심각한 결과를 초래한다. 세척은 시편 표면의 polishing 잔여물과 연마재의 제거를 위해 필요하며, 세척은 단계상 두 가지 영역으로 분류된다. 중간 세척 단계 및 최종 세척 및 건조 단계로 나누는데 중간 세척 단계는 연마재의 오염을 최소화하기 위하여 수행하는 중요한 단계이다. 중간 세척 방법은 헹굼과 초음파를 이용하여 수행할 수 있으며, 시편에 위치한 균열 및 기공 mount의 cavity 등에 있는 연마재의 제거를 위해 실시하고, 최종 세척은 시편검경에 앞서 잔여물을 제거하는 가장 중요한 세척단계이다.

부식이 끝나면 바로 세정과 건조를 시켜야 한다. 균열이나 미세한 구멍이 있는 시편은 물로 세정한 후에도 모세관현상 때문에 부식이 진행되어 불균일하게 될 수 있으므로 그 주변이 과부식(over-etching)된다. 그러므로 이의 방지를 위하여 에테르나 알코올 등을 이용하여 초음파 세정을 수(水)세척 공정의 중간에 실시한다. 건조는 전용의 드라이어가 사용된다.

조직 관찰은 건조가 끝난 직후에 진행되어야 하며, 시편의 보관은 방진 및 방습이 요구되는데 이를 위해 보관함(desiccator)에 넣어 두어야 한다.

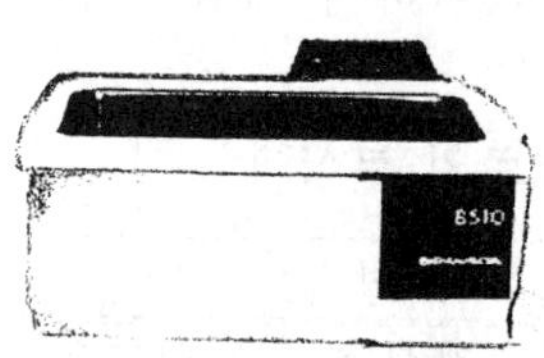

초음파세척기

건조장치

시편보관함

[그림 1-20] 세척 및 건조 장비

# 2-1 현미경의 원리 및 구조

## 1. 광학현미경

### 가. 역 사

현미경에 관한 기록은 AD 1000년경 그리스와 로마시대의 렌즈 사용 때부터이다. 미세한 사물을 확대하기 위하여 렌즈를 사용하였지만 현재로서는 그 기원을 밝히기에는 기록이 부족하다. 다만 현재의 현미경과 같은 구조를 지닌 현미경(multiple lens)을 발명한 사람은 1590년대의 네덜란드 사람인 얀센과 존이다.

당시의 발명품은 주로 해양탐사를 위해 사용되었고 그 형태는 망원경의 모습을 하고 있었다. 이후에 현미경 기술에 지대한 발전을 미친 것이 바로 렌즈의 가공 기술인데 17세기 네덜란드 사람인 레벤후크와 로버트 후크에 의해 현재의 현미경의 모태가 되었으며, 이들은 '짧은 초점거리(焦點距離, focal length)를 지닌 렌즈가 배율을 결정짓는 중요한 요소'라는 것을 발견하였다. 그들은 또한 순도가 높은 석영을 가공하여 유리를 만들어 렌즈를 제조하였으며 현미경 화상을 불명확하게 만드는 색수차(chromatic aberration)도 발견하게 된다.

1758년 존 달라드는 색수차 현상을 제거시킨 색지움 렌즈(achromatic lens)를 특허 신청했으며 1930년대까지 대부분의 현미경에서 색지움 렌즈를 사용하게 된다. 17세기 이후 1882년부터 독일의 광학 기술자인 칼 자이츠가 렌즈 가공기술을 개발하면서부터 현미경의 기술이 급속도로 발전하게 되었다. 이후 20세기에 들어서면서 의학, 재료, 금속, 신소재, 환경 등 수많은 분야에서 현미경이 쓰여져 과학과 의학 분야에서 눈부신 활약을 하게 되었다. 최근에는 반도체, 신소재 분야에서 표본의 미세구조를 관찰하고 측정하는 데 사용되기도 한다.

### 나. 현미경의 원리

육안으로 보는 것보다 더 자세히 물체를 관찰하기 위해서는 광학기기를 사용해야 한다. 그 방법으로는 볼록렌즈를 사용하여 큰 실상을 만드는 경우와 볼록

렌즈의 초점 내에 물체를 두고 허상을 보는 경우인데, 대물렌즈(L1)근처에 물체(AB)를 두고 대물렌즈로 만들어지는 비교적 크게 확대한 도립된 실상(A'B')을 대안렌즈(L2)의 초점 내에 두어 대안렌즈를 통해 이 실상(A'B')이 보다 확대된 허상으로서 보는 것이다. 따라서 현미경의 배율(M)은 일정한 길이의 경통에서는 대물렌즈의 배율(m1)과 대안렌즈의 배율(m2)을 상승적으로 나타낸다.

대물렌즈는 실상을 연결하는 것이므로 현미경의 경우 그 배율은 대물렌즈의 후 초점 F1과 대안렌즈의 전 초점 F2와의 거리, 즉 광학적 통장(optical tube-length) Δ를 대물렌즈의 초점거리 f1으로 나눈 상이다($m1 = \Delta/f1$). 또, 대안렌즈의 배율(m2)은 명시거리 250㎜를 그 초점거리 f2로 나눈 상이다($m2 = 250/f2$). 따라서 현미경의 배율(M)은 $M = m1 \times m2 = \Delta/f1 \times 250/f2 = \Delta 250/f1f2$가 된다.

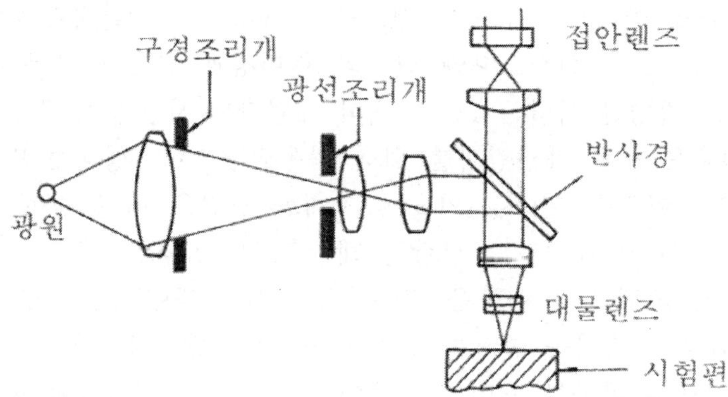


**[그림 2-1] 현미경의 광학 계통도**

## 다. 배율과 분해능

확대시킨 허상을 명시거리에 생기게 했을 때의 대략의 크기와 렌즈 없이 직접 물체를 명시거리에 두었을 때의 대략의 크기의 비가 배율(M : magnification)이며, 명시거리를 초점거리로 나눈 값으로 계산한다. 이렇게 계산하면 현미경의 합성 렌즈계에서의 배율은 대안렌즈의 배율과 대물렌즈의 배율의 곱이 된다, 이것이 현미경의 배율이다. 가시광선을 사용하는 보통 현미경으로서는 좋은 렌즈를 사용하더라도 두 점으로써 인정될 수 있는 가장 가까운 극한값, 즉 분해능(resolving power)은 약 0.2㎛이다.

## 라. Bright Field

bright-field-microscopy는 현미경의 기본적인 형태. 광원에서 빛이 대물대를 균일하게 투과하는데 이 방법은 현재 대부분의 광학현미경에 이용되고 있다. 표본을 투과하면서 회절되지 않은 빛과 표본에 의해 회절된 빛이 대물렌즈로 들어와서 상을 맺는다.

## 마. 현미경의 한계와 해상력을 결정짓는 요인

해상력이란 어느 한계선에 이르기까지 2개의 작은 물체가 여전히 분리되어 보이는가를 측정하는 것이 해상력이다.

관찰물을 보기 위헤 광원(lihgt source)으로 백색광 할로겐, 수은, 레이저광을 이용한다.

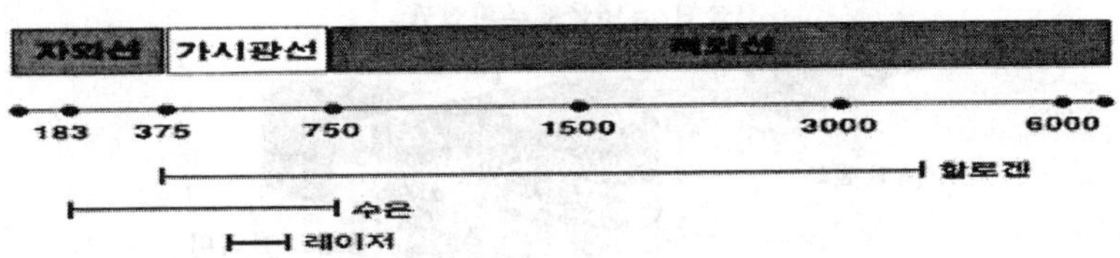


[그림 2-2] 각 광원의 파장영역

할로겐의 파장영역이 가장 넓으며 다음이 수은, 그 다음이 레이저이며 할로겐처럼 파장의 영역이 넓다는 것은 다시 말해 시료에 반사되는 빛이 다양하다는 의미이며, 각각의 빛(빨주노초파남보)이 다양한 반사율을 가지고 시료에서 반사되므로 배율이 높아질수록 뚜렷한 화상을 얻을 수 없게 되는 것이다. 이는 이미 설명되었지만 렌즈가 갖고 있는 특성 중 하나로서 색수차(chromatic aberration, 色收差)라고 한다. 따라서 할로겐 백색광을 이용히여 관찰할 때는 특정 파장만을 통과시키는 필터를 사용하여 관찰하기도 한다.

## 바. 현미경의 응용

현재는 현미경에 여러 가지 시스템을 응용시켜 눈으로만 보는 것이 아니라 모니터를 통해 보기도 하고 화상처리 이미지 분석 프로그램(image analyzing system)을 이용하여 이점(二占)간의 거리, 면적, 체적, 높이, 조도(표면거칠기 : roughness), 3차원 화상 등 컴퓨터 프로그램 기술발달과 더불어 급속한 발전을 이루었으며 산업, 생물 연구분야에서 없어서는 안될 중요한 부분을 차지하고 있다. 최근에는 반도체 장비에까지 응용되고 있으며 현미경의 가치를 한 단계 더 높였다.

이상과 같이 현미경에 관해 간단히 알아보았지만 현미경은 인류가 가지고 있는 미세영역을 보고자 하는 열망에 부응하며, 의학계와 산업계에 지대한 영향을 끼친 인류 최고의 발명품이기도 하다. 현미경이 없었다면 미생물, 세포, 박테리아라는 존재도 우리에게는 없었을 것이고 가전제품에 쓰이는 기판 하나도 만들 수 없었을 것이다.

## 사. 현미경의 구조

### (1) 대안렌즈

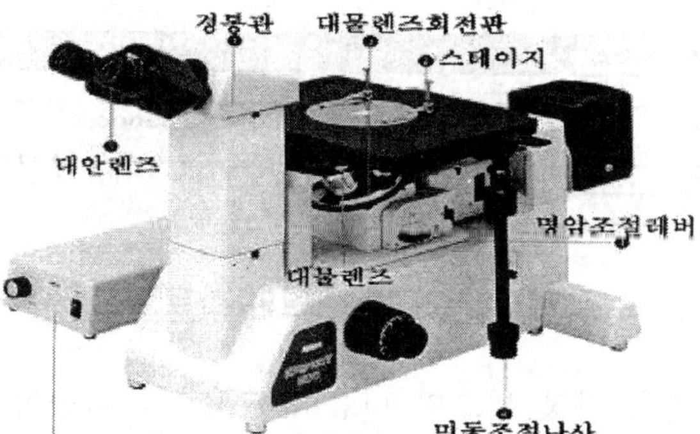


[그림 2-3] 광학현미경의 구조

약 3~5㎝ 가량의 원통의 양끝에 각각 1개의 렌즈가 있다. 윗부분 끝의 눈렌즈 아랫부분의 렌즈는 집광렌즈로서, 양 렌즈 사이에 고정된 조리개가 있어 렌즈의 수차를 제거하여 시야를 결정한다. 이것을 현미경 경통 위에 낀 후 눈을 근접시켜 들여다보게 되는데, 그 상면에는 상자번호와 같은 번호가 쓰여 있고, 또 여러 문자나 숫자가 새겨져 있다.

일반적으로 제작회사명과 배율이 새겨져 있지만 배율만 새겨진 것도 있으며. 각 현미경에는 저배율을 나타내는 렌즈와 고배율을 나타내는 렌즈가 각각 1개씩 있으므로, 사용할 때는 알맞은 것을 골라 쓰면 된다. 그러나 항상 고배율의 것을 끼워 두는 것이 좋다. 사용 후 현미경 상자에 넣어 둘 때에도 현미경 안에 먼지가 끼지 않도록, 대안렌즈(ocular lens) 1개는 항상 끼워 둔다.

### (2) 경 통

위의 대안렌즈를 끼우게 되어 있는 10㎝ 가량 되는 원통 부분으로 그 앞면에는 보통 제작회사명과 번호가 새겨진 경우가 많다.

### (3) 대물렌즈

약 3~4㎝ 가량으로 한쪽 끝은 나사로 되어 있으며, 이것은 렌즈를 조합한 것이나 보통은 단일 렌즈로 보아도 좋다. 이 나사부분을 대물렌즈(objective lens) 교환기에 끼운다. 각 현미경에는 저배율 렌즈와 고배율 렌즈가 원통의 상자 또는 나무상자에 들어 있다. 이들을 대물렌즈 교환기에 끼워 서서히 회전시키면, 렌즈는 경통의 축(광축)에 일치될 때 낮은 소리를 내며 멈추게 된다. 이로써 현미경을 사용할 수 있게 되며 약간의 착오만 생기더라도 그 현미경은 사용할 수 없게 된다. 다음에는 경통을 상하로 움직이면서 초점을 맞추어야 한다. 이때 다음의 조동나사와 미동나사로 조절한다.

### (4) 미동조절나사

현미경의 윗부분 좌우에 같은 크기의 나사가 쌍으로 자리잡고 있는데, 이것이 조동나사로서 돌리면 경통이 상하로 움직인다. 그 아래에 붙은 약간 작은 나사가 미동나사인데, 돌리면 경통이 상하로 약간 움직인다. 이 나사는 한 방향으로만 돌리면 어느 점에서 멈추게 되므로 움직일 수 있는 범위의 중앙 부근에서만 사용해야 한다. 미동나사와 렌즈는 현미경의 정교한 부분이다.

### (5) 스테이지

받침유리를 놓는 네모 또는 둥근 대로서 가운데에 둥글고 큰 구멍이 있고 경통의 방향에 대해 직각으로 되어 있는데, 여기에 힘을 주어서는 안된다. 스테이지(stage) 앞·좌우에 작은 구멍이 있으며 그 곳에 흰 금속제의 클립이 끼여 있다. 이 클립으로 받침유리의 양끝을 눌러서 스테이지에 고정시킨다.

스테이지의 왼쪽 앞에는 스테이지에 솟아나온 원형의 일부가 보인다. 이것을 왼손의 인지로 돌리면서 제물대의 중앙 구멍을 보면 점점 크기가 다른 구멍을 볼 수 있다. 이것이 조리개로서 밑에서 들어오는 빛의 양을 조절한다. 대체로 대물렌즈의 시야와 같은 크기의 넓이로 조명되도록 적당히 조절하나 보통은 가장 큰 구멍으로 두면 좋다.

# 2. 주사전자현미경

## 가. 원 리

SEM이란 10－3Pa 이상의 진공 중에 놓여진 시료표면을 1－100nm 정도의 미세한 전자선으로 X－Y의 이차원방향으로 주사하여 시료표면에서 발생하는 2차전자, 반사전자, 투과전자, 가시광선, 적외선, X선, 내부기전력 등의 신호를 검출하여 음극선관 화면상에 확대화상을 표시하거나 기록하여 시료의 형태, 미세구조의 관찰이나 구성원소의 분포, 정성, 정량 등의 분석을 행하는 장치이다. 금속 등의 도체, IC, 산화물 등의 반도체, 고분자재료나 세라믹 등 절연물의 고체, 분말, 박막시료가 될 수 있다. 주로 2차전자가 시료의 형태관찰, 반사전자나 X선이 성분분석에 사용된다. SEM의 원리 구성예는 [그림 2－4]에 표시하였으며, 전자선은 전자총부의 원통 내의 음극(filament)을 가열하여 발생한 전자가 양극으로 가속된다.

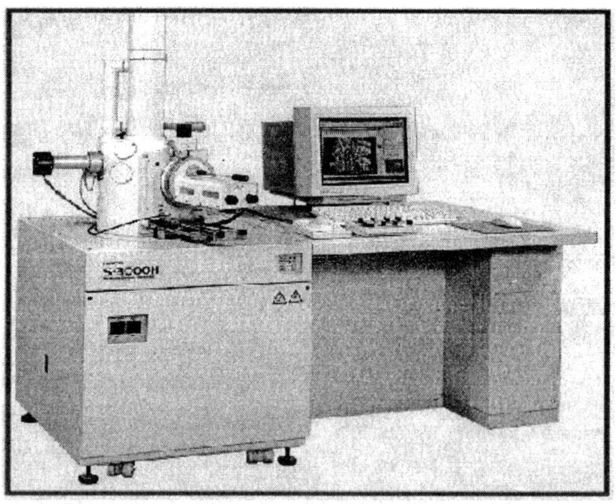

[그림 2－4] 전자현미경

보통 0.5~30kV로 가속되어진 전자선은 집속렌즈와 대물렌즈의 전자렌즈의 작용으로 최종적으로 3~100nm의 지름까지 미세해지며 시료표면에 조사된다. 이렇게 미세해진 전자선을 전자 프로브(probe)라고 한다. 전자 프로브는 주사코일에 의해 전자표면상의 X와 Y의 2차원 방향으로 새롭게 설정된 면적을 주사시킨다.

전자 프로브의 주사와 동기된 브라운관 화면상에 시료로부터 발생한 신호를 각각의 신호로 변환시킨 검출기에서 검출, 증폭하여 영상으로 보여준다. 브라운관화상은 전자 프로브의 주사면적을 작게 할수록 확대된다. 이 화상을 사진으로 촬영하거나 비디오 프린터(printer)로 기억하게 된다. 전자 프로브를 주사하지 않고 시료상의 한 점에 고정하여 얻어지는 X선을 사용하여 조사점의 원소분석이 가능하다.

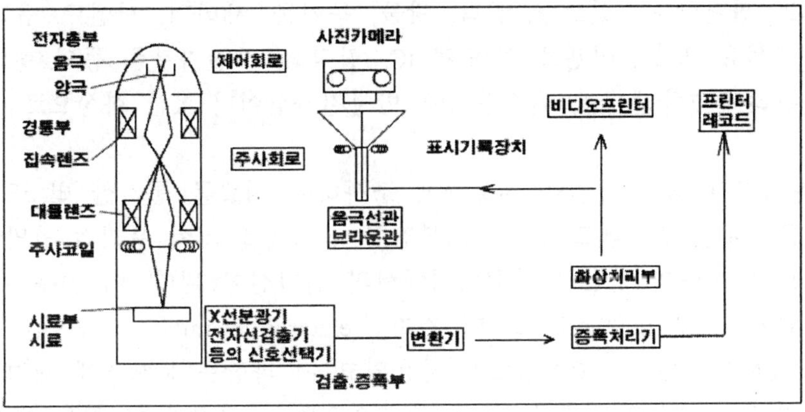


[그림 2-5] 전자현미경의 내부구조

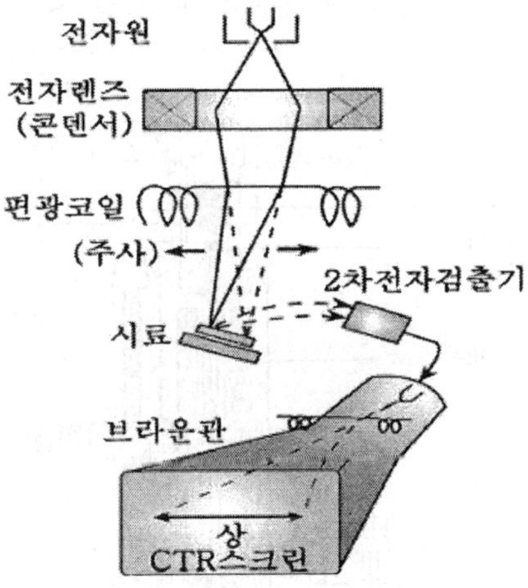


[그림 2-6] 열전자 방출과정

[그림 2-6]에서 열전자총 대신에 FE(Field Emmission) 전자총을 장착한 FE-SEM은 1.5nm 이하의 고분해능으로 고화질의 화상을 얻을 수 있기 때문에 형상 관찰에 폭넓게 이용되고 있다.

## 나. 전자현미경의 내부

SEM은 광학현미경과 비교하여 얻을 수 있는 화상의 초점심도가 2배 이상 깊으며, 동시에 2배 이상의 높은 분해능을 얻을 수 있다. 주로 사용되어지는 2차 전자상은 광학현미경보다도 고배율로써 입체감이 있는 화상이므로 상의 해석을 본 그대로 판단할 수 있으며, 금속, 광물, 무기물, 세라믹, 시멘트, 유리, 플라스틱, 고무, 석유, 도료, 미생물, 반도체 IC, 집적회로, 전자부품 등의 형태관찰, 또는 품질관리에 2차전자상, 원소분석에 반사전자상이나 X선 화상으로 응용이 가능하다.

광학현미경의 경우는 빛을 시료면에 조사하여 시료를 통과한 빛 또는 반사한 빛을 대물, 대안, 집속렌즈 등 기타 복잡한 렌즈계를 거쳐 우리의 망막에 영상을 맺는 것으로 이때의 빛은 전자현미경에서의 전자선이 된다. 이 경우 가시광선의 파장의 한계는 약 2,000Å정도이며 전자선(electron beam)은 가속전압에 따라 달라지나, SEM에서는 약 40Å정도가 사용되고 이 파장은 분해능에 직접적으로 관계된다. 따라서 광학현미경은 최고 약 2,000배, 주사전자현미경은 수십만 배에 이르게 된다. 주사전자현미경의 경우 전자선이 시료에 도달할 경우 시료 내에서는 전자선의 높은 에너지에 의해 여러 가지 신호들이 방출되는데 [그림 2-7]에 보여주며 주사전자현미경과 광학현미경의 비교를 <표 2-1>에서 나타내었다.

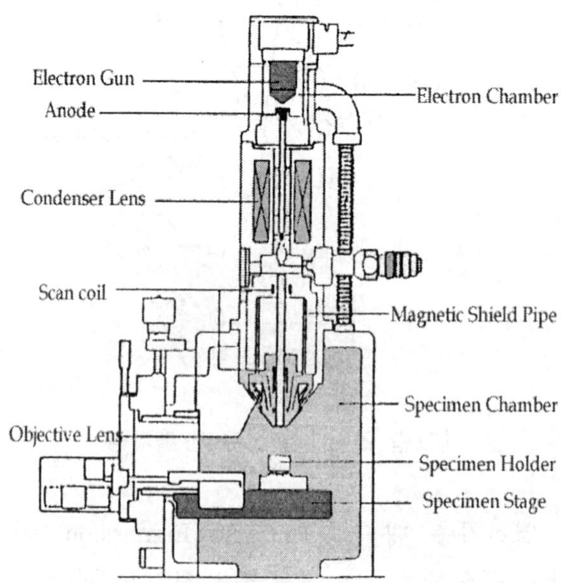


[그림 2-7] 전자현미경의 구조 및 명칭

〈표 2-1〉 광학현미경과 주사전자현미경과의 비교

| | 광학현미경 | 주사전자현미경 |
|---|---|---|
| 광원 | 광원(파장 : 2000~7500Å) | 전자선(파장 : 0.06Å~∞) |
| 매질 | 대기중 | 진공중 |
| 렌즈 | 광학렌즈(상확대) | 전자렌즈(probe 축소) |
| 분해능 | 가시영역 : 2000Å | 2차전자상 : 40Å |
| | 자외영역 : 1000Å | |
| 초점심도 | 약 0.1 | 30 |
| 배율 | 10배~2000배(렌즈교환) | 10배~30만배(연속가변) |
| 상종류 | 투과상, 반사상 | 이차 및 반사전자상(표준) |
| Contrast | 광의 흡수 및 반사 | 기하학적 형상 |
| | (색, 명암) | 물리화학적 성질 |
| 모니터 | 육안, 투영스크린, 모니터 | 브라운관(CRT) |

이중 2차전자는 가장 많이 발생되므로 주사전자현미경의 신호원으로 사용되나 에너지가 적어 검출하는데 고압의 검출바이어스 전압을 걸고 광증배관(PMT) 등을 사용하여 신호증폭을 한다. 한편 반사전자는 1차전자 에너지의 거의 대부분을 잃지 않고 시료에서 반사되어 나오므로 큰 에너지를 갖고 있어 최종 렌즈 밑면에 부착된 한 쌍의 반도체 검출기에 직진하여 검출되고 이 신호는 시료의 조성(composition) 및 요철(topology)상을 얻는데 사용된다. 이 두 신호가 주사전자현미경에서 주로 사용되는 신호이며, Auger 전자는 2차전자의 일종으로 표면분석에 사용되는 Auger 주사전자현미경의 신호원이 되고 특성 X선은 주사전자현미경에 파장 분산형 분석기(WDS) 또는 에너지 분산형 분석기(EDS)를 부착하여 시료의 정성 및 정량분석을 할 수 있다.

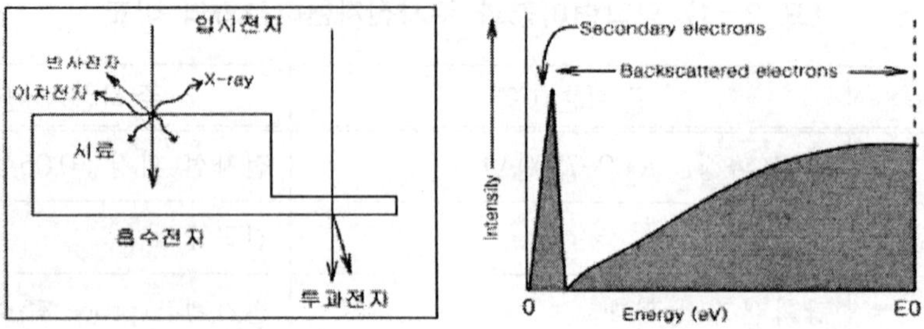


**[그림 2-8] 입사전자 형태**

## 다. 진공도

전자현미경에서는 $10^{-5}$torr 이상의 고진공을 요하므로 대체로 유회전 펌프(rotary vacuum pump)와 유확산 펌프(diffusion pump)를 직렬 연결 사용한다. 이 두 방식 중 전자의 방식은 유확산 펌프의 동작원리상 냉각수를 필요로 하고 오일증기의 역유입(back streaming)현상으로 경통내를 오염시킬 우려가 있으나 진동이 없으며 안정되고 유지보수가 쉬운 장점이 있다.

한편 터보펌프를 사용할 경우 오일증기의 오염 염려는 없으나 펌프자체가 고속회전을 하므로 경통에 직접진동을 전달할 가능성도 있고 정기적인 축 베어링 교체 등의 보수작업이 따른다. 또한 텅스텐 필라멘트 대신에 $LaB_6$ 필라멘트를 쓰기 위해서는 더 높은 진공이 필수적이므로 이때는 앞에 말한 진공시스템 외에 이온 게터 펌프(ion getter pump)를 추가사용 진공도를 높이기도 한다.

다음에 유확산 펌프의 구조와 원리를 간단히 설명한다. 유확산 펌프는 원통형 구조의 경통에 적당량의 오일을 충전하고 밑면에 히터를 장착하였다. 내부에는 제트침니(jet chimney)를 두어 가열된 오일증기가 이 침니상의 노즐에 고속으로 뿜어져 나오게 하고 경통주위에는 냉각수 라인을 설치하여 오일증기를 식혀 오일로 환원시킨다.

한편 밑면에 배기구가 있어 유회전 펌프와 연결한다. 이 유확산 펌프의 동작은 먼저 유확산 펌프로 10torr 이하로 내부진공을 뽑고 오일을 충분히 가열하여 침니 내부에서 압축된 오일증기는 노즐을 통하여 고속으로 벽면으로 이동하므로 그 주변압력이 떨어져 결국 펌프와 경통내의 압력차이로 경통내 기체입자를 빨아들이므로 진공펌프 역할을 한다. 이 오일증기는 냉각수에 의해 오일로 응결되어 밑으로 떨어지고 다시 증기가 되는 순환운동을 하게 된다.

이 유확산 펌프로는 최고 $10^{-8}$torr 정도의 진공을 유지할 수 있다. 진공계의 동작순서는 유회전 펌프로 유확산 펌프를 진공시키는 동안 유확산 펌프는 충분히 heating된다. 이 시간은 약 15~20분 정도 걸리게 되며 다음에 유회전 펌프로 경통을 진공시킨다. 이것은 예비 진공(rough vacuum)으로 유확산 펌프가 충분히 동작될 수 있도록 한다. 예비 진공이 완료되면 유회전 펌프는 유확산 펌프에 다시 연결되고 유확산 펌프가 경통에 연결되어 충분히 진공을 뽑게 된다. 이 모든 과정, 즉 밸브를 여닫는 일련의 과정은 경통 또는 펌프에 장착된 진공 게이지(vacuum guage)에 의해 자동적으로 이루어진다.

## 라. 전자광학계

전자광학계(electron optics)란 주사현미경의 주장치(main console)로 전자발생장치인 전사총과 선자가속장치 집속렌즈, 대물렌즈 등의 렌즈군, 시료주사장치인 주사코일(scanning coil) 등의 경통(column)을 이루는 부분을 말한다.

형상을 관찰하는 원자현미경(AFM: Atomic Force Microscope)이 발명되었다. 그 후 시료탐침간의 다양한 상호작용을 검출하여 표면구조를 관찰하는 FFM, SMM, SNOAM, MFM 등이 개발되었다.

이들을 총칭하여 주사형 프로브 현미경(SPM)이라고 한다. AFM은 그 중에서 가장 널리 보급되어 있는 SPM이며 AFM을 기반으로 새로운 형태의 SPM이 지속적으로 연구, 개발되어 실용화되고 있다. SPM은 대기, 용액, 진공 등의 다양한 실험 환경에서뿐만 아니라 도전성, 절연성 등과 관계없이 시료표면의 구조를 관찰할 수 있다.

# 2-2 현미경 조직관찰

## 1. 기본적 기능

SEM은 [그림 2-9]에서 보는 바와 같이 크게 전자를 방출하는 전자기둥(electron column), 전자빔과 시료가 상호 작용하는 시료실(sample chamber), 시료로부터 방출되는 다양한 전자신호를 측정하는 검출기, 검출된 전자신호를 영상화하는 영상시스템으로 구성되어 있다.

SEM에서 1차전자는 전자기둥의 꼭대기에 위치해 있는 가열된 전자총의 끝 부분에서 방출되고 crossover라는 작은 구멍을 통하여 전자빔의 형태로 집중된다. 전자총은 전자빔을 수백에서 수만 볼트의 가속전압 에너지에 의하여 시료쪽 방향으로 가속시키며 전자총의 전극은 충분한 전류와 안정한 전자빔을 최소크기로 생산하는 것을 목표로 한다. 전극재료로서는 텅스텐이 가장 널리 사용되고 있으며 이외에도 $LaB_6$(Lanthannum hexaboride)와 field emission이 있다.

전자총으로부터 생산된 전자빔은 전자기둥에 있는 집광렌즈(condenser lens) 및 대물렌즈(objective lense)에 의하여 10~1nm의 작은 지름으로 수렴되어 시료에 도달한다.

고에너지의 전자빔은 시료와 상호작용에 의하여 [그림 2-10]에서 보는 바와 같이 여러 가지 특정적인 신호들을 시료표면 또는 바로 밑의 내부로부터 발생시킨다. 높은 에너지의 전자빔 시료의 상호작용은 1차전자가 에너지의 변화없이 시료표면의 원자핵으로부터 방향을 바꾸어 방출되는 후방산란 전자와 에너지의 일부가 시료원자의 전자에 이동되어 발생되는 2차전자나 Auger 전자로 구별된다.

발생된 전자신호들은 특징에 따라 각각 다른 정보를 나타내며 <표 2-2>에서 요약한 바와 같이 목적에 따라 선별적으로 영상신호에 의한 형상, 구조관찰이나 성분분석 등에 널리 이용된다.

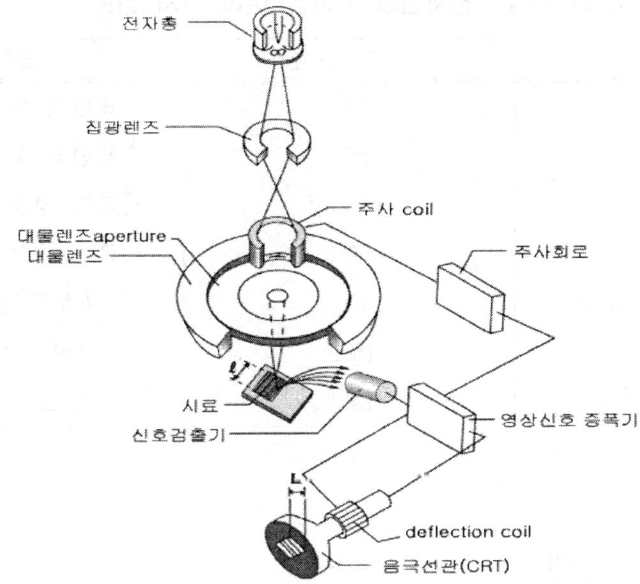


[그림 2-9] SEM의 기본기능

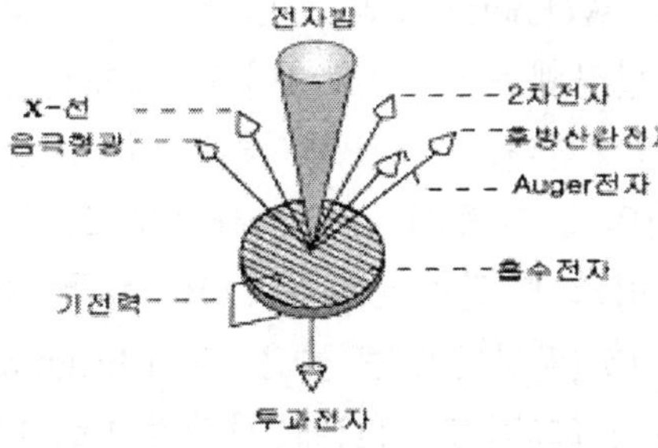


(a)

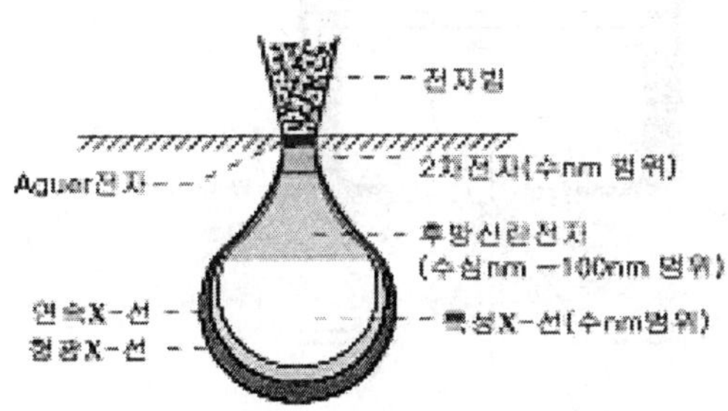


(b)

[그림 2-10] 1차전자신호에 의하여 발생되는 전자신호

〈표 2-2〉 전자신호에 따른 여러 가지 정보

| 신호 | 작동 모드 | 목적 |
|---|---|---|
| 2차전자 | SEI | 표면의 형상 관찰 |
| 후방 산란전자 | BEI | 표면의 조성 관찰 |
| X선 | X-ray | 시료의 성분원소 분석 |
| 투과전자 | TEI | 시료의 내부구조 관찰 |
| 음극 luminescence | CL | 내부특성 관찰 |
| 2차전자 | ECP | 결정구조 관찰 |
| 후방 산란전자 | MDI | 자기 도메인 관찰 |

## 2. 전자빔의 발생

SEM에서 전자빔은 전자총에 의하여 발생된다. 전자총은 크게 thermoionic emission gun과 field emission gun 2가지로 구분된다. thermoionic emission gun은 3개의 전극, 즉 필리멘트, Wehnelt, 그리고 양극으로 구성되어 있다. 열전자는 필라멘트로부터 방출되고 필라멘트와 양극사이에 가속전압을 걸어 열전자에 에너지를 주므로 전자빔이 발생한다. 이 과정 중에 열전자들은 필라멘트와 Wehnelt 사이에 걸린 바이어스 전압에 의해서 crossover점에 모여진다. 필라멘트는 머리핀(hairpin)과 같은 모양의 텅스텐 필라멘트와 $LaB_6$ 음극 필라멘트 2가지가 있으며 작은 crossover를 갖는 $LaB_6$ 필라멘트는 높은 밝기(brightness)를 제공한다.

Thermoionic 총의 원리는 [그림 2-11]에 개략적으로 나타내었다.

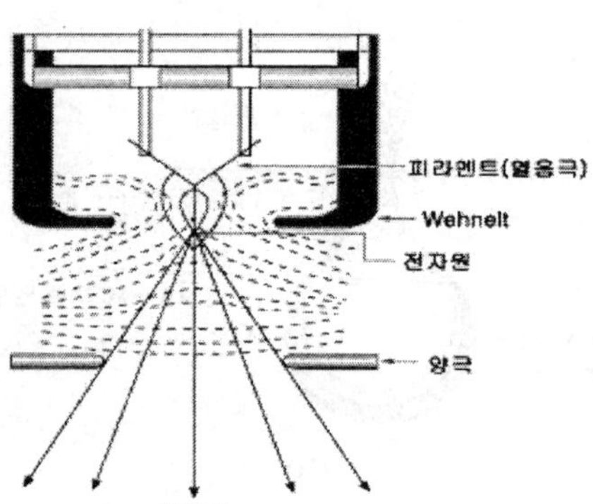


[그림 2-11] Thermoionic 총의 원리

SEM은 목적에 따라 다양하게 사용될 수 있다. 가속전압(accelerating voltage)은 수백 V로부터 수십 kV까지 조절이 가능하여 시료의 관찰목적에 따라 선택할 수 있으며 프로브전류 또한 $10^{-6}$에서 $10^{-12}$A까지 다양하게 변할 수 있다. 일반적으로 2차전자 영상관찰을 위해서는 $10^{-11}$에서 $10^{-12}$A의 전류를 사용하며 WDS를 사용한 원소성분 분석, 음극 luminescence 관찰, 그리고 EBIC 영상을 목적으로 할 때는 $10^{-7}$부터 $10^{-8}$A의 전류를 필요로 한다. 프로브지름은 [그림 2-12]에서처럼 프로브전류가 증가함에 따라 증가하고 필라멘트의 종류에 따라 증가의 정도에 차이가 나타난다.

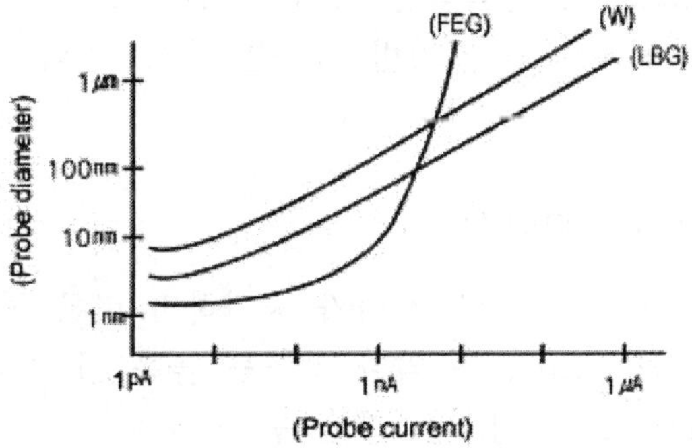


[그림 2-12] 프로브전류 변화에 따른 프로브지름의 변화

## 3. 자기렌즈

전자기둥 내의 자기렌즈(magnetic lens)들은 전자총의 crossover로부터 원뿔모양으로 발산된 전자들은 렌즈의 영상면에 한 점으로 수렴시켜 준다. 진자기둥은 시료표면 위에 crossover의 영상을 최대한 작게 투시하는 것이 목적이므로 영상면이 시료보다는 렌즈에 더 가까이 위치하는 축소 모드에서 작동된다.

자기렌즈는 원형수차(spherical averration)와 착색수차(chromatic averration)를 나타낸다. 원형수차는 광학축으로부터 더 멀리 떨어진 전자빔이 축에 가까운 전자빔보다 많이 휘었을 때 나타나며 착색수차는 속도가 늦은 전자빔이 속도가 빠른 전자빔보다 강하게 굽었을 때 나타난다. 이러한 수차때문에 crossover에서의 특정한 위치로부터 발생하는 모든 전자들이 영상면에 똑같은 위치에 완전하게 모이지 못하는 문제점이 생긴다.

## 가. 렌즈 aperture(lens aperture)

렌즈의 aperture는 광학축의 중앙에 위치한 작은 구멍들로서 전자빔을 통과시킨다. 영상면에 위치한 aperture는 영상의 크기를 제한하고, 렌즈면에 위치한 aperture는 영상의 각 점으로부터 통과한 전자의 수로 정의된다. aperture는 전자빔의 총 전류를 제한하고 또한 렌즈면에서 광학축으로부터 크게 이탈하는 전자들을 차단함으로써 렌즈 수차의 문제점을 감소시킬 수 있다.

어떠한 전자빔 전류에서도 스팟 크기에 대한 렌즈 수차의 문제점을 최소화시키는 최적의 aperture 크기가 있다. 전자기둥에서 전자빔이 한 렌즈로부터 다른 렌즈로 통과할 때 aperture는 광학축을 벗어나 외각으로 넓게 분산되는 전자들을 차단해주므로 작은 스팟에 대한 전자빔 전류를 감소시킨다.

## 나. 빔 전류(beam current)

빔 전류와 스팟 크기는 둘 중에 하나가 증가하면 다른 하나도 따라서 증가하는 관계를 나타낸다. 큰 aperture와 약한 렌즈는 높은 빔 전류와 큰 스팟 크기를 만들고 작은 aperture와 강한 렌즈는 작은 빔 전류와 작은 스팟 크기를 만든다. X선 분석의 경우에는 높은 전류를 필요로 하는 반면에 높은 해상도의 영상을 위해서는 가능한 한 작은 스팟 크기가 필요하다.

스팟 크기가 감소될 수 있는 한계는 빔 전류에 의하여 결정된다. 일반적으로 빔 전류와 스팟 크기가 감소하면 현미경의 해상도는 증가하지만, 이들이 어떤 임계값 이하로 감소하면 신호의 검출이나 증폭 또는 전류 자체의 파동 등에 의하여 발생되는 잡음이 상대적으로 커져 더 이상 분해가 불가능한 한계점에 도달한다.

## 다. 해상도(resolution)

해상도는 전자현미경이 시료표면에서 서로 인접해 있는 2개의 작은 점들을 서로 구별할 수 있는 한계의 크기의 정도로 정의되며 주로 Å 또는 ㎛단위로 표시된다.

### 라. 스팟 크기(spot size)

시료표면에 조사되는 전자빔에 의하여 형성되는 스팟 크기가 해상도의 한계를 결정하므로 SEM에서 스팟 크기보다 작은 크기의 대상들은 관찰이 불가능하다. 일반적으로 점의 크기를 작게 형성하기 위해서는 빔 전류는 낮고, 작업거리(working distance)가 짧아야 한다.

### 마. 가속전압(accelerating voltage)

가속전압은 전자빔에 의하여 운반되는 에너지의 양을 결정하는데, 여러 가지 방법으로 반응 체적의 크기와 형상에 영향을 미친다. 높은 에너지 상태의 전자는 시료에 보다 깊이 침투하여 깊은 내부로부터 방출될 수 있는 높은 에너지 신호를 생산한다.

입사전자 에너지는 또한 어떤 형태의 상호반응이 발생될 수 있는가를 결정하는 요소가 된다. 높은 에너지의 가속전압은 상호반응 체적을 증가시킴으로써 영상해상도를 감소시키는 경향이 있다. 반면에 높은 가속전압은 렌즈의 수차를 감소시키고, 결과적으로 스팟 크기를 작게 함으로써 해상도를 향상시킬 수도 있다. 이렇게 해상도에 상반되는 효과 중에 어떤 것이 지배적으로 영향을 미치는가는 시료의 종류, 사용조건, 그리고 신호의 형태에 따라 결정된다.

# 2-3 현미경 분석

## 1. 신호의 종류 및 특성

### 가. 2차전자(secondary electron)

전자빔이 시료의 표면에 조사되면 전자들은 표면으로부터 약 1㎛ 깊이까지 침투한다. 전자빔의 전류가 증가하면 침투깊이(penetration depth)도 깊어진다. 입사전자는 시료표면의 원자와 충돌하여 그들을 전자궤도로부터 이탈시키는데 이때 생산되는 2차전자는 에너지가 상당히 작아 오직 표면 근처에 위치한 원자들만이 2차전자로 이탈하여 영상 신호를 생성한다.

낮은 에너지의 2차전자가 표면으로부터 방출될 수 있는 확률은 전자가 발생되는 깊이에 지수함수적으로 감소한다. 1차 전자빔에 의하여 발생된 2차전자의 총 발생률 중 반 이상은 약 0.5nm의 깊이 이내에서 방출된다. 대부분의 금속에서 2차전자를 이용한 시료표면에 대한 정보는 표면으로부터의 깊이 1㎛ 이내의 부위에 해당된다. 따라서 2차전자는 표면의 형상을 관찰하는 데 가장 알맞은 신호로 사용되고 있다.

[그림 2-13]은 시료가 전자빔에 의하여 조사될 때 발생되는 반사전자 에너지 분포를 나타낸다. 좌표에서 Y축은 발생되는 전자수를 표시하고 X축은 입사 전자 에너지에 대한 반사전자 에너지의 비를 나타낸다. A지역은 0에서 수십 eV에 이르는 저에너지 지역으로서 해당되는 전자는 2차전자이고, 고에너지 상태인 B 지역의 전자들은 후방산란 전자이다. 일반적으로 에너지가 50eV 이하인 전자는 2차전자, 그 이상인 전자는 후방산란 전자로 간주한다. 2차전자의 에너지 스펙트럼은 입사전자의 에너지 및 재료와 무관하다. 2차전자 중에 약 75 이상은 에너지가 15eV보다 작고, 에너지가 약 50eV 이상이 되면 2차전자의 주파수는 0에 접근한다.

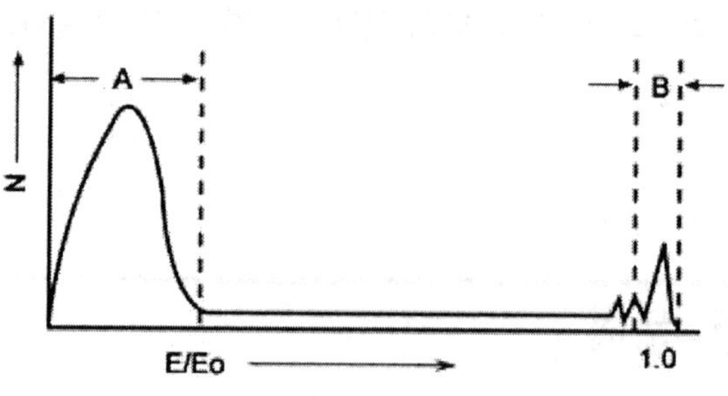


**[그림 2-13] 반사전자의 에너지 분포**

시료로부터 발생되는 2차전자의 수는 시료 표면에 대한 전자빔의 입사각에 크게 영향을 받으므로 시료표면의 형상에 의하여 좌우된다. [그림 2-14] (a)에서 나타낸 바와 같이 2차전자의 발생량은 입사전자빔과 시료표면이 이루는 각이 감소하면 증가한다. 만약 2차전자의 양을 IS, 비례상수를 K, 그리고 1차 전자빔과 시료표면의 수직방향과의 경사를 $\theta$ 라고 가정하면 $IS=K \cdot 1/\cos\theta$ 가 된다.

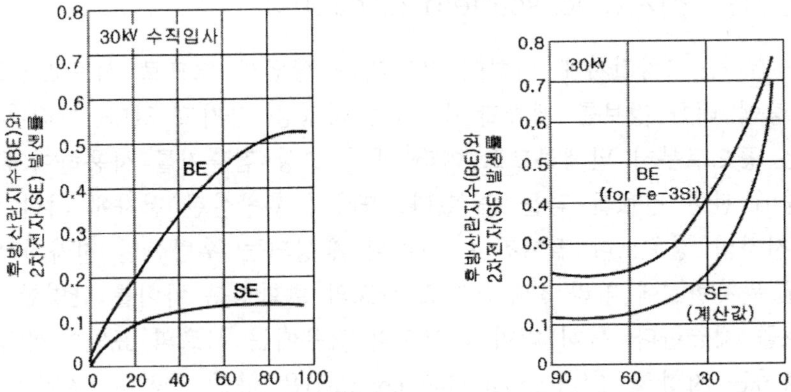


[그림 2-14] (a)재료의 원자번호, (b) 시료표면의 경사각에 따른 후방 산란 지수와 2차전자의 발생량

2차전자 모드에 의하여 생산되는 영상은 작은 부피로부터 발생하여 측면 및 깊이 분해능이 높다. 신호-잡음비와 함께 2차전자 영상의 해상도는 착색수차, 전자광학렌즈의 변형, 주사 시스템의 정밀성, 검출기의 검출효율 등을 통제하는 입사전자 에너지 분포의 정도에 따라 변화된다. 또한 불안정한 장치나 전원, 진동, 진공시스템 등에 의한 외적 요인들도 영상의 질을 저하시킨다.

SEM에서 영상의 질은 입사전자의 가속전압과 강도, 최종 렌즈 aperture의 크기와 시료표면으로부터의 작업거리, 그리고 시료의 기울기 등은 사용자에 의하여 최적화될 수 있다. 저배율로 표면을 관찰하기 위해서는 초점심도가 커야 하므로 작은 렌즈 aperture와 큰 작업거리를 선택해야 한다. 반면에 고배율 관찰의 경우에는 스팟 크기를 최소화하기 위해 짧은 작업거리와 높은 렌즈전류가 사용되어야만 한다. 작은 스팟 크기는 시료표면으로부터 방출되는 전자의 양을 감소시키므로 결과적으로 신호대 잡음비를 감소시킨다. 이 비는 2차전자의 통계적 잡음에 의하여 결정된다.

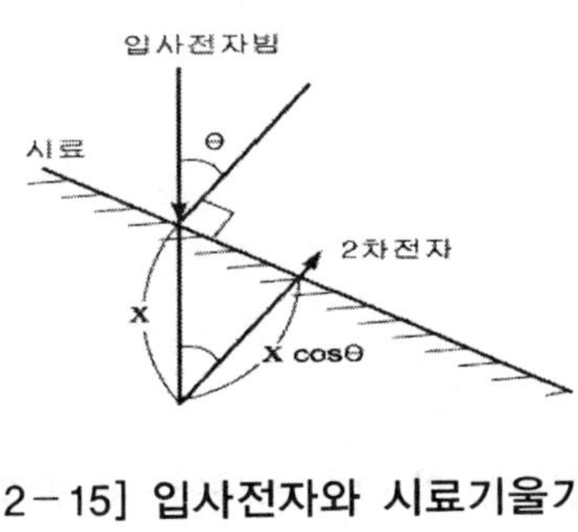


[그림 2-15] 입사전자와 시료기울기와의 관계

### 나. 후방산란 전자(backscatterd electrons)

후방산란 전자는 2차전자에 비하여 에너지가 상당히 크므로 시료표면으로부터 보다 깊은 층에 대한 정보를 제공할 수 있는 특징을 가지고 있다. 그러나 신호가 시료의 깊은 곳으로부터 발생하므로 여러 개의 고상 검출기를 사용하여야만 시료 표면의 지형에 관한 정보를 얻을 수 있다. 따라서 후방산란 전자에 의한 영상 해상도는 2차전자의 경우보다 떨어진다. 그러나 생성되는 후방산란 전자의 양은 구성물의 평균 원자번호에 따라 좌우되므로 시료의 화학성분 차이를 반영할 수 있는 귀중한 정보를 제공한다. 특히 연마된 시료의 경우에는 시료의 표면이 평평하므로 영상을 형성하는 지형적 명암(topographic contrast)은 아주 약하나, 원자번호 명암(atomic number contrast)이 상대적으로 강하여 유용한 영상을 제공한다.

후방산란 전자의 에너지 분포 및 전자의 반사율은 1차전자 에너지, 최외각 전자수, 재료의 평균 원자번호, 그리고 입사전자빔에 대한 시료표면의 기울기 등에 따라 변화된다. [그림 2-14](b)에서 보는 바와 같이 입사 전자빔에 의하여 조사되는 재료의 원자번호가 감소하면 후방으로 반사되는 전자들의 수는 감소하고 보다 많은 에너지가 손실된다. 원자번호가 큰 재료에서는 많은 전자들이 거의 에너지의 손실이 없는 표면 근처의 원자에 의해 후방으로 반사된다. 그러므로 전자반사율, 에너지 스펙트럼, 반사전자의 방출깊이 등은 원자번호와 직접적으로 관련되어 있다.

[그림 2-15]는 경사진 시료의 관찰에서 저에너지의 가진 2차전자와 고에너지의 후방산란 전자로 얻어지는 영상들을 비교하였다. 2차전자 영상은 모든 방향에서 방출되는 2차전자에 의하여 형성되고, 후방산란 전자에 의한 영상은 검출기 방향으로 방출된 전자들만에 의하여 형성되므로 한 방향으로 조명된 영상을 얻게 된다. 따라서 [그림 2-15]에서 보는 바와 같이 시료표면의 형상은 2차전자의 영상에 의하여 관찰하고 입자와 입계에서의 조성 차이는 후방산란 전자에 의하여 명확하게 구분된다.

## 2. X선의 종류

### 가. X선(X-ray)

시료가 높은 에너지의 전자빔에 의하여 조사될 때 발생되는 X선은 연속적인 스펙트럼 형태로서 전자가 시료를 통하면서 발생되는 개별적인 선스펙트럼을 갖는다.

### (1) 특성 X선

시료가 고에너지의 전자빔에 의하여 조사되면 발생되는 전자들과 함께 시료 원자 내부의 전자와 비탄성 충돌을 하게 된다. 이때 시료원자의 전자는 에너지를 흡수하여 궤도를 이탈하고 그 결과로 빈자리에 공공이 형성된다. 이렇게 형성된 공공들은 상위 궤도전자들에 의하여 채워지고 전자들의 잉여 에너지는 전자기 파장의 형태로 방출된다. 개별적인 궤도전자의 에너지는 원소의 형태에 의하여 결정되고 전자이동에 따라 발생되는 X선은 각 원소별로 구별되므로 특성 X선(characteristic X-rays)이라고 한다.

### (2) Continuum X선

Continuum X선은 시료표면에 입사되는 1자전자 또는 후방산란 전자 등이 시료내부를 통화할 때 원자핵 주변에 형성된 전기장과의 상호작용에 의하여 발생된다. 입사전자는 원자핵 주변의 전기장을 탄성산란으로 통과하여 일부의 운동에너지가 X선 photon을 방출하게 되고 그 에너지는 입사전자의 충돌각에 따라 변화된다. 입사전자와 원자핵간의 충돌에 의하여 발생되는 에너지 손실은 대부분 1keV 이하이며, 시료에서 방출되는 에너지의 분포는 0에서부터 입사전자의 에너지에 이르기까지 연속적이다. 이렇게 연속적인 에너지 분포를 갖는 것을 Continuum X선이라고 하고 성분 분석에서 스펙트럼의 배경으로서 나타난다.

### (3) 특성 X선의 분석

특성 X선을 분석하는 방법에는 WDS와 EDS 2가지가 있다. WDS는 약 1960년경에 프랑스의 Castaing 등에 의해 발견된 이후로 전자프로브 미세분석기에 맞는 형태로 사용되고 있다. 반면에 Russ 등에 의하여 발견된 EDS는 사용이 용이하고 단시간 내에 전반적인 정성분석이 가능하기 때문에 보다 널리 사용되고 있다. <표 2-3>에 나타난 바와 같이 두 방법은 각각 다른 특징을 나타내므로 사용목적에 따라 선별적으로 사용하는 것이 필요하다.

일반적으로 대부분의 높은 원자번호 원소들은 각각의 특징적인 선스펙트럼에 의하여 쉽게 분리될 수 있으나 작은 원자번호의 원소들이 소량 존재할 때는 배경신호나 중첩때문에 분석이 어렵다. 특히 원자번호가 11(Na) 이하인 원소들의 경우에는 검출기 앞에 있는 Be 원소 혹은 플라스틱창에 의한 간섭때문에 분석이 되지 않는다. 원자번호가 작은 원소는 창이 없는 검출기를 사용함으로써 EDS에 의한 분석이 가능하다.

〈표 2-3〉 SEM 영상관찰을 위한 부식기술 예시

| 재 료 | 부식액 조성 | 특 징 |
|---|---|---|
| 1. Al계 합금 | | |
| Al-Si 공정 | (a)10% HCl 용액<br>(b)2.5ml HCL<br>2.0ml $HNO_3$<br>0.75ml HF<br>40ml 물 | (a)에서 24시간 부식 후 (b)에서 1시간; Al 용해 Si 노출 |
| | 묽은 HCl 용액 | Si 노출 |
| | 25% HCl 용액 | 반복적으로 더운 알코올, 아세톤으로 세정하고 건조시킴, Al 용해. Si 노출 |
| | (a)15ml HCl<br>10ml HF<br>90ml 물<br>(b)25ml $HNO_3$<br>75ml 물 | (a)로 30~60분 부식 후 (b)에서 2~4분 담금; Al 용해, Si 노출 |
| | 10ml HCl<br>90ml 물 | 약 60분간 담금; Al 용해, Si 노출 |
| Al 합금 | 2g KI<br>100ml 메타놀 | 2~5V에서 5~20분간 전해 부식(5×5×40mm 시료는 0.1~0.3A) 후 메타놀 세정; Al 용해 |
| | 25g KI<br>100ml 메타놀 | 전해부식, Al판 음극, 3×3mm 부식; 전압을 0에서 30V까지 급히 승압, 30초 부식, 부드럽게 저음, 메타놀에서 30초간 초음파 세정 후 건조, 약 0.3A/$mm^2$ |
| Al-Ge 공정 | 25ml HCl<br>75ml 물 | Al 용해, Ge 노출 |
| Al-$Al_3Ni$ 공정 | 3ml HCl<br>50ml 물<br>50ml 알코올 | 전해 부식 |
| 2. Cu계 합금 | | |
| Cu합금<br>Cu-$Cu_2S$ 공정 | 20% 산성 $FeCl_3$ | 6분 후 부식; Cu를 2~3㎛ 깊이 용해 |
| 3. Fe계 합금 | | |
| 탄소강 | 5ml Br<br>95ml 메타놀 | 6분 후 부식; 철 기지금속 용해, 탄화물과 함유물 노출(강에 많이 사용됨) |
| 일반강 | 10ml Br<br>90ml 알코올 | 철 기지금속 용해, 탄화물과 개재물 노출 |
| 주철 | 10ml HCl<br>90ml 알코올 | 기지금속 용해, 흑연 노출 |

| | | |
|---|---|---|
| Fe－C－Si | 40ml HCl<br>40ml 알코올<br>20ml 물 | 흑연 노출 |
| Al－Si－Cu 합금 주철 | 40ml HCl<br>40ml 알코올<br>20ml 물 | 흑연 노출 |
| 회주철 | 25ml~35ml HCl<br>65ml~80ml 물 | 흑연 노출; 농도는 시료 크기, 흑연의 종류에 따라 조절; 부식 후 석유에서 세정, 건조 |
| 조밀한 회주철 | 5ml $HNO_3$<br>95ml 알코올 | 흑연 노출 |
| 주철 | 10ml~20ml HCl<br>80ml~90ml 물 | 흑연 노출; 농도와 시간은 합금과 흑연에 변함; 부식 후. 5% HF용액으로 세정, 반복적으로 알코올과 아세톤으로 세정, 건조 |
| 스테인레스 강 | 10ml HF<br>15ml HCl<br>30ml $HNO_3$<br>45ml 물 | 석출물이 많을 때 탄화물 노출; 수분 동안 담금; 탄화물의 양이 작을 때 Br 메타놀 사용 |
| AISI 316 | 10ml Br<br>90ml 메타놀 | 시료를 가볍게 부식 2상 노출 |
| AISI 316 | 10ml HCl<br>3g 주석산<br>90ml 메타놀 | $20mA/cm^2$에서 30분간 전해 부식; $M_{23}C_6$ 노출 |
| Fe－26%Cr | 5ml 아세트산<br>5ml $HNO_3$<br>15ml HCl | 45초 동안 문지르며 부식; 2상 노출 |

4. Pb－Sn 합금

| | | |
|---|---|---|
| Pb－ Sn 합금 | 1ml HCl<br>99ml 물 | 주석 부유상 용해 |

5. Ni계 합금

| | | |
|---|---|---|
| In 738 | 10ml HCl<br>40ml 알코올<br>20ml 물 | 흑연 노출 |
| Inconel 617 | 5g $CuCl_2$<br>100ml HCl<br>100ml 에타놀 | 2상 노출을 위해 물이 없는 Kallings 시약을 30분간 사용 |
| 고Mo와 W초합금 | 5ml HCl<br>95ml 메타놀 | 전해 부식 |

| | | |
|---|---|---|
| 초합금 | (a)50ml HCl<br>100ml 글리세린<br>1050ml 메타놀 | (a) 50mA/㎠, −5~−10℃, 30~60분간 부식<br>; $\gamma$와 $\gamma'$상 용해, 탄화물 노출 |
| | (b)10g $(NH_4)_2SO_4$<br>10g 구연산<br>1200ml 물 | (b) 10~30mA/㎠, 5℃, 또는 정전기적으로<br>960~1060mV SCE ; $\gamma$상 용해, $\gamma'$상 노출 |
| | (c)10ml $H_3PO_4$<br>90ml 물 | (c) 10mA/㎠, 정전기적으로 1000~1050mV SCE ;<br>$\gamma$상 용해, $\gamma'$, 탄화물, $\sigma$ 상 노출 |
| | (d)5g $(NH_4)_2SO_4$<br>15ml $HNO_3$<br>35g 구연산<br>1000ml 물 | (d) 30mA/㎠, 15~20℃ 또는 정전기적으로<br>1020~1060mV SCE ; $\gamma$상 용해, $\gamma'$상 노출 |
| Ni−C 공정 | 40ml HCl<br>50ml 에타놀<br>20ml 물 | 5시간 부식; Ni 용해, 흑연 노출 |
| Ni−0.5~4% Al | 10ml Br<br>90ml 메타놀 | 산화층을 노출하기 위해 30℃에서 부식 |
| NiAl−Cr 공정 | 100ml 물<br>40ml HCl<br>5g $CrO_3$ | NiAl 용해, Cr 노출 |

## 나. 영상 명암 형성

미세조직의 영상을 관찰하는 데 있어 해상도만큼 중요한 것은 서로 다른 구성물들 사이에서 형성되는 명암(contrast)이다. 육안으로 시료에 대한 구체적 영상을 식별하기 위해서는 최소 3~7%의 명암차이가 있어야 하고 실제적으로는 보다 큰 명암의 차이가 바람직하다. 더욱이 영상을 바탕으로 하여 자동 정량화 방법에 의하여 분석을 하고자 할 때는 형상의 끝부위에서 뚜렷한 명암의 차이가 나타나야 한다. SEM 장치 자체가 갖는 분해능력과는 별개로 궁극적인 해상도의 증가는 형성된 영상에서 입자계면간의 경계가 육안으로 명확하게 구분될 수 있어야 한다. SEM 영상의 선명도는 시료의 특성과 준비상태에 따라 크게 좌우된다.

SEM 영상은 전자빔이 시료표면을 조사할 때 발생되는 명암의 차이때문에 형성된다. 따라서 명암을 결정하는 인자들을 이해하는 것이 매우 중요하다. 표면의 2점 사이에서 검출되는 신호의 강도 차이는 표면으로부터 방출되는 전자수의 차이로부터 발생되는 emission 명암기구와 검출기에 도달하는 전자수의 차이에 의하여 생기는 collection 명암기구로 구분된다.

위의 두 명암기구의 차이는 [그림 2-16]에 설명되었다. [그림 2-16]에서 2번과 4번 위치는 서로 경사가 같으므로 만약 전자빔이 이 위치에 조사된다면 표면으로부터 방출되는 2차전자의 수는 대략 같다. 그러나 4번 위치는 검출기에 직접 마주하고 있으므로 이 위치에서 방출되는 전자들에 의한 신호는 2번의 경우보다 훨씬 높다. 이와 같은 경우에는 2번과 4번 위치 사이에서의 명암형성은 전적으로 collection 명암의 결과이다. 반면에 그림에서 3번과 4번 위치와 같이 고려되는 2점이 검출기에 대해 같은 방향에 위치해 있을 경우에는 2차전자 검출기에 의한 emission 명암이 더 중요하다. 이 경우에는 입사빔과 시료표면의 2번 위치가 이루는 경사 각도의 차이에 의하여 발생하는 2차전자의 방출량의 차이때문에 명암이 형성된다.

SEM에서 영상을 형성하는 가장 일반적인 명암기구는 지형적 차이와 원자조성 차이로부터 발생된다. 광학현미경에서는 영상이 빛의 반사 차이, 색깔 차이, 혹은 편광(polarization) 효과에 의하여 형성되지만 SEM에서는 표면형상, 원자번호, 전자 채널링, 즉 결정학적 방향, 자기 및 전압 차이, 명암 등에 의해 생성된다.

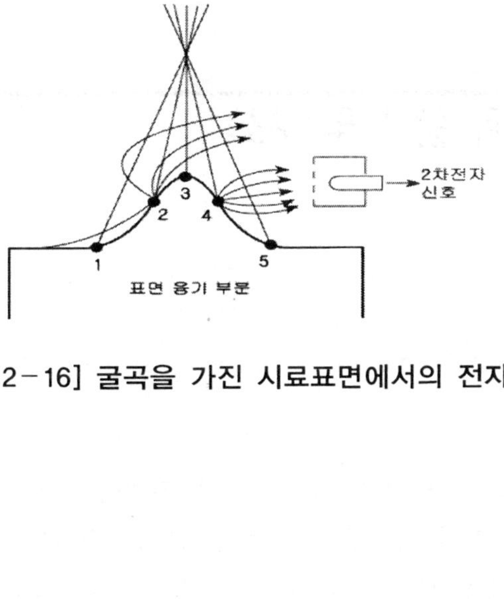


**[그림 2-16] 굴곡을 가진 시료표면에서의 전자방출**

### 다. 전자현미경 조직 분석

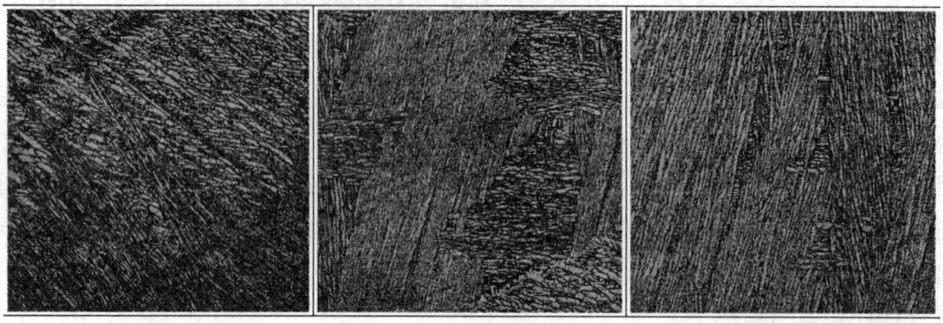

**Ti − 3Nb**

[그림 2−17] Ti−3Nb 이미지 분석

## 2−4 분석기의 원리 및 구조

## 1. 열분석

### 가. 개 요

어떤 물질에 특정한 프로그램을 이용하여 물질에 온도변화를 주어 그 물질의 특정한 온도에서의 물리적 특성을 측정하는 분석기술이다.

여기에서 물리적 특성이란 질량, 온도, 엔탈피, 길이(크기), 역학적 특성 등을 말하며, 이러한 열분석(thermal analysis)법을 <표 2−4>와 같이 분류할 수 있다.

〈표 2-4〉 열분석 기술(Thermal Analysis Technique)

| Methods | Abbreviation | Measured Properties |
|---|---|---|
| Differential Thermal Analysis | DTA | Temperature difference |
| Differential Scanning Calorimetry | DSC | Heat flow |
| Thermogravimetry | TG | Mass |
| ThermoMechanical Analysis | TMA | Deformation |
| Dynamic Mechanical Analysis | DMA | Storage and loss modulus |

열분석은 물리적 성질을 온도의 함수로 측정하여 시료의 물성을 평가하는 방법으로 융점, 전이, 분해, 결정화, 팽창과 수축 등의 방법으로 관찰할 수 있다. 일반적으로 열분석법은 주로 연구개발에 많이 사용하여 왔으나 최근에는 열분석법에 기초를 둔 실제적인 응용에 많이 사용된다. 즉, 생산공정에서의 품질관리 또는 공정제어 등에서 많이 사용되는 것으로 알려지고 있다. 적용되는 분야는 고분자, 유리, 세라믹, 금속, 반도체, 의약품, 식품분야에서 널리 응용되고 있다.

국제열분석연합(ICTA)의 정의에서는 열분석이란 '물질의 온도를 일정한 프로그램에 따라 변화시키면서 그 물질에 있는 물리적 성질의 온도의존성을 측정하는 일련의 기법의 총칭이다.'라고 하였다.

현재의 열분석 기법은 질량, 온도, 길이 등 물질의 열역학적 양에 기초한 것과 역학, 음향, 광학, 전기, 자기 등의 물리적 성질에 기초한 것이다. 전자는 비교적 오래전부터 행해진 것이지만 후자는 장치의 자동화가 진행됨에 따라 최근에 실용화되었다. 이들의 물성측정에 기초한 기법을 열분석과 구별해서 열물성 측정이라고도 한다.

## 나. 열분석에서 고려사항

### (1) 분석하려는 물질의 물리적 상태는 무엇인가?

- 분말상태인가? 편상(pallet)상인가?
- paste상인가? 얇은 필름(thin film)인가?
- 사각봉(rectangular bar) 형태인가?
- 불규칙한 모양의 덩어리인가? 원통형(cylindr)인가?
- tube 형태인가? gel 상태인가?

(2) 열분석으로 분석하려는 물질의 물성은?

- 유리전이온도(glass transition temperature)
- 융해열(heat of fusion), 비열(specific heat)
- 온도에 따른 무게(수분, 용매, 가소제) 감량
- 결정화 온도(crystallization temperature)
- 첨가제 함량, 산화 안정성
- 선형 열팽창계수(coefficient of thermal expansion)

# 2. 시차열분석

## 가. 원 리

DTA(Differential Thermal Analysis)란 정온, 승강온 과정에서 시료와 기준물질과의 열거동의 차이에 의한 온도차를 시간 또는 온도에 대해 기록하는 기법이다.

## 나. 장치구조

시차열분석장치는 시료 holder부, 가열부, 분위기 조절부, 시료온도 T에 있어 시료와 기준물질과의 온도차 ΔT의 측정기록부로 되어 있다. 거의 모든 장치는 시료실의 분위기를 진공 또는 각종 가스 분위기에서 분석할 수 있도록 되어 있다. T와 ΔT의 측정은 열전대에 의한다. 열전대는 통상 저온용으로 크로멜-알루멜, 고온용으로 백금-백금로듐이 사용되고 있으나 ΔT는 일반적으로 작기 때문에 증폭한다.

시료 holder부는 시료와 기준물질들이 동일 조건을 가열되도록 대칭으로 뚫린 2개의 구멍을 갖는 열전도성이 우수한 세라믹 또는 금속제의 블록으로 되어 있고 이것을 전기로로 가열한다. 시료는 금속, 석영 유리 또는 세라믹의 용기에 넣는다.

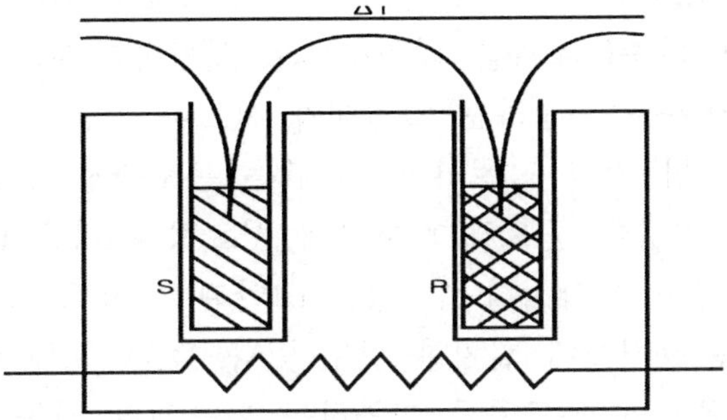


[그림 2-18] Principle of DTA - S: sample, R: reference

## 다. 결과분석

기준물질의 온도는 일정 속도로 상승한다. 한편 시료는 $T_1$에 달하면 온도의 상승이 기준물질에 비하여 일시적으로 늦어지게 된다. 또한 $T_2$는 그 역이다. 이 온도상승이 일시적으로 늦어지는 것은 시료가 열을 흡수하기 때문이며, 또한 온도상승이 일시적으로 빠른 것은 열을 내기 때문이다. 그런데 기준물질과 시료의 온도차(시차온도 $\Delta T$)를 취하면 서로 다른 곡선이 얻어진다.

따라서 DTA 곡선상의 최대점의 모양, 위치 및 면적은 (가) 시료량, (나) 열전도도, (다) 비열, (라) 입자의 크기, (마) 충진도, (바) 노의 분위기, (사) 승온속도 등에 의하여 영향을 받기 때문에 재현성이 있는 결과를 얻기 위해서는 충분히 시편준비 및 사용에 주의할 필요가 있다.

일반적으로 승온 속도를 크게 하면 최대점의 온도가 고온 쪽으로 이동하고 예리하게 되지만 최대점의 분해능은 나빠져서 2개의 인접한 최대점의 한쪽이 다른 한쪽에 감추어지고 만다.

시차열분석(DTA)에서는 시료와 기준물질을 내에 대칭적으로 두고 가열(냉각)하여 그때의 양자의 온도차를 시간(또는 온도)에 대하여 측정, 기록하는 것이다. 기준물질에는 측정온도 범위에서 열적으로 변화하지 않는 α-알루미나나 파라핀이 사용된다. mg 정도의 시료량으로 측정을 하는 Micro DTA에서는 빈 용기를 기준 물질측에 놓아도 된다. 기준물질측은 열적 변화가 없어서 열원이나 제어용 열전대가 약간 늦게 가열, 냉각되지만 시료에 전이나 용해가 일어나면 온도변화가 대폭 늦어져서 측정하고 있는 온도차가 증대된다. 화학변화에 의한 흡, 발열에 있어서도 같은 온도차의 증대를 볼 수 있다. 이들의 변화가 끝나면 온도차는 급속히 원래의 정상상태로 돌아와서 열적 변화가 온도차의 최대점으로 검출된다.

DTA 본체는 시료와 기준물질과를 대칭적으로 설치하기 위해 지지체와 노로 되어 있다. 온도와 온도차를 측정하는 열전대가 시료나 기준물질의 용기에 밀착하도록 설치되어 있다. 이 열적 접촉이 나쁠 때는 온도측정 정밀도도 저하된다. 더욱이 노내의 온도 균일성이 중요하기 때문에 시료량이 많은 DTA에서는 금속 플러그를 넣어서 균일성을 향상시킬 수 있게 고안된 장치도 있다. 또 온도제어용 열전대를 노나 금속 플러그에 설치한 것도 있다. DTA 본체 이외에 온도차를 증폭하는 직류증폭기 온도와 온도차를 기록하는 기록계와 저속 승온을 위해 제어 장치가 부착되어 있다.

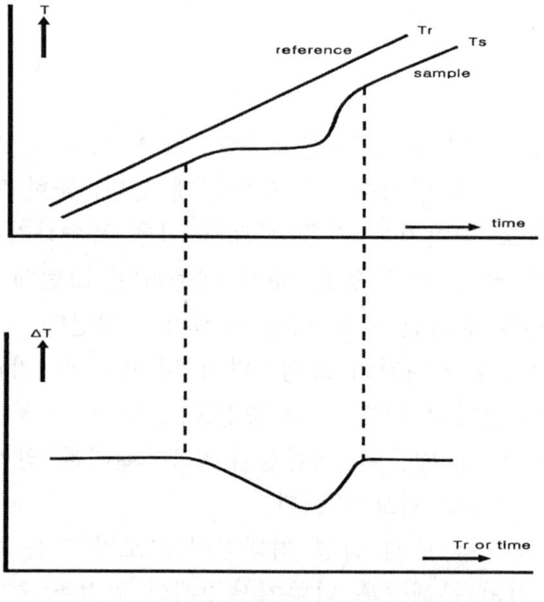


**[그림 2-19] 측정시료와 표준시료의 시간에 대한 온도변화**

$$dH = qk / m\int_{\alpha}^{\beta} dT dt$$

$dH$ : 반응열
$m$ : 시료의 질량
$q$ : 기기의 기하학적 구조에 따른 정수
$k$ : 시료의 열전도도
$dT$ : $q$와 $k$를 비례상수 혹은 상수라고 생각하고 얻어진 최대점의 넓이를 시료의 반응열과 비교하고 있는 가정에서 얻어진 식

## 라. DTA에서 DSC로 발전

전이 등의 변화가 없는 안정한 물질, 예로써 알루미나 등을 기준물질로 하고 동시에 같은 조건으로 온도를 올리면서 시료 또는 참조시료의 온도와 온도차를 측정하는 것으로써 온도를 올리고 적은 시료로 작은 변화에도 급속하게 측정되도록 한 것이 시차열분석(DTA)이다.

전이온도 대신에 전이열의 차이에 의하여 그 결과를 나타내는 것이 정량 DTA 이다. 또한 그 다음에 만들어진 것이 열보상형(heat compensation) DSC로 현재 이들은 모두 DSC(Differential Scanning Calorimeter, 시차주사 열량계)로 불려진다.

DSC와 DTA의 기본적인 차이는 DTA가 시료의 표준물질과의 열거동의 차로 생기는 온도차를 그대로 기록하는 데 대하여 DSC에서는 이 온도차와 같은 열을 전기적 에너지로 보상하여 항상 시료와 기준물질이 같은 온도로 되도록 하여 이 보상전력량을 기록하는 것이다. 따라서 에너지를 직접 나타낸 것이다([그림 2-20, 2-21, 2-22, 2-23, 2-24, 2-25 참조]).

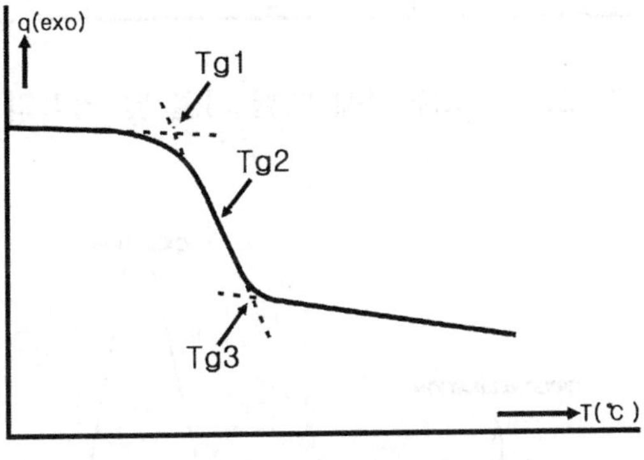


[그림 2-20] 유리전이

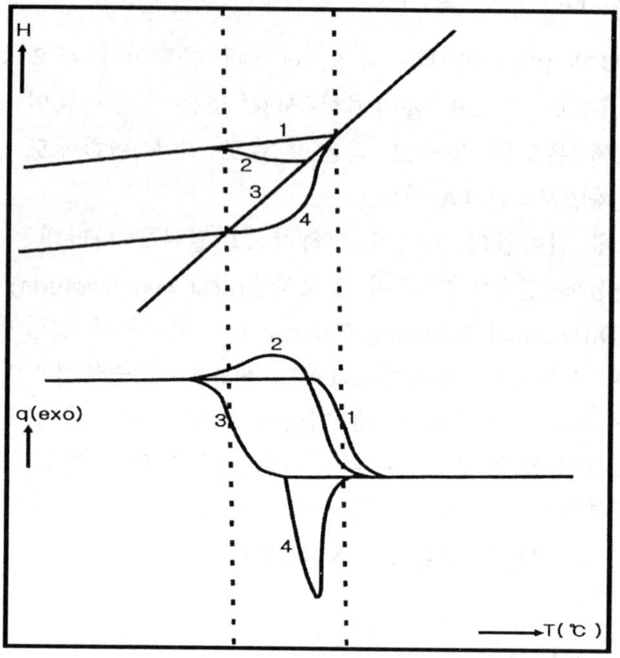


[그림 2-21] 유리전이에 대한 가열 및 냉각의 영향

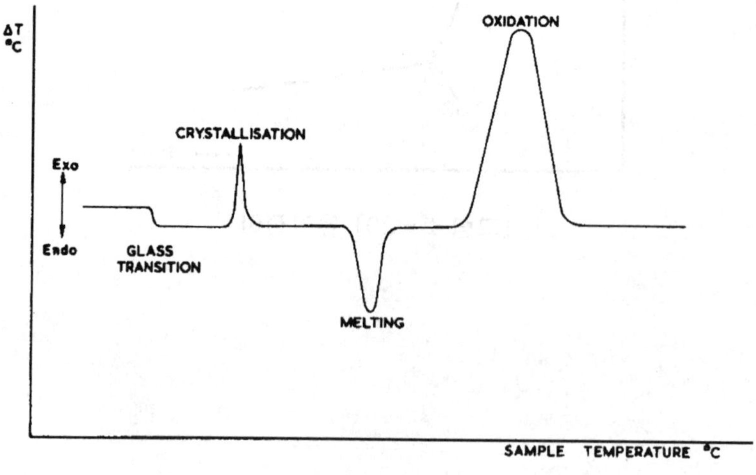


[그림 2-22] 합성수지의 DTA 곡선

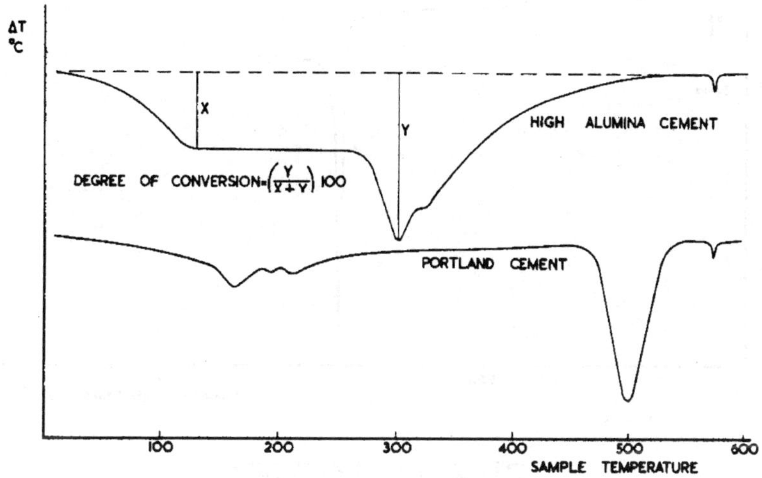


[그림 2-23] 시멘트의 분석

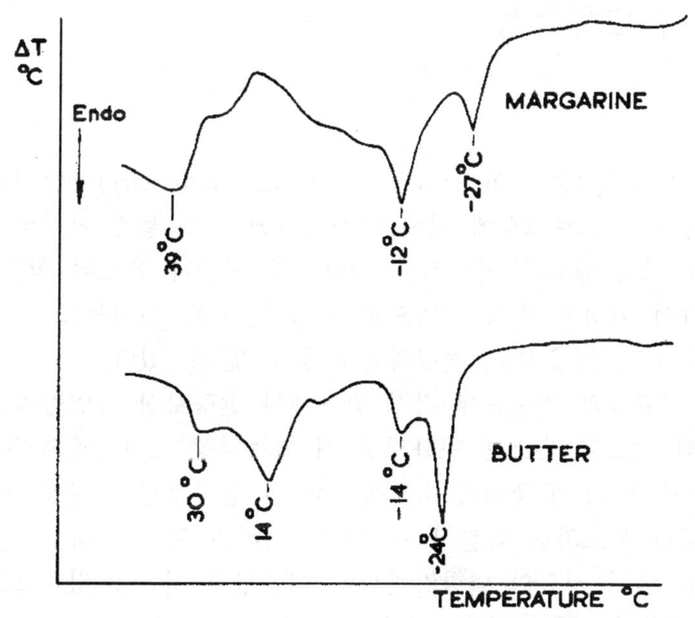


[그림 2-24] 페트와 기름의 DTA 비교

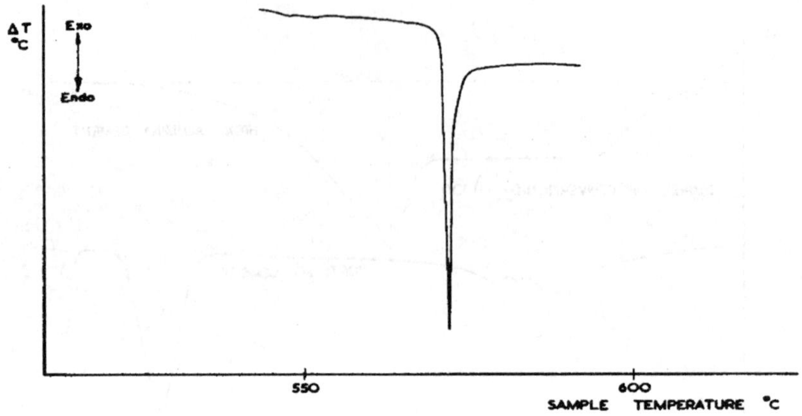


[그림 2-25] 수정의 DTA

## 3. 시차주사 열량측정

### 가. 원 리

시차주사 열량측정(DSC : Differential Scanning Calorimetry)이란 시료와 기준물질의 온도를 일정한 프로그램에 의해 변화시키면서 두 물질 사이의 온도차를 영으로 유지하기 위해 필요한 에너지의 입력차를 시간과 온도의 함수로 측정하는 방법이다. 따라서 이러한 측정 방법으로 물질의 융점, 전이온도, 결정화온도, 산화온도 그밖에 순도, 반응속도, 결정화속도 등도 알 수 있다.

DSC에서는 시료측과 기준측에 각각 감온체와 열량보상 감열장치를 부착해 놓고 있어 일정한 속도로 온도를 변화시킬 때 자동열량 보상회로의 동작에 의하여 양물질의 온도차 ΔT가 항상 0이 되도록 양쪽의 열량보상 가열장치에 전력이 공급된다. 양물질의 온도차를 똑같이 유지하기 위하여 필요로 하는 전기 에너지는 주사한 온도범위에서 시료의 열함량변화에 대응하며 시간을 횡축으로 하여 기준물질의 온도와 함께 기록된다. 그러나 DSC에서는 분해반응의 측정에는 적합하지 않으며 분해되는 시료는 적용할 수 없는 점에 주의하여야 한다.

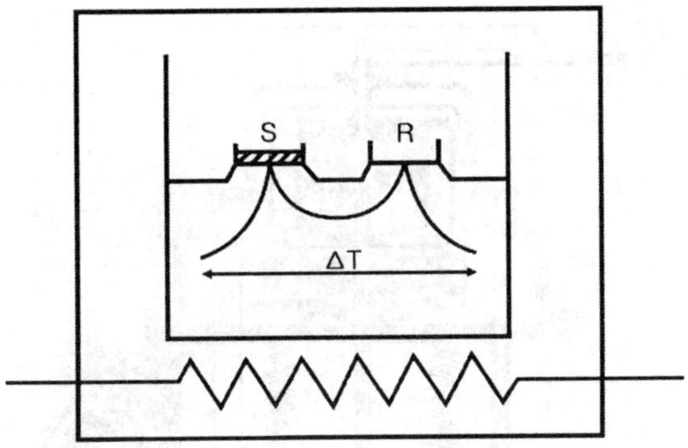


[그림 2-26] DSC 열유속형 DSC 장치의 도해도
(S : 측정시료, R : 기준시료)

## 나. DSC 장치의 구성

열보상형의 경우 main heater가 sample holder 내부에 있는 내부 가열형과 시료와 기준물질의 양쪽을 공통의 히터로 둘러싼 외부 가열형이 있다. 외부 가열형이 base line 안정성은 높지만 히터부의 열용량이 크므로 등온 측정과 비열용량 측정을 하기 어렵다.

시료의 양과 채워넣는 방법이 같은 경우 sample holder에 걸리는 열용량이 적은 쪽이 근접한 전이 등에 의한 다중 최대점의 분해능이 높게 된다.

- heat flux (열유속형) : 기준시료와 측정시료의 온도 차이를 측정하는 정량 DTA
- power heat compensation(입력보상형)

기준시료와 측정시료의 온도 차이가 0이 되도록 하는 데 필요한 에너지 측정이다.

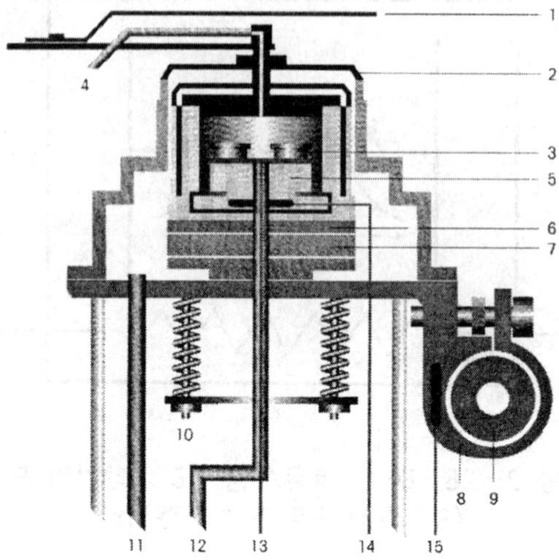


1 Heat shield
2 Automatic furnace lid
3 Crucible on DSC sensor
4 Purge gas outlet with connection for pùmp
5 Silver furnace
6 Flat heater between two insulating
7 Thermal resistance for cooler
8 Cooling flange
9 Cold finger
10 Compression spring construction
11 Dry gas inlet
12 Purge gas inlet
13 DSC raw signal for amplifier
14 Pt100 of furnacc
15 Pt100 of cooling flange

**[그림 2-27] 시차주사 열량계의 전체 구성장치**

## 다. 정량 DTA

시료와 기준물질의 온도를 같은 속도로 올리기 위해 온도의 흐름이 가능한 한 길게 되도록 만들어진 용기에 넣고 좌우 대칭으로 만든 금속 플러그(plug) 속에 넣는다. 금속 플러그는 열전도가 좋은 재료로 만든다. 금속 플러그의 온도를 일정한 속도로 올리면 금속 플러그와 시료 또는 기준시료 사이의 온도기울기에 비례하여 열이 흐른다. 즉, 시료표면과 기준물질의 표면에 있는 온도기울기에 비례해서 열이 흐른다. 그러나 금속 플러그의 온도를 일정하게 유지하고 있을 때나 일정한 속도로 승온 또는 강온하고 있을 때에는 금속 플러그와 시료 또는 기준물질 표면 사이의 온도차가 시료표면이나 기준물질 표면의 온도기울기와 비례한다고 생각된다. 따라서 시료의 흡열이나 발열 등의 변화가 있을 때 금속 플러그와 시료 사이의 온도차를 측정하고 열적인 변화가 없는 상태에서의 온도 차이에 대하여 차이점을 시간으로 적분하면 시료 내에서 발생된 변화에 동반된 열량으로 비례된 값을 구하는 것이 된다.

정량 DTA는 종래의 DTA와 큰 차이는 없다. 그러나 정량 DTA는 온도를 시료와 기준물질의 표면에서 측정하고 있다. 시료 내부에서 온도를 측정하면 온도차와 열의 흐름이 비례계수로 시료의 겉보기 열전도율이 관계하고, 비례계수와 장치계수가 없어지며, 계수의 결정도 가능하지 않다.

## 라. 열보상형 DSC

정량 DTA형의 경우 시료와 기준시료의 온도는 근사값으로 되지만 시료와 기준물질의 열용량의 차이보다 엄밀히는 약간의 차이가 생기고, 시료와 기준물질의 비열 온도의존성이 다르며, 승온 온도에도 아주 적은 차이가 발생될 수 있다. DSC를 이용해서 시료의 비열을 측정하게 되면 이것이 직면한 문제가 발생된다. 또 정량 DTA의 경우 온도변화에 따른 공기전도도율의 변화나 복사나 대류에 의한 열전달이 직접 온도차와 열류에 관계되어 있는 비례계수에 영향을 미친다. 이렇게 되는 것을 강력히 억제하기 위해 고안된 것이 열보상형 DSC이다.

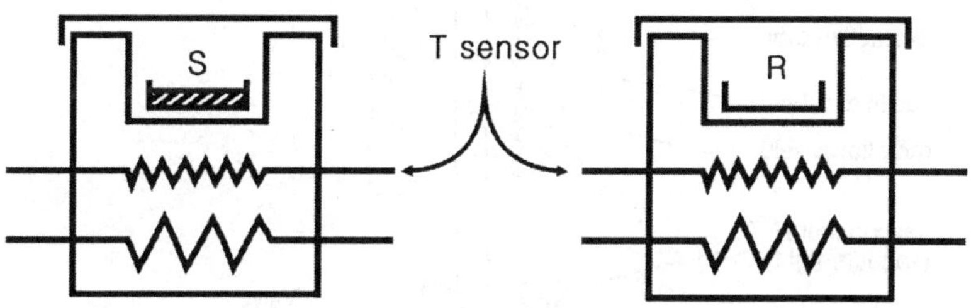


**[그림 2-28] 열보상형 DSC의 도해도(S : 측정시료, R : 기준시료)**

원리적으로 금속 플러그와 기준물질과 시료 사이의 온도기울기의 차를 발생시키면 그 차이를 없애기 위해 무엇인가가 가해져서 열량을 가감하고 그 가감된 열량을 기록하는 것이다. 실제로는 main 최대점에서 전체의 온도 또는 승, 강온의 속도를 제어하면서 열량보상 최대점으로 기준물질과 시료표면의 온도가 0이 되도록 제어하고, 이 제어에 의해 필요한 단위시간당 열량을 시간 또는 온도에 대해서 기록한 것이다. 이렇게 해서 만들어진 것이 열보상형 DSC이다. 정량 DTA형의 경우 얻어진 데이터의 종축은 온도차이며, 이것이 기준물질과 시료에 대해 단위시간당 흐르는 열량의 차로 비례하도록 되어 있지만 열보상형 DSC에서는 단위시간당 흐르는 열량이다. 같은 융해 최대점의 면적은 융해열에 비례한다. 단 비례정수는 승온 속도나 온도로부터 약간 변화하므로 교정이 필요하다. 교정을 하면 융해열은 ±2% 정도의 정밀도를 구할 수 있지만 넓은 온도범위로 변화가 요구되는 경우는 base line을 제거하는 방법이 문제이다.

정량 DTA형의 경우 시료를 넣은 경우와 시료가 들어있지 않은 blank 측정의 경우 기준물질측과 시료측의 승온 온도가 같도록 보정은 안되고 비열측정을 하기에는 문제가 있다. 융해 등의 변화가 있는 경우에는 열보상형 DSC의 경우에도 비열과 온도의 관계는 시료내부의 온도분포에 영향을 받는다.

### (1) DSC의 구조(DSC structure)

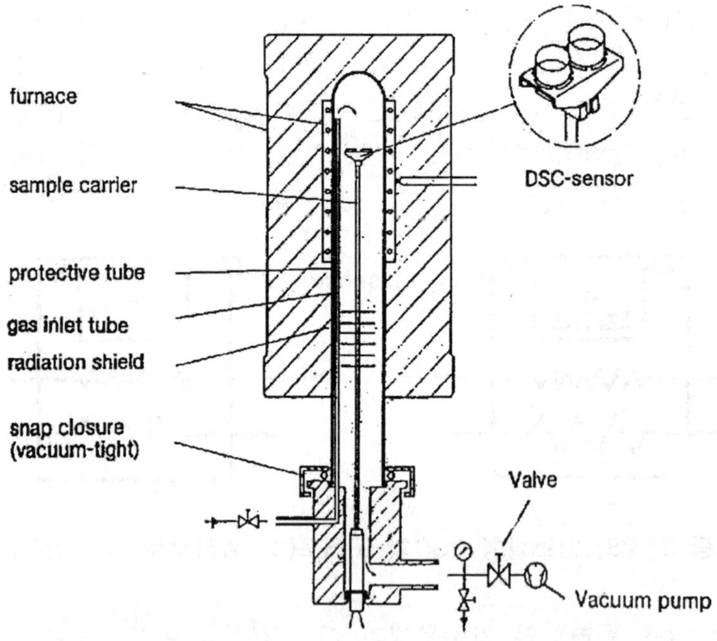


**[그림 2-29] 퍼지가스와 진공 펌프의 연결을 통한 측정시편 부근의 DSC의 도해도**

### (2) DSC 정보

- 금속재료 : 융해온도, 전이온도, 상태도 결정, 시료석출효과
- 유기, 무기재료 : 융해온도, 순도, 열 안정성
- 고분자재료 : 융해온도, 전이온도, 전이열, 결정화온도, 결정화도, 유리전이

온도
· 식품, 생화학 : 융해거동, 열 안정성, 상전이

### (3) DSC 교정(온도와 열융합)

〈표 2-5〉 DSC 교정

| | KS | NIST | ISO | ITS-90 |
|---|---|---|---|---|
| Indium (In) | 156.4℃<br>28.45J/g | | 157℃ | 156.5985℃ |
| Tin (Sn) | 231.9℃<br>59.50J/g | 231.95℃<br>60.22J/g | 231.9℃ | 231.928℃ |
| Lead (Pb) | 327.4℃<br>22.92J/g | | 327.5℃ | |
| Zinc (Zn) | 419.5℃<br>102.24J/g | 419.59℃<br>107.46J/g | 419.6℃ | 419.527℃ |

### (4) 표준 열분석

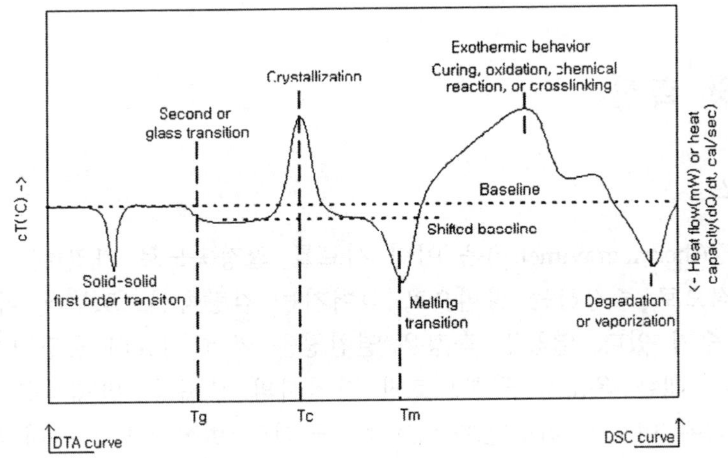


[그림 2-30] 표준 열분석

### 마. DTA/DSC 방법에 의한 측정 및 응용

(1) 유리전이 온도(glass transition temperatures, Tg)
(2) 녹는 점(melting points, Tm)
(3) 분해온도(decomposition temperatures, Td)
(4) 용융열(heat of fusion)
(5) 증발열(heat of vaporization)
(6) 결정화열(heats of crystallization)
(7) 중합, 산화 및 연소 등을 비롯한 반응열(heats of reaction)
(8) 탈수를 비롯한 분해열(heats of decomposition)
(9) 용해열(heats of solution)
(10) 흡착 또는 탈착열(heats of adsorption : heats of deception)
(11) 비열(specific heats) : 열용량(heat capacity)
(12) 활성화 에너지(activation energy)
(13) 전이 엔트로피(entropies of transition)
(14) 고체상태 전이 에너지(solid-state transition energies)
(15) 고분자내의 결정도(crystallinity)의 측정

## 4. 열중량 측정

### 가. 개 요

열중량 측정(thermogravimetry)은 어떤 시료를 일정속도로 가열하면서 그 중량변화를 연속적으로 측정하는 방법으로 얻어지는 감량곡선으로부터 여러 종류의 정보를 얻을 수가 있다. 열중량 측정은 열천칭을 써서 시료의 중량변화 및 시료의 중량변화에 대한 온도를 구함으로써 가열시의 분해성, 반응성을 규명할 수 있다. 또한 TG에 미분을 취하면(D-TG) TG 곡선의 변곡점에서 최대점의 정점을 가진다. 분해가 단일반응인 경우는 최대점이 하나이지만 복수의 반응이 중첩되는 경우는 그 수만큼의 최대점을 갖게 된다. 따라서 TG 곡선만으로 분석하기는 곤란하며 D-TG 곡선을 보는 것이 분석하는 데 매우 유용하다.

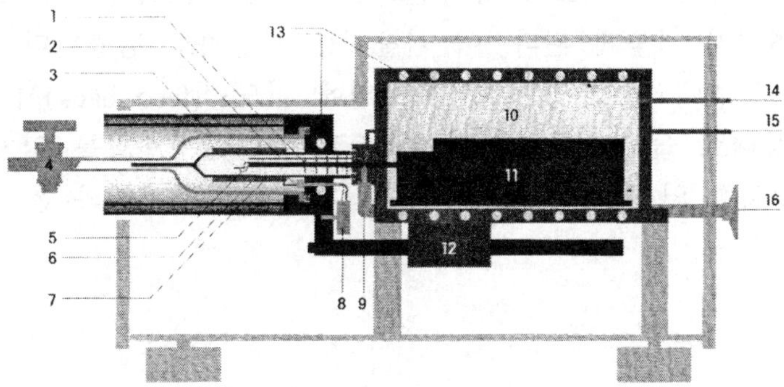


1 Baffles
2 Reactive gas capillary
3 Fused silica jacket
4 Gas outlet stopcock
5 Sample temperature sensor
6 Furnace heater
7 Furnace temperature sensor
8 Electrical connections
9 Vacuum and purge gas tubing
10 Thermostated balance chamber
11 Parallel guided ultramicro balance
12 Furnace motor for chamber opening
13 Cooling
14 Protective gas inlet
15 Reactive gas inlet
16 Vacuum connection and purge gas inlet

[그림 2-31] 열중량장치

## 나. 장치원리

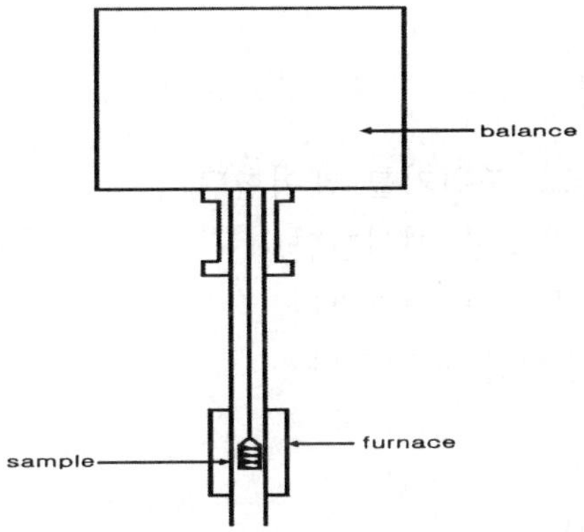


[그림 2-32] 열천칭장치

열중량 측정은 측정 중 시료에 중량변화가 생기면 시료를 지지하고 있는 천칭 빔의 평형이 깨어져 기울게 된다. 이 기울기를 광전자로 검출한다. 이것을 전기적으로 증폭하여 빔에 붙어 있는 전자 코일에 피드백(feed back)시켜 이에 따라 빔이 원래의 상태로 돌아간다. 이 전류값으로부터 중량변화를 알게 되며 따로 시료 부근에 설치한 열전대로부터 온도를 감지하여 중량변화와 온도를 기록기에 기록한다.

## 다. 응 용

시료의 열(분해)반응의 과정, 즉 결정수, 탈수량의 측정, 열분해 반응의 과정 등을 알 수 있고, 휘발성 물질의 생성을 동반하는 열분해 및 고상 반응의 연구를 할 수 있다. 또한 고체와 기체와의 반응연구, 융점 및 비점의 결정 그리고 열분해 및 증발, 승화를 이용한 고체 혼합물의 분석을 수행할 수 있다.

## 라. 시편종류

열중량 측정은 물질을 기열 냉가 또는 일정 온도로 유지하면서 물질의 중량변화를 온도 또는 시간의 계수로써 측정하는 기법이다. 이것은 고체, 액체의 모든 시료가 측정대상이며, 분해, 산화, 환원 등의 화학변화와 승화, 증발 등의 물리변화의 검출에 이용되며 열분석 중에도 정량 변화가 우수한 측정수단이다.

## 마. 열천칭의 구성

1) 시료부 : 시료를 놓고 분위기를 제어한다.
2) 가열로부 : 시료의 온도를 제어한다.
3) 측정온도 : 시료의 온도를 측정한다.
4) 중량측정부 : 중량변화를 측정한다.

## 바. TG의 가중기법

동일 시료를 여러 가지 분석 수단과 조합해서 측정하는 것은 분석이 용이하고 신속성이 뛰어난 정보를 얻는 것이 목적이다. TG도 많은 기법과 조합시켜서 이용되고 있다. 예로써 동시기법(simultaneous techniques)으로 TG-DTA, TG-DSC,

겸용 동시기법(coupled simultaneous techniques)으로 TG-DTA-EGA, TG-MASS 등이 있다. 이 중에서도 TG-DTA가 많이 보급되어 시판 TG 장치의 대부분이 DTA와의 조합으로 되어 있다. 이것은 모든 열변화를 측정대상으로 하는 DTA와의 조합으로 물리적 변화나 화학적 변화 등 변화의 내용을 파악하면서 종합적으로 열거동을 잡을 수 있다.

TG 곡선으로부터 정보는

1) 중량변화의 시작온도 또는 시간
2) 중량변화의 종료온도 또는 시간
3) 중량과 감량
4) 중량의 변화량
5) 중량 변화율
6) 중량변화가 없는 영역

## 사. TG 미분곡선

중량변화의 정보를 보다 유용하게 다목적으로 이용하기 위한 것으로서 중량 미분곡선이 있다. 이것은 TG 곡선을 시간 또는 온도로 1차 미분을 한 것으로 미분열 중량측정(DTG : Derivative Thermo Gravimetry)이라 불리고 있다.

### (1) 표준 TG 곡선

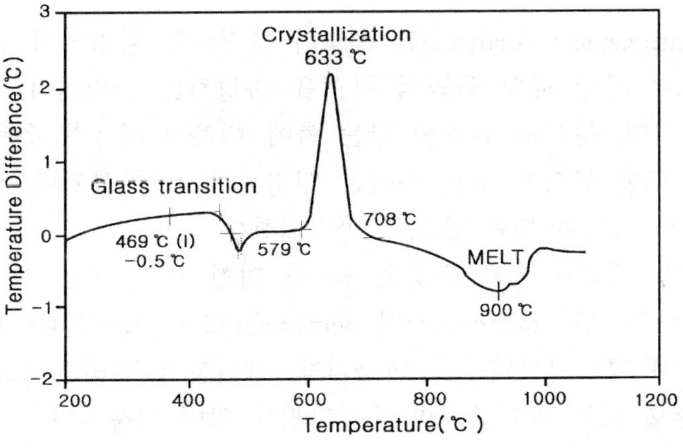


**[그림 2-33] 대기에서 유리의 열중량 분석**

### 아. TGA의 특성

- 감도가 높은 저울을 이용하고 있으므로 다른 장치에 비하여 정량적인 성질을 연구하는 데 적합하다.
- 무게는 길이 및 시간과 아울러 기본적인 현상의 하나이므로 측정대상이 아주 넓다.
- 시료를 연속적으로 가열하여 상태변화를 계속 관찰하므로 실험회수가 적어도 되며, 넓은 온도범위에서 얻은 결과로 반응속도를 계산할 수 있다.

### 자. 응용

- 무기물, 유기물 및 고분자 물질의 열분해
- 고체 상태 반응(solid state reaction)
- 액체의 증발 및 고체의 승화
- 탈수와 흡수의 연구
- 시료 속의 수분 또는 휘발성 성분의 측정
- 증발 또는 승화의 속도
- 특수한 반응속도 연구 등의 정보제공

## 5. 열기계적 분석

TMA(Thermomechanical Analysis)란 온도가 조절되는 환경에서 압축 또는 팽창력을 고체 시료에 가할 때의 물리적 특성을 측정하는 방법이다. 가해주는 힘은 정적 또는 동적이며, 분석은 압력을 받는 축에 대하여 시료의 응축에 의한 변형으로 나타난다. 또한 열팽창 또는 수축은 일정한 힘을 가하거나 특히 힘을 가하지 않는 조건에서 시간과 또는 온도에 반비례한다.

'압축－신장'과 '팽창－수축' 측정을 둘 다 가한 힘과 또는 시간/온도에 반비례하여 크기의 변화(보통 micrometer나 percentage)로서 출력된다. TMA는 물질의 많은 실용적인 자료를 가져다주며 연구개발, 생산분야 그리고 고분자, 유리, 세라믹스, 금속, 혼합 또는 융합물질의 품질관리에 많이 사용된다.

## 가. 열기계분석의 원리

물질의 역학적 특성이 온도에 따라 어떻게 변화하는가를 알기 위해서는 열기계적 분석(TMA : ThermoMechanical Analysis)과 동적 열기계측정(DMA : Dynamic thermo Mechanometry)이 사용된다.

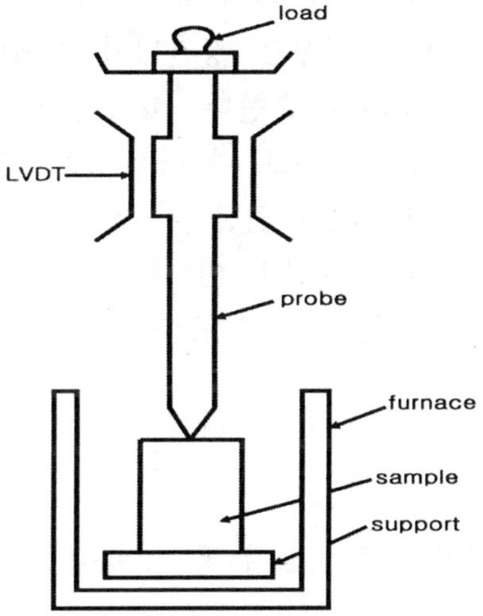


[그림 2-34] TMA 장치의 도해도

## 나. 시료 용기의 선택

각각 가지고 있는 기종에 맞는 용기를 선택하는 것이 중요하며, 더욱이 실험의 목적에 맞는 것을 사용할 줄 아는 것이 중요하다. 현재 시판되고 있는 시료용기의 재질은 알루미늄, 은, 금, 스테인레스, 흑연, 알루미나 등이 있고, 크기도 수 mg 이하에서 70 $\mu$l까지를 커버하고 있다. 실험에 사용하는 시료가 고체, 승화성이 있는 고체, 액체, 젤 상 등을 구분하여 사용하며, 또 온도범위에 맞는 재질을 선택하는 것이 중요하다. 측정장치를 고장내는 최대의 사고는 시료용기가 holder에 융착되는 경우이다.

## 다. 개방형의 판

고체시료는 저온에서 700K까지는 알루미나제를 이용하는 것이 보통이며, 보다 고온에서는 금이나 graphite cell을 이용한다. Alumina crimp cell에는 film, 분말, flake, chip, 얇은 가닥, 섬유 등 어떠한 형태의 것으로도 채울 수 있다. 용기 가득히 시료가 균일하고 넓게 퍼지도록 얹어 놓고, 장치 전용의 crimp 등으로 눌러서 평평하게 조정한다. 유기물의 경우는 정전기가 발생하고 시료가 용기의 표면에 부착하는 수가 있으므로 주의를 요한다. 바닥이 평평하지 않을 때는 평평한 면에 시료용기를 얹어서 금속봉 등으로 눌러서 깨끗한 바닥면을 만들면 좋다. 그러면 굴곡이 없는 깨끗한 데이터를 얻을 수 있다. 샘플 중량이 수 mg으로 적을 때에는 reference 측에는 같은 재질의 빈 용기를 넣는다. 샘플의 중량이 많을 때에는 동량의 건조된 알루미나를 넣으면 좋다.

## 라. 밀폐형의 용기

승화성의 고체시료, 열분해성의 시료나 용액, 용매를 흡착시킨 시료 등에는 밀폐형의 용기를 이용한다. 용량은 수 $\mu l$에서 기종에 따라서는 70 $\mu l$까지 변화시킬 수 있다. Al, Ag 등의 표면과 용매가 반응할 위험성이 있는 것은 사전에 표면처리를 해서 올려놓아야 한다. 처리된 용기는 연성이 감소하여 sealer 등으로 압축해도 정화하게 밀폐되지 않는 경우가 있다. 따라서 측정 전후에 중량을 확인할 필요가 있다. 승온 시에 시료용기의 내압이 깨진 경우에는 기준선이 크게 변동하므로 측정이 잘 되지 않으며, 시료량을 많이 하여 측정하고자 할 때는 동일 용량의 용매 등을 기준측에 넣는다.

# 2-5 분광 분석기의 분석

## 1. 기기의 원리

### 가. 선스펙트럼의 원리

방출분광분석법은 열에너지 또는 전기 에너지로 원자, 이온들을 여기시킨 후 방출되는 스펙트럼의 존재 유무나 세기를 측정하는 방법이다. 방출분광분석에 사용되는 여기원으로는 불꽃, 스파크, 아크, DCP(Direct Current Plasma), ICP, MIP(Micro-wabe Induced Plasma) 및 레이저 등이 사용되고 있다.

### 나. 아크와 스파크 광원 발광분광법

아크와 스파크 광원의 경우 시료는 두 전극 사이의 틈새에서 들뜨게 된다. 전극의 사이에 전기가 통하므로 시료를 원자화하는 데 필요한 에너지를 제공하며 원자를 보다 높은 전자상태로 들뜨게 만든다.

아크나 스파크 광원분광법의 경우 시료의 한쪽 극표면에 균일하게 분포되도록 규칙적으로 공급해야 한다.

시료가 금속이나 합금일 경우는 시료 금속을 잘 깎거나 주조해서 하나 또는 2개의 전극으로 쓸 수 있다. 전극은 둥근 막대의 모양으로 만들되 지름이 10㎝ 정도이고 표면에 다른 물질이 오염되지 않도록 주의하여야 한다.

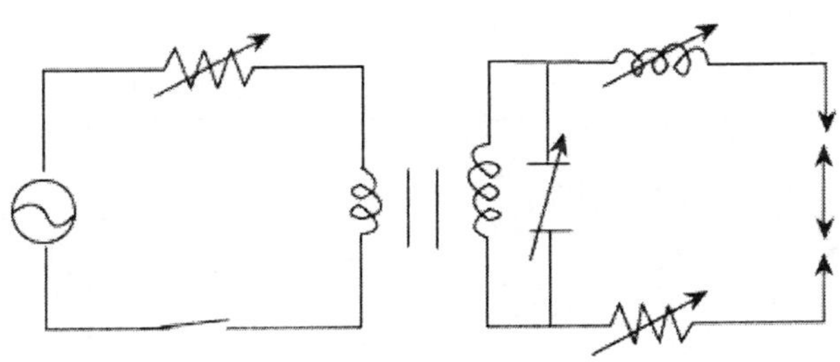

[그림 2-35] 고압 스파크 광원회로

## 다. 스파크 광원

[그림 2-35]의 스파크 틈 사이에 교류를 통하는 전형적 전기회로이다. 변압기로 전원전압을 15,000V ~ 40,000V까지 높여 커패시터를 충전한다. 전압이 충분히 높아져서 [그림 2-35]의 오른쪽에 있는 2개의 공기 틈을 통하여 방전이 일어나면 이어서 일련의 진동방전이 뒤따라 일어난다. 그리고는 전압이 떨어져서 커패시터가 전극 틈 사이에 전류를 계속 통과시킬 수 없게 된다. 이런 순환이 반복되어 일어난다.

방전의 전류와 주파수는 [그림 2-35]에 있는 회로에 연결된 커패시턴스, 인덕턴스와 저항의 크기에 따라 정해진다. 이런 파라미터는 바탕 세기 및 이온의 중성원자 스펙트럼선의 상대적 세기에도 영향을 준다. 대부분의 스파크 광원의 경우 직렬로 배치된 2개의 스파크 틈이 연결되어 있다.

분석용 스파크는 시료를 함유한 한 쌍의 탄소 전극 또는 금속 전극으로 이루어져 있다. 조절용 스파크 틈은 둥글고 매끈한 전극으로 되어 있고 전극 사이의 공간을 조심스럽게 조절해준다. 그리고 이 틈 사이에 공기의 흐름을 통하게 한다. 스파크가 작동하는 동안 분석 전극에서는 여러 가지 조건이 계속 변한다. 따라서 전극 사이의 간격은 조절용 전극을 이용하여 조절하고 방전상태가 더 재현성있게 나타나도록 조절한다.

고압 스파크를 사용하는 경우의 평균 전류는 보통 아크의 전류보다 훨씬 적으며 10분의 몇 암페어 정도이다. 그러나 방전의 초기에는 순간 전류가 1,000A 넘을 수 있다. 이런 전류가 모든 전극면적 중의 극히 적은 부분에서 좁은 흐름으로 되어 통한다. 이 좁은 흐름 내부의 온도는 40,000K로 추정된다. 그러므로 스파크 광원의 평균 전극온도는 아크에서의 평균 온도보다 대단히 낮지만 이런 흐름의 작은 부피 중의 에너지는 몇 배나 크다. 그 결과 고압 스파크에서는 이온 스펙트럼이 아크에서 보다 많이 생긴다.

# 2. 구조와 기능

## 가. 배치도

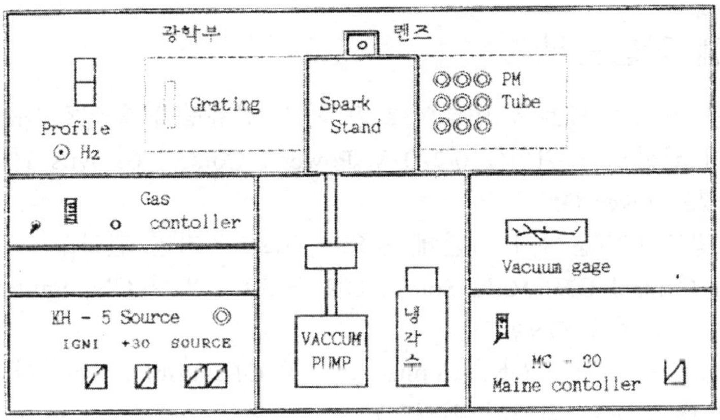


[그림 2-36] 배치도

## 나. 기 능

① GRATING : SPECTRUM을 원소별로 분산시켜 PMT로 보내주는 장치

② PMT: Photo Myltiplier Tube는 Grating에서 나오는 빛을 감지하는 기능이며, 각 원소에 1개 배치되어 있다.

* PM Tube의 측정 및 파손 유무를 확인할 때는 반드시 모든 전원을 OFF시킨 후 확인할 것(USER는 손대지 말 것)

③ SPARK STAND : SAMPLE을 올려놓고 분석하는 장치

④ PROFILE : GRATING에서 나오는 빛의 위치를 정확하게 PMT가 감지할 수 있도록 조절해 주는 장치

⑤ GAS CONTROL : 분석시 SPARK STAND 내부의 공기를 ARGON GAS로 불어내는 장치(대기 상태에서는 빛의 투과가 어렵기 때문이다)

⑥ VACCUM PUMP : 광학부 내부는 진공상태가 유지되어야 빛의 전달이 잘 이루어지고, PMT의 손상을 막을 수 있다.

⑦ KH-5 SOURCE : 시료를 태우기 위해 고압을 발생시키는 장치

⑧ 냉각수 : 시료를 태울 때 SPARK STAND에 많은 열이 발생한다. 이때 STAND 내부에 냉각수가 흘러 냉각시켜 주는 장치(7~8 리터)

⑨ MC-20 : Main controller에서는 IBM에 -HV(-550V / -1000V PMT의 감도를 높이기 위해서는 -HV를 조절하면 된다.)를 보내주고, PMT에서 나

오는 아날로그 신호를 받아 이것을 다시 디지털 신호로 만들어서 IBM PC로 보내주는 장치

## 다. 시스템 작동순서

① 아르곤 가스의 밸브를 연다(아르곤 가스 함유량을 확인한다(30~60 PSI).
② 분석기 뒤편의 스위치(110/220 V Power , Control Ciroyits )를 ON한다.
③ MC－20 Power ON
④ 진공 펌프 ON(분석기 뒤편에 있으며 위로 올리면 된다.)
⑤ Power Control ON, Main Sourse ON, ＋30 스위치 ON, Ignition ON
⑥ H.V의 스위치를 ON한다.
⑦ Computer 스위치를 ON, Moniter 스위치 ON, Printer ON한다.
⑧ 5분간 대기(진공 펌프의 워밍업)
⑨ Left Stand Argon Control 스위치를 작동한다(스위치를 90도 올리면 ON이 된다. 게이지의 볼이 1에 위치하고 분석시 15 정도에 올라올 수 있도록 조절한다).
⑩ 진공 밸브를 연다( Θ : 닫힌 상태, ϕ : 열려 있는 상태).
⑪ 신공 밸브를 열고 진공 게이지를 확인한다(게이지의 흑색 바늘이 적색 바늘 사이에 들어가야만 한다. 약 100m토르 이상).
⑫ H.V의 Reset 스위치를 누르면 적색 불이 들어온다.

## 라. 분석시 주의사항

① 시스템 작동 순서에 의해 장비를 가동한다.
② 스탠드에 시료 외의 물건이 없는지 확인한다.
③ 스탠드에 카본가루가 있는지 확인한다.
④ 스탠드에 습기가 있는지 확인한다.
⑤ 스탠드에 있는 BN(보론 나이트) 취급에 주의한다.

## 마. 일일정검

① 음극 점검(음극의 간격은 5mm이다.)
Ag극의 Tip이 마모되면 90도 가공하여 사용한다.
② 스탠드 청소
스탠드 청소는 1일 1회 청소를 해준다. 청소방법은 브러시로 깨끗이 털어낸

다. (주의) 물걸레로 닦아서는 안 된다.

③ 장비 ON/OFF

장비는 24시간 가동을 원칙으로 한다.

1일 이상 사용을 안 할 때는 아래의 순서에 의해 ON/OFF한다.

- 진공 밸브 ---------------------------------------------------------- CLOSE
- GAS 밸브 ---------------------------------------------------------- CLOSE
- 진공 펌프 ---------------------------------------------------------- OFF
- H,V CONTROLLER POWER --------------------------------- OFF
- MC-20 CONTROLLER POWER -------------------------- OFF
- PRINTER POWER -------------------------------------------- OFF
- COMPUTER POWER ---------------------------------------- OFF
- MONITOR POWER ------------------------------------------- OFF

④ Argon GAS 점검

분석 데이터의 재현성 및 정확성은 아르곤 가스의 순도와 습도에 민감하다.

⑤ 주간 점검

- 렌즈 청소

  렌즈를 청소할 때에는 손을 깨끗이 씻고 알코올과 솜으로 닦는다.

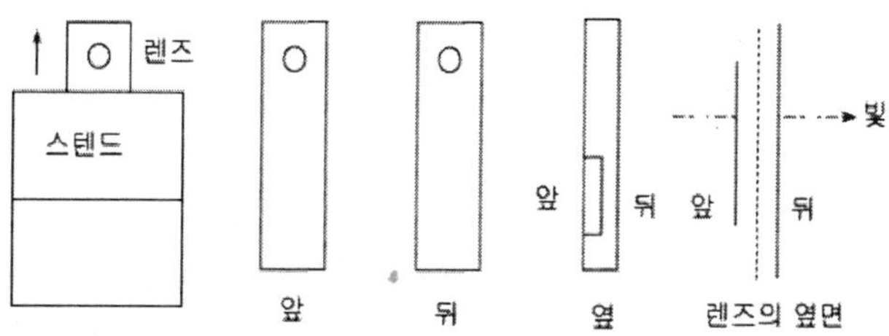


**[그림 2-37] 분석기 내부의 렌즈**

- 증류수(냉각수) 확인 보충

## 바. 분기 점검

① 아르곤 필터 교환 : 3개월에 1회씩 반드시 확인하여 청소 및 교환한다.

② 진공 오일을 확인하여 보충 및 교환 : 교환시기는 6개월에 1회이다.

**제 3 장**

# 박 막

3-1 박막의 정의

3-2 기체의 일반적인 성질

3-3 대기압 및 진공

# 3－1 박막의 정의

## 1. 박막기술의 개요

박막형성기술은 반도체 제조공정 중에서 가장 다양성이 풍부한 분야로서 그 장치도 방식과 원리에 있어 매우 다양화되어 있다. 용도는 기판공정뿐만 아니라 배선공정에 있어서도 앞으로는 많은 장치가 필요하게 될 것이라고 여겨진다. 박막형성기술이 중요한 이유는 형성된 막이 그대로 디바이스 구조 중에 남아 있고, 그 디바이스의 특성, 양품률, 신뢰성 등에 커다란 영향을 주기 때문이다.

먼저 박막, 그 자체에 대해서 설명하면, VLSI 응용시 박막은 '1㎛ 정도 이하의 얇은 막'이라 정의하며, 하한은 수nm(수십 Å) 정도이다. 단, 열처리 장치에 있어서 앞서 설명한 Si 표면의 열산화막은 같은 박막이라도 여기에는 포함되지 않았다. 여기에서 말하는 박막이란 표면에 퇴적된 막이며 외부로부터 가지고 온 것을 가리킨다. 또한 Si상의 열산화막은 변질에 의해서 형성된 막이기 때문에 이것에는 포함시키지 않는다. 계면반응 또는 치환반응에서는 예를 들면 Si이 W과 치환하여 그 장소에 W막이 퇴적된다. 이 현상도 일반적으로 퇴적에 의한 박막형성이라 할 수 있다.

[그림 3－1]은 박막의 재질에 의한 분류이다. 재질적으로는 절연막, 금속·도체막, 반도체막으로 나누며 세분하여 여러 가지 재료로 분류된다. 절연막에서는 특히 최근 새로운 디바이스 구조, 디바이스의 고능화를 위한 많은 새로운 재료가 개발되고 있다. 유기 폴리시머 박막의 층간 절연막에의 응용도 그 한 예이다.

또한 현재 개발이 진행되는 강유전체 메모리(FeRAM)에는 커패시터재료의 전극재료에 아주 새로운 박막을 필요로 하게 되며, 신재료의 백화점이라 해도 과언이 아니다. Cu 금속막도 Al을 대체하는 배선재료로 최근 주목받고 있다. 다음에는 박막형성기술에 대해 설명하겠다. [그림 3－2]에 박막형성기술의 방법론적 분류를 제시한다.

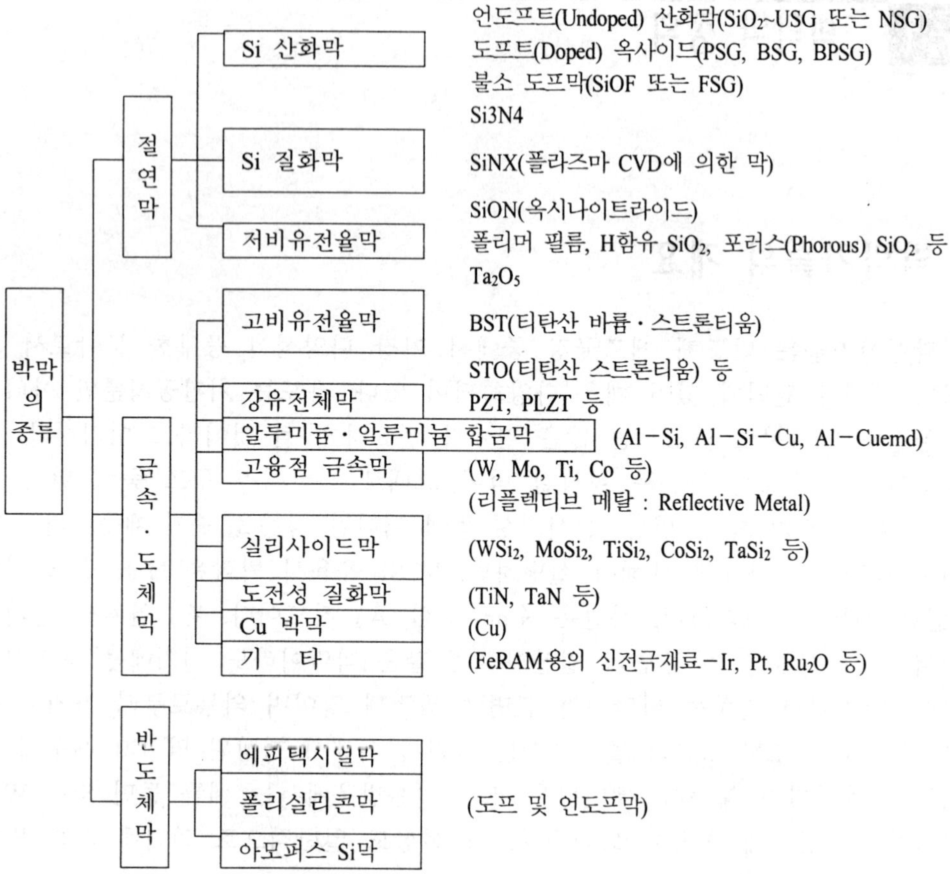


**[그림 3-1] VLSI에 의한 박막형성기술의 분류-Ⅰ(막의 종류)**

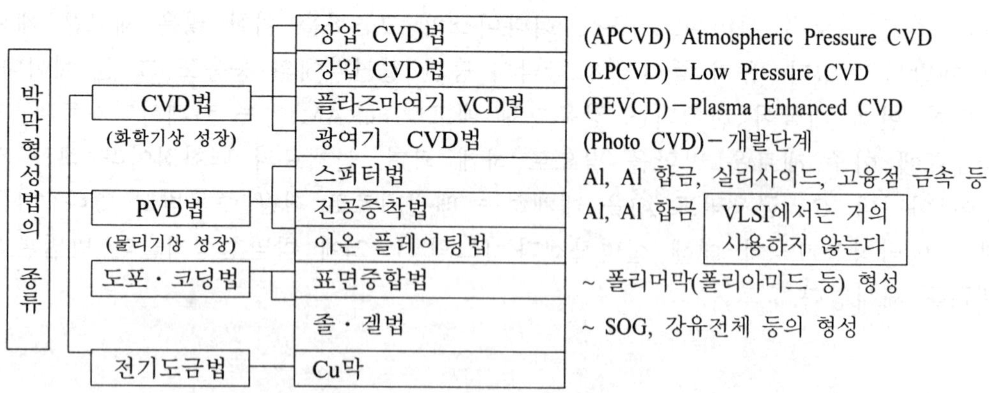


**[그림 3-2] VLSI에서의 박막형성기술의 분류-Ⅱ(형성방법)**

〈표 3-1〉 PVD법과 CVD법

| PVD법 | CVD법 |
|---|---|
| •물리적 수법(증착, 스퍼터) | •화학적 수법(화학반응) |
| •기판은 보통 실온 가열도 가능하다 | •기판은 가열된다 |
| •주로 금속·도체막의 형성 막의 종류에 제약이 있다. | •막질은 온도에 의해 좌우된다. |
| •진공장치를 이용한다. | •절연막, 금속·도체막, 금도체막 등 모든 것에 적용된다. |
| •막은 퇴적되며, 기판과의 밀착성은 뛰어나다. | •플라즈마 CVD, 강압 CVD의 경우는 진공을 이용한다. |
| •막은 치밀하고, 스트레스는 크다. | •밀착성은 파라미터에 따라 변한다. |
| •벌크(bulk)에 가까운 막질이 생긴다. | •막의 치밀성은 온도에 따라 정해지고 스트레스는 제이기 기능하다. |
| •단차 피복성이 나쁘다. | •단차 피복성은 PVD보다 우수하다. |
| •조성의 제어는 일단 곤란하다. | •조성의 제어는 가스의 제거에 의해 가능하다. |

박막형성의 2개 기둥이라 불리는 것이 CVD(Chemical Vapor Deposition, 화학적 기상성장)와 PVD(Physical Vapor Deposition, 물리적 기상성장)이다.

[그림 3-2] CVD법의 분류에서는 압력에 의해 상압하의 CVD, 강압하의 CVD로 여기법에 의한 플라즈마 및 광여기 CVD로 구분한다. 플라즈마 여기 CVD 기술은 화학적 방법과 물리적 방법을 혼합한 기술이지만, 대개 CVD 기술속에 포함시키고 있다.

<표 3-1>은 CVD법과 PCD법의 비교이다. CVD법은 화학반응의 응용이며 막형성의 추진력은 온도이지만, PCD법은 스퍼터링 등의 물리현상을 응용한 것이다. 현재로는 PVD법은 주로 Al 등의 금속 배선재료, Ti 등의 콘택트 재료의 막형성에 이용되고 있다.

도포에 의한 표면에의 코팅도 독립된 방법으로 생각해야 한다. 이 방법에 의한 박막형성은 용이한 수법이므로, 제어만 충분히 되면 막질적으로도 CVD법이나 PVD법에 필적한다. VLSI 프로세스의 하나로 최근 주목되는 것이 Al 배선을 대체하여 Cu막형성을 하기 위한 도금법이다.

Cu의 성막에는 VCD법, 스퍼터 등의 PCD법도 가능하지만 성막을 위한 코스트, 박질, 양산성 등을 생각하면 전기도금에 의한 방법이 지금으로서는 가장 유망하다고 보고 있다. VLSI 프로세스 분야에 있어서 Cu 이외의 막을 도금에 의해 형성시키려는 시도는 없지만 이전에는 Au 등의 도금이 전극으로 이용된 적도 있다. 도금법은 박막형성기술로 급속히 전개될 것으로 예측된다.

## 2. 박막기술의 응용

박막의 종류가 다양화되고 있다는 것은 VLSI 디바이스에서의 응용이 광범위하다는 것을 가리킨다. 1970년에 Si 게이트 MOS 디바이스가 등장한 이래 박막의 적층화와 가공은 디바이스 구조 형성의 포인트가 되어 왔다.

Si 게이트 디바이스는 클리실리콘 전극과 AI 배선이 입체 교차하는 것이 특징이며 폴리실리콘막이 처음으로 디바이스에 응용되었다. 박막형성기술의 응용현상을 [그림 3－3] MOS 트랜지스터의 기판공정, 배선공정으로 나누어 본다.

기판공정에서는 ①에피택시얼층의 형성을 비롯하여 ②트렌치의 매립용 절연막, 게이트 전극으로서의 ③폴리실리콘막, ④실리사이드막으로 이어지며, ⑤층간 절연막(BPSG막이 이용되는 예가 많다)이 형성된다.

기판공정은 여기까지의 공정에 실리사이드 콘택트 형성을 포함하여 600℃ 이상의 온도가 가해진다.

배선공정에서는 ①W플러그 구조, ②배리어(barrier)층 (TiN이 주류), ③Al, ④반사방지막(ARC), ⑤층간 절연막의 구조가 일반적으로 이용되고 있으며, CMP 기술이 많이 이용되고 있다. 최후의 메탈 패턴 위에는 ⑥패시베이션(passivation)층(통상 $Si_3N_4+SiO_2$)이 형성되고 표면보호를 한다. 배선공정에서는 Al이 이미 존재하고 있기 때문에 처리온도는 450℃ 이하가 일반적이다.

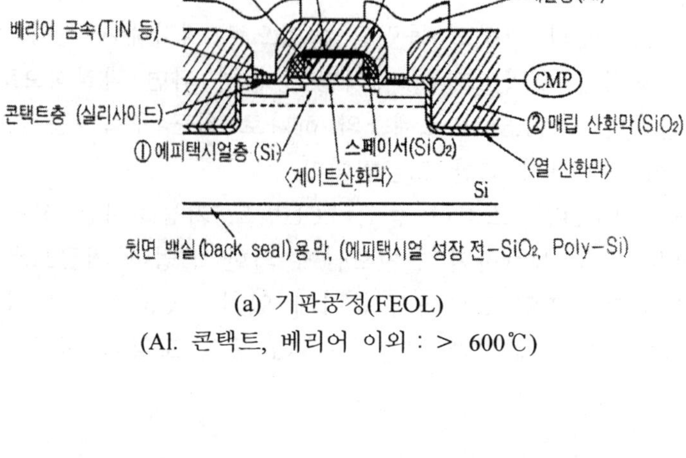


(a) 기판공정(FEOL)
(Al. 콘택트, 베리어 이외 : > 600℃)

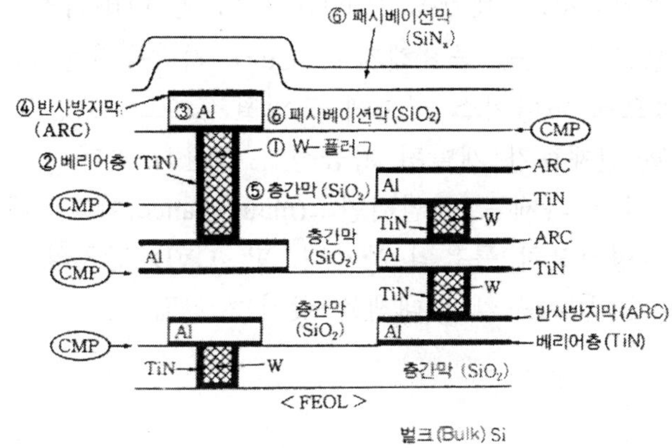


(b) 배선공정(BEOL) (< 450℃)

**[그림 3-3] 박막 후 VLSI의 응용기핀공징**

현재 이들 막은 아래와 같이 나누어 만들어지고 있다.

- CVD법 : 에피택시얼 성장, 백실·매립 산화막, 폴리실리콘막, 실리사이드막, 스페이서용 산화막, 메탈전 층간막, W플러그 메탈-메탈 층간막, 패시베이션막
- PVD법 : Ti막, TiN막, Al 및 Al 합금막, 반사방지막

덧붙여서 말하면 강유전체 박막 등은 졸·겔법으로 스핀코타에 의해 형성되고 있는 예가 많다. 도포 글라스막(Sog)은 층간막의 평탄성 보조를 위해 여전히 이용되고 있다. 앞으로 저비유전율의 층간막으로서 유기절연막 등도 등장할 가능성이 있다.

## 3. 박막기술의 향후 전망

막형성기술에 있어서는 신 디바이스 등장과 함께 많은 새로운 막재료를 필요로 하게 되었다. 가까운 장래에 개발되지 않으면 안 될 재료와 장치로는 다음과 같은 것이 있다.

- 새로운 금속 배선재료로서의 Cu막 형성장치
- 로직 LSI 성능 향상을 위한 저비유전율 절연막 형성장치
- 강유전체 메모리 디바이스 관련 박막의 양상 레벨로 형성 가능한 장치

모두 다 양상 장치로서의 개발이 기대되고 있다. 디바이스 고집적화를 위해 다층 배선기술은 앞으로 더욱 중요해지고, Cu와 저비유전율막은 혼합 사용하든지 또는 각각 단독으로 디바이스 구조에 도입될 것으로 보인다. FeRAM용의 재료는 특수하여 향후 신재료가 개발될 가능성이 대단히 높다.

박막형성장치의 최대 과제는 메인터넌스(maintenance)이다. 파티클, 메탈 컨테미네이션 등도 박막형성장치 특유의 문제다. 단, CVD 장치와 스퍼터 장치는 원리적으로 다르기 때문에 공통적인 대책을 찾기는 어렵다.

## 3-2 기체의 일반적인 성질

### 1. 기 체

기체(gas)라는 말은 보통 진공에서 비압축성 기체와 증기를 의미하는 경우가 많다. 비압축성 기체란 보통 실온에서 액체나 고체로 압축할 수 없는 것이다. 건조한 공기가 비압축성 기체이고, 수증기가 증기의 예이다. 액체 공기를 만들려면 아주 낮은 온도에서 높은 압력으로 할 수 있다. 기체는 모든 방향으로 거의 같은 속력으로 운동한다. 그러나 어떤 것들은 더 빨리 혹은 더 느리게 운동한다. 용기 내에 들어 있는 기체를 가열하면 압력이 상승하는데, 이것은 기체 분자들의 속력이 더 빨라졌다는 것을 의미한다.

### 2. 압 력

공기의 성분 중 대부분은 질소와 산소이다. 이러한 기체가 주어진 온도에서 같은 속력으로 용기의 안쪽 벽을 때리게 되고, 이것이 압력(pressure)이 된다. 이 압력은 단위면적당 힘으로서 정의한다. 어떤 얇은 막을 공기중이나 용기 내에 둘 때 그 모양이 변하지 않는 것은 그 막 양쪽에서 균일한 힘이 미치고 있기 때문이다. 용기의 출구를 그 막으로 막고 그 용기내의 공기를 배기시켰다면 상황이 달라진다. 그 막은 모양을 유지못하고 용기 안으로 쭈그러들고 만다. 이것은 둘 사이에 압력의 차이가 생겼기 때문이다. <표 3-2>는 해수면상에서의 공기성분을 나타낸 것이다.

**〈표 3-2〉 해수면상에서의 공기성분**

| 성 분 | 체적으로 한 % |
|---|---|
| 질 소 | 78.08 |
| 산 소 | 20.95 |
| 아 르 곤 | 0.93 |
| 이산화탄소 | 0.03 |
| 네 온 | 0.0018 |
| 히 리 움 | 0.0005 |
| 메 탄 | 0.0002 |
| 크 립 톤 | 0.0001 |
| 수 소 | 0.00005 |
| 크세논 등 | 흔 적 |

## 3-3 대기압 및 진공

### 1. 대기압

[그림 3-4]는 고도에 따른 대기압의 변화를 나타낸 것이다.

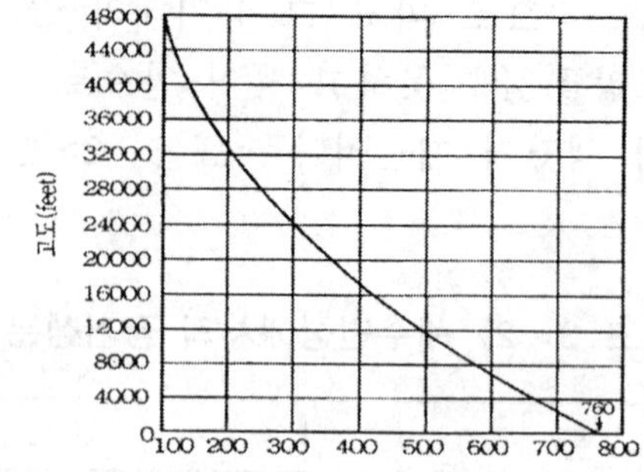


대기압(mmHg)

[그림 3-4] 고도에 따른 대기압

수면으로부터 상공으로 올라가면 그 압력이 서서히 변하고 해수면에서 0℃의 온도에서 측정한 압력을 표준 대기압(atm)으로 정하였고, 고도가 높아짐에 따라 이 압력은 서서히 줄어든다.

[그림 3-5]는 압력을 측정하기 위한 기본원리를 나타낸 것이다.

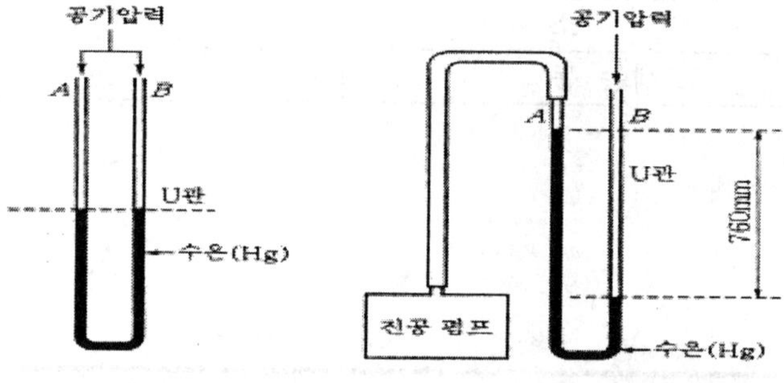


(a) 양쪽이 대기앞에 노출된 U관 (b) 한쪽이 배기된 U관

[그림 3-5] U관을 이용한 압력측정의 기본원리

[그림 3-5](a)에는 양쪽이 공기 중에 노출된 U자관이고, [그림 3-5](b)는 대기압을 측정하기 위한 것이다. 진공 펌프에 의해 흡입 상승한 수은의 높이가 대기압이 된다. 여기서, 수은의 높이가 진공과 공기의 압력 차이에 의해 760mm만큼 차이가 난다. 이 길이를 대기압의 기준으로 하는데 1기압을 760mmHg라고 하는 이유가 이 때문이다. 그러나 지금은 이 단위를 사용하지 않고 1N/㎡=1Pascal로 하기로 국제단위위원회에서 결정하였다.

1.013mmbar를 기상청에서 사용하다가 이를 1.013hecto Pascal로 쓰고 있다. 이것도 편리함을 위한 mks 단위이다. 진공도를 나타낼 때에 torr(또는 Torr) Torricelli 또는 mmHg를 사용할 때가 있으나, 가급적 Pascal을 사용하는 것이 옳다.

## 2. 진 공

진공은 공간의 기체압력이 대기압보다 낮은 상태, 즉 분자밀도가 약 $2.5X \times 10^{19}$ 분자/㎤보다 적은 상태를 의미한다. 지상으로부터 고도에 따른 진공도의 비교는 [그림 3-6]과 같다.

진공을 응용하기 위해서는 지상에 인위적인 진공을 발생시키고 제어해야 한다. 이런 진공기술을 발생시키는 발생기술, 재료기술, 가공 및 부품기술, 평가 및 제어기술로 대별되며 이 4가지 요소가 합쳐져서 진공 응용기술이 성립된다.

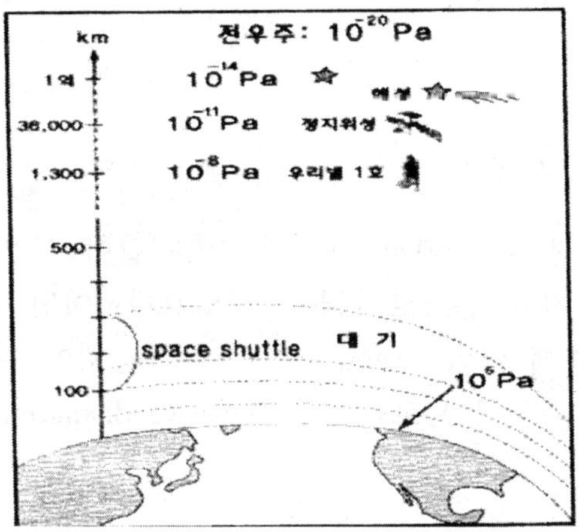


[그림 3-6] 고도에 따른 진공도 비교

진공은 다음과 같은 특성이 있으므로 전 과학 시술분야와 상업분야에서 진공기술이 응용되고 있다. 압력차에 의한 힘의 발생, 극청정 환경그림 제공, 단열효과, 입자의 장거리 비행기능, 증발과 승화작용, 안정된 플라즈마를 유지, 생화학반응억제, 우수환경제공 등의 특성이 있다.

진공기술의 응용범위는 전 산업에 걸쳐 있으며 반도체의 집적도가 높아지고 양자소자 개발 등 첨단기술이 발전하면서 그 중요성은 날로 증가하고 있다. 다음은 진공기술이 응용되고 있는 대표적 분야들이다.

- 첨단산업 : 반도체, FED
- 미래산업 : 우주항공, 핵융합, 신소재 개발
- 산업응용 : TV브라운/모니터, 기계/광학부품 코팅, 보온병, 램프, 냉동기
- 의학 · 화학 · 식품 : 의약품 생산, 식품보관, 진공건조식품, 진공증류

- 첨단과학 : 가속기 표면분석장치, 질량 분석

진공기술의 응용을 위해서는 진공 펌프를 이용하여 진공상태를 만들어야 되는데, 진공을 처음 대하는 사람은 우선 많은 종류의 펌프를 보고 놀랄 것이다. 또 진공 시스템을 보면 적어도 두 종류 이상의 펌프가 사용됨을 보고 의문을 가질 수 있는데, 이는 무엇보다도 모든 압력 영역에서 또는 원하는 작업환경에서 작동되는 이상적인 펌프가 없기 때문이다. 따라서 이상적인 작업환경을 만들기 위해서는 작업조건에 맞는 펌프의 선정과 시스템의 구성이 무엇보다도 중요하다고 할 수 있는데, 이 장에서는 쉽게 사용되는 여러 가지 진공 펌프의 특징과 사용법에 대해 간단히 정리하였다.

## 가. 진공 펌프의 분류

펌프의 종류는 [그림 3-7]에서 나타낸 것과 같이 사용 가능한 압력에 따라 저진공, 고진공, 초고진동 등으로 나눌 수 있으나, 어떤 펌프를 어떤 압력에서 사용한다는 명확한 경계가 없고 제조회사나 사용방법에 따라 조금씩 차이가 난다. 또한 작동원리에 따른 분류로는 크게 positive displacement 펌프와 entrapment 펌프로 나눌 수 있다.

- positive displacement 펌프 : 기체를 진공용기 외부로 제거하는 펌프로 로터리 펌프(rotary vane pump), 터보 분자 펌프(turbo-molecular pump) 등 대부분의 기계적인 펌프가 이에 속한다.
- entrapment 펌프 : 배기시킨 기체가 여전히 진공용기나 펌프 속에 남아 있는 경우이다. 포획 펌프(capture pump)라고도 한다. 아무튼 진공용기 내부의 공간으로부터 기체 분자수를 제거하기만 하면 압력이 낮아지므로 이런 것들도 펌프라고 부를 수 있다. 흡착 펌프(sorption pump)나 냉온 펌프(cryopump), 이온 펌프(ion pump)가 이에 속한다.

(1) Positive displacement 펌프

**① 로터리 펌프(rotary vane pump)**

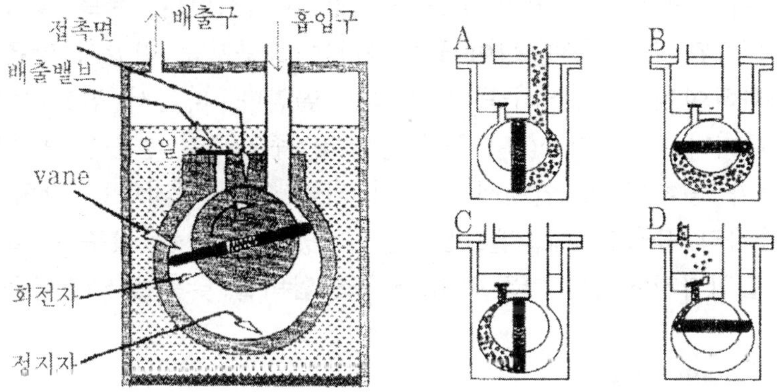


**[그림 3-7] 로터리 펌프의 내부구조 및 작동순서**

[그림 3-7]에 일반적으로 실험실에서 저진공 용도로 가장 많이 사용되는 로터리 펌프의 구조와 작동순서를 나타내었다. 로터리 펌프는 정지자(stator), 회전자(rotator) 그리고 vane에 의해 흡입(A), 압축(B,C), 배기(D)의 과정을 거쳐 작동하게 된다. vane과 회전자에 의해 압축된 가스의 압력이 배출밸브를 열기에 충분할 정도로 높아지면 밸브가 열리면서 가스가 배출된다.

로터리 펌프는 윤활제의 역할뿐만 아니라 회전에 의한 마찰열의 감소와 정지자와 vane 사이의 공간을 막아주기 위하여 오일을 사용하게 되는데, 사용하는 오일의 증기압이 낮아야 좀더 낮은 압력까지 낮출 수 있고, 역류(back stream)에 의한 진공용기의 오염을 방지할 수 있다.

* 역류(back stream)와 트랩(trap) - 역류는 펌프 오일이 주로 증기의 상태로 진공용기쪽으로 이동하는 현상인데 진공용기 오염의 원인이 된다. 실온에서는 증기압이 비교적 낮으나 마찰 등으로 인하여 온도가 오르면 증기압은 쉽게 수백배 또는 그 이상 증가한다. 표면을 또는 반대로 뜨겁게 하여 증발시킴으로써 방지할 수 있다. 또한 진공용기와 펌프 사이에 트랩이나 역류 방지판(baffle) 등을 사용하여 이러한 현상을 상당히 줄일 수 있다.

* Dead volume - 로터리 펌프의 배기과정 중 일부의 가스가 빠져나가면, 압력이 다시 감소하므로 가스가 완전히 빠져나가기 전에 배출밸브가 닫히게 되는데 이때 빠져나가지 못하는 가스를 의미한다. dead volume은 오일의 증기와 함께 로

터리 펌프가 작동할 수 있는 한계압력(ultimate or lowest pressure)을 한정짓는 원인이 된다.

* Gas ballast - 물과 같이 응축(condensation)이 쉽게 되는 증기류는 펌프 속에서 압축단계를 거치는 동안 응축되어 펌프 오일을 오염시킨다. 예를 들어 수증기를 배기할 경우 응축된 뒤 기름에 섞여 돌아다니는 물분자는 기압이 낮은 흡입단계에서 다시 기화하여 펌프 흡입구쪽의 압력을 높인다. 따라서 펌프의 압축 주기에 외부에서 대기나 다른 가스($N_2$) 등을 일부러 주입시켜 충분한 방출압력을 가짐으로써 물분자 등이 펌프 안에서 응축이 되는 것을 방지하는 장치이다. 배출과정에서 수증기의 응축은 배출밸브를 열 수 있는 압력을 낮추어 밸브 작동을 어렵게 하고, 흡입과정에서의 기화로 최저 도달압력을 낮추는 악영향을 미친다.

**② 루츠 펌프(roots pump)**

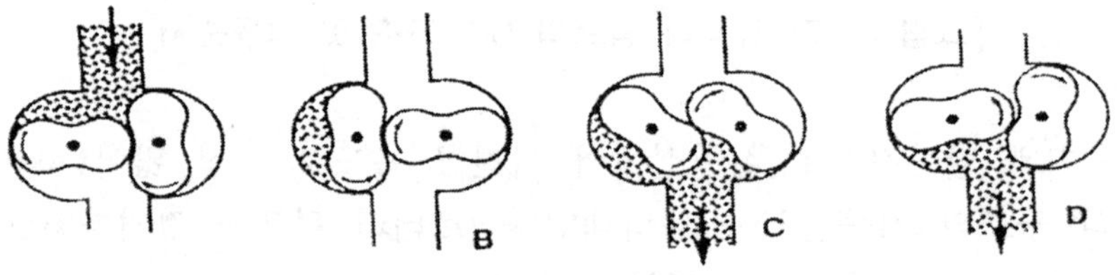


[그림 3-8] Roots pump의 작동원리

[그림 3-8]에서 보듯이 평행한 축에 달린 '8'자 모양의 2개의 회전자가 서로 반대방향으로 돌면서 기체를 흡입 배출한다. 이때 두 회전자 사이의 간격은 약 0.2mm 정도로 유지되고 회전은 동기화되어 있기 때문에 서로 접촉을 하지 않는다. 또한 오일을 사용하지 않기 때문에 로터리 펌프보다 훨씬 빠른 속도로 회전할 수 있으나, 로터리 펌프로 보조 배기(backing)를 해줘야 한다. 로터리 펌프는 최저 도달압력 근처($10^{-2}$~$10^{-4}$)에서 배기속도가 떨어지고 오일역류 등의 문제를 일으키는데 이 경우 루츠 펌프와 동시에 사용하면 이상적이라 하겠다.

③ 오일 확산 펌프(turbo-molecular pump)

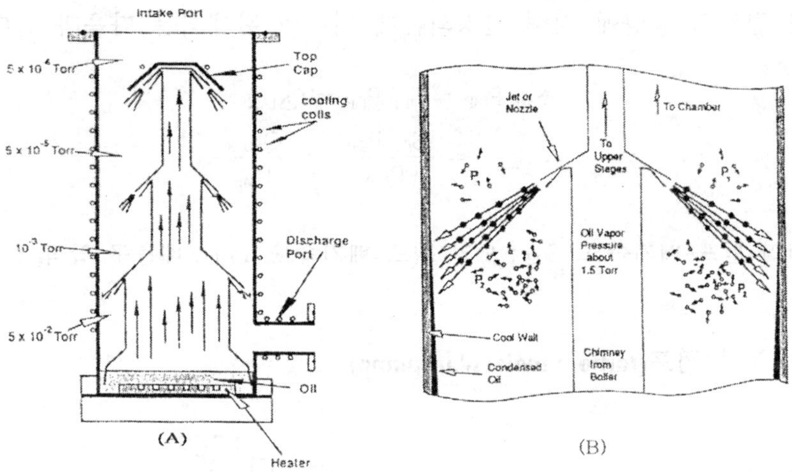


[그림 3-9] 오일 확산 펌프의 구조(A) 및 작동원리(B)

[그림 3-9]에서 보듯이 그 구조는 크게 히터(heater)와 jet assembly로 구성되어 있다. 히터에서 끓어 형성된 오일 증기가 증기탑을 따라 상승하다가 아래쪽을 향한 노즐에서 초음속(약 300m/초)으로 분출되는 것이다. 이렇게 아래쪽을 향해 분사되면서 펌프 주변으로 들어온 기체분자들을 함께 같은 방향으로 이동시켜 배기가 이루어진다.

이때 고분자 오일과 기체분자들의 충돌시 운동량 전달(momentum transfer)에 의해 기체분자가 아래쪽으로 향하게 되어 배기된다.

오일 산화 등에 따른 역류를 방지하기 위하여 펌프에 사용되는 오일은 다음과 같은 성질을 만족하여야 한다.

* 오일의 조건 휘발성이 없고 정제(purification)가 쉬워야 한다.
- 배기하고자 하는 가스와 반응성이 없어야 한다.
- momentum transfer를 용이하게 하기 위해 분자량 및 분자밀도가 높아야 한다.
- 공기 중 산화, 진공 중 decomposition, 고온산화 등에 강해야 한다.
- 유독성이 없어야 한다.

일반적으로 오일 확산 펌프는 오일의 산화 등을 방지하고, 배기효율을 높이기 위하여 로터리 펌프를 이용하여 보조배기를 해주면서 사용하게 되는데, 이때 로터리 펌프의 용량은 오일 확산 펌프의 흡입구의 압력과 배출구의 압력, 그리고 오일 확산 펌프의 용량에 의해 결정되는데 이때의 관계식은 다음과 같다.

$$S_{MP}P_{MP} = S_{DP}P_{DP} = Q_{MAX}$$

$$\therefore S_{MP} = \frac{S_{DP}P_{DP}}{P_{MP}} = \frac{Q_{MAX}}{P_{MP}}$$

($S_{MP}$ : 로터리 펌프 배기속도, $S_{DP}$ : 오일 펌프 배기속도, $P_{MP}$ : 배출구 압력, $P_{DP}$ : 흡입구 압력)

### ④ 터보 분자 펌프(turbo－molecular pump)

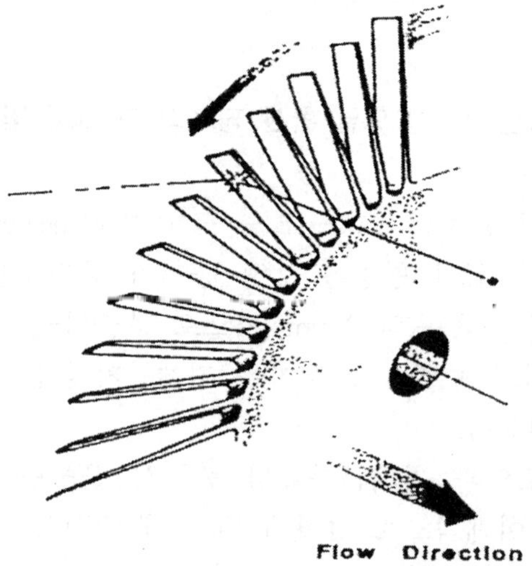


[그림 3－10] 터보 분자 펌프의 배기원리

[그림 3－10]은 회전하는 블레이드에 부딪힌 분자가 튀어나가는 모습을 나타낸 것이다. 터보 분자 펌프는 블레이드의 회전에 의해 분자에 momentum transfer가 일어나고, 이때 분자가 원하는 방향으로 튀어나감으로써 배기가 이루어진다는 간단한 원리를 가지고 있다.

그러나 실제 상황에서는 진공용기의 압력에 따라 다른 각도에서 이해를 하는 것이 필요할 것이다. 우선 진공용기의 압력이 높은 경우 기체분자량이 많기 때문에 기체분자들은 독립적으로 움직이지 못하고 서로 영향을 받게 되는데, 이처럼 분자의 평균자유행로(mean free path)가 짧고 분자들 사이에 힘이 작용하는 경우를 viscous flow라고 한다. 이때 기체분자는 완전 탄성구처럼 작용하여 충돌이 일어나면 그대로 다시 튀어나가게 되고 또한 압력 구배에 다른 자연스러운 흐름을 갖게 된 것으로 알려져 있다.

따라서 이 경우는 역류(back steam)에 대해 우려가 없고, 그림에서처럼 블레이드에 부딪힌 분자는 자연스럽게 배기될 것이다. 그러나 용기내의 압력이 낮아지면 기체는 분자들 사이에 서로 영향을 미치지 않고 독립적으로 운동하는 molecular state로 바뀌게 되는데, 이때 기체분자가 표면에 부딪히게 되면 탄성충돌에 의해 바로 튀어나가지 않고 흡착(absorption), 대기(residence time), 탈착(desorption)의 과정을 거치는 것으로 알려져 있다. 따라서 이 경우 고정되어 있는 블레이드에는 양쪽 방향에서 균일한 충돌에 의해 분자들이 흡착되고 또한 코사인 분포(cosine distribution)에 따라 균일한 방향으로 탈착이 진행되므로 블레이드의 각도만을 원하는 방향으로 기체의 순흐름(net flow)을 바꾸기는 어렵다.

따라서 압력이 낮은 경우 [그림 3-11]의 경우처럼 블레이드를 충분히 고속으로 움직여서 위쪽으로 접근하는 분자들의 흡착을 막게 되면 기체의 순흐름을 원하는 방향으로 바꿀 수 있을 것이다.

결국 이상과 같은 일련의 과정을 반복적으로 거치면서 분자의 순흐름이 유지되고 배기가 이루어지게 된다.

[그림 3-12]에 일반적인 터보 분자 펌프의 구조를 나타내었다. 날의 각은 배출구쪽으로 갈수록 더 많이 기우는데 이는 흡입구에서는 진공용기와의 압력차가 크지 않고 또한 많은 기체를 받아들일 수 있도록 하기 위함이고 배출구 쪽에서는 압력차가 커지기 때문에 이를 유지하기 위함이다. 고정자는 역류를 방지하는 baffle의 역할과 함께 회전자에서 튀어나온 분자를 아래쪽을 향하도록 각을 유지하고 있다.

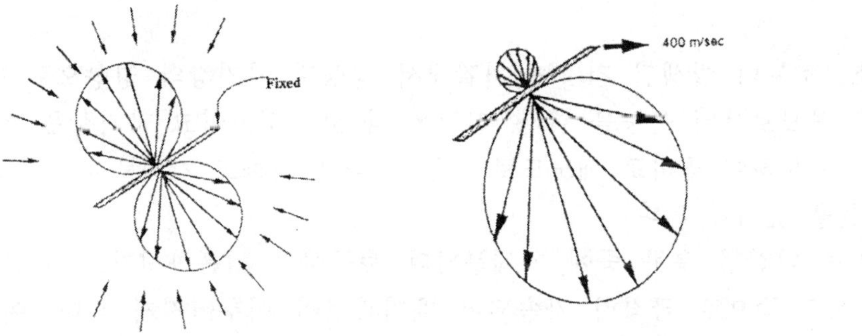


[그림 3-11] 블레이드 상태에 따른 충돌 후 분자흐름의 변화

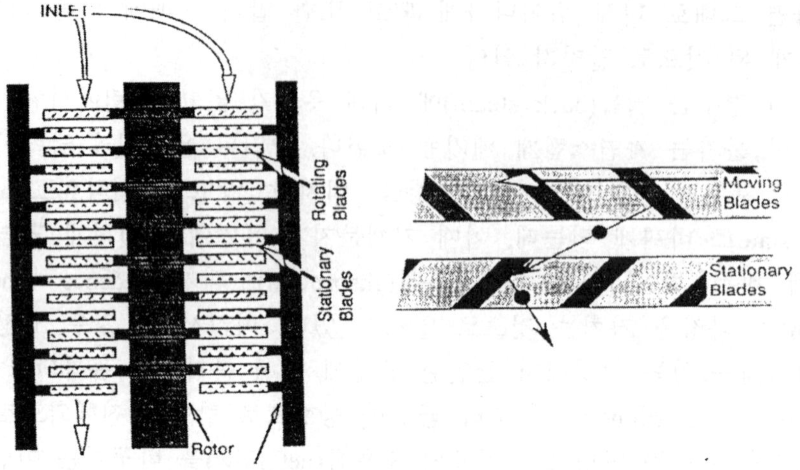


**[그림 3-12] 일반적인 터보 분자 펌프의 구조 및 회전자(rotator)와 고정자(stator)의 작동에 따른 분자경로의 변화**

터보 분자 펌프는 고속(10,000~100,000)으로 회전하는 날이 작은 입자나 부스러기에 의해 쉽게 손상을 입을 수 있고, 또 고속회전시 각속도가 회전축으로 크게 걸려 작은 충격에도 망가질 수 있으므로 사용에 각별히 주의해야 한다.

### (2) Entrapment 펌프

#### ① 이온 펌프(ion pump)

이름에서 짐작할 수 있듯이 기체를 이온화하여 표면과의 반응성을 높여 주어진 공간으로부터 기체분자를 제거하는 방법으로 [그림 3-13]에 그 원리를 나타내었다.

캐소드로부터 발생된 전자는 바깥에서 형성된 자기장의 영향으로 나선형으로 애노드 쪽으로부터 운동을 한다. 전압은 약 5kV 정도이고 자기장은 전자에 회전운동을 유도하여 곧바로 애노드로 가는 것을 방지하고 기체분자와 충돌할 수 있는 확률을 높이게 된다.

전자는 나선형 운동 중에 기체분자와 충돌하여 이온화시키고, 이온화된 기체는 캐소드 쪽으로 급격히 가속되어 배기과정이 이루어지게 된다. 이때 약하게 충돌한 이온은 캐소드에 묻히게 되면서 제거되고, 강하게 충돌한 이온은 티타늄 캐소드를 스퍼터하여 새로운 티타늄 표면을 형성하여 gettering으로 기체입자를 붙잡는다(새로운 티타늄 표면을 기체입자와 화합물을 형성하거나 증가된 표면에너지를 줄이기 위해 분자결합함으로써 기체입자를 제거하게 된다).

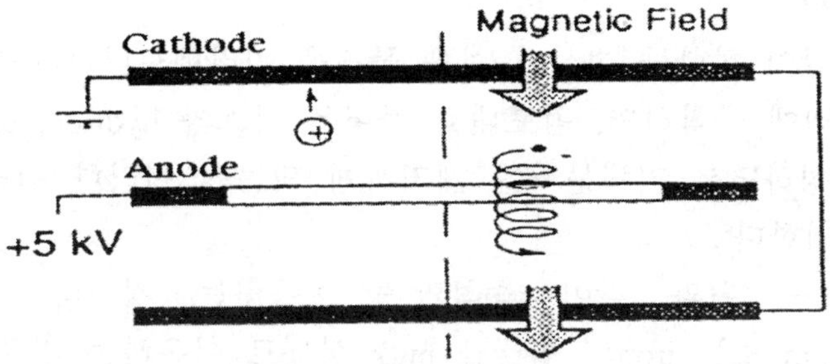


[그림 3-13] 이온 펌프의 작동원리

② **Cryogenic pump**

cryogenic 펌프는 저온(cryo-)을 이용한 것으로 차가운 표면에 기체분자들이 응축 또는 흡착되도록 하여 제거하는 원리를 이용한다. 냉매로는 액체질소나 압축된 헬륨을 이용한다. 냉각된 표면이 기체분자를 붙잡는 데 있어서 냉온응축(cryo-condensation)과 냉온흡착(cryo-sorption)의 원리를 이용한다.

냉온응축의 경우는 증기를 차갑게 하여 액화시킨 다음 얼리는 방법을 말하는데 80K 단계에서 증기압이 낮은 물분자가 먼저 제거되고 다음이 $N_2$, $O_2$, Ar 등이다. 다음 단계는 냉온흡착을 이용하는데 15K 영역에서 담당하며 He, $H_2$, Ne 등 저온에서도 증기압이 높은 기체들의 운동에너지를 빼앗아 표면에서 움직이지 못하게 하는 것이다.

[그림 3-14]에서처럼 안쪽 표면에 활성탄(activated charcoal)이 발려 있음을 보는데 이는 물분자와 같이 1단계에서 포획될 수 있는 기체들이 15K영역에 달라붙게 되면 냉온흡착할 수 있는 표면적이 줄어들기 때문에 이를 방지하기 위한 목적이다.

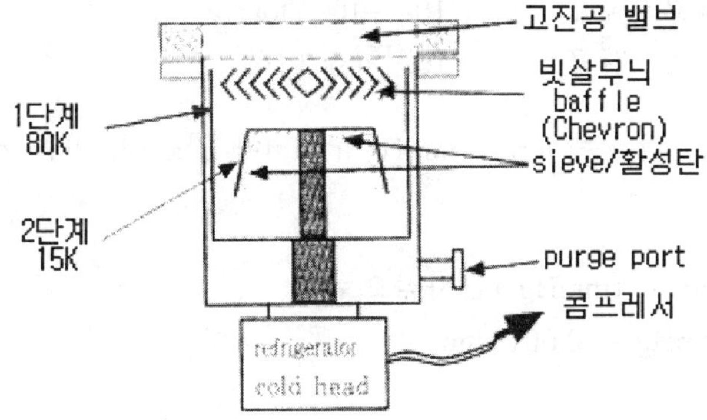


[그림 3-14] Cryogenic pump의 개략도

③ **Getter pump**

티타늄(Ti)과 같이 화합물 형성이 쉬운 물질을 필라멘트나 덩어리 형태로 가열하여 진공펌프 벽에 증착하면, 펌프내로 들어온 가스와 hydride, oxide, nitride 등의 화합물을 형성하면서 기체분자를 제거하게 되는데 이러한 원리에 의해 작동하는 펌프를 의미한다.

Getter 펌프에는 위와 같이 증착막을 이용하는 경우와 재생이 가능한 zirconium-vanadium 또는 iron의 합금을 bulk 상태로 이용하는 경우가 있다.

### (3) 그 밖의 펌프

Stream ejecter 펌프 : 확산 펌프와 비슷한 원리로 기름대신에 고속의 수증기를 이용하고 수 torr까지 사용이 가능하다.

Water jet 펌프 : 수압을 이용하여 간단한 진공 또는 흡입장치로 사용하는데, 유속이 빠른 곳에서 압력이 낮아진다는 베르누이의 정리를 이용한 방법이다.

## 나. 진공도

진공장치는 흔히 그들의 작동압력으로 구분하는데, 진공을 압력의 정도에 따라 분류하면 다음과 같다.

| | |
|---|---|
| 저진공 | $760^{-1}$torr |
| 중진공 | $1 \sim 10^{-3}$torr |
| 고진공 | $10^{-3} \sim 10^{-6}$torr |
| 초고진공 | $10^{-6} \sim 10^{-9}$torr |
| 극고진공 | $10^{-9} \sim 10^{-12}$torr |
| 극초고진공 | $10^{-12}$torr 이하 |

진공에 사용되는 단위는 torr와 mmHg와 atm이 있는데, 이들 사이의 관계는 다음과 같다.

1torr = 1mmHg (근사적으로)

1mmHg = 0.0013atm

# 3. 박막의 형성단계

원리적으로 박막 응집은 다음과 같이 3가지 다른 메커니즘으로 구분되며, 이것은 성장하는 막의 원자들 사이의 상호작용의 강도 및 막의 원자와 기판 사이의 상호작용의 강도에 의해 정해진다.

## 가. 박막 응집의 메커니즘

① 층과 층에 의한 성장(van der Merwe 메커니즘)
② 3차원적 핵자 형성, 성장, 그리고 섬들의 연결(Volmer－Weber 메커니즘)
③ 단층의 흡착과 그 층 위에 계속되는 핵자 형성(Stranski－Krastanov 메커니즘) 대부분의 경우에는 ②가 일어나고, 앞으로 이에 대해 더 자세히 살펴보기로 한다.

## 나. 전자현미경에 의한 막의 성장

증착된 막을 전자현미경으로 조사한 결과 막의 성장이 보통 몇 가지 단계로 이루어진다는 것이 발견되었으며, 그 결과는 다음과 같다.

① 핵형성, 기판표면상에 통계적으로 분포된 작은 핵자가 형성된다.
② 핵자의 성장과 큰 섬들의 형성, 이것은 흔히 작은 결정의 형태를 갖춘다.
③ 섬들의 합체(즉, 결정체)와 빈 채널(channel)을 포함한 다소 연결된 네트워크가 형성된다.

[그림 3－15]에 박막형성의 진행과정이 도식적으로 그려져 있다. 이 그림은 이미 성장한 핵자를 나타내는 것으로, 생성단계에서 핵자의 크기는 보통 전자현미경의 분해능에 미치지 못한다.

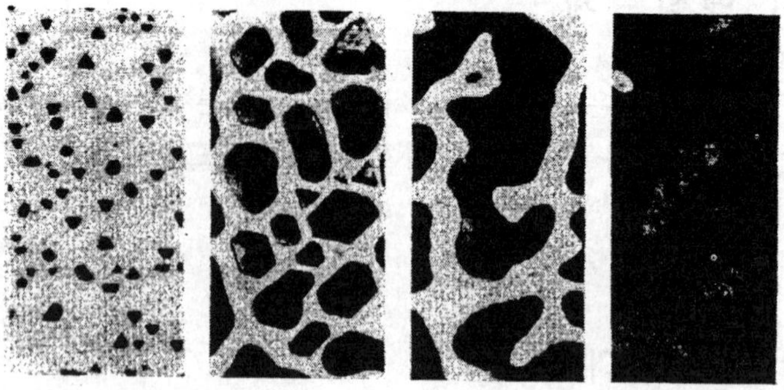

[그림 3-15] $MoS_2$ 위에 Ag막의 형성과정

핵자가 어떤 농도에 도달한 후 들어오는 입자들은 더 이상 핵자를 형성하지 못하고, 먼저 도달한 것에 달라붙거나 이미 형성된 섬들에 붙게 된다. 나중에 설명하겠지만 핵의 성장과 분리된 섬들의 합체는 막구조의 형성에 기본적인 것으로 매우 중요하다.

## 4. 핵 형성

증착원으로부터 증발되어 기판에 도달한 입자들은 박막으로 증착되고, 일반적으로 그들의 에너지의 일부를 상실하게 된다. 대부분 쌍극자(dipole)나 4극자(quadrupole)적인 성질의 힘에 의해 표면에 끌리게 되어 임의의 시간 후 표면에 흡착하게 된다. 표면에 입사된 입자의 에너지 손실과 표면을 떠난 입자의 에너지 손실은 다음과 같이 정의된 점유계수(accommodation coefficient) $a$에 의해 특징지어진다.

$$a = \frac{Tc - Tv}{Tc - Ts}$$

여기서, $Tc$는 입사된 입자의 에너지에 해당하는 온도이고(증발원에 온도로 정해진다), $Tv$는 방출된 입자의 온도, $Ts$는 기판의 온도이다. 이 계수는 0에서 1 사이의 값을 갖고, 0은 탄성적 반사를 의미하고(에너지 손실이 없는 것), 1은 전체가 점유된 것을 의미한다. 즉, 입자들은 모든 여분의 에너지를 잃어버리면 그의 에너지 상태는 전적으로 기판온도에 의해 결정된다.

이론적으로는 문제를 간단히 하기 위해 입자들이 1차원적으로 들어오는 것으로 취급한다. sticking 계수 $s$는 입사된 입자수에 대한 물리적으로 흡수된 입자수의 비로 정의하면, $s = 1 - R$이다. 여기서, $R$은 탄성적 반사계수이고, 실제로 계수 s는 입사된 입자의 에너지가 기판상에서 탈착된 에너지의 25배와 같거나 적으로 1로 둔다. 탈착 에너지가 1eV에서 4eV 이상이므로 상한값은 105K의 영역에서 입사된 입자의 온도에 해당한다. 이것은 정상적으로 증발시키는 온도를 훨씬 넘는 온도로, 대부분의 입자들이 물리적으로 흡착될 가능성이 높다.

1차원적 모델에서 3차원으로 확대하면 확률은 감소하지만 흡착된 입자들은 얼마동안 기판에 존재하고, $\tau_s$는 아래와 같이 정의된다.

$$\tau_s = \frac{1}{\nu} \exp \frac{Q_{des}}{kT}$$

여기서, $\nu$는 흡착원자의 표면 진동주파수이고, $k$는 볼츠만 상수, $Q_{des}$는 주어진 기판상에서 입자의 탈착 에너지이다. 그리고 $T$는 입자의 온도로, 일반적으로 기판과 증발원의 온도 차이이다.

아직 완전히 점유하지 못한 입자들은 어떤 여분의 에너지를 보유하고 있다. 이 에너지와 기판으로부터의 열에너지에 기인된 것에 의해 입자들은 표면 위를 이동한다. 이와 같은 이동을 이주(migration) 또는 표면확산이라고 한다. 입자들이 표면에 머무는 동안 화학적으로 흡착되는데, 이것을 화학적 흡착이라고 한다.

결과적인 상태는 더 높은 탈착 에너지에 의해 결정되는데, 그때 입자들은 재증발을 하게 된다(머무는 시간 $\tau_s$는 매우 길다). 이것 외에 입자들은 표면확산 과정 중에 서로 만나서 쌍을 형성하고, 이렇게 되면 재증발 확률은 더 작아지고 응축조건은 성숙하게 된다.

전체 입사된 원자의 수에 대한 응축된 원자의 수의 비를 응축계수(condensation coefficient)라 하고, 이것은 박막형성에 중요하다. 표면 위에 있는 입자들은 표면확산이라는 방법으로 입사점으로부터 어떤 평균거리($\overline{X}$)를 이동한다. 이 거리는 다음과 같이 주어진다.

$$\overline{X} = (2D_d T_s)^{1/2} = (2D_d)^{1/2} \nu^{-1/2} \exp \frac{Q_{des}}{2kT}$$

여기서, $D_d$는 표면확산계수이다.

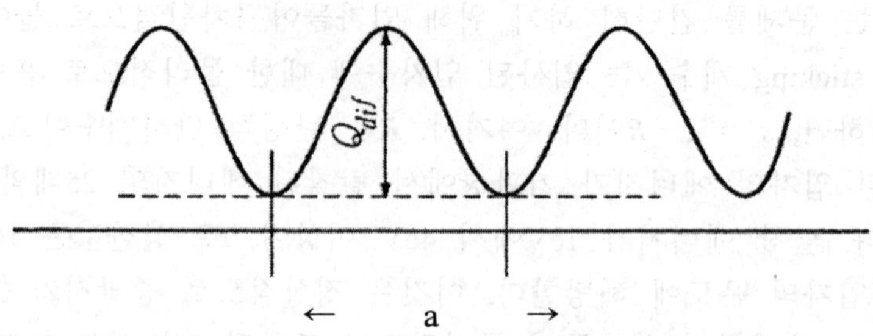


**[그림 3−16] 고체 표면의 전위변화**

표면의 전위변화는 [그림 3−16]에서와 같이 나타낼 수 있다. 결합 에너지는 전체 표면에 걸쳐 동일하지 않고, 흡착된 입자들은 항상 극소 에너지 상태를 점유하려는 경향이 있다. 이것이 어떤 흡착위치에서 항상 국재화되고 이웃 위치로 지나가기 위해서는 어떤 전위장벽을 극복해야 한다. 즉, 표면확산 점프를 위한 활성화 에너지가 필요하다.

표면확산계수는 다음과 같이 활성화 에너지와 관계되어 있다.

$$D_d = a^2 \nu \exp\left(-\frac{Q_{des}}{2kT}\right)$$

여기서, 평균거리 $\overline{X}$는 다음과 같이 표시할 수 있다.

$$\overline{X} = \sqrt{2}\, a \exp\left(\frac{Q_{des} - Q_{dif}}{2kT}\right)$$

여러 가지 재료에 대한 탈착 에너지 $Q_{des}$와 활성화 에너지 $Q_{dif}$를 <표 3−3>에 나타내었다.

**〈표 3−3〉 탈착 에너지 $Q_{des}$와 표면확산을 위한 활성화 에너지 $Q_{dif}$**

| 재 료 | $Q_{des}$[eV] | $Q_{dif}$[eV] |
|---|---|---|
| W 위에 Ba | 3.8 | 0.65 |
| W 위에 Cs | 2.8 | 0.61 |
| 운모 위에 Al | 0.9 | − |
| W 위에 W | 5.38 | 1.21 |
| Hg 위에 Hg | − | 0.048 |

만약에 몇 개의 입자들로 형성된 두 이웃 핵자가 서로 너무 가까이 있게 되면 (근사적으로 지름 $\bar{X}$), 다른 입자가 중첩할만한 확산이 되는 영역이므로, 부가적인 핵자의 형성은 중지되고 기존의 섬들에 합쳐진다. 이것은 핵형성 중심의 농도 $n_l$이 $\bar{X}$의 식에서 결정될 수 있음을 의미한다.

응축 핵자의 형성을 확인하기 위해서는 증착률이 충분히 높아야 하고, 표면을 통한 그 외의 이주하는 입자는 다른 핵자와 서로 만나기 전에 재증발한다. 이것은 다음과 같이 정량적으로 표현되고, 표면상의 개별 입자의 농도 $n_1$은 입사선속이 $N\downarrow$이라는 가정하에 다음과 같이 주어진다.

$$n_1 = N\downarrow \tau_s[1 - \exp(-\frac{t}{\tau_s})]$$

$n_l$은 상수이고, $t\to\infty$인 흡착시간이 매우 길면 $N\downarrow \cdot \tau_s$와 같게 된다. 이것은 정상상태에서 입사전류 $N\downarrow$이 재증발하는 입자의 흐름인 $N\uparrow$와 같게 된다는 것을 의미한다.

$$N\downarrow = \frac{C \cdot p}{\sqrt{(2\pi mkT_u)}} = \frac{n_1}{\tau_s} = n_1 \nu \exp(-\frac{Q_{des}}{kT})$$

여기서, $p$는 증발원의 온도 $T_u$에 해당하는 증기압이고, $C$는 소스와 기판 사이의 기하학적 모양에 따른 상수이며, $m$은 입자의 질량이다. 매우 낮은 증착률에서 $n_1$은 매우 작고, 응축 핵형성의 확률은 무시할 수 있다.

응축 핵의 형성과 계속되는 막성장의 최적 조건은 높은 증착률에서 가능하다. 핵자의 형성과 성장하는 과정은 물론 안정상태가 아니고, 입사흐름이 재증발 흐름보다 더 높다.

재증발 흐름에 대한 입사흐름의 비인 $N\downarrow / N\uparrow$을 과포화라 하고, 이것은 박막 응축에 대한 중요한 인자이다. 재증발 흐름은 기판의 온도(300K에서 Ag에 대한 압력은 $10^{-4}$torr)와 증발원 증기의 평형압력이다. 여기서 입사흐름은 주어진 증착률에 대응되고, 증착률이 0.1nm/s인 Ag의 경우 초당 1개의 기판 원자에 대해 1원자의 Ag가 약 $10^{-6}$torr에 해당한다.

응축은 주로 두 양의 비에 의존하는데 기판상에 입사하는 원자의 결합을 특징짓는 탈착 에너지와 응축되는 원자의 상호결합을 특징짓는 승화열 $Q_s$이다.

① 만약 $Q_{des} \ll Q_s$이면 응축은 과포화없이 발생하고 $P/P_c$는 1보다 작고, 덮임(coverage)효과는 높다.

② 만약 $Q_{des} \approx Q_s$이면 응축은 과포화의 적당한 수준에서 발생한다. 이것은 열역학적 개념(모세관이론)에 근거를 둔 핵자 형성에 관한 고전적 이론을 만족시킨다.

③ 만약 $Q_{des} \ll Q_s$이면 더 낮은 증착률에 대해 매우 작은 덮임이 이루어지고, 높은 과포화가 응축을 효과적으로 하기 위해 사용되어야 한다. 여기서, 이종 핵자형성에 대한 열역학적 이론을 적용시키기 곤란하므로 원자적인 이론을 사용할 필요가 있다.

## 가. 핵 형성과정에 대한 인자들의 영향

$\Delta G^*$에 대한 J의 지수적 의존성때문에 핵형성률은 과포화에 의존하고, 이것은 결국 온도에 의존하게 된다. J는 무시할만한 작은 값에서부터 매우 높은 값까지 매우 빠르게 변한다. 임계 과포화는 그에 해당하는 임계온도가 존재한다.

위에서 언급한 이론은 J의 정상상태의 값에서만 유효하다. 즉, 핵자 사이의 평균거리가 확산거리 $\overline{X}$보다 아주 클 때이다. 핵자 사이의 거리가 $\overline{X}$와 정확히 같을 때 핵의 밀도는 최대가 되고 그 이상 증가하지 않는다([그림 3-17] 참조).

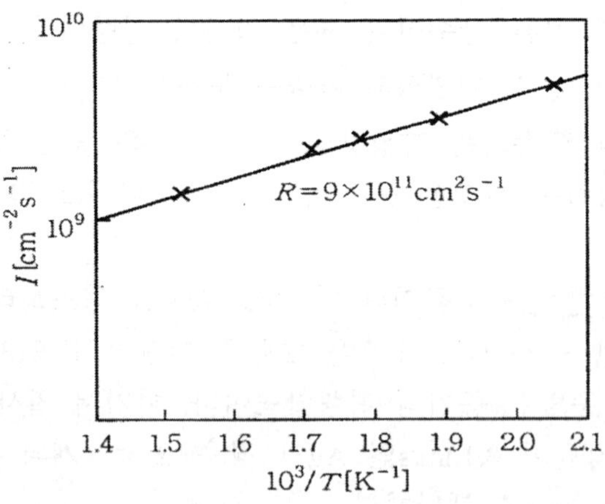


**[그림 3-17] 입사율 $9\times10^{11}\mathrm{cm^{-2}s^{-1}}$에 대한 (1000) MgO 위의 Au 핵생성률의 온도의존성**

그 후 핵은 표면 확산에 의한 추가적인 입자들의 결합에 의해서만 성장한다. 이 핵의 포화밀도는 입사율에 무관한데 단 입사원자가 순간적으로 점유하고 그들의 운동량이 충분하지 못하고, 입사류가 확산류보다 작을 때만 그렇게 된다. 이러한 조건하에서 포화밀도는 다음 식과 같다.

$$N_s = n_0 \exp\left(-\frac{Q_{des} - Q_{dif}}{kT}\right)$$

앞에서 살펴본 것과 같이 표면에 흡착되어 남아 있는 입자들만이 응결하고 막 형성에 기여한다. 전체 입사량에 대한 그들의 수는 응결계수에 의해 주어진다.

이 계수는 기판에 흡착하는 결합 에너지가 감소하고 기판온도가 증가함에 따라 감소한다. 이것은 또한 덮임에도 의존하므로 대부분 증착하는 동안에 증가하고 기판의 덮임이 완성될 때 1에 접근한다.

<표 3－4>는 25℃의 온도에서 구리 기판 위에 카드뮴의 응결에 대한 결과를 나타내었다. 응결계수에서의 차이는 온도변화에 의한 것이고, 기판의 특성은 <표 3－5>에 나타내었다.

계수는 일반적으로 응결의 초기단계에서 측정되고, 응결계수는 기판의 표면상에 흡착된 층이 존재하는가에 크게 의존한다. 계수는 약 $10^{-10}$torr에서 자동적으로 청결하게 된 텅스텐 표면위의 Cd의 응결에 대해 실제적으로 그 값이 1과 같다는 것이 밝혀졌다. 이 경우 잔류 기체의 압력은 약 $10^{-5}$torr였고, 임계 과포화는 크기의 차수만큼 증가한다.

그러나 어떤 경우에서 표면 위의 기체의 흡착이 응결을 촉진시킨다(즉, Sn이나 In이 유리 위에 응결될 때 산소의 흡착이 그 예이다).

이와 같이 흡착된 층이 입자의 응결－기판 결합에 영향을 준다. 만약에 $a<0$이면 표면 위의 점유는 불충분하고, 즉 열역학적 평형상태가 도달하지 못했다는 것이다. 이러한 경우 보통 임계 과포화상태를 위한 높은 값이 관측된다. 이 사실은 표면 위에 있는 입자들이 그들의 에너지의 일부를 갖고 있다는 것을 암시한다. 즉, 그들은 아직 기판온도에 비해 높은 온도를 갖고 있으므로, 기판온도보다 높은 그들의 유효온도는 임계 과포화의 계산을 위해 사용되어야 한다.

〈표 3-4〉 25℃의 Cu 위의 Cd에 대한 응축계수

| Cd의 증착(nm) | 0.08 | 0.49 | 0.6 | 4.24 |
|---|---|---|---|---|
| s | 0.037 | 0.26 | 0.24 | 0.60 |

〈표 3-5〉 재료의 몇몇 조합에 대한 응축계수

| 응 결 | 기 판 | 기판온도(℃) | s |
|---|---|---|---|
| Au | 유리, Cu, Al | 25 | 0.90 ~ 0.99 |
| | Cu | 350 | 0.84 |
| | 유리 | 360 | 0.50 |
| | Al | 320 | 0.72 |
| | Al | 345 | 0.37 |
| Ag | Ag | 20 | 1.00 |
| | Au | – | 0.99 |
| | Pt | – | 0.86 |
| | Ni | – | 0.64 |
| | 유리 | – | 0.31 |

전자현미경에 의해 밝혀진 기판 표면 위에 3차원적으로 고립된 섬들의 존재는 핵자 장벽의 존재와 1차적으로 표면확산에 기인된 섬들의 성장을 나타내었다.

2차원적 단층은 예외적인 경우에서만 발생한다.

(1) 핵자 장벽이 작고 입자의 에너지가 큰 경우

(2) 핵이 기판상의 좁은 공간의 입사각에서 발생하는 경우(즉, 낮은 기판온도나 증착된 물질의 비등점이 높은 경우)

후자의 조건이 만족되면 핵자 중심의 높은 농도가 ($10^{15}$㎝$^{-2}$)가능하게 되어 막은 초기부터 거의 연속적으로 된다.

절연성 기판 위에 증착한 금속의 중심에 대한 평형밀도는 보통 1010에서 1012 ㎝$^{-2}$이 되고, 이것은 10에서 100nm의 거리에 해당한다. 주어진 성장단계에서 섬들의 크기는 어떤 평균값 주위로 분포된다.

핵자 중심의 밀도는 어떤 외부의 요인인 핵의 장벽을 낮게 하는 막 위의 전하가 존재하는 경우 그리고 결합 에너지의 증가로 인해 이른바 예비핵자인 경우에도 영향을 받는다.

후자는 다른 물질의 연속적 막이 증착되도록 되어 있는 기판상(보통 비등점이

높은 물질)에 어떤 금속의 초박막(단층보다 더 얇은) 증착을 해서 이루어졌다. 미리 증착한 층은 결합 에너지가 증가하므로 핵자 중심이 생기게 되고, 매우 얇은 두께임에도 연속적인 덮임을 성취할 수 있다. 이미 언급하였듯이 핵은 결정격자가 불규칙한 자리를 선호한다.

선호하는 핵자의 자리는 일반적으로 응결 중심의 특성을 갖게 한다. 어떤 연구자는 중심이 결정 결함과 관계되어 있다고 주장한다. 즉, 전위의 자리에 관계되어 있다.

다른 실험적 결과에 의하면 핵은 불규칙하고 균질하게 분포되어 있고, 그들의 숫자는 흡착자리의 것보다 상당히 적을뿐만 아니라 전형적인 단결정(에피택시얼로 성장시킨)면상의 밀도보다도 상당히 높다.

그러므로 핵자 형성은 불규칙 과정에 의한 것이고, 이것은 과포화의 통계적 요동에 의한 결과이다.

입사가 일정한 율인 경우의 일정한 율에서 온도에 대한 임계 핵자의 반지름에 대한 방정식의 미분과 전형적인 값을 대입하여 양(+)의 결과를 얻었다는 것은 임계 핵자의 크기가 온도가 증가함에 따라 증가한다는 것을 의미한다.

결과적으로 막은 두께가 매우 증가할 때까지 섬의 특성을 유지한다는 것이다. 금속 위에 금속의 핵을 형성하는 동안 어떤 때는 그곳에 전혀 에너지 장벽이 없으므로 장벽은 상승된 온도에서 발생한다(즉, 원래 2차원적으로 형성된 막이 3차원적인 섬 구조로 된 막으로 전환된다).

일정한 입사류에서 T에 대해 미분하면 다시 양(+)의 값을 얻는다. 이것은 초임계 핵자 형성의 율이 온도와 더불어 급속히 감소한다는 것을 의미한다. 높은 온도에서 연속적인 막을 형성하려면 더 많은 시간이 필요하다.

유사한 방법으로 입사선속에 대한(또는 증착률에 대한) 핵자 형성을 조사할 수 있다. 일정한 온도에서 B에 관한 $r''$의 미분은 증착률의 증가의 임계 핵자의 수를 낮아지게 한다.

일정한 온도에서 N에 관한 G"의 도함수는 여기 음(−)이므로 핵자 형성의 율이 증착률과 더불어 증가한다. 즉, 더 높은 증착률에서 연속적인 막이 더 적은 평균 두께에서 형성된다. 그러나 그 관계는 지수적이어서 증착률은 기대하는 효과에 도달하기 전에 상당히 변화함에 틀림없다.

이론으로부터 표면확산계수가 임계 핵자의 크기에 영향을 주지 않는다는 사실은 불명하지만 그것은 임계 핵자의 형성률에 영향을 준다. 즉, 계수는 확산의 활성화 에너지가 증가함에 따라 지수 함수적으로 감소한다.

만약 에너지가 너무 높아 섬은 증기 입자들(vapor particles)의 직접 입사에 의해서만 성장한다. 금속 위에서의 금속의 확산을 위한 활성화 에너지에 대해 다음 식이 성립한다.

$$Q_{dif} \approx 0.25 Q_{des}$$

비금속 기판 위에서의 확산에 대해서는 많이 알려지지 않았지만 표면확산의 활성화 에너지는 흡착의 활성화 에너지보다 더 높지 않다.

후자가 임계 핵자의 크기와 형성률에 모두 영향을 미친다. 에너지가 더 높으면 임계 핵자는 더 작고, 핵자 형성률은 더 높다. 결합 에너지는 van der Waals의 힘에 대해 수십 분의 일 eV로부터 금속 결합에 대해서는 수 eV로 변한다.

막－기판의 결합은 화학적 성질인 경우가 있다. 즉, 유리 위에 Al막의 증착은 산화물의 계면간 층을 만든다. 이것은 결합 에너지 측면에서 상당히 결합 에너지를 증가시켜 핵자 장벽의 높이를 감소시킨다. 섬의 형성에 관한 경향은 감소하고, 이것은 유리 위에 Al막을 증착하는 데 있어서 어떤 역할을 수행한다.

제 4 장

# 박막의 제조방법

# 4-1 화학적 방법

## 1. 서 론

화학증착법(CVD : Chemical Vapor Deposition)은 일반적으로 가열된 기판표면 부근에 또는 기판 위에서 발생한 화학적 반응에 의해 고체물질이 증기로부터 증착되는 공정을 말한다. 이 고체물질은 코팅, 분말 또는 단결정으로 얻어진다. 실험조건(기판물질, 기판온도, 반응가스 혼합물의 조성, 전체 압축가스 흐름 등)의 변화에 의해서 다른 성질을 가진 물질을 성장시킬 수 있다.

CVD 기술은 피복력이 우수하고 균일하며 복잡한 기판에도 코팅이 가능하다. 또한 일정한 형태를 지닌 기판 위에 국부적, 선택적 증착이 가능하다.

CVD는 많은 박막형성에 사용되고 있다. 예를 들면 전자산업에서 유전체, 전도체, 부동태층, 산화방지막, 에피택시얼층을 만드는 데 사용된다. 내마모 및 내식성 코팅은 물론 광섬유의 생산에도 적용되고 있음은 잘 알려져 있다.

이밖에도 텅스텐, 세라믹 등의 고온 재료제조 그리고 태양전지, 고온 섬유복합체, 크기가 잘 조절된 입자의 생산에 사용된다. 최근에는 고온 초전도체도 이 기술에 의해 만들어졌다. 증착 동안 증기중의 산소활동도가 정확하게 조절될 수 있게 된 이래로 초전도성을 얻기 위해 산소중에서 열처리의 필요성이 없어졌다.

CVD 공정에는 몇 가지 형태가 있다. 열적으로 활성화된 CVD(thermally activated CVD)에서는 증착이 열에 의해서 시작되고 유지된다. 하지만 광자, 전자, 이온, 그리고 이들의 결합(plasma-activated CVD)도 CVD 반응을 유도하고 유지할 수 있다. 이 장에서는 열활성 CVD의 기초가 되는 원리를 소개하고 추가로 대면적의 증착과 식각된 기판 위의 선택적 CVD를 다루고자 한다.

## 2. CVD에서 중요한 반응영역들

CVD에서는 기체 반응물들이 반응기로 공급된다([그림 4-1]). 가열된 기판표면상 또는 부근에서는 다음과 같은 화학적 반응이 일어난다.

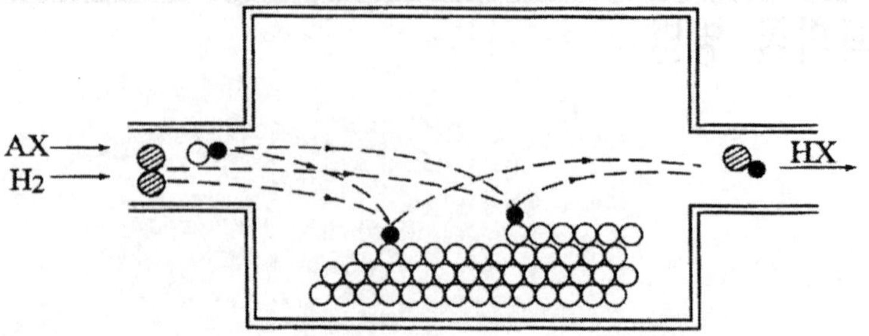


[그림 4-1] CVD의 원리

기체 반응물 → 고체 물질 + 기체 생성물

기체흐름과 CVD에 사용된 온도때문에 5개의 중요한 반응영역이 CVD 공정에 존재하게 된다([그림 4-2]). CVD 물질의 성질은 이들 반응영역에서 일어나는 과정들의 상호작용에 의해서 영향을 받는다. CVD 공정에서는 반응기체 혼합물이 기판/코팅 표면 위를 지나간다. 유체역학의 이유로 인해 거의 정체된 경계층이 기판/코팅 부근의 증기에서 발생한다. 증착과정동안 기체 반응물과 기체반응 생성물들은 이 경계층을 지나서 운반된다.

[그림 4-2]에서 반응영역 1과 반응기체 혼합물에서는 균일반응이 일어난다. 반응들은 균일 핵생성을 존재하여 층의 밀착력이 좋지 않게 될 수도 있다. 하지만 몇몇 경우에 있어서 균일 핵생성이 일어나지 않을 때는 이 반응들이 CVD 공정에 유리하다(예를 들면 $Al_2O_3$, $Bl_3C_2$, Si의 CVD법). 불균일 반응은 증기/코팅 상경계(영역 2)에서 일어나며 많은 계에서 증착속도와 코팅의 성질을 결정한다.

CVD에는 상대적으로 높은 온도가 사용될 수 있으며 다양한 고체상태의 반응들이(예를 들면 상변태, 석출, 재결정, 결정립 성장) 영역 3~5에서 일어날 수 있다. 확산영역인 4영역에서는 다양한 중간상들이 형성될 수 있다. 이 영역에서의 반응들은 기판의 코팅이 부착에 있어서 중요한 역할을 한다.

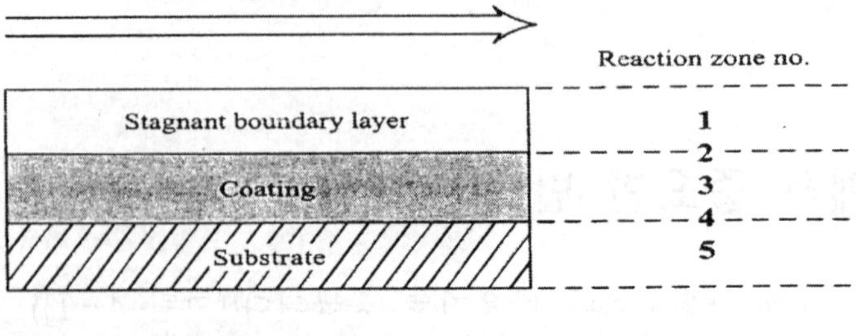


[그림 4-2] CVD에 중요한 반응영역

# 3. CVD 실험의 설계

모든 CVD 실험은 독특하다. 하지만 CVD 실험들은 설계하는 데 있어서 몇 가지 일반적인 관점들이 주어질 수 있다. 일반적으로 설계는 보통 반복된 절차이다. 예를 들어, 반응 기체혼합의 선택은 CVD 시스템의 설계, 세정절차, 코팅의 밀착력 등에 영향을 미친다.

## 가. CVD 반응의 분류

CVD 공정들은 종종 복잡한 화학반응에 의하여 진행된다. 그렇지만 전체적인 CVD 반응의 분류는 가능하다.

열분해 반응(themal decomposition reaction)은 기체 합성물 AX가 열적으로 A(고체물질)와 X(기체반응 생성물)로 분해된다.

$$AX(g) \rightarrow A(s) + X(g)$$

일반적으로 열분해 반응의 사용은 비교적 순수한 코팅을 초래한다. 몇몇 열분해 반응의 예를 보면 아래와 같다.

$$SiH_4(g) \rightarrow Si(s) + 2H_2(g)$$
$$B_2H_6(g) \rightarrow B(s) + 3H_2(g)$$
$$Ni(CO)_4(g) \rightarrow Ni(s) + 4CO(g)$$
$$Si(CH_3)Cl_3(g) \rightarrow SiC(s) + 3HCl(g)$$

침탄과 질화와 같은 공정들은 또한 이러한 반응 범주에 분류될 수 있다. 예를 들어 침탄의 경우 탄소함유 증기시료(예 : 메탄)들은 가열된 표면에서 반응이 쉽게 이루어지녀 메탄의 경우 아래와 같이 분해된다.

$$CH_4(g) \rightarrow C(s) + 2H_2(g)$$

증착된 탄소는 즉시 기판과 반응하여 탄소고용체나 탄화물을 형성시킨다. 수소가 환원제로 작용하는 환원반응은 자주 사용된다(아래의 결합반응 참조).

$$2AX(g) + H_2(g) \rightarrow 2A(s) + 2HX(g)$$

간단한 환원반응들은 거의 전적으로 CVD 실험에서 사용되어 왔다.

$WF_6(g) + 3H_2(g) \rightarrow W(s) + 6HF(g)$
$2BCl_3(g) + 3H_2(g) \rightarrow Si(s) + 4HCl(g)$
$SiCl_4(g) + 2H_2(g) \rightarrow Si(s) + 4HCl(g)$

교환반응은 원소 E가 다른 원소 예를 들어 아래의 X와 같이 AX에서 X를 대체시키는 것이다.

$AX(g) + E(g) \rightarrow AE(s) + X(g)$

교환반응의 예는 아래와 같다.

$Zn(g) + H_2S(g) \rightarrow ZnS(s) + H_2(g)$
$SiCl_4(g) + CH_4(g) \rightarrow SiC(s) + 4GCl(g)$
$SnCl_4 + O_2(g) \rightarrow SnO_2 + 2Cl_2(g)$

불균형반응(disproportionation reaction)은 CVD에서는 거의 사용되지 않는다. 불균형이란 어떤 원소의 전자가 2개의 새로운 종(species)의 형성을 통해서 증가하고 감소하는 반응을 의미한다. AX로부터 A의 CVD는 다음과 같이 불균형 상태로 얻어질 수 있다.

$2AX(g) \rightarrow A(s) + AX_2(g)$
$3AX(g) \rightarrow 2A(s) + AX_3(g)$
$4AX(g) \rightarrow 3A(s) + AX_4(g)$

아래는 불균형반응의 실례이다.

$2GeI_2(g) \rightarrow Ge(s) + GeI_4(g)$
$2TiCl_2(g) \rightarrow Ti(s) + TiCl_4(g)$
$2SiI_2(g) \rightarrow Si(s) + SiI_4(g)$

결합반응(coupled reaction)은 종종 CVD에서 사용된다. 예를 들면, $AlCl_3$, $CO_2$ 그리고 $H_2$로부터 $Al_2O_3$의 CVD는 아래의 전 반응으로 나타낼 수 있다.

$2AlCl_3(g) + 3CO_2(g) + 3H_2(g) \rightarrow Al_2O_3(s) + 3CO(g) + 6HCl(g)$

여기에서 물이 형성되는 반응

$$CO_2(g) + H_2(g) \rightarrow CO(g) + H_2O(g)$$

은 가수분해반응과 결합된다.

$$AlCl_3(g) + 3H_2O(g) \rightarrow Al_2O_3(s) + 6HCl(g)$$

즉, 환원반응이 교환반응과 결합된다. 결합반응의 전반응의 다른 예는 아래와 같다.

$$TiCl_4(g) + NGH_3(g) + \frac{1}{2} H_2(g) \rightarrow TiN(s) + 4HCl(g)$$

$$Ga(CH_3)_3(g) + xPH_3(g) + (1-x)AsH_3(g) \rightarrow GaAs_{1-x}P_x(s) + 3CH_4(g)$$

일반적으로 CVD에 의해 어떤 물질을 제조하는 데에는 몇 가지 가능성들이 존재한다. 그러나 실제적으로는 공정의 요구사항(온도, 압력, 기판과 반응기와의 적합성, 반응, 기체혼합, 가격, 물질의 특성 등)을 평가한 후에는 소수의 대안만이 남게 된다.

## 나. 밀착력

바람직한 성질을 가진 밀착력 있는 코팅의 생산은 모든 CVD 작업의 궁극적인 목표이다. 그러나 코팅과 기판 사이에서 밀착력을 저해하는 몇 가지 인자들이 있다.

증착응력으로 나타나는 응력은 증착과정 후에 냉각되면서 기판과 코팅 사이의 열적 팽창계수의 불일치로부터 나타난다. 이들 응력들은 CVD 공정 전에 물질을 증착함으로써 줄어들 수 있다. 예비 증착된 물질은 중간층을 형성한다. 그 응력들은 또한 입자 크기와 코팅조직의 변화뿐만 아니라 코팅 두께의 감소에 의해서 술어들 수 있다.

증기에서 균일 핵생성은 벗겨지기 쉬운 분말상의 증착층을 생성한다. 과포화도 또는 그 공정의 구동력을 감소시킴으로 인해 균일 핵생성이 제거될 수 있다.

코팅/기판 계면에 형성된 중간상 화합물들은 취약해서 그 곳에 초기 크랙을 유도할 수도 있다. 크랙 발생의 위험은 중간상 화합물을 함유하는 층의 두께가 두꺼워질수록 증가한다. 나중에 중간상 화합물을 형성하는 물질의 예비 증착기술은 이러한 경우에 있어서 밀착력을 향상시키는 데 유용할 수도 있다.

기판의 수화물은 나쁜 밀착력을 야기한다. 수소는 자주 증착단계 전에 세정과정에서 사용된다. 몇 가지 금속/합금들은 현저하게 많은 양의 수소를 용해시킬 수 있다. 만약 증착고정이 수소가 유리되는 온도에서 실행되면 코팅의 크랙이 발생한다. 수소화물은 다른 세정처리를 사용하거나 수소로 세정한 후에 진공에서 기판을 가열함으로써 제거될 수 있다.

코팅/기판 계면에서의 기공들은 계면에서 더 적은 결합뿐만 아니라 기공들이 크랙 발생인자로서 작용하기 때문에 밀착력을 감소시킨다. 기공들은 커켄달(Kirkendal) 확산(코팅/기판 계면상에서 원자들의 확산 유량에 있어서의 차이), 그리고 그 공정초기에 응집단계로부터 발생할 수 있다.

산화막이나 다른 표면 오염물질들은 밀착력을 저해하는데, 적당한 세정처리가 이 문제를 해결할 수가 있다.

CVD 공정 동안 형성된 반응생성물들에 의해 기판상에서 화학적 침식이 나쁜 흡착을 야기할 수도 있다. 기판상의 화학적 침식은 기판이 증가에 노출되어지는 정도에 따라서 발생할 수 있고 아래의 반응으로 설명된다.

$$2AX(g) + H_2(g) \rightarrow 2A(s) + 2HX(g)$$

이때 발생한 휘발성 반응생성물 HX는 아래의 반응에 따라 기판 S와 반응한다.

$$2S(s) + 2HX(g) \rightarrow 2SX(s) + H_2(g)$$

형성된 고체 물질 SX는 좋지 못한 밀착력을 야기한다. 위의 반응은 열역학으로부터 예측될 수 있다.

### 다. 기판 세정작업

산화물과 다른 오염물질이 없는 깨끗한 기판표면은 양호한 밀착력의 필수조건이다. 세정작업은 사용되어지는 기판, 증착하려고 하는 물질, 이용 가능한 CVD 장비들에 의존한다. 몇 가지 세정기술의 예를 기술하면 다음과 같다.

기판을 반응기에 넣어두기 전에 묽은산 용액으로 닦는 산세(pickling), 잔모래를 분사하는 그릿 블래스팅(grit blasting), 에칭(etching), 기름을 제거하는 탈지(degreasing) 등이 수행된다. CVD 반응기에서 산화텅스텐과 같은 수소 환원 산화물을 함유하는 표면은 증착온도보다 높은 온도에서 수소가스 흐름 중에서 가열된다. 휘발성 산화물을 형성하는 금속은 불활성 분위기 중에서 가열함에 의해서 세정된다. 마지막으로 세정단계에서 가열하는 작업은 몇몇 경우에 있어서 표면에 탄화물을 형성함으로 인해서 표면으로부터 먼지입자를 제거한다. 세정작업 후에 반응기는 불활성 가스/수소도 증착공정 전에 정화한다.

## 라. CVD 시스템

CVD 시스템의 선택은 공정에 사용되는 반응물, 시스템으로 공기의 최대 허용 누설률, 증착층의 순도, 기판의 형태와 크기, 공정의 경제성 등등의 많은 인자에 의해 영향을 받는다. 아래에 CVD 시스템의 설계에 대한 몇 가지 일반적인 사항을 언급하였다.

CVD 시스템은 다음의 3가지 기준에 의해서 설계된다.

① 반응가스 분배 시스템
② 가스유량을 정하는 부품을 포함하는 반응기
③ 전체 압력제어기, 진공펌프, 집진기와 반응물 재활용 시스템을 포함하는 배기 시스템

## 마. 가스분배 시스템

실온에서 가스반응물들은 가스 용기에 저장된다. 압력조절 후 가스의 흐름은 예를 들면, 매스플로미터(mass flow meter)에 의해서 측정된다. 매스플로미터는 높은 정확도를 나타내고 마이크로프로세서로 하여금 가스흐름을 제어할 수 있다. 실온에서 액체이거나 고체인 반응물질들은 다른 방법으로 시스템에 공급되어야 한다([그림 4－3] 참조).

그것들은 비등점이나 승화점 이상으로 가열하는 간단한 방법으로 시스템으로 공급될 수 있다. 증발률은 열원의 온도나 열원으로부터 나오는 모세관의 치수를 변화시킴에 따라서 변화될 수 있다. 이들 물질들을 도입하기 위한 또 다른 방법은 증발기나 승화기 그리고 운반가스를 사용하는 것이다. 증발률을 사용하면 운반가스는 증발되고 있거나 그것의 표면 위에서 유동하고 있는 액체를 통해서 기포화된다. 운반가스는 액체물질을 함유한 뒤에 그것을 반응로루 운반한다. 증발률은 액체의 온도, 용기내의 액체량 그리고 운반가스의 흐름속도 등에 의존한다. 가장 높은 재생성을 위해 용기내에서 액체의 일정한 수준을 유지하는 것이 중요하다.

하지만 이들 증발기에 대한 몇 가지 대안들은 어떤 운반가스를 사용해야 하는 문제가 존재하며 액체량에 대해서는 독립적이다. 한 가지 대안으로는 액체는 어떤 용기로부터 증발되고 냉각기에서 냉각기의 온도에서 포화된 운반가스를 남기면서 냉각되고 응축된다.

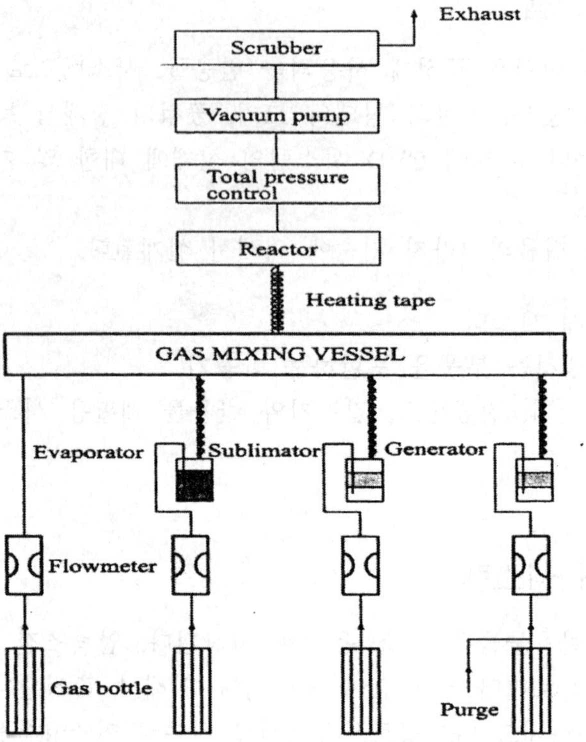


[그림 4-3] CVD 시스템의 개략도

만약 2가지 이상의 반응액체가 공정에 사용되어야 한다면 그것들은 일반적으로 각각 다른 증기압을 가지기 때문에 미리 결정된 몰비를 유지하면서 같은 증발기에서 그것들을 증기화한다는 것은 거의 불가능하다.

승화기의 원리는 증발기의 원리와 유사하다. 승화기에서 물질은 승화에 의해 증기로 바뀐 다음에 운반가스에 의해서 반응로로 이동된다.

실온에서 비기체성 반응물들은 가스공급 시스템에서 즉석에서 그것들을 발생시킴으로써 반응기에 공급될 수 있다. 예를 들어 할로겐 화합물 $AlCl_3$가 공정에 사용된다면 발생장치는 알루미늄 스펀지로 가득 채워진다. 알루미늄 염화물은 발생장치를 통해 수소염화물을 발생시켜 얻어진다. 발생장치의 변수들은 온도, 유속, 그리고 수소염화물(불활성 가스와 함께 희석에 의해 변화된)이다.

용기 내에서 순간적인 증발에 의해 야기된 액체/고체의 직접 계량법이 또한 사용될 수 있다. 액체를 측정하기 위해 유량계와 다양한 공급펌프가 이용 가능하다.

많은 CVD 공정은 증기상내의 오염물질에 의해서 영향을 받는다. 오염물질은 반응물과 가스공급 시스템(튜브, 증발기, 승화기)에서 가스와 물질 사이의 다양한 화학반응, 공기의 누출로부터 발생한다. 오염물질의 정도는 다음의 방법에 의해서 줄어들 수 있다.

① 반응물들의 정제, 수소와 아르곤은 상업적으로 이용 가능한 정화장치에서 1ppm 수준으로 정제될 수 있다.
② 저 누출률을 가지게 한다.
③ 증발되는 물질에 대해 반응성인 운반가스의 사용(증발기와 승화기내에서)
④ 튜브, 증발기, 반응기 등에서 사용되는 가스와 적합한 재료의 사용
⑤ 진공밀폐를 위해 사용되는 곳에 가스가 제거된 오링(O-ring)의 사용
⑥ 할로겐과 같은 반응성 가스가 사용될 때 정화 라인 설치

마지막으로 CVD에서 폭발성, 가연성, 유독성의 가스가 자주 사용된다. 그래서 그러한 가스들의 올바른 조작과 모든 예방책들이 필요하다. 효과적인 환기 시스템과 상업적으로 이용 가능한 가스감지기가 사용되어야만 한다.

## 바. 반응기

선택된 공정과 기판의 수, 크기 그리고 형태는 반응기의 종류와 외형을 결정한다. 반응기는 크게 2가지 타입으로 분류될 수 있다.

### (1) 열간벽 반응기(Hot wall reactor)

[그림 4-4]에서 반응기 튜브는 관상로에 의하여 둘러싸여 있다. 이것은 기판과 반응기 벽이 똑같은 온도를 가진다는 것을 의미한다. 추가로 기판상에 발생하는 막성장은 반응기 벽의 안쪽에서 발생할 수도 있다.

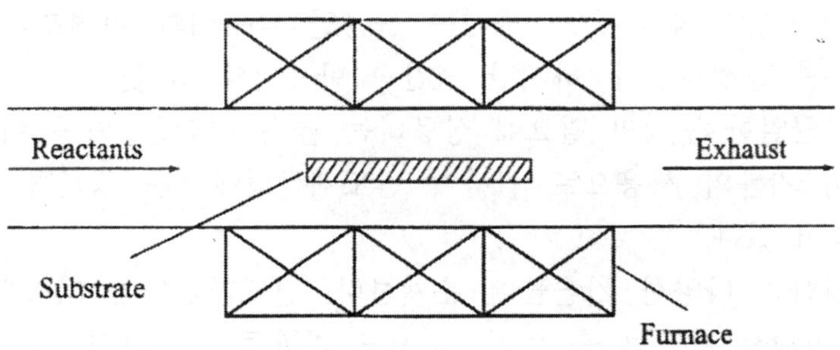


[그림 4-4] 열간벽 CVD 반응기

반응기 벽에서의 형성된 두꺼운 막에서 입자들이 깨어져 나와서 성장하는 막의 표면 위에 떨어져서 핀홀을 만들 위험이 있다. 또한 반응기 벽의 재료와 증기 사이의 반응으로 인하여 오염물질의 근원이 될 수도 있다. 열간벽 반응기에서 증착반응과 막의 구조에 영향을 미치는 균일반응이 증기에서 일어날 수 있다. 반응물들이 반응기를 통해서 이동될 때 연속적으로 소모된다. 이러한 소모는 반응기내에서 다른 증착조건을 형성할 수도 있다. 열간벽 반응기에서는 기판들은 동시에 증착시킬 수 있다.

### (2) 냉간벽 반응기(Cold wall reactor)

[그림 4-5]에서 반응기의 벽은 차갑고 보통 벽에서는 어떠한 증착도 일어나지 않는다. 따라서 입자들이 벽에서 떨어져 나오는 위험은 없다. 게다가 낮은 벽 온도는 증기/벽 반응을 오염시키는 위험을 감소시킨다. 냉간벽 반응기에서 증기에서의 균일반응은 억제되고 표면반응의 중요성이 증가된다. CVD에서는 기체반응물들이 반응기로 공급된다([그림 4-1]). 가열된 기판표면상 또는 부근에서는 아래와 같은 화학적 반응이 일어난다.

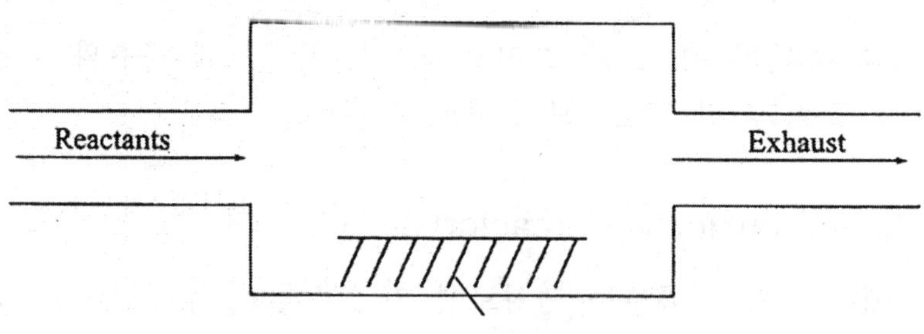


**[그림 4-5] 냉간벽 CVD 반응기**

기판표면 근처에서 심한 온도 구배는 불균일 막두께와 미세조직을 초래하는 심한 자연대류를 발생시킨다. 하지만 냉간벽 반응기의 더 높은 융통성과 고청정성, 고증착률, 균일한 두께의 필요에 상응하는 높은 냉각률, 자동 웨이퍼 조작과 증가된 웨이퍼 지름의 사용으로 인하여 반도체산업에서는 냉간벽 반응기를 더 사용하는 경향이 있다.

기판을 가열하는 다양한 기술들이 존재한다. 전도기판들은 저항으로 또는 고주파 유도에 의해서 가열될 수 있다. 비전도 기판들은 일반적으로 광학적인 기술(텅스텐 필라멘트 램프, 레이저), 열복사 기술, 또는 RF 유도 가열에 의해서 가열될 수 있다. 몇 가지 반응기의 예를 [그림 4-6]에 나타내었다. 아주 많은 피처리물을 코팅할 때는 유동상(fluidized bed) 기술이 적용될 수 있다.

반응기의 선택이 얼마나 코팅할 기판에 의존하는지를 설명하기 위해서 튜브 안쪽에서 코팅을 적용한 예를 들 수 있다. 이러한 경우는 튜브 자체가 반응로이다. 반응물이 튜브 안으로 공급되고 증착이 일어나는 가열된 영역으로 이동되며, 관상로로의 가열뿐만 아니라 유도 가열된 영역으로 이동된다. 관상로로의 가열뿐만 아니라 유도 가열이 사용될 수 있으며, 튜브를 움직이거나 계속적인 가열에 의해서 균일한 두께의 코팅이 생산될 수 있다. 가스유동 속도뿐만 아니라 가스흐름 제어는 좋은 코팅을 얻는 데 가장 중요하다.

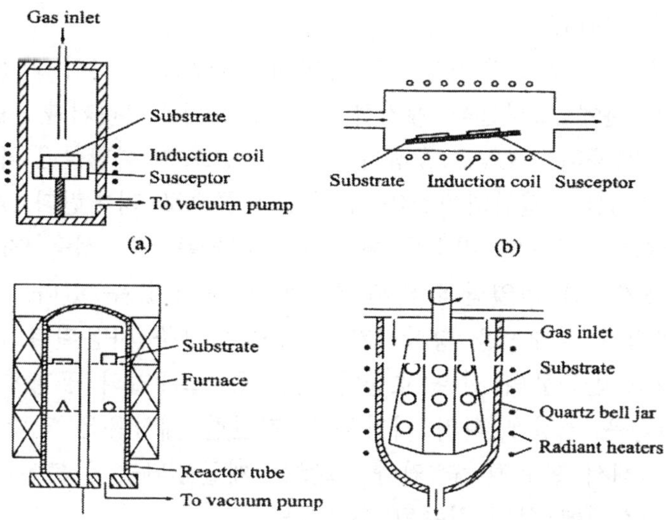


**[그림 4-6] CVD 반응기의 몇 가지 예 (a)와 (b) RF 가열 냉간벽 반응기 (c) 수직 열간벽 반응기 (d) 배럴반응기**

## 사. 배기 시스템

배기 시스템은 진공펌프, 전체 압력제어기, 집진기, 그리고 필요하다면 재활용 시스템을 포함한다. 대기압에서 진행되는 공정은 진공펌프와 전체 압력제어기를 필요로 하지 않는다. 하지만 감소된 압력에서는 몇 가지 종류의 전체 압력 제어기뿐만 아니라 펌프가 사용되어야만 한다.

진공펌프의 선택은 공정(요구되는 펌프용량, 사용되는 압력범위, 펌프되는 가스)에 의존한다. 더 높은 공정 압력(>30torr)에서는 여러 가지의 기계적 펌프가 사용된다. 화학적 펌프는 또한 더 낮은 압력(1torr)에서 사용되고 가장 낮은 압력에서는 메커니컬 부스터(mechanical booster)와 결합하여 사용된다.

기계적 펌프가 CVD 공정에서 사용될 때 펌프 오일은 중합될 수 있고 어떤 가스에 의해 손상받을 수 있다. 따라서 펌프 오일은 특별한 가스에 대해 그것과 친화성 관점에서 선택되어야 한다. 오일의 중합반응은 쉽게 그것의 점성을 측정함으로 조사될 수 있다. 기계적 펌프는 또한 시스템으로의 오일분자의 역확산을 발생시킬 수 있다. 역확산은 펌프 직전 트랩장치(zeolite trap, liquid nitrogen cold trap)에서 멈추어질 수 있다.

단열 계면과 초격자를 생성하기 위하여 저압을 쓰는 경향으로 인하여 확산(수소를 펌프시키기 위한)과 터보 펌프들이 또한 이용된다. 외부 오일 필터링 시스템은 고체입자가 형성되어 증기 중에서 펌프로 이동되는 공정에서 기계적 펌프의 마모를 감소시킨다.

CVD 공정에서는 다소 유독성이고 폭발적, 그리고 부식성 가스가 사용되거나 형성된다. 배기 전에 그것들을 제거하기 위해서 가스세척기를 사용한다. 가스세척기의 종류는 사용되는 CVD 공정에 따른다. 할로겐 화합물은 쉽게 가스세척기에서 중화될 수 있다. 일산화탄소와 수소는 불꽃으로 타버린다. Arsine은 이러한 목적(즉, 가스흐름으로부터 비소를 제거하기에 높은 효율성을 지닌)으로 준비된 노 내에서 반응가스를 가열함에 의해 간단하게 제거될 수 있다.

재활용은 공정의 경제성을 향상시키기 위해서 자주 사용된다. 그것은 비싼 반응물이 사용되고 반응물의 전환 효율이 낮은 큰 스케일의 공정에서 필요하게 된다. 재활용 기술은 공정에 따라 다양하다. 간단한 재활용은 몇몇 공정에서는 선택적 응축에 의해서 활용될 수 있다. 그것은 재활용되는 성분이 가장 높은 비등점을 가지는 시스템에 쉽게 적용될 수 있다.

예를 들어 수소와 삼염화불소가 사용되는 불소섬유의 생산에 있어서 비전환된 삼염화불소는 반응로로부터 나오는 배출관에서 응축되는 반면 수소와 염화수소(공정에서 형성된)는 응축되지 않는다.

## 아. CVD 반응기에서 증기의 분석

다양한 분광분석 기술이 CVD 반응기에 있는 증기를 분석하는 데 이용되어 왔다. 이들 분석의 목적은 공정의 더 나은 이해를 달성하기 위함이다. 분광분석 기술은 또한 공정제어를 위해 사용된다.

Mass, Raman, 그리고 IR-spectroscopy가 사용된다.

# 4. CVD의 율속 지배단계

CVD 공정에서 다양한 일련의 단계들이 일어난다. 이들 각각의 단계들은 열역학적 한계의 부재로 속도제어가 있을 수 있다. 그럴듯한 속도제어단계는 다음과 같다. [그림 4-7](a)기판을 둘러싸는 경계층으로의 기체반응물의 이동(자유대류와 강제대류), (b)기판의 표면으로 경계층을 가로지르는 기체반응물의 이동(확산과 대류유동), (c)기판표면에 반응물의 흡착, (d)화학 반응들(흡착된 종들간, 흡착된 종들과 증기내의 반응물들 간 그리고 증기내의 반응물들간의 표면반응), (e)핵생성(적어도 초기단계에서), (f)기판표면으로부터 반응생성물들 중 어떤 것들의 탈착, (g)경계층을 가로질러 벌크(bulk) 혼합가스로의 반응생성물의 이동, (h)경계층으로부터 떨어지는 반응생성물의 이동, 이들 각각의 단계에서 몇 가지 공정들이 농시에 진행될 수도 있다.

비록 몇 가지 속도제어단계만이 CVD 공정에서 확인될 수 있지만 단지 5가지 속도제어 범주가 일반적으로 논의된다.

## 가. 열역학적 제어

열역학적 제어는 증착률이 반응기 쪽으로 질량 유입속도(공정의 수율에 대해 수정된)와 같다는 것을 의미한다. 이것은 극단적인 증착조건(매우 낮은 유속, 고온 등)을 야기한다. 증착속도의 온도의존은 열역학적 계산으로부터 얻어진다.

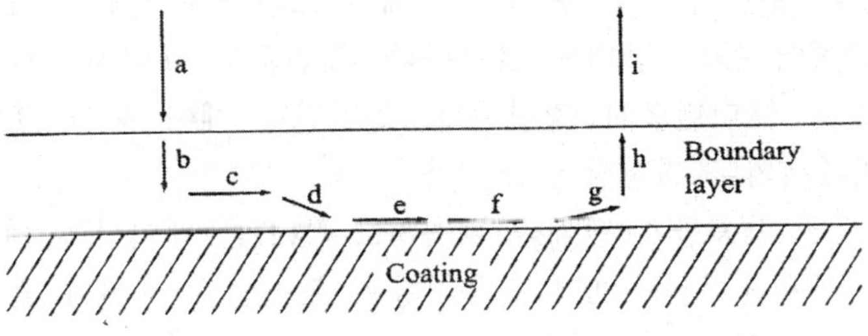


[그림 4-7] CVD 공정의 여러 단계

## 나. 표면 동역학 제어

만약 증착속도가 반응기로의 질량 유입속도와 반응로에서 기판으로 또는 판으로부터 증기내의 질량 이동속도보다 낮다면 표면 동역학 제어 또는 핵생성 제어가 존재한다. 표면 동역학 제어는 보다 복잡한 형태의 기판에서 균일한 두께의 코팅을 얻는 데 알맞다.

## 다. 물질전달 질량이동 제어

공정은 또한 반응로에서 기판표면 쪽으로 또는 기판표면으로부터 증기내의 물질전달에 의해서 제어될 수 있다. 이것은 높은 압력과 높은 온도에서 종종 발생한다.

## 라. 핵생성 제어

낮은 과포화에서 증착속도는 핵생성에 의해서 제어될 수 있다.

## 마. 균일반응 제어

어떤 공정에 있어서 증기내의 주된 종의 형성속노는 증착속도를 제어할 수 있다. 증기 중에서의 물질전달과 표면 운동에너지는 일반적으로 증착률을 제어하기 때문에 다음에서 논의되는 것들은 이러한 2가지 경우들에 의해 제한된다. 표면반응 속도제어는 매우 바람직하며 피복력과 스텝카버리지를 최대화하는 수량이 된다. [그림 4－8]은 완전한 물질전달 제어 조건들과 완전한 표면반응 속도제어 혼합형태의 제어 등의 상태를 보여준다. 표면운동 에너지 제어에서 증기 중 빠른 확산은 느린 표면반응과 결합된다. 물질전달 제어 동안 표면반응 속도는 빠른 반면 증기에서의 물질전달은 느리다.

반응저항은 자주 반응한계 단계를 예측하고 CVD를 제어하는 데 사용된다.

이들 원칙을 사용한 예를 보면 반응저항은 표면반응 제어와 물질전달 제어의 범위를 한정하는 데 각각 사용한다.

경계층을 통과하는 확산유량의 확산식은 아래와 같이 주어진다.

$$J_D = \frac{D}{RT} \frac{P_b - P_s}{\delta}$$

여기에서는 $R$은 가스상수, $T$는 절대온도, $D$는 확산계수, $\delta$는 경계층 두께, $P_b$

와 $P_s$ [그림 4－8], 표면으로 향하는 물질 Flux $J_m$은 $J_m = \frac{K_m}{RT}(P_s - P_{eq})$에 의해 표현된다.

여기서 $K_m$은 물질전달 계수이다.

$P_b$ 와 $P_{eq}$은 반응가스의 조성과 열역학적 계산에 의해 각각 알 수 있다.

$P_s$는 정상 상태를 가정하면($J_m = M_D$) 소거할 수 있다.

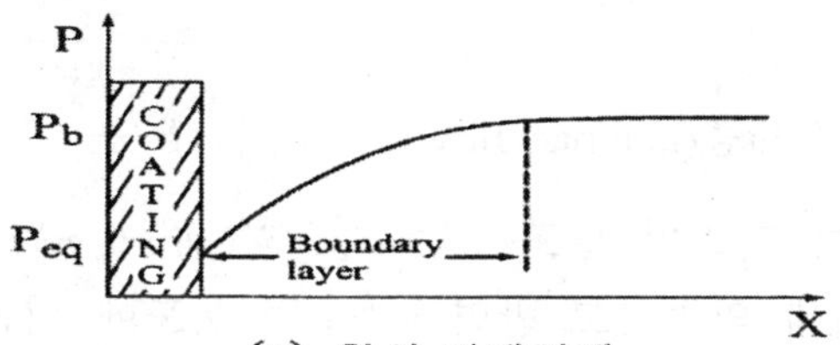


(a) 확산 지배단계

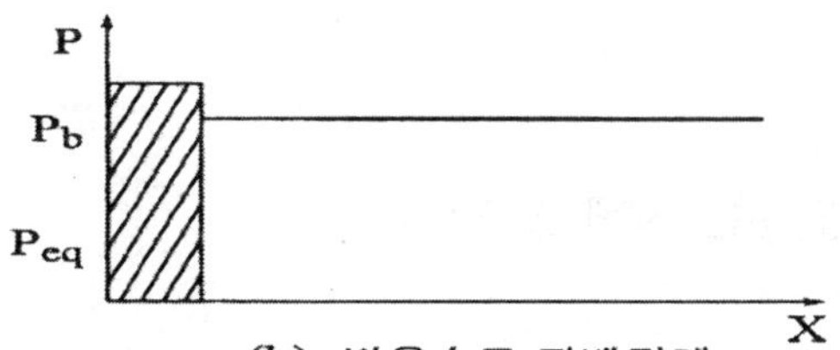


(b) 반응속도 지배단계

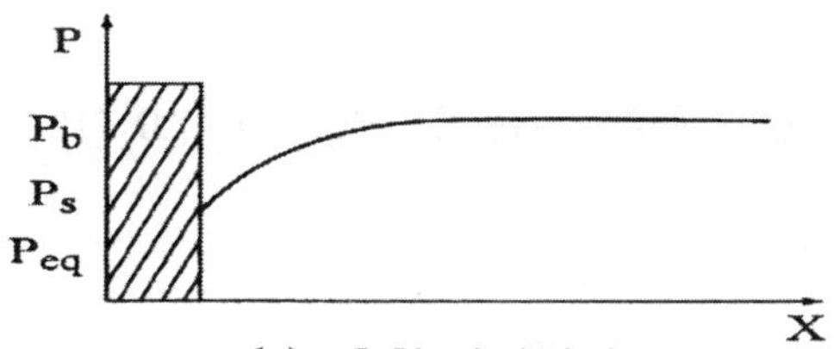


(c) 혼합 지배단계

**[그림 4－8] 율속 지배단계 설명도**

$$P_s = \frac{P_b = \frac{K_m \cdot \delta}{D} \cdot P_{eq}}{\frac{K_m \cdot \delta}{D}} + 1$$

$K_m$은

$$J_m = \frac{1}{RT} \frac{P_b - P_{eq}}{\frac{\delta}{D} + \frac{1}{K_m}}$$

에서 주어진다.

$P_b - P_{eq}$은 공정의 구동력이고 $\delta/D$와 $1/K_m$은 반응저항이다. 만약 $\delta/D \ll 1/K_m$ 일 때 공정은 증기에서의 물질전달에 의해 제어되고, 반면 표면반응 제어는 $1/K_m \ll \delta$ 일 때 이루어진다.

앞서 언급한 것처럼 표면 반응속도 제어는 복잡한 모양의 기판에 균일한 두께의 코팅을 얻기 위해 선행되어야 한다. 어떻게 표면반응 제어를 얻을 수 있겠는가? 이 질문에 대한 답을 하기 위해 반응저항에 의존하는 온도와 압력을 분석해야만 한다.

기판의 위치 $X$에서 경계층(laminar flow)의 두께 δ 는 $\delta = a(\frac{n \cdot x}{p \cdot v})^{\frac{1}{2}}$ 여기에서 $a$는 비례상수, $n$는 가스의 밀도, $v$는 가스의 속도, $p$는 가스의 밀도이다. $p$의 가치는 온도와 압력에 의존하고 반면 $n$과 $v$는 온도에 의존한다.

$$p = \frac{M \cdot p}{R \cdot T}$$

여기에서 $M$은 분자량, $p$는 전체 압력이다.

$$n = n_0 (\frac{T}{T_0})^m$$

여기서 $T_0$ 는 기준온도, 기준값, $m$은 상수($0.6<m<1.0$)이다.

$$v = v_0 \frac{T}{T_0}$$

여기에서 $T_0$는 기준온도, $v_o$는 기준 속도 $p$, $n$, $v$에 대한 공식으로부터 δ의 압력과 온도에 대한 관계는

$$\delta = const \cdot \frac{T^{m/2}}{P^{1/2}}$$

로 나타낸다. 확산계수 $D$를 온도와 압력으로 표현하면

$$D = D_{i,0} \cdot \frac{P_i}{p} \cdot (\frac{T}{T})^{1.75}$$

여기에서 확산계수의 기준값, $P_i$는 $i$의 분압이다.

$$\text{반응저항}\ \frac{\delta}{D} = const \cdot \frac{P^{1/2}}{T^{1.75-m/2}}$$

따라서 $\delta/D$가 압력이 증가할 때와 온도가 감소할 때 증가한다. $K_m$의 값은 다음의 아레니우스식을 따른다.

$$K_m = A \cdot e^{-\frac{E_a}{RT}}$$

따라서 표면반응 저항은 온도가 감소할 때 증가한다. 이러한 증가는 온도가 감소할 때 $\delta/D$ 증가하는 것보다 더 빠르다. 그러므로 표면반응 제어는 낮은 온도까지 적용 가능하다.

표면반응 제어 체제는 이러한 체제가 선택되기 위한 가장 훌륭한 실험적 조건이 된다. 아레니우스 플롯으로부터 표면반응 속도제어 조건을 확인할 수 있다. 표면반응 속도제어 동안 아레니우스 플롯의 경사는 높은 음의 값을 가진다(그 범위는 100~300kj · mol－1). 물질전달 제어 동안 아레니우스 플롯(arrhenius plot)의 경사는 양(발열반응), 음(흡열반응) 둘 중의 하나가 된다([그림 4－9] 참조).

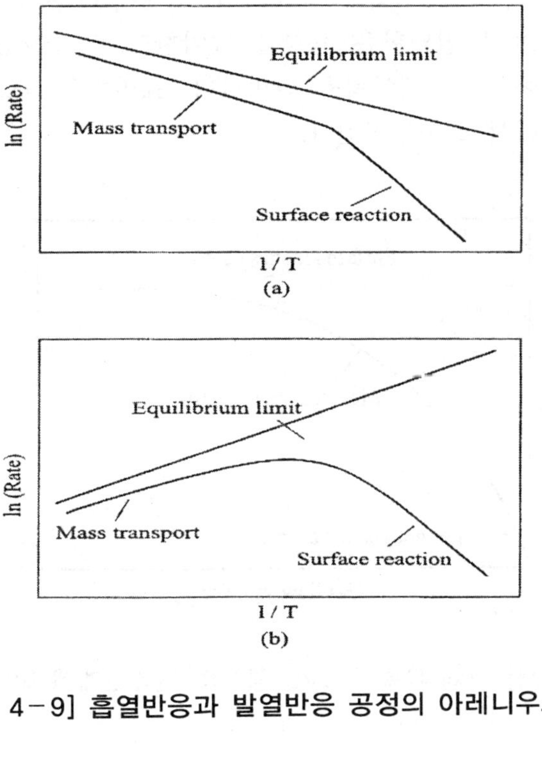


[그림 4－9] 흡열반응과 발열반응 공정의 아레니우스 플롯

전체 압력이 감소할 때 증기에서의 확산계수는 증가한다. 이것은 표면반응 속도의 제어가 낮은 압력에서 이루어짐을 의미한다.

[그림 4-10]에서는 표면운동 제어의 온도 범위가 낮은 압력으로 확장됨을 보여준다.

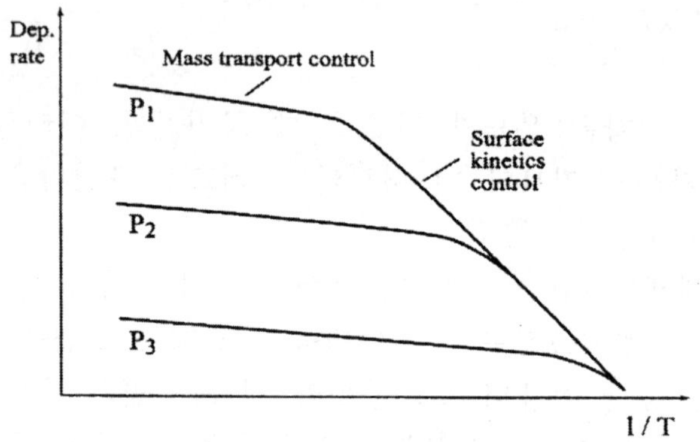


**[그림 4-10] 여러 기압에서의 확산지배와 반응속도 지배의 영역(P1〈P2〈P3)**

표면반응 속도는 가스흐름 속도의 증가에 의해서도 달성된다([그림 4-11]). 낮은 가스흐름 속도에서 열역학은 증착을 제어한다. 가스흐름의 증가는 들어오는 물질전달이 체제에 의해 제어됨을 의미한다. 표면반응 속도제어는 또한 높은 가스흐름 속도에 의해서도 이루어진다.

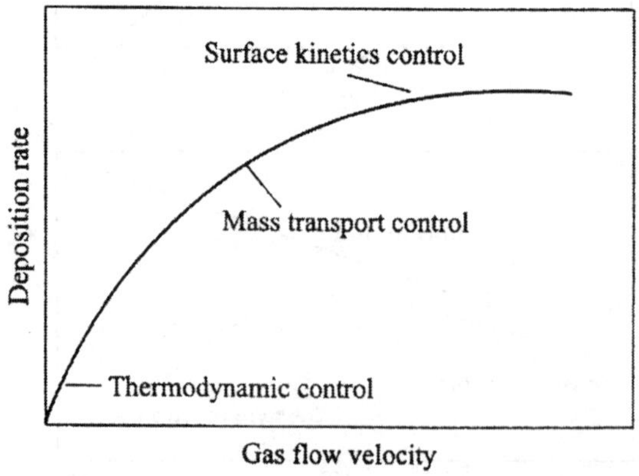


**[그림 4-11] 기체 유속이 CVD 공정의 지배단계에 미치는 영향**

표면반응 속도에 의해 제어된 지역에 도달하기 위한 네번째 가능성은 높은 열화학적 안정성의 다른 전구체의 사용에서이다. [그림 4－12]에서 볼 수 있는 것처럼 $SiH_4$ 대신 $SiCl_4$의 사용은 높은 온도에서 표면반응 속도의 제어 결과이다.

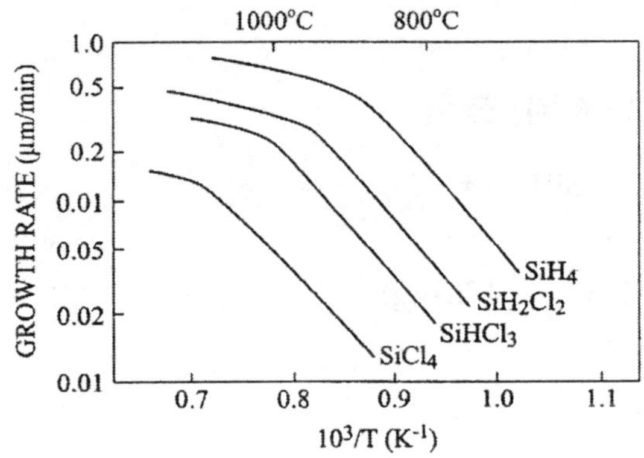


**[그림 4－12] Si CVD에서 전구체의 열화학 안정도가 공정지배단계에 미치는 영향**

## 5. 반응 메커니즘

CVD 과정의 반응 메커니즘들은 매우 복잡하고 단지 몇 가지가 알려져 있다. 증착과정에서 반응물은 기판표면으로 이동되는데, 분자나 원자들은 특정한 표면위치에 흡착된다. 표면 확산 후에 분자나 원자들은 결과적으로 스텝(step) 속에 혼합되고 단계적인 확산 후에 안정한 결정학적 위치에 자리해서 혼합된다. 온도가 800~1000℃ 범위인 $SiH_2Cl_2$로부터 실리콘의 CVD 반응률결정에 대한 Bloem과 Claassen의 조사는 CVD 과정의 다양함을 보여주는 좋은 예이다.

### 가. 경계층을 통과한 $SiH_2Cl_2$의 이동

$SiH_2Cl_2(B) \rightarrow SiH_2Cl_2(g)$

여기서 (B)와 (g)는 벌크가스와 기판표면에 인접한 가스를 가리킨다.

### 나. 증기중의 균일 반응

$SiH_2Cl_2(g) \rightarrow SiH_2Cl_2(g) + H_2(g)$

$SiCl_2(g) + HCl(g) \rightarrow SiHCl_3(g)$

### 다. 자유 표면 site★의 흡착

$SiH_2Cl_2(g) + \bigstar \rightarrow SiH_2C_2\bigstar$

$SiCl_2(g) + \bigstar \rightarrow SiCl_2$

$HCl(g) + \bigstar \rightarrow Cl\bigstar + 1/2H_2(g)$

$1/2H_2 + \bigstar \rightarrow H\bigstar$

### 라. 표면 반응

$SiH_2Cl_2\bigstar \rightarrow Si\bigstar + 2HCl(g)$

$SiH_2Cl_2\bigstar \rightarrow SiCl_2\bigstar + H_2(g)$

$SiCl_2\bigstar + HCl(g) \rightarrow Si\bigstar + 2HCl(g)$

$SiCl_2\bigstar + HCl(g) \rightarrow SiHCl_3(g)$

$SiCl_2\bigstar(g) + SiCl_2(g) \rightarrow SiCl_4(g) + Si(cryst)$

### 마. 성장 반응 표면 step site는 (st)로 표시되었다.

$Si\bigstar \rightarrow Si(st)$

$Si(st) \rightarrow Si(cryst)$

$SiCl_2\bigstar \rightarrow SiCl_2(st)$

$SiCl_2(st) + H_2(g) \rightarrow Si(cryst) + 2HCl(g)$

$SiH_2Cl_2$로부터 실리콘의 CVD는 마지막 반응이 율속 지배단계이다.

## 6. 핵생성

재료의 특성은 입자크기, 결함, 개재물들에 영향을 받기 때문에 핵생성은 재료의 증착에 있어 가장 중요한 과정이다. 성장의 초기 단계에서 성장이 다른 기판의 핵생성은 첫번째 층의 입자크기, 결합, 범위, 부착을 결정한다.

이질 기판인 A성분의 불균일 핵생성 동안의 여러 가지 단계는 [그림 4-13]의 수소와 AX반응에 의해 보여진다. 형성된 A원자들은 기판의 표면에 흡착된다. 결과적으로 흡수된 원자가 기판으로부터 다시 내보내지고, 기판으로 확산되고 중간상의 형태가 가능해지고 또는 AX의 형태가 HX와 반응한다. 불안정한 A원자의 집합, 초기상태는 표면확산과 증기로부터의 A핵의 상태에 도달한다. 완전한 층은 성장과 응집 후에 형성된다. 핵의 성장률은 adatoms의 농축에 의해 결정된다. 마침내 응축은 대체로 결합, 즉 입자경계를 야기한다.

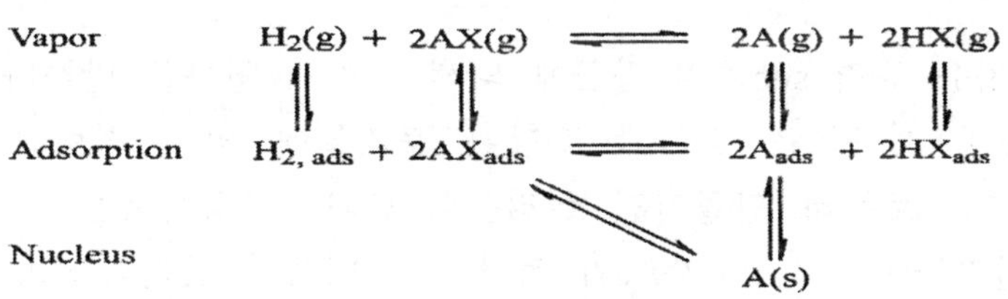


(a) AX의 수소환원

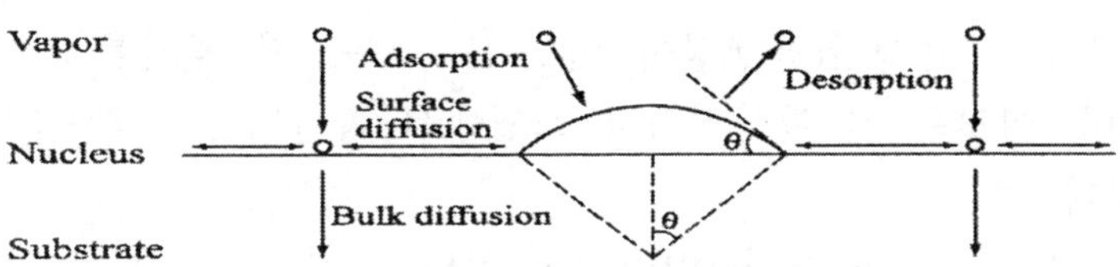


(b) 여러가지 경로

**[그림 4-13] A의 기판 위에서의 핵생성**

일반적으로 3차원으로 핵생성은 이질의 기판에서 일어난다. 그러나 핵생성이 원래의 기판-핵과 같은 재료의 기판-핵에 존재할 때 2차원의 핵이 형성된다. 2차원 핵생성을 설명하기 위하여 표면의 TLK 모델(Terrace, Leadge, Kink)이 응용되었다([그림 4-14]). 테라스, 레지, 킹크 외에도 표면에 흡착된 원자(adatom)들이 존재한다. adatom의 평형농도로부터의 편차는 성장이나 에칭공정의 구동력의 척도이다. 표면은 스텝으로 들어오는 표면확산 원자들의 혼입에 의해 성장한다. 이것은 스텝의 측면 운동과 일치한다.

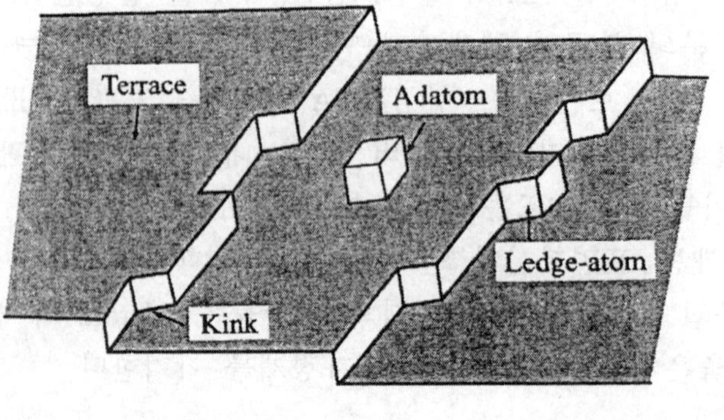


[그림 4-14] 표면의 Terrace, Ledge, Kink(TLK) 모델

표면확산은 자유 표면 site들의 접근에 의해 강하게 영향을 받는다. CVD 과정에서 표면 site의 대부분은 강하게 흡착된 분자들에 의해 점령된다. 그 예로 Si-H-Clrotm 혼합으로부터 만들어진 실리콘의 CVD 공정에서는 그 표면 site는 수소와 염소 원자들에 의해 약 99%가 점령된다. 더욱이 표면의 스텝에 불순물의 흡착으로 인하여 흡착원자가 표면에 붙지 않고 확산되어 나가게 한다. 이것은 핵생성을 하기 위한 충분한 과포화가 표면 계단들 사이에서 만들어질 수 있음을 의미한다. 요약하면, 층성장(핵생성이 아님)은 고온, 저 증착률, 저흡착에 의해 기대될 수 있다. 이것은 긴 확산거리와 스텝에서 확산되는 흡착원자의 자유로운 혼입을 의미한다.

잠복기 이후 핵생성률은 높다(1010㎠/s). 상당히 긴 시간 동안 일정하게 유지된 핵의 밀도의 과포화값이 얻어진다([그림 4-15]). 포화값은 bor들이 밀집하여 핵생성을 위한 과포화가 핵 사이에서 만들어질 수 없을 때 즉, 확산거리가 평균 핵거리의 절반보다 길 때 얻어진다. 결과적으로 핵들은 측면으로 성장하고 핵 밀도는 응집이 일어날 때까지는 일정하다. 포화 핵밀도 Ns는 실험조건들에 강하게 의존한다.

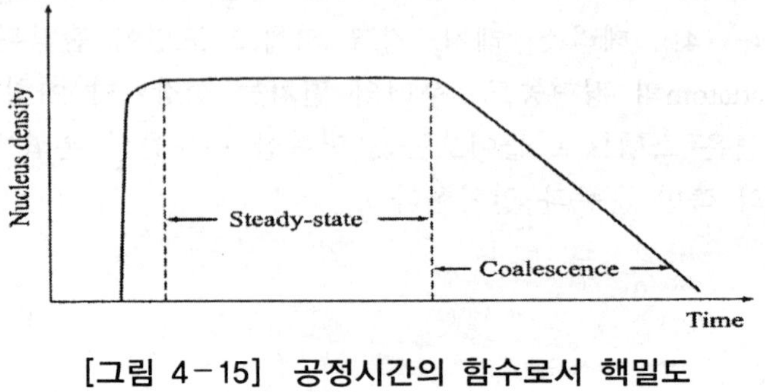


[그림 4-15] 공정시간의 함수로서 핵밀도

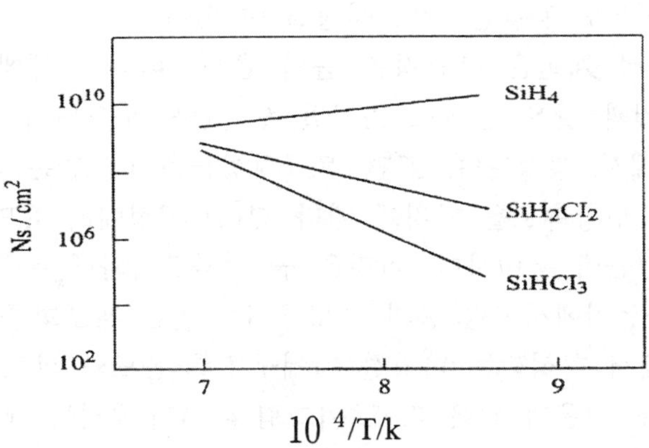


[그림 4-16] Si CVD에서의 온도가 포화 핵밀도에 미치는 영향

[그림 4-16]은 실리콘 CVD에서 서로 다른 silane의 Ns에 대한 온도의 영향을 보여준다. CVD에서 높은 과포화 때문에 임계 크기의 핵들은 몇 개의 원자들만으로 이루어져 있다. 이것은 미세한 집합체들을 기초로 한 핵생성의 열역학적 논법은 성립될 수 없다는 것을 의미한다. 그 대신 통계적인 기계적 방법들이 적용되어 왔다. 핵생성을 위한 과포화가 가장 빠르게 만들어지는 site에서 높은 핵생성속도가 얻어진다. 흡착원자가 오래 머무르는 곳이든지 혹은 많이 공급되는 위치에서 발생된다고 추측된다. 오래 머무르는 시간으로 인하여 표면 스텝으로서의 핵생성은 낮은 증착속도에서 일어나기 쉽다.

입계는 유리한 확산경로가 될 수 있는데 흡착원자가 많이 공급되어 입계에서 핵생성이 일어나게 된다. 핵생성은 표면의 거칠기에 크게 영향을 받는다.

## 7. 표면형태와 CVD 물질의 미세구조

표면형태와 CVD 물질의 미세구조는 많은 요소들에 의해 제어되는데 예를 들면 기판, 온도, 과포화, 증착속도, 불순물, 온도구배, 가스흐름 등이 있다. 몇 가지 이론과 CVD 형태와 미세구조의 분류를 다음에 소개하고자 한다.

Van den Brekel과 Jansen은 단일상 증기로부터 성장에 대한 안정성 이론을 개발하고 적용하였다. 만약 증기와 고체 계면에서의 임의의 섭동이 시간의 증가에 따라 감소될 때 이 계면은 안정한 것으로 간주된다. 그러나 등온 환경에서 CVD의 계면은 불안정하다. 반면에 막의 이완시간이 증착시간보다 훨씬 길기 때문에 이 불안정한 공정에서도 평활한 막이 성장될 수 있다.

증기 성장과정에서 계면은 불안정은 음의 온도구배의 용해에서 수지상 정의 성장을 설명하는 것과 같은 용어로 논의될 수 있다. 무작위의 표면 불규칙성들은 자주 성장과정에서 형성된다. 표면 불규칙성들은 더 높은 과포화의 지역에 접근될 때 더 높은 성장속도를 가지게 된다. CVD 공정에서 표면 불규칙성은 깨끗한 반응가스로 접근이 용이하다. 이것은 높은 과포화와 높은 증착률을 의미한다. 또한 냉간벽 반응기에서처럼 음의 온도구배는 높은 과포화를 가져온다.

Blocher는 CVD에서 형성되는 다양한 미세구조를 온도와 과포화의 공정조건과의 상관성을 밝혔다. 고온과 낮은 과포화([그림 4-17])에서는 에피택시얼 성장이 일어난다. 온도의 감소와 과포화의 증가는 작은 판, 휘스커 등의 형성을 초래한다. 높은 과포화에서는 증기의 균일 핵생성으로 인하여 분말이 얻어진다. 몇 가지 미세구조의 성장에 대하여 아래에 언급하였다.

반도체산업에 자주 이용되는 에피택시얼 성장은 비교적 낮은 성장속도에서 얻어진다. 이것은 증착-기판의 결정학적 불일치, 기판표면 조건들, 기판의 열적응력, 다결정 영역들에 의해 영향을 받는다. 에피택시얼 성장에서는 흡착된 종들의 높은 표면 이동성이 요구된다. 즉 일반적으로 고온이 필요하다.

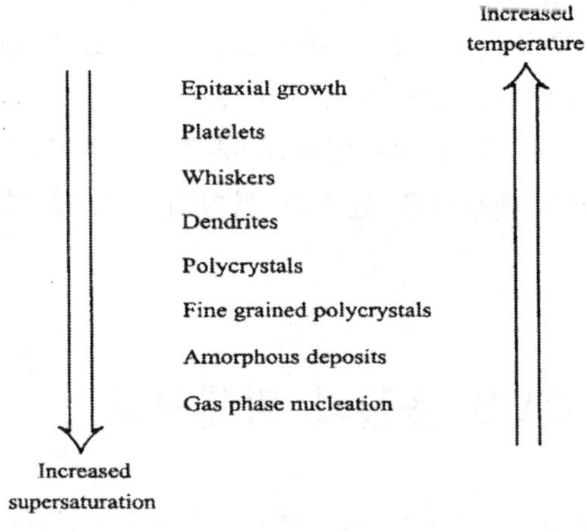


[그림 4-17] CVD 물질의 미세구조 순서

주상형 결정립은 CVD에서는 일반적이며 잘 발달된 조직을 보여준다. 일차 핵생성동안 다른 결정학적 방향의 핵들이 T형성된다. 여러 가지 결정 표면들의 성장속도가 이방성이기 때문에 핵들은 다른 속도로 성장한다. 이러한 우선 성장은 주상형 성장을 가져온다.

표면들은 표면 스탭에서 표면으로 확산하는 흡착원자의 혼입에 의해 성장한다. 그러나 표면 스탭에서의 분자의 우선 흡착은 표면 확산 흡착원자가 붙는 것을 막는다. 그래서 새로운 성장기구가 요구된다. CVD 물질들의 구조는 적은 양의 외부물질을 반응가스 혼합물에 첨가하므로 변경될 수 있다.

## 8. 선택적 증착

CVD는 대면적 증착기술로 알려져 왔다. 그러나 CVD는 또한 국부 증착과 선택적 증착에 사용할 수 있다. 즉, 증착은 기판표면의 몇몇 지역에 일어난다. 선택성은 다른 집속된 빔들에 의해 얻어질 수 있다(광자, 전자, 이온). 빔은 그것이 때리는 영역에서 국부적인 CVD 반응을 유도한다. 다른 가능성은 예를 들면 레이저로 매스크를 통하여 기판표면을 조사하는 것이다. 식각된 기판에서도 선택적 화학증착이 가능하다. 이러한 경우의 선택성은 다른 기판재료와 증기 사이의 초기 계면 반응들의 차이에 기초를 두고 있다. 기판재료의 계면 반응들은 핵생성을 피하기 위해 금지되어야 하는 반면 증착반응들은 증착이 일어날 수 기판영역에 의해 자극되어야 한다.

원칙적으로 선택적 증착 시스템의 여러 가지 범주가 있다. 위에 설명된 시스템에서 증착은 한 기판재료에서 일어나고 반면 다른 쪽에서는 증착이 되지 않고 부분 선택 증착이 이루어진다. 그러나 다른 상들이 다른 재료 위에 동시에 혹은 선택적으로 증착되어 상의 선택적 증착이 이루어진다. 상 선택증착에 유사하게 다른 미세구조 또는 다른 화학 조성의 막이 다른 기판재료에 증착될 수 있고 이로 인해 미세구조 또는 화학 조성의 선택이 이루어진다.

선택적 증착은 앞으로 부상하는 분야이고 많은 응용에 수요가 있다. IC모양 크기들의 계속적인 감소로 스스로의 정렬된 공정이 필요하다. VLSI에서 금속피복을 위한 선택적 텅스텐과 광전자 기기들에서 하나로 통합하기 위한 선택적 GaAs 에피택시얼이 잘 알려진 일례이다.

다른 적용 범위들은 미세화, 불균일 촉매들, 기판이나 막의 계면에서의 공학 그리고 인공적인 2D와 3D재료의 성장이 있다. 식각된 기판의 선택적 증착이 계면화학에 기초를 두고 있기 때문에 여기에는 증착된 물질의 치수에는 제한이 없다. 이것은 열역학적 또는 속도론적 제한없이 미세구조의 재료를 만들 수 있다는 것을 보여준다. 선택적 증착의 근본적인 원칙들을 다음에 간단히 논하였다.

# 9. 선택적 면적 성장

## 가. 에피택시얼 성장조건

오늘날 실리콘과 갈륨비소 화합물 면적 선택적 에피택시에 대하여 기술적 관심이 주목되고 있다. 실리콘과 갈륨비소 화합물의 예로서 선택적 면적 성장을 간단히 논하고자 한다.

에피택시막은 평형조건에 가까운 조건 즉 증착과정에서 구동력이 낮을 때 비교적 높은 속도로 성장시킬 수 있다. 불균일 핵생성에 대하여는 과포화가 요구되는데 이것은 불균일 핵생성에 필요한 것보다 낮은 과포화에서 선택적 성장 조건이 우세하다. 이것은 1200℃에서 $SiCl_4$로부터 실리콘 성장과 $SiO_2$마스크를 사용하여 대기압에서 에칭되는 데 사용되었다.

선택적 에피택시 성장(selective epitaxial growth, SEG)에서는 성장하는 막의 표면이 마스크 표면에 닿을 때 성장이 정지된다. 그 공정을 에피택시 측면과 성장(Epitaxial Lateral Over-growth, ELO)이라 한다. SEG의 주요 포인트는 마스크(일반적으로 실리콘 산화물 또는 실리콘 질화물)에서의 핵생성을 억제하는 데 있다.

핵생성을 위한 잠복시간은 기판재료와 증착조건에 따라 변한다. 이상적인 경우 잠복시간은 원하는 구조를 마련하기 위해 요구되는 증착시간보다 길어야 한다. 그러나 대체 성장과 에칭 공정의 사용에 의해 SEG에서는 핵생성은 짧은 잠복기의 조건에서도 얻어진다. 성장조건은 잠복기에서 우세하다.
성장 사이클 이후에 공정은 에칭으로 전환한다.

GaAs SEG/ELO는 실리콘 SEG/ELO만큼 오래되었다. Tausch와 Lapierre는 염화물 기체전달 시스템에 기초한 GaAs ELO 공정을 1965년에 보고하였다.

트리메틸 갈리움(trimethyl gallium, TMG)과 트리에틸 갈리움(triethyl gallium, TEG)과 같은 금속 유기화합물의 정제기술의 발달로 이러한 화합물을 $AsH_3$와 함께 사용하는 데 근거를 둔 MBE는 물론 CVD가 GaAs SEG에 대단히 가치있게 되었다. GaAs SEG는 지난 몇 년 동안 전자와 광전자 기구의 모놀리식(monolithic) 집적에 사용되는 기술로 주목을 받아왔다.

MBE 혹은 CVD에 의한 $AsH_3$와 TMG로부터 GaAs의 성장은 보통 비평형 공정이라고 생각된다. 성장한 결정의 완전도, 형태와 성장속도와 열역학적 변수와의 상관관계를 볼 때 기체와 고체의 계면이 평형에 가까운 조건이 존재한다는 것을 알 수 있다.

따라서 GaAs CVD에서 불균일 핵생성은 물론 선택적 성장을 분석하는 데 이용될 수 있다.

핵생성 이론에 따르면 과포화는 마스크의 불균일 핵생성에 필요하다. 선택성에 관한 실험적 자료에 의하면 선택성의 유지를 위한 최대 과포화가 계산될 수 있다. 과포화는 화학 포텐셜로 나타낼 수 있다.

고체 GaAs와 평형에 있는 GaAs(Ga와 $As_2$의 기초적인 화학 포텐셜로 나타낸)의 화학 포텐셜에 대한 온도의 영향을 [그림 4-18]에 나타내었다. 만약 증기에서 균일 평형에 대한 GaAs의 화학 포텐셜이 불균일 평형의 그것보다 높을 때 성장은 일어날 것이다.

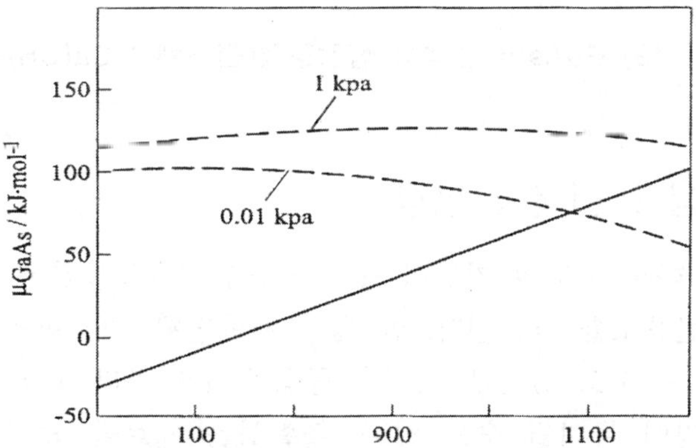


**[그림 4-18] GaAs의 화학 포텐셜**
**(–불균일 평형, –균일 평형, $H_2/AsH_3/TMG$ = 500/10/1)**

SEG를 달성하기 위해 요구되는 온도를 결정하는 실험적 기술은 매스크에 핵생성이 관찰되지 않을 때까지 온도를 연속적으로 올리는 것이다. 증기에서 균일 평형을 위한 GaAs의 화학 포텐셜은 온도에 조금 의존하기 때문에 증착에 대한 구동력은 온도증가에 따라 감소하고 불균일 핵생성이 일어나지 않는 구동력값에 도달하게 된다.

열역학과 MEB와 CVD의 실험적 SEG 자료들은 실험적인 선택성을 관찰하는데 공통의 기초를 세우는 데 사용되었다. 그러나 사용된 성장기술에 무관하게 실험적 SEG 자료는 과포화 지역에 속하게 된다([그림 4-19]). 열역학의 사용에 의해 CVD로부터의 선택성 자료는 MBE로 전환할 수 있고 역으로도 가능하다.

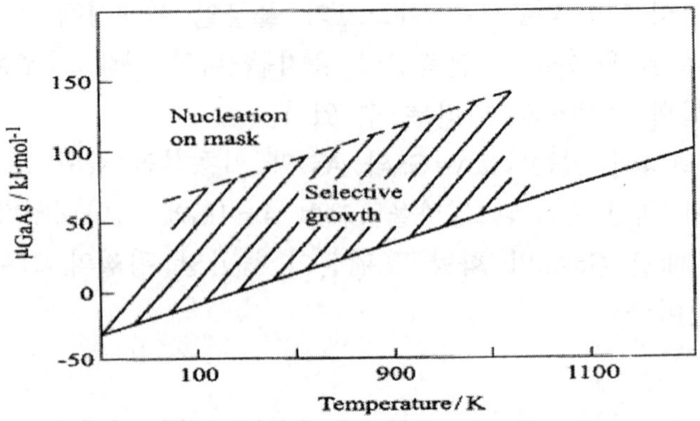


[그림 4-19] GaAs의 선택적 성장영역(전구체 : $Ga(CH)_3$, $AsH_3$)

## 나. 기판 활성화 선택적 성장

CVD 공정에서 다른 물질의 기판이 증기에 노출될 때 물질은 증기에 대해서 다른 활동도 혹은 반응도를 나타낸다. 한 물질이 환원제, 가스반응물의 분해성 흡착의 촉매로서 작용할 수도 있는데 이것은 증착에 유리하다. 다른 물질은 증기에서 불활성이거나 성장이 금지될 수도 있다. 불활성은 재료들 중 하나에 우선적으로 흡착하는 가스첨가제의 사용에 의해 의도적으로 증가시킬 수 있다. 분자들의 강한 흡착은 기판 표면을 상당히 부동태화하고 증착공정을 완전히 억제한다.

기판의 활성화 선택적 면적 성장의 경향은 다결정이나 복합상 기판의 CVD 초기 성장 단계에서 자주 볼 수 있다. 증기에 노출된 다른 상들과 결정입자의 다른 결정학적 방위들은 다른 활동도/반응도와 초기 성장조건들의 표면 영역을 나타낸다. 극단적으로 이것은 증착이 어떤 기판면적에서는 금지되고 반면 다른 면적에서는 증착이 되는 것을 의미한다.

내화성 금속의 선택적 면적 증착은 VLSI와 ULSI의 금속피복에서 높은 관심을 나타낸다. 기판 활성의 선택적 면적 성장은 $Si/SiO_2$기판에 $WF_6$와 $H_3$로부터 선택적 텅스텐 증착에 의해 잘 보여지고 있다.

이 공정을 다음에 설명하였다. 이 반응에 따르면 $H_2$와 $WF_6$로부터 텅스텐은 낮은 온도(300℃)에서 CVD에 의해 증착될 수 있다.

$$3H_2(g) + WF_6(g) \rightarrow W(s) + 6HF(g)$$

소스물질($WF_6$)과 환원제($H_2$)가 증기이기 때문에 증기에 노출된 모든 기판 표면에서 증착은 일어난다. 그러나 만약 환원제가 고체 환원제에 의해 대체되면 증착은 환원제를 가진 기판 영역에서만 일어나게 된다. 웨이퍼에서 실리콘과 실리콘 다이옥사이드를 $WF_6$를 노출시키면, 텅스텐은 실리콘 다이옥사이드 영역에는 증착되지 않고 실리콘 영역에만 증착된다. 실리콘 다이옥사이드의 실리콘은 환원제로서 작용할 수 없다. 이것은 선택적 텅스텐 CVD의 초기 단계의 기초가 된다.

선택적 텅스텐 증착은 위에 설명된 개념에 따라 실리콘이 증기에 노출되는 한 진행한다. 그러나 실리콘에 증착된 텅스텐은 증기에서 실리콘을 불리하게 한다. 그러므로 자기제한 성장공정이 얻어진다. 자기제한의 메커니즘은 아직 확실히 밝혀져 있지 않고 낮은 텅스텐 불화물을 포함한 중합반응 때문일 것이라 생각된다. 중합체는 또한 증기로부터 실리콘을 분리시킨다. 그러므로 성장과정이 금지된다. 두꺼운 텅스텐층들의 성장에 대해 환원제 $H_2$를 반응가스에 더해야 한다.

만약 $WF_6$농도가 낮고 $H_2$밀도가 높다면 낮은 과포화 조건들이 유용할 것이고 텅스텐 증착은 텅스텐이 이미 증착되어 있는 곳에서 일어나고 실리콘 다이옥사이드 위에는 증착되지 않는다. 실리콘 다이옥사이드 위에 증착이 되자면 선택성을 잃게 되고 핵생성이 일어나야 된다. 핵생성 단계는 평형조건에 상응하는 과포화로부터 실리콘 다이옥사이드 위의 불균일 텅스텐 핵생성에 필요한 과포화값에 이르는 증착범위가 존재하게 된다.

끝으로 텅스텐이 벌써 증착되어진 기판 영역에서의 텅스텐 선택적 증착은 이러한 영역들의 수소분자의 해리에 의해 더 잘되게 된다.

요약하면 텅스텐 CVD에서 2개의 주된 반응 단계는 다음과 같이 구분될 수 있다([그림 4-20]).

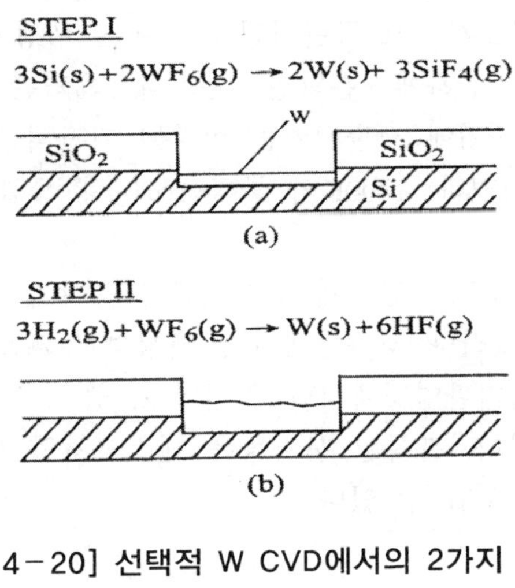


[그림 4-20] 선택적 W CVD에서의 2가지 반응 단계

(1) 첫번째 단계에서는 많은 양의 수소가 반응가스에 사용되어도 실리콘은 주된 환원제처럼 작용한다. 이것은 증기에 노출된 실리콘의 기판영역에 텅스텐 증착이 되게 한다. 이 반응단계는 실리콘이 에칭되는 즉 실리콘이 소비되는 단계를 포함한다.

약 200Å의 실리콘이 100Å의 텅스텐 증착에 소비된다. Si/W 계면의 현상도 이 반응에 의해 영향을 받는다. 에칭은 $SiF_4$를 가스혼합물에 첨가하면 감소된다.

(2) 두번째 단계에서 텅스텐막(tungsten fluoro polymer)이 얻어졌기 때문에 다른 환원제인 $H_2$가 증기와 실리콘 사이의 반응을 억제한다. 첫번째 단계에서 화학반응은 일반적으로 대단히 빠르고 열역학적으로 제어된 CVD공정이 얻어진다. 두번째 단계에서는 증착 공정이 마스크 재료($SiO_2$)에서 핵생성을 피하기 위해 낮은 과포화에서 이루어진다. 두번째 단계의 성장조건은 위에서 논의된 선택적면 에피택시에 가깝고 열역학으로부터 분석될 수 있다. 열역학은 증착조건들이 변할 때 선택성과 기판 에칭의 경향을 찾기 위한 가이드처럼 사용되어 왔으며 또한 가스상의 선택성을 증가시키는 첨가제뿐만 아니라 부반응을 확인하는 데도 사용되어 왔다.

## 다. 흡착 유도된 선택적 성장

앞에서 논의된 것처럼 기판재료들 중 하나의 불균일 핵생성은 이상적인 선택적 성장 시스템에서 비교적 오랫동안 억제되어야만 한다. 핵생성을 위한 잠복기는 온도, 기판반응도, 흡착 등 많은 요인들에 의해 영향을 받는다. 흡착된 분자는 표면반응의 속도를 감소시키고 극단적인 경우에는 핵생성을 완전히 억제한다.

기판재료 중 하나에 강하게 흡착된 분자의 개념은 티타늄과 몰리브덴(molybdenum)의 면적을 증기에 노출시키는 식각된 기판의 탄화물들의 면 선택적 성장을 이루는 데 사용되었다. 1400K의 증착온도에서 삼염화붕소, 에틸렌, 수소가 반응물로서 사용되었다.

에틸렌 분자들은 우선적으로 강하게 몰리브덴에 흡착하고 붕소 탄화물의 핵생성은 관찰되지 않았다. 그러나 티타늄에서는 핵생성이 빠르게 진행되었다. 증착은 단지 티타늄을 가진 기판영역에서만 일어났다. 붕소 탄화물은 비정질이었고 약 21% 탄소를 함유하였다. 흡착된 분자들은 매스크처럼 행동하고 기판 영역에의 증착을 억제하는데 사용될 수 있다.

# 10. 선택적 상 증착

선택적 성장의 영역 중 새로운 분야는 선택적 상 증착이다. 선택적 상 성장은 여러 개의 상들이 선택적으로 동시에 원하는 기판재료에 증착되는 것을 의미한다. 이렇게 함으로써 반도체를 절연체와 함께 성장시킬 수도 있다. 즉 물성의 선택이 가능한 것이다. 선택적 상 증착은 여러 가지 방법으로 가능하다. 이 절에서는 선택적 상 증착의 2가지 원리를 논하고자 한다.

## 가. 핵생성 거동 차이에 의한 선택적 상 증착

초기의 기판과 증기와의 반응 그리고 핵생성 속도는 일반적으로 기판물질에 의존한다. 이것은 다른 기판재료에 다른 상들의 핵생성이 일어날 수 있다는 뜻이다. 고상의 상변태와 같은 이차 공정이나 성장막 위에서 새로운 상의 핵생성이 없다면 최초의 핵생성된 상이 계속 성장하고 선택적 상 증착이 얻어진다.

## 나. 이차 공정에 의한 선택적 상 증착

붕소원소는 여러 가지 결정성 동소체가 있으며 무정형 붕소도 존재한다. 선택적 상 성장은 Ti/Mo 식각기판을 사용하여 연구되었다. 빠른 핵생성이 Ti와 Mo 모두에 관찰되었다. 비정질 붕소는 Ti에서 얻어진 반면 능면체 붕소는 Mo에서 성장하였다. Ti에서 성장하는 붕소는 적은 양의 Ti를 층에 함유하였다(약 500 ppm). 반면 능면체 붕소층에서는 Mo이 존재하지 않았다(검출한도 1ppm). Ti는 원래 핵생성된 비정질 붕소를 안정시킨다.

결정질 붕소를 얻기 위해 고상에서 상변태가 필요하고 이러한 변태는 높은 에너지 장벽을 가지고 있을 것으로 추측된다. 비정질 붕소는 Mo에서 초기에 또한 얻어진다. 그러나 사용되는 증착 온도때문에 즉각적인 상변태가 일어나게 된다. 더군다나 막에는 비정질 붕소의 안정화에 기여하는 기판 오염물질을 함유하고 있지 않는다. 선택적 상 증착된 붕소의 형태를 [그림 4-21]에 나타내었다. 비정질 붕소는 둥근 구의 형태가 특징이다.

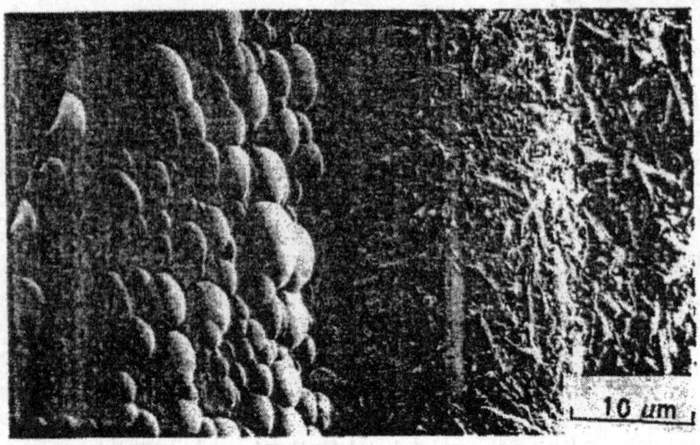


[그림 4-21] 무정형 붕소(둥근 구)와 능면체 붕소의 선택적 상 성장

## 11. CVD 기술의 몇 가지 적용들

CVD 기술은 다양한 물성을 가진 물질을 제조하는 데 융통성이 있는 것이 특징이다. 아래의 적용리스트의 예에 잘 나타나 있다.

– 반도체 산업

반도체 산업에서는 에피택시층(증기상 에피택시)의 성장에 CVD를 쓰고 또한 유전체, 도전체, 부동태층, 산화방지막 등의 제조에도 CVD를 사용한다. VLSI의 금속피복에서 선택적 증착은 새로이 부상되는 분야이다.

– GaAs/(Ga,Al)As와 InP/(In,Ga)As

이 재료들은 반도체와 마이크로웨이브 장비나 태양전지에 사용된다.

– 통신의 광섬유

광섬유는 용융실리카관의 내부를 올바른 굴절의 프로필을 얻기 위하여 실리콘, 게르마늄, 붕소 등의 산화물로 코팅함으로써 제조된다. 증착 후 용융 실리카관은 봉으로 만든 후 봉에서 섬유를 뽑는다.

– 태양 에너지

실리콘과 갈리움비소 화합물을 사용하여 태양전지의 제조에 이용된다.

– 내마모 코팅

초경도구, TiC, TiN, $Al_2O_3$의 코팅, 강재(펀치 노즐 등)에 TiC 코팅 등은 산업체에 널리 사용되고 있다.

- 윤활 코팅

슬라이딩과 롤링접촉에 사용된다.

- 내식성 코팅(Ta, Nb, Cr 등)
- 내마멸 코팅(TiC, $Cr_7C_3B_4C$ 등)
- 내열 코팅($Al_2O_3SiC$, $Si_3N_4$ 등)
- 섬유 강화재료의 섬유(붕소, 탄화규소, 탄화붕소 등)
- 구조물
- 장식 코팅[시계의 TiN(금빛 코팅)] 등

# 4-2 물리적 방법

## 1. 스퍼터 증착공정

### 가. 서 론

스퍼터링(sputtering) 공정은 강력한 투사입자들의 충격에 의한 고체 타깃으로부터 입자의 방출로서 정의될 수 있다. 박막을 증착하기 위하여 스퍼터링을 이용한 것은 1852년에 처음으로 문헌에 보고되었고 그 후 과학적, 상업적 관심으로 다양한 흥미를 끌어왔다. 그러나 고체표면의 이온충격 중 발생하는 복합적인 공정에 대한 이해가 이루어진 것은 비교적 최근이며 이때부터 고순도 단결정, 복합합금, 초격자 등이 개발되어 왔다. 이온/표면간 상호작용을 다루는 이 분야의 발전은 고진공기술의 발전과 고도의 미세분석기술의 발달로 인하여 가속화되었다.

스퍼터된 이온이나 전자는 열에너지보다 운동에너지가 크며 피막 성장은 저에너지의 입자충격, 도펀트(dopant), 불활성 가스이온, 타깃으로부터 산란된 입자에 의하여 지배된다. 따라서 이온/표면 상호작용은 타깃에서만 중요한 것이 아니고 피막의 핵생성과 성장속도, 미세구조로의 발전, 증착층의 물리적 성질 등에서 중요한 역할을 수행한다. 이온충격의 영향에 대한 효과적인 사용은 피막성질의 조절에 도움이 된다.

스퍼터 증착은 진공코팅공정이다. 실제 조작에 있어서 타깃이라고 부르는 코팅물질의 소스를 진공 챔버내의 기판과 반대편에 설치하며 10-6~10-10torr 정도로 진공을 뽑는다. 스퍼터링을 위한 이온충격을 하기 위하여 1~100mtorr의 압력으로 Ar과 같은 가스를 유입시키면서 글로우 방전을 일으킨다. 기판이 접지되어 있을 때 0.5~5kV의 바이어스 전위가 양이온충격을 시작하기 위해 타깃에 인가된다. 타깃과 기판이 평행하게 마주보는 스퍼터링 장비를 [그림 4－22]에 나타내었는데 이를 다이오드 시스템이라 부른다. 이러한 장치의 방전은 대개 비정상적인 음의 글로우 모드(negative-glow mode)에서 일어난다.

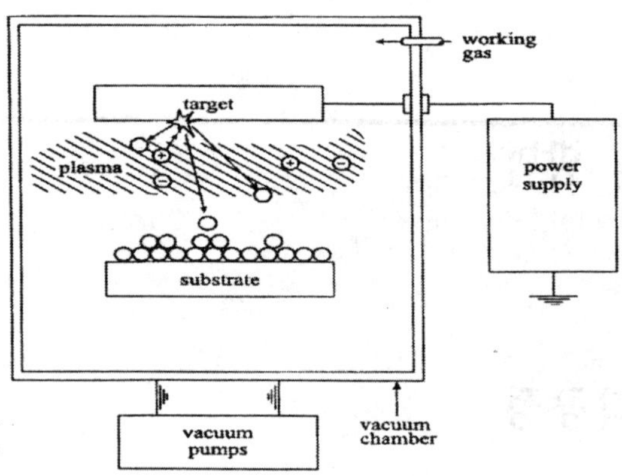


**[그림 4－22] 평행판 다이오드 스퍼터링 시스템의 개략도**

스퍼터링 공정의 가장 두드러진 특징은 만능성이다. 코팅물질이 화학적이나 열적 공정보다 물리적인 모멘텀 교환에 의해 기상으로 들어가기 때문에 거의 모든 물질을 코팅할 수 있다. 비전도성물질을 스퍼터링할 때는 RF전위를 쓰나 일반적으로 DC 방전방법을 금속의 스퍼터링에 사용한다. 일부 응용에서는 타깃을 플라즈마 침적시키는 것보다 이온가속 광학장치를 가진 몇 개의 이온빔 소스를 사용할 때도 있다.

스퍼터 증착기술은 위에 기술한 기본공정 외에도 많은 변화를 줄 수 있다. 예를 들면 다음과 같은 방법으로 코팅을 할 수 있다.

① 여러 재료를 모자이크한 타깃의 사용
② 합금피막을 얻기 위하여 여러 타깃을 동시에 사용

③ 다층막을 만들기 위하여 여러 타깃을 순차적으로 사용
④ 기판에 바이어스를 인가하는 방법
⑤ 가스를 사용한 반응성 스퍼터링

## 나. 스퍼터 증착 시스템

스퍼터링 시스템은 응용에 따라서 다양한 방법으로 제작할 수 있다. 가장 단순한 장비는 평행판 다이오드이며, 지난 20여년간 스퍼터링 기술의 개발에 중요한 역할을 하였으며 아직도 널리 사용되고 있다.

판상 다이오드 시스템에서 기판은 플라즈마와 접촉한다. 이것은 기판을 스퍼터 세정과 바이어스 스퍼터링을 쉽게 수행할 수 있게 한다. 이것은 밀착력이 좋은 코팅을 얻게 하지만 플라즈마와 전자충격으로 인한 열 때문에 열에 예민한 기판에는 판상 다이오드를 사용 못하는 경우가 종종 있다.

판상 다이오드 전극의 모양에서는 강판 플라즈마 방전을 유지하기 어렵다. 따라서 20~75mtorr의 상대적으로 높은 압력과 약 1mA/㎠의 낮은 전류밀도를 사용한다. 높은 압력은 타깃으로부터 기판으로의 코팅물질의 이동이 주로 확산으로 되게 하여 스퍼터된 물질은 산란에 의해 벽으로의 손실이 일어난다. 낮은 전류밀도와 함께 이것이 일반적으로 75nm/min(4.5㎛/h)보다 낮은 증착속도의 원인이 된다.

트라이오드(triode) 장치에서도 세번째 전극으로부터 열이온 발산에 의해 추가적인 전자가 방전으로 주입되며 저압에서 강한 스퍼터링 방전을 일으키는 데 사용된다. 트라이오드 장비의 증착속도는 평판 다이오드보다 높다. 예를 들면, 고속도 스퍼터링은 지름 15cm의 원주형의 1.3kg의 동합금 제조에 사용되어 왔다. 그러나 균일한 증착을 얻기 위하여 복잡한 디자인을 하여야 함으로써 특정한 응용에만 사용되어 왔다.

최근에는 마그네트론이라 불리는 플라즈마를 자기적으로 국한시키는 스퍼터소스의 개발로 스퍼터링 공정의 성능이 크게 향상되었다. 마그네트론에는 작은 링 소스에서부터 긴 직사각형의 평판 마그네트론, 원주형의 마그네트론 등 다양한 모양이 있다. 마그네트론은 DC와 RF에 다 사용할 수 있는데 DC 스퍼터링이 더 효과적이다. 판상과 원주형의 마그네트론은 넓은 면적(수㎡)에 균일한 증착을 하기 위하여 사이즈를 크게 할 수 있다. 잘 설계된 마그네트론은 전자충격에 의한 기판가열을 제거할 수 있다.

## 다. 스퍼터-증착의 응용

스퍼터링의 응용범위는 매우 다양하다. 주기율표의 모든 원소를 스퍼터링으로 코팅할 수 있다. 합금이나 화합물은 조성을 유지하면서 스퍼터 증착할 수 있다. 예를 들면 PTFE(Teflon)로 시작물질의 물성을 유지하는 윤활 피막을 제조할 수 있다. 조성을 제어할 수 있으므로 전자산업에서도 널리 사용된다. 전형적인 예로서 알루미늄 합금과 내열성합금의 미세회로 금속코팅층, 미세회로 절연층, 투명성 전도전극, 광학장비의 무정형 광학코팅막, 압전변환기, 광전도체, 디스플레이장비의 발광막, 광학메모리장치, 무정형 버블메모리장치, 박막저항체와 축전기, 비디오디스크, 고체 전해질, 박막레이저, 미세회로 광리소 그래픽 매스크 블랭크(microcircuit photolitho graphic mask blank) 등을 들 수 있다.

웨이퍼 공정을 위한 다중 소스 스퍼터링 장비는 고성능 광학부품의 증착에 증발법을 대체해 사용되기 시작하였으며 자기기록장치에서 강한 우선 방위를 가진 자성합금의 증착에 쓰인다. 또한 공구의 내마모성 코팅에도 이용된다.

판상 다이오드는 RF 전력을 요구하는 물질의 증착에 아직도 사용되고 있다. 그러나 최근에는 마그네트론이 판상 다이오드를 많이 대체해나가고 있다. 또한 대면적 증착 능력과 기판가열의 감소 등의 성질로 인해 마그네트론을 새로운 응용에 사용하기 시작하였다. 2m×3.5m의 건축용 유리의 코팅에 판상 마그네트론 소스의 사용을 예로 들 수 있다.

태양열이용 가열장치에서 선택적 흡수 코팅과 광전기성 전지의 제조에도 스퍼터링이 연구되고 있다. 기판가열의 감소로 인해 자동차 그릴과 외부 트림의 크롬장식 코팅에도 마그네트론이 사용되고 있다.

주어진 응용에 대해서 스퍼터링 장비의 선택은 기판의 크기와 형상, 열과 플라즈마 조사에 대한 민감성 등에 의존한다. 또한 생산량은 물론 단일층 혹은 다층 두께, 물질의 종류, 경도, 기공도, 저항, 반도체, 전하수송체 수명, 자성이방성 등과 같은 코팅층의 물성에도 의존한다. 초전도성 산화물 등 다양한 재료의 평판 타깃이 현재 시판되고 있다. 따라서 연구나 소량 생산목적으로 복잡한 물질을 판상기판에 코팅하는데 판상 다이오드가 매력적이나 기판이 플라즈마 환경을 견딜 수 있어야 한다.

두꺼운 코팅제조시에는 트라이오드 장비가 좋다. 그러나 대량생산, 두꺼운 코팅, 복잡한 기판모양, 열적으로 민감한 기판에는 마그네트론 소스를 고려하여야 한다. 마그네트론 타입의 선택은 코팅과 기판의 성질, 타깃의 구입가능성을 고려하여야 한다.

다른 진공코팅공정과 같이 스퍼터링도 장비가 비싸다는 단점이 있다. 더군다나 고속도 스퍼터링 장비는 대개 규격화되어 있지 않은 대형 정류기 및 자동제어시스템을 갖추고 있다. 따라서 생산량이 장비의 고비용을 상쇄시킬 수 있을 때 스퍼터링은 효과적이다. 스퍼터링의 장점은 신뢰성이 있으며 자동제어가 가능하다는 것이다.

## 라. 공정수행

$10^{-6}$torr정도로 진공 배기시킬 수 있으면 어떤 진공 챔버도 스퍼터링에 이용할 수 있다. 작업에 요구되는 가스의 압력이 작동중의 펌프로 유지될 수 있도록 펌핑 시스템의 흐름을 조절할 필요가 있다. 소형 판상 혹은 건(gun)형태 마그네트론은 설치하기가 특히 쉽다. 원주형 마그네트론에는 특별한 챔버 모양이 필요하다. 대량 생산에 사용되는 챔버는 기판 장입인터록(interlock)을 사용하여 증착 사이클 사이에 타깃표면이 대기에 노출되는 것을 막는다.

증착 전 배기와 낮은 베이스 압력의 유지는 응용에 달려 있으며 기판과 챔버벽으로부터 나오는 가스를 포함한 분위기에서 스퍼터 코팅이 된다는 사실을 기억하여야 한다. 이 가스는 코팅층의 성장과 물성에 큰 영향을 미칠 수 있다. 만약 기판에서 가스가 심하게 나오면 큰 문제가 될 수 있다. 일반적으로 챔버벽과 기판으로 부터의 탈가스 유량이 사용될 스퍼터링 유량보다 훨씬 미만일 때까지 증착 전 배기를 해주어야 한다. 그런 다음 가스를 챔버내에 유입시켜 스퍼터링을 시작한다. 공기에 노출되었거나 새 타깃은 증착 전에 타깃을 세정하기 위하여 기판을 가리고 미리 스퍼터링을 하여야 한다.

증착조건의 선정은 일반적으로 실험적으로 결정된다. 일차 제어 변수는 증착속도, 타깃 전압, 가스압력, 기판온도, 플라즈마 충격조건 등이다. 증착변수의 선택범위는 대개 장비에 의하여 결정되는데 판상 다이오드에서는 많은 변수들이 상호 연결되어 있어서 독자조절이 어렵다. 마그네트론에서는 제어를 크게 할 수 있으나 다른 변수가 중요하게 된다.

예로서 많은 마그네트론 모양에서 낮은 압력으로 작동하기 때문에 스퍼터된 원자가 충돌이 거의 없이 기판에 도달하게 되는데 코팅물성의 결정에서 코팅유량과 입사각을 중요하게 고려하여야 한다. 따라서 대량생산을 하기 위해서는 개발 작업을 할 때 생산설비와 같은 종류와 모양의 장비를 사용하는 것이 좋으며 스케일 업(scale up)할 때는 3배 정도로 해나가는 것이 좋다.

## 마. 합금과 화합물

스퍼터링 공정의 장점은 다음의 조건이 만족되면 증착된 피막의 조성이 타깃의 조성과 같아진다는 점이다.

① 확산이 일어나지 않도록 타깃이 낮은 온도로 유지될 것
② 타깃이 분해하지 않을 것
③ 반응성 오염물이 존재하지 않을 것
④ 구성성분의 기상전달이 동일할 것
⑤ 구성성분의 기판에 점착계수(sticking coefficient)가 동일할 것

타깃은 주조나 분말의 고온가압으로 만든다. 복합 타깃은 한 재료의 와이어나 스트립(strip) 혹은 디스크를 다른 재료위에 부착함으로써 만들 수 있다.

다성분물질의 이온과 표면과의 상호반응은 복잡하고 아직 모르는 점이 많이 있다. 개개의 다른 스퍼터링 수율이나 질량을 가진 종으로 구성된 균일한 재료로 시작하는 경우를 생각해 보자. 스퍼터링이 그런 타깃으로 처음 시작되었을 때 스퍼터된 유량에는 구성성분의 하나가 많게 될 수 있다. 이 개질된 표면층의 조성은 부분 스퍼터링 수율에 각종의 표면농도를 곱한 값이 타깃의 그것의 농도와 비례할 때까지 계속해서 변한다. 이 공정을 [그림 4-23]에 나타내었다. 정상상태의 개질된 층이 형성되면 스퍼터된 유량이 타깃 조성과 같아진다.

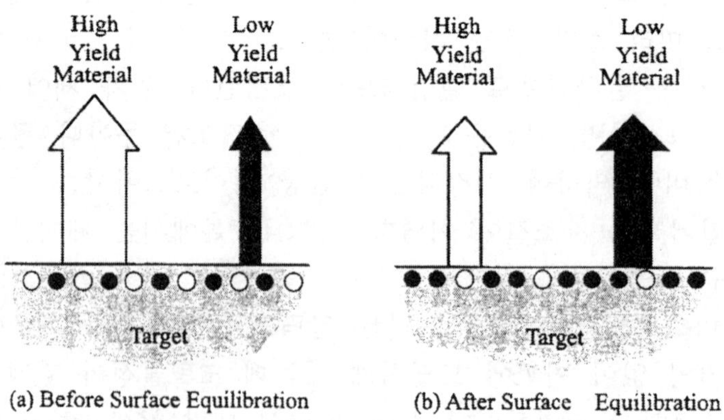


**[그림 4-23] 단일상 합금의 스퍼터링에서 일어나는 표면조성 변화의 개략도**

이 개질층의 두께와 조성은 타깃 물질과 스퍼터링 조건에 의존한다. 전형적인 개질층의 두께는 단상합금의 경우 3~10nm이고 다상합금의 경우 수㎛에 이르며

스퍼터링 조건에 의존한다. 합금이나 화합물의 구성성분의 부분 스퍼터링 수율은 결합에너지의 차이와 합금이나 화합물내의 충돌순서와 관련된 다른 원자질량으로 인하여 구성성분 하나만 있을 때의 스퍼터링 수율과는 다르다. 구성성분이 비슷한 결합에너지를 가지고 있는 합금의 경우 낮은 질량을 가진 종들이 높은 부분 스퍼터링 수율을 갖게 된다. 질량이 비슷하면 약하게 결합된 종들이 높은 부분 스퍼터링 수율을 갖게 된다.

각상이 크게 다른 스퍼터링 수율을 갖는 이상합금의 스퍼터링은 불규칙적인 표면을 만들게 된다. 경사진 표면은 스퍼터된 유량과 스퍼터링 수율이 최대가 되도록 각을 이루게 된다. 만약 두번째상 혹은 불순물 입자가 낮은 스퍼터링 수율을 가지면 표면은 [그림 4-24]에 나타낸 것과 같이 최대 스퍼터링 각을 가진 벽으로 된 원추형의 숲이 될 것이다.

이 원추형은 결국 스퍼터되어 없어지지만 안쪽으로 싸이는 타깃표면은 새로운 두번째상 영역과 불순물 입자를 노출시켜서 새로운 원추형이 다시 생긴다. 따라서 정상상태의 표면형태(topography)가 발생한다. 타깃에서의 표면확산은 이 현상을 더 복잡하게 만든다. 중요한 점은 보육기(incubation period)를 지나 타깃을 떠나서 스퍼터된 유량의 조성은 타깃의 조성과 같게 된다. 그렇지만 불규칙한 표면형태가 구성성분의 수율을 기준으로 기대했던 값보다 전체적인 수율을 훨씬 낮게 만들 수도 있다.

원추형을 형성하는 것과 같은 형태학적인 발전은 복합 스퍼터링 타깃의 성능에 영향을 줄 수 있다. 그런 타깃이 고압에서 작동하는 스퍼터링 시스템에 사용될 때 스퍼터된 물질의 일부가 가스에 의해 후방산란될 수 있다. 낮은 수율의 재료와 높은 수율의 재료의 혼합이 타깃 일부에서 일어날 수 있다.

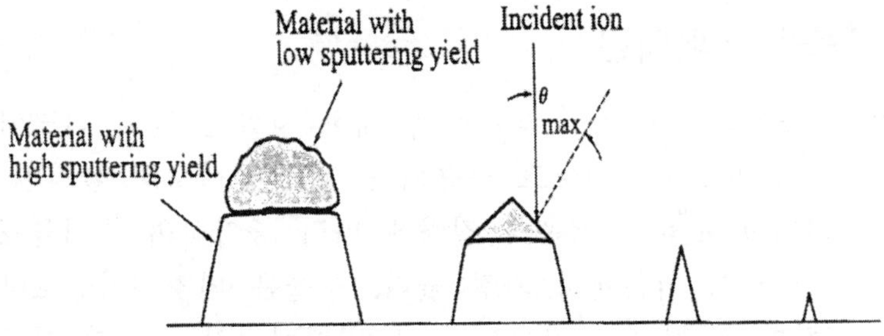


**[그림 4-24] 오염되거나 이상(two phase) 타깃의 이온주입시 형성되는 원추(cone)의 단계**

낮은 수율의 재료의 원자가 높은 수율의 타깃표면에 증착되면 낮은 수율 물질은 아래부분의 재료를 보호하는 섬모양으로 등칠 수 있어 원추형이 생성된다.

타깃 온도는 물론 상대적인 스퍼터링 수율은 이 거동을 예측하는 데 중요하다. Cu 표면의 Mo로 보호된 원추형의 형성이 한 예이다. 원추형으로 덮인 표면의 스퍼터링 속도는 낮은 수율 물질의 그것과 대단히 가깝다. 따라서 복합 타깃으로부터 증착되는 피막의 조성은 개개의 스퍼터링 수율과 부분 타깃의 상대적인 면적에서 예측되는 것과 많이 다를 수 있다.

고온 프레싱한 타깃을 사용할 때 주의할 점은 다음과 같다. 50~130㎚ 범위의 분말로 구성된 고온 프레싱한 Au-Ni와 Au-Co 타깃은 20㎚ 정도의 층이 스퍼터된 후에야 타깃층의 조성과 같은 증착층이 얻어졌다. 그러나 총 수율은 수율이 낮은 구성성분(Ni 또는 Co)의 수율과 같아졌다.

초기분말의 큰 표면면적때문에 고온 프레스된 타깃에는 오염이 큰 문제가 될 수 있다. 그러한 오염은 타깃 전체에 있을 수 있으며 타깃이 사용되는 동안 가상의 누설(virtual leak)을 일으킬 수 있다.

전도성과 열전도가 낮은 화합물로 구성된 타깃을 사용할 때 주의해야 될 점이 있다. 균열이 종종 허용 전류밀도를 제한하게 되는데 이 문제는 특히 집중된 열이 플라즈마 링아래에서 발생하는 판상 마그네트론 시스템에서 두드러지게 나타난다. 나쁜 열전도성은 높은 표면온도를 야기하고 증발과 승화에 의한 휘발성의 구성성분의 손실을 가져온다. 전도성이 나쁜 타깃의 고전기장은 타깃에 고온과 확산을 유발시킨다. 따라서 타깃과 같은 조성의 피막을 얻기 위한 이 장 처음에 나열한 요구조건을 만족시키지 못한다. 그러한 타깃으로부터 증착된 피막에 휘발성 구성성분이 줄어든 경우가 많다.

## 바. 반응성종의 스퍼터링

이온종에 대한 스퍼터링 수율의 의존성에 대한 자료는 많이 연구되었으며 이온에너지가 스퍼터링에서 일반적으로 사용되는 것보다 상당히 높지만 경향을 말해주고 있다. 스퍼터링 수율은 이온의 질량에 따라 증가하며 주기율표의 주어진 횡렬에서는 희토류 가스 이온에서 가장 높다. 수율은 타깃원자종보다 이온종에 대해 더 많이 변한다. 타깃의 표면에서 높은 결합에너지를 가진 합금이나 화합물을 형성하는 충격이온의 결과로부터 도출된 것이다. [그림 4-25]에서 조사된 3가지의 타깃물질의 수율은 Be, C, Mg, Si, Ti, Zr과 같은 반응성종에 대해서는 특히 낮다.

반응성 스퍼터링에서는 수율이 낮은 것을 종종 볼 수 있는데 이는 타깃표면의 화합물 형성에 기인한 것이다. 이런 표면 상호작용은 타깃에 나타나는 표면형태도 크게 영향을 준다. 따라서 Fe타깃에 20keV $O_2$ 충격이 20keV Ar+충격보다 훨씬 평활한 표면을 생성하게 된다.

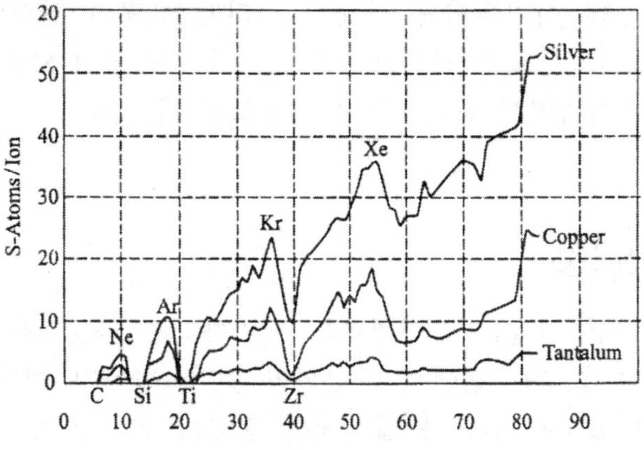


[그림 4-25] Ag, Cu, Ta 표면에 충돌하는 여러 이온의 스퍼터링 수율(45keV)

## 사. 스퍼터된 종의 성질

전형적인 금속 혹은 반도체 박막증착 조건하에서는 대부분의 스퍼터된 물질은 중성의 원자상태로 방출된다. 세정된 금속이나 반도체 표면으로부터 스퍼터된 전하를 띤 입자의 분율은 $10^{-4}$정도이고, 강하게 전기적으로 양성이거나 음성인 종으로 오염되어 있을 때는 더 커진다. 글로우 방전 스퍼터링에서는 타깃이 음으로 바이어스되어 있기 때문에 방출된 양이온은 다시 되찾게 된다. Si, GaAs, GaP와 같은 순수한 반도체 타깃으로부터의 음이온 방출분율은 $10^{-4}$보다 작다. 그러나 타깃 구성원소 중 하나가 낮은 이온화 전위를 갖고 다른 것은 높은 전자 친화도를 가지면 음이온을 기판까지 가속화시킨다.

분자의 형태로 물질이 스퍼터될 확률에 대해서는 비교적 실험 자료가 적은 편이다. 스퍼터된 중성입자(후에 이온화된)의 질량광학(mass spectrometer)분석에 의하면 1keV Ar+ 충격에서 스퍼터된 분자의 분율은 Ag, Au, Cu는 0.1이고 다른 금속은 약 0.03이었다.

분자종의 스퍼터링 기구는 잘 확립되어 있지 않다. '통계적 모델'이 제안되었는데 여기에서는 거의 동시에 방출된 스퍼터된 중성원자가 표면 위에 뭉친다. 원자의 방출은 공간과 시간에 적절히 관련시키고 그들의 상대적 운동에너지는 형성된 분자의 해리에너지보다 낮다.

화합물의 경우 분자 스퍼터링의 대부분의 정보는 알칼리 할로겐 화합물이나 산화물에 대해서 있는데 여기에서는 전체 스퍼터된 유량의 상당량이 클러스터(cluster)였다. MxOy 금속산화물 타깃으로부터 스퍼터된 종의 MO/(M+O)비율이 M-O결합에너지가 증가하면서 증가되었다고 보고된 바 있다.

## 아. 이온빔 스퍼터링

글로우 방전 스퍼터링 기술은 압력변화를 제외하고는 타깃전류밀도와 전압은 독립적으로 제어할 수 없다는 점에서 제한되어 있다. 한가지 예외는 자장의 강도를 변화시키므로써 고정된 전류와 압력에서 전압이 변화될 수 있는 실린드리컬 마그네트론의 경우이다.

이온빔 스퍼터링에서는 충분한 이온들의 에너지와 전류밀도에 대한 독립적인 조절이 가능하다. 스퍼터링 타깃은 독립적인 이온소스에 의해서 형성된 유속밀도와 주어진 에너지의 이온빔을 비스듬히 교차하게 배열된다. 기판들은 코팅유속을 얻기 위하여 적절하게 [그림 4-26]에 나타난 이온빔 소스들은 스퍼터된 코팅물질들을 매우 낮은 불활성 작동가스 압력들에서 플라즈마와 접촉하여 있지 않은 기판 위로 증착시키게 한다.

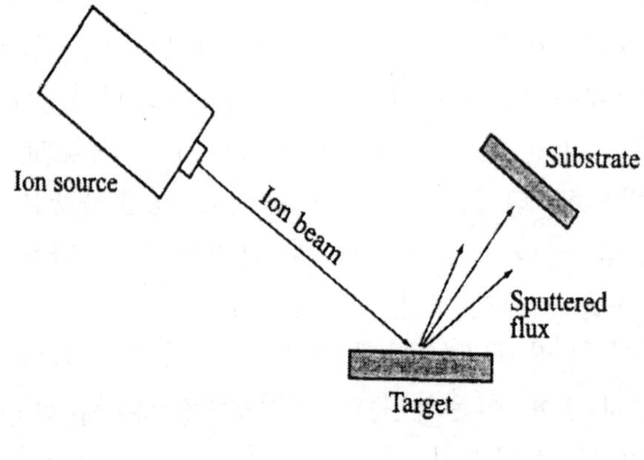


[그림 4-26] 이온빔 스퍼터링의 개략도

초기의 이온소스들은 듀오플라즈마트론(duoplasmatron) 형태였다. 여기서 이온빔은 저압력 아크로부터 구멍을 통하여 추출되었다. 할로우 캐소드 이온소스들이 또한 사용되었다. 이러한 장치들은 작은 이온빔의 크기 때문에 실제 증착에는 제한되었다. 이온 스러스터(thruster) 기술의 최근의 활용은 꽤 큰 이온지름을 가진 분포된 소스들을 제공해 왔다. 이런 장치들이 마그네트론들에 의해서 제공되어진 매우 큰 기판면적들을 가진 증착소스들로서 경쟁할 수 없다 할지라도 그 장치들은 이온빔 에칭과 특별한 증착적용분야를 연구하는 목적으로는 매력이 있다. 에칭 목적을 위하여 제작된 소스들은 500eV와 1mA/㎠, 20㎝에 대한 ±5%의 균일성을 가진 지름 30㎝의 이온빔을 제공한다.

## 2. 스퍼터 증착방법

위에서 논의한 어느 형태에서도 스퍼터 증착은 박막화학(film chemistry)과 미세조직에 대한 보다 나은 조절을 하기 위하여 개발된 다양한 방법들로 행해질 수 있다. 이러한 작업방법들 중에서 가장 중요한 것은 반응성 스퍼터링과 바이어스 스퍼터링이다.

### 가. 반응성 스퍼터링

반응성 스퍼터링은 적어도 코팅물질의 하나가 가스 상태에서 증착 시스템내로 들어가는 프로세스이다. 타깃은 전형적으로 순수 금속일 수도 있고, 휘발성 물질을 포함한 화합물일 수도 있다. 전자는 높은 증기압의 종들 즉 TiN에서의 N, CdS에서의 S, 또는 $VO_2$에서의 O가 가스상태에서 완전히 제공되는 반면에 후자의 경우에는 (예를 들면 $AS_4$에서의 GaAs), 상당히 적은 분압의 반응가스들이 방전에 가하여진다.

반응성 스퍼터링의 장점은 다음과 같다.

① 화합물들이 제조하기 쉬운 금속 타깃들을 이용하여 형성될 수 있다.
② 직류전원을 이용하여 절연 화합물도 증착될 수 있다.
③ 조성상의 경사박막을 제조할 수 있다.

반응성 스퍼터링 공정에서 어려운 점은 융통성이 있는만큼 복잡하다는 점이다. 화학반응들이 타깃에서도 일어나고, 기판에서도 일어난다. 그리고 매우 높은 작동 압력에서는 기상에서도 화학반응이 일어난다. 반응성 가스와 아르곤의 혼합가스로 스퍼터링할 때 필름에 물성과 반응가스의 투입속도에 대한 추가적인 펌프라고 생각할 수 있다.

비선형성은 응축코팅의 스티킹 확률은 코팅의 성장속도, 조성, 막구조 그리고 온도에 대해서 복잡하게 의존하기 때문에 일어난다. 증착된 Ti 원자당 흡착된 N 분자들의 수가 0.5에 접근함으로써, 스티킹 확률 a는 크기에 있어서 2배 이상 떨어진다. a에 있어서의 감소는 점유되지 않는 표면흡착 장소들의 수가 감소함으로써 일어난다. 그래서 예를 들면 낮은 반응가스 투입 속도에서는 질소/아르곤 혼합가스 분위기하에서의 스퍼터링은 투입된 가스의 대부분이 그 막과 반응할 수 있다.

결과적으로 질소는 대개 작업 가스로부터 제거되고 음극 프로세스가 금속의 단순 아르곤 스퍼터링이 된다. 대부분 그러한 조건들하에서 증착된 코팅들은 그 특성이 금속적인 성질을 띤다. 화학량론적 코팅을 만들기 위해서 요구되는 반응성 가스투입속도에 접근함에 따라서 증착되는 코팅의 게터 펌핑(getter pumping) 비율의 감소로 인하여 스퍼터링 시스템에서 반응성 가스 분압의 증가가 있다.

이러한 스퍼터링 가스의 조성변화는 음극표면에서 일어나는 과정을 변화시킨다. 그 결과는 스퍼터링 방전은 금속 스퍼터링 비율의 형식에서 천이를 겪게 되고 그러므로 반응성 화합물 증착비는 감소된다. 이런 모드에서 음극 표면반응들은 높은 반응성 가스원자와 무재에 스퍼터된 금속원자들을 수반하는 몰분율의 반응적인 유량을 생성한다. 이러한 반응성 종들의 큰 유량은 반응성 스퍼터링 과정에서 넓은 범위의 효과적인 혼합물의 생성을 만든다.

높은 산소 주입비율에서 전압감소는 금속에서 혼합물의 천이를 만들고 낮은 주입비율에서 전압증가는 혼합물에서 금속으로의 천이를 생성시킨다.

화합물은 방전전압과 방전이 일정 전류에 의해서 조정되는 음극 전류에서 이온조성의 감소가 일어나는 높은 전자 2차 방출계수를 가진다.

# 4-3 이온 플레이팅

## 1. 서 론

이온 플레이팅(ion-plating)이란 원자적 막 증착공정의 총괄적인 용어이다. 이 공정은 기판표면과 성장막에 입자의 강력한 충격을 가함으로써 층의 형성공정을 변화시키거나 증착된 층의 특성을 바꾸는 것이다. 이 넓은 정의는 증착되는 입자의 소스, 충격을 가하는 입자의 소스, 증착이 일어나는 환경에 대한 상세한 기술은 하지 않는다. 중요한 것은 강력한 입자의 충격이 층형성과 특성을 변화시킨다는 것이다. 기판을 음극으로 하고 열에 의한 증발로 재료를 부착시키는 DC 다이오드를 이용한 간단한 이온 플레이팅 시스템을 나타내었다.

이온 도금공정에 대한 설명은 1964년 과학기술 논문으로 처음 보고되었고 미국에서는 1974년에 특허를 받았다. 최근에 그것은 1938년 유럽에서 받은 특허에 대한 약간의 수정이 가해진 방식이라는 것이 밝혀졌다. 그러나 유럽에서의 것은 논문으로 보고되지도 상용화되지도 않았었다. 1965년 바이어스를 사용하여 스퍼터 증착 중에 층의 오염을 감소시키는 방법이 소개되었다.

이온도금이란 용어가 일반적으로 받아들여지고 특별한 참조나 서술없이도 사용되지만 보편적으로 인정된 정의는 없는 것같다. 그리고 많은 다른 용어들이 이온 플레이팅에 적용되고 있는데 예를 들면 바이어스 스퍼터링, 바이어스 스퍼터 증착, 이온증기 증착법, 이온빔 증착(ion beam enhanced deposition), 가속이온 증착, 플라즈마 보조 증착법(plasma enhanced vapor deposition), 이온 보조 증착법(ion assisted deposition), 바이어스 활성 반응성 증착(biased activated reactive deposition), 플라스마 표면 합금법 등이다.

이온 플레이팅 공정의 초기 연구는 증발, 표면스퍼터, 화학증기에서 나오는 원자를 증착하는 것이었다. 플라즈마에서 추출된 이온을 코팅하고자 할 표면에 음의 전위를 인가함으로써 조서하게 된다. 플라즈마는 반응성 종(species) 혹은 기상의 화학적 화합물들을 포함하고 있는 불활성 가스 종이 될 수 있다.

후자의 경우 이 화학 종은 플라즈마 안에서 활성화되거나 부착되는 종으로 더욱 활성화된다. 또한 가스상태의 화학적 화합물의 구성성분으로부터 코팅으로 흡착되게 분해될 수도 있다(예를 들면 $TiCl_4$의 Ti). 후자는 플라즈마 화학증착법의 형태라고 할 수 있다. 최근에 코팅하려고 하는 표면이 플라즈마와 접촉하고 있는 공정에 이온 플레이팅이라는 용어를 적용하고 기판이 진공분위기에서 증착 중에 이온빔에 의해 조사를 받을 때 이온보조증착(ion assisted deposition, IAD) 혹은 이온빔 보조증착(ion beam enhanced deposition, IBED)이라는 용어를 사용한다. 이온 플레이팅에 대해 몇 가지 변형된 용어가 있다. 이것은 스퍼터 이온 플레이팅과 화학적 이온 플레이팅 등인데 부착되는 물질의 종류에 따라 구별된다(각각 스퍼터된 물질과 화학적 증기 가스로 대별).

진공 이온도금은 공정이 진공에서 이뤄지며 반응성 이온 플레이팅은 화합물질의 막의 증착을 이용한 것이다. 초기의 흥미로운 막물성은 기판의 표면막의 밀착력과 표면 세정능력이고 이외에 열에너지를 피처리물 전체의 가열 없이도 표면에 바로 전달할 수 있는 것이다.

1970년대초 증착이 이루어지는 동안 동반된 충돌(이온이 음극전위인 표면으로 향하여 충돌을 일으키는 것)에 의해 변형되는 막의 미세조직, 스트레스, 조성, 성질 등에 관하여 많은 연구가 이루어졌다. 그리고 최상의 적용범위가 가스 산란(scattering)과 스퍼터링－재증착에서 얻어졌다. 반응성 증착중의 이온주입은 증착되는 층 재료의 화학양론비의 증가를 야기한다.

1970년대 후반과 1980년대 초에 기상의 종의(100~1000eV) 이온빔 소스가 진공에서 조사하는데 사용되었다. 이온조사에 의한 승작층의 스트레스와 화학직 성질에 미치는 영향이 연구되었다. 진공증착 중 이온조사는 광학코팅의 물성을 증가시킨다고 보고된바 있다. 또한 이온주입 가속기는 표면에 충돌하는 입자에 고에너지의 충돌을 원자단위의 층을 증착시키거나 후 증착처리에 이용할 수 있다. 핵융합 반응기(fusion reactor)를 위한 이온 소스의 개발은 대면적, 고전류의 방향으로 진행되었으며, 그때 이온 소스들은 충돌하는 입자들이 더 넓은 영역에 영향을 미치게 하고 더 많은 유량의 사용이 가능하게 되었다.

또한 1980년대 초, 중반에 걸쳐 설비와 기술은 재료의 이온들이 충돌입자로 사용가능하게 더욱 개발되었다. 이온 소스들로부터 획득된 이러한 기술은 동위원소 분리를 위해 사용되기도 하였다.

이온 플레이팅의 기본적인 규칙은 다음과 같다.

① 충돌은 전체 기판을 포함하는 범위에서 이루어져야 한다(균일한 충돌일수록 좋다).
② 최소 충돌비율과 입자에너지는 기판과 증착되는 피막이 요구되는 성질과 구조상의 조성에 도달하기에 알맞게 설정되어야 한다.
③ 충돌은 좋은 밀착력을 위해 표면의 상태와 계면 형성때까지 계속 진행되어

야 한다.

④ 충돌은 피막의 조성, 조직형태, 미세구조와 성질을 변화시키기 위해 층형성 단계까지 진행되어야 한다.

⑤ 플라즈마의 오염도는 기판표면, 증착재료의 반응을 감소시키기 위해 낮아야 한다(반응성 물질은 플라즈마에서 활성화된다. 이것은 증착을 위해서는 좋지만 오염이 우려된다).

⑥ 충돌공정에 의해 제거되는 것보다 부착되는 것이 많아야 한다(모든 증착된 재료가 기판표면과 반응하여 새로운 코팅을 이루게 된다. 예 pt, si → ptsi).

이온 플레이팅은 몇 가지 단계로 구분될 수 있다.

① 표면 준비
② 핵생성과 계면 형성
③ 막의 성장

중요한 것은 충돌이 이 여러 단계를 거치며 계속적으로 일어난다.

표면 준비단계는 기판표면이 증착이 쉽게 일어나도록 즉석 스퍼터 세정을 하는 것이다. 이 세정은 접착을 위해 좋은 계면반응이 되게 하며 반도체 재료에 저항 접촉을 발생시킨다. 이외 세정에 의해 표면은 거친 조직형태를 띠게 되거나 조성의 변화가 생긴다. 충돌은 또한 표면을 반응성이 높은 위치와 결함을 만들어 더욱 반응적이게 만든다. 예를 들면 알루미늄으로 피복한 실리콘 표면은 상호확산이 없으나 충격된 표면은 빠른 확산을 보인다.

계면 형성단계에서는 만약 물질들이 상호 고용성이 있으면 확산이나 계면의 화합물 형태를 형성한다. 또, 물질들이 고용성이 없으면 증착층에 강력한 입자 충격에 의하여 하산과 비슷한 타입의 계면을 형성한다. 계면형성은 결합의 집합과 표면으로의 직접적인 에너지 집적에 의해 달성된다. 이때 표면의 에너지 집적에서 가열은 불필요하다. 몇몇 경우 충돌에 의해 표면이 가열되면서도 심층은 매우 낮은 온도를 유지한다.

이 현상으로 매우 높은 온도 기울기가 표면영역에 나타나며 이것은 표면으로 확산하여 합금이나 화합물 코팅을 이루게 한다. 이온도금에서 충돌은 피막 형성단계 중에서 계속 진행될 수도 있고 안 될 수도 있다. 만약 충돌이 계속 유지되지 않는다면 증착을 위해 다른 기술을 보완해야 한다(예 : 진공흡착, 스퍼터 증착, 전기 도금 등). 만약 충돌이 성장단계에서도 계속 유지된다면 표면준비와 계면 형성단계에서 보다 낮은 에너지 충돌입자와 높은 이온 유량이 유용하다. 이것은 최종 증착물질에서의 가스 혼입과 압축응력을 감소시킨다.

일반적으로 충돌 표면과 층의 성장을 위한 입자들은 가스 상태의 이온들이며 다음과 같이 생성된다.

① DC나 RF로 음극이 된 표면이 플라즈마와 접촉하여서 충돌이 플라즈마에서 나온 이온에 의해 충돌이 일어날 때
② 구속된 플라즈마로부터 추출된 이온들과 grid 시스템을 통하면서 고에너지로 가속될 때
③ 낮은 압력에서 이온충돌에 의한 반사된 고에너지 중성입자들 또한 고에너지 입자들은 응축 가능한 막을 만드는 종이며 다음과 같이 생성된다.

· 동위원소 분리에 사용되는 것과 같은 소스
· 음으로 바이어스된 화합물이나 합금 스퍼터링 타깃으로부터 음이온의 가속
· 진공이나 플라즈마 아크로부터의 이온

## 2. 플라즈마 증강

플라즈마 증강기술은 또한 부분적으로 플라즈마 밀도증가에 이용된다. 이 플라즈마 증강은 국부적 RF장의 사용, 열전자 방출표면, 속이 빈 음전자 방출장치, 2차전자의 회절, 국부적으로 높은 가스압 등에 의해 진행된다.

플라즈마 밀도는 자기장의 사용으로 증가된다. 즉 자기장은 전자 자기력선을 따라 나선형으로 움직이게 하여 그들의 경로를 증가시킨다. 가장 밀도가 큰 플라즈마원은 핵융합기술을 위하여 개발되었다. 이러한 많은 플라즈마의 소스는 RF전력을 사용하거나 열전자 방출표면을 이용하며 자기장의 제어와 함께 이용한다. 몇 피막 증착공정에서 피막재료의 이온들은 기판을 충돌하는 것으로 사용된다. 반응성이 큰 가스 종의 이온은 플라즈마 상태에서 종래의 기술로 형성된다. 이온화한 응축 가능한 피막 종의 고농축은 다음과 같이 얻어질 수 있다.

① 낮은 에너지(100eV) 전자의 높은 밀도를 가진 플라즈마
② 고체 음극상의 진공 아크－플라즈마
③ 진공 아크－플라즈마에서 용해된 양극

많은 경우에 이 종들은 여러 가지 방식으로 이온화된다. 반응성 가스의 플라즈마에의 투입은 화합물 재료의 증착을 일으킨다.

이온도금에서 플라즈마와 충돌효과를 이용할 때 다음과 같은 많은 공정의 변

수는 잘 알려져 있지 않다. 그것을 살펴보면

① 2차전자 방출에 기인한 기판 전류의 양
② 이온과 전자들의 유량과 에너지 스펙트럼
③ 중성 가스 종의 유량, 흡착과 표면 피복성

일반적으로 이 변수는 공정중에 측정하기는 어려우나 다음과 같은 다른 공정 변수를 제어함으로써 가능하다.

① 시스템의 기하학적 모양
② 증발속도
③ 가스 압력
④ 가스 조성
⑤ 가스 유량
⑥ 기판과 시스템 온도
⑦ 플라즈마의 오염물
⑧ 단위면적당 기판 전력

## 3. 플라즈마 화학공정

플라즈마는 매우 왕성한 화학적 환경이고 많은 화학반응이 일어난다. 가장 중요한 화학반응 공정들은 전자충격 이온화, 분자의 분해, 페닝 이온화, 분해되는 전자의 부착, 전자 부착, 여기, 운동량 전달 충돌, 여기된 종의 탈여기, 재결합 등이 있다.

플라즈마 화학공정의 복잡성의 일례로 $CF_4$의 분해와 반응을 보면 24개의 반응과 16개의 종이 형성된다. 페닝 이온화에서 아르곤은 11.55eV와 11.75eV에서 준안정 여기단계가 된다. 구리의 경우 7.86eV의 이온화 에너지를 갖는다. 그래서 준안정상태의 아르곤 원자와 충돌하는 구리원자는 쉽게 여기되고 이온화된다. 준안정 원자는 충돌에 의해 다른 종을 이온화시키거나 여기시키는 데 효과적이다. 플라즈마 공정의 많은 부분이 충돌과정에서의 단면과 증착과정의 임계 에너지에 의해 특정지어진다.

예를 들면 $CF_3Cl$은 높은 충돌 단면과 낮은 임계 에너지(2~3eV)가 전자 분해 증착에 필요하다. $CF_4$는 낮은 단면과 높은 임계에너지(5~6eV)가 필요하다. $CCl_4$

는 전자부착에 활성화되지 않는다. 그래서 $CF_3Cl$은 $CF_4$나 $CCl_4$보다 깨지고 이온화되기 쉽다. 종들의 이온화 정도와 분해 정도, 여기 정도는 가스상태의 종, 전자에너지 그리고 밀도에 강력하게 의존한다. 일반적으로 분자상의 종의 분해가 더 쉽게 일어난다.

많은 플라즈마 공정이 가스상 종의 활성화를 위해 이용된다. 또 가스 종을 분해 이온화 여기를 위하여 좀더 화학적으로 활성화시킨다. 플라즈마 활성은 부분적으로 화학적 전구체(precursor) 종을 분해하고 열적으로 쉽게 분해되게 한다. 이런 종류의 활성이 PECVD와 같은 플라즈마 증강 또는 플라즈마 유도공정에서 사용된다.

플라즈마 방전은 플라즈마 공정 챔버에서 표면의 오염물질 제거에 매우 효과적이다. 이들 오염물질은 플라즈마 상태에서 활성화되고 증착이 일어나는 재료를 오염시킨다. 몇몇 기술이 플라즈마 특성을 결정하는 데 사용된다.

옵티컬 에미션(optical emission)이 가장 일반적이다. 광학 흡수기술이 가스방전시 가스상 종과 온도를 특성화하는 데 또한 사용될 수 있다. 플라즈마 상태에서 전자와 이온의 밀도는 국소 랑뮤 프로브(small area Langmuir probe)에 의하여 측정될 수 있다. 층을 만드는 공정에 활용되는 플라즈마에서 증착되는 종은 보통 기판에 응축되기 전에 플라즈마를 가로질러 나가버린다. 이런 과정에서 종의 일부는 깨어지고 이온화된다. 그러나 일반 이온 플레이팅에서는 응축된 종의 낮은 이온화도가 예상된다.

## 4. 표면에서의 충격효과

강력한 입자의 표면충격과 막증착의 물리적 효과는 충돌입자의 질량, 유량, 에너지, 여기되지 않은 입자의 유량과 원자질량, 충돌되는 표면의 화학적 특성에 매우 의존적이다. 많은 경우의 충돌입자의 유량은 공정변수에 의하지 않으면 결정되거나 조절되지 않는다. 충돌은 표면이 인가된 바이어스, 스오 바이어스, 쉬스(sheath) 전위가 발달해 있는 경우 이온이 표면으로 가속되어 일어난다. 충돌은 또한 에너지를 많이 품은 중성자에 의해서도 일어난다. 이 중성자들은 전하교환 과정에서 형성된다. 또한 중성화와 고에너지를 띤 이온이 표면에 충돌시 반사되는 과정에서 중성자가 생성된다.

많은 연구가 그것이 의도적이건 아니건 입자의 충돌은 피막성장의 여러 단계에 영향을 미친다. 변수는 매우 중요하지만 매우 적게 파악되고 있다. 그리고 많은 예에서 충돌의 중요성은 인지되고 있지 않다. 마그네트론 스퍼터링의 예에서 증착된 피막에서의 응력은 스퍼터링 챔버에서의 가스압과 밀접한 관계가 있고 또한 충돌 역시 관계된다.

낮은 압력에서 고에너지 입자는 중성자가 되어 타깃에서 반사되고 성장하는 피막에 입자충돌을 일으키며, 동시에 고압축 응력이 작용된다. 좀더 높은 가스압에서 고에너지 입자는 충돌에 의해 열중성자화한다. 그전에 입자는 성장하는 피막에 타격을 가하고 인장 응력이 피막에 증가된다. 응력은 증착된 물질의 입사각과 스퍼터링 전류밀도와 밀접한 관계가 있다. 이방성 충돌은 피막에서 이방성의 응력을 일으킨다.

입자의 충돌은 피막 증착 이전에 기판표면의 즉석 준비가 되어 있어야 한다. 즉석 표면 준비는 몇몇 반도체 장치의 구성에 필요한 고품질의 계면생성에 필요하다.

격자 채널링 과정은 이런 효과로 표면 깊숙히 전달한다. 층성장은 단층 성장으로 고려되며 각 층은 표면이 되며 그리고 표면은 다른 표면층에 의해 덮인다. 따라서 입자의 충돌표면과 성장층에서의 효과는 매우 밀접하다.

## 가. 충돌효과

입자가 다른 입자와 충돌하면 운동량 전달이 일어난다. 입자가 표면에 충돌할 때도 표면 원자로 운동량이 전달되며, 이 결과 격자원자의 위치변화와 진동이 생기게 된다. 많은 예에서 충돌입자가 표면 격자구조에까지 침투하는 것을 볼 수 있다. 이 침투 정도는 충돌과 타깃원자의 질량에 의존된다. 그리고 결정학상의 방향에도 의존한다.

충돌에 의한 격자 위치변화를 일으킬만큼 큰 에너지를 갖지 못한 입자는 표면의 화학적 반응성을 증가시킨다. 이에 따라 반응성 분해공정, 반응성 플리즈마 에칭, 이온보조 화학 에칭, 반응성 플라즈마를 이용한 화학적 스퍼터세정, 플라즈마 중합 등에 응용된다. 이 낮은 에너지를 가진 입자는 또한 약한 결합력을 가진 표면 원자제거를 쉽게 한다. 실제로 플라즈마 쉬스를 가로지르며 가속된 종에 의한 낮은 에너지 충돌은 이온 스크러빙에 사용되어 층 증착 전의 광학적 표면을 깨끗이 하는 데 이용되고 수소이온 스크러빙은 토카막타입 핵융합 반응기(Tokamak-type fusion reactor) 표면의 오염물질을 제거하는 데 이용된다.

화학적 스퍼터링은 충돌 종이 표면과 화학적으로 반응하여 증발성의 종을 만든다. 증발성 종은 열에너지에 의해 표면을 이탈한다. 화학적 스퍼터링은 자주 상호상증적 효과를 나타내며 화학적으로 반응성이 큰 종과 고에너지종이 둘 다 표면에 동시에 타격을 가할 때 일어난다.

입자의 에너지가 충돌 손상을 입힐 정도로 클 경우는 많은 것이 발생할 수 있다. [그림 7-2]의 여러 공정에서 보이듯이 입자가 표면을 강타하고 그 충돌이 옆 표면 영역에까지 영향을 미치게 된다. 이러한 과정들은 다음과 같은 것을 포함한다.

① 약간의 에너지 손실과 합계 표면으로부터 반사. 이런 입자들은 표면분석에 사용되거나 응착된 재료에 충돌로 인한 변화를 가한다.
② 운동량 전달과정에 의해 표면 원자의 물리적 스퍼터링이 일어난다.
③ 타격을 가하는 종의 하층에로의 주입
④ 표면 종의 반동 주입이 일어난다.
⑤ 충돌하는 선을 따라 점결함이 형성된다.
⑥ 충돌하는 선을 따라 국부적인 고온이 형성되는데 이 열은 표면 영역 전체로 분산된다.
⑦ 2차전자의 형성. 이것은 음전위를 띤 표면으로부터 가속되면서 떨어져 나간다.

입자충격에 의한 표면에 미치는 영향은 다음과 같이 구분된다.

· 초기단계(<10-12sec) : 충돌효과
· 냉각효과(<10-12~10-10sec) : 열적 스파이크
· 지연효과(10-15sec~1hour) : 확산, 편석
· 지속효과(1hour 이상) : 압축응력, 비정질화, 상변화

물리적 스퍼터링은 충돌이 급격히 일어나는 곳에서 운동량 전이에 의해 표면 원자가 물리적으로 방출되는 것이다. 이 과정은 열적 과정이 아니므로 방출된 입자는 열적 분배에 의할 때보다 더 큰 에너지를 갖고 있으며 결정학적 방향에 따른다. 충돌하는 입자의 에너지의 아주 작은 부분만이 방출되는 입자에 전해지고 70% 이상은 표면의 가열에 쓰인다.

스퍼터링 수율(방출되는 입자 : 입사하는 입자의 비율)은 입사 입자에너지의 함수이다. 그리고 입사 입자의 질량은 타깃 원자의 질량의 함수이다. 스퍼터링 공정은 임계에너지에 도달하게 된 후에야 일어나는 것으로 20eV 이상으로 운동량 전달이 일어나야 한다. 스퍼터링 수율은 면에 따라 달라지며 표면의 결정학적 구조의 모양에 따라 달라진다.

스퍼터링 수율은 또한 입자에너지의 함수이며 임계값으로부터 어떤 최대값, 즉 대부분의 에너지가 표면의 매우 낮은 곳까지 축적될 때까지 증가한다. 이것은 충돌이 급격히 일어나는 연쇄충돌에 이르러서 감소한다. 스퍼터링 수율의 평형시간, 즉 안정화하는 데 걸리는 시간은 보고된 바 있고 이것은 표면에 충돌가스가 포화된 것에 기인한다.

정상 입사시 충돌이 일어나는 표면의 경우 방출입자는 코사인 분배형태를 띠게 된다. 이외에도 스퍼터링 합금이나 동소체의 혼합물의 경우는 그 질량에 의존되기도 한다. 이 각 의존성은 스퍼터된 표면의 미세조직에 의해서 변한다. 만약 충돌흐름이 이루어지면 방출되는 유량은 앞으로 나가는 방향에서 비스듬히 될 것이다.

방출입자의 에너지는 충돌각이 클 경우 재료의 포워드(foward) 스퍼터링에 이용된나. 이런 스퍼터링에서 각 의존성은 스퍼터된 표면에서의 콘의 형성으로 규착된다. 콘의 끝은 스퍼터링 수율의 입사각 의존성에 의해 결정된다. 단일 성분 표면에서 재료는 표면으로부터 벌크(bulk)상태로 제거되는 스퍼터링이 일어날 것이다(실제적으로는 몇몇 단층이 표면으로의 확장이 일어난다).

이것은 표면 조성을 증가시키고 벌크와는 다른 양상을 띠게 된다(농도가 진하거나 부족하게 됨). 만약 분산이 일어나지 않으면 스퍼터된 종은 평형상태에서 벌크의 조성과 같은 조성을 갖게 될 것이다. 화합물의 선택적 스퍼터링은 직각에서 벗어난 충돌 이온의 입사각에 따라 감소한다. 공동의 충돌에 의한 증착이 일어나는 동안 선택적 스퍼터링은 종의 결합을 약하게 하여 제거되게 한다. 또는 합금의 경우에는 성분들 중 하나는 아마도 선택적으로 스퍼터될 수 있다.

만약 타깃에서 확산이 일어난다면, 스퍼터된 종은 벌크와 다른 조성을 갖게 될 것이고 계속적으로 변화될 것이다. 합금 스퍼터링은 약간의 질량 분리를 일으킨다. 플럭스 표면에 수직일 때는 표면이 좀 가벼운 요소로 채워지고 플럭스 표면에서 직각에서 벗어날 때는 표면에 좀더 무거운 요소가 그 농도를 높이게 된다.

음극적으로 바이러스된 표면에서의 스퍼터링 공정은 중성 종을 만든다. 접지된 표면으로부터의 스퍼터링은 각양각색의 이온화된 종의 양을 나타낸다. 이 종은 SIMS(secondary ion mass spectroscopy) 분석에 이용된다. 플라즈마에서 이온화된 것은 GDMS(glow discharge mass spectroscopy)나 플라즈마의 종점(end point) 광학분석에 이용된다. 여러 종을 포함하는 타깃의 스퍼터링은 좀더 작은 전기 음성도를 갖는 음이온을 만든다.

높은 가스압에서는 스퍼터된 종의 일부가 다시 표면으로 산란되어 되살아가게 된다. 이 스퍼터된 종의 일부는 플라즈마 상태에서 이온화되고 가속되어 타깃 표면으로 돌아가게 되는데 이것을 자기 스퍼터링이라 한다.

표면의 표면이 아닌 곳에서 스퍼터된 종의 일부는 앞방향으로 스퍼터되어 타깃 표면에 부착된다. 이 모든 것은 뚜렷한 스퍼터링 수율현상을 일으키게 된다.

나머지 스퍼터된 종은 기판표면에 응축되는데 이것을 스퍼터 증착이라 한다. 표면 접합부에서의 제어된 스퍼터 침식 분석기술은 원소성분의 깊이 방향의 농도측정에 이용된다. 표면 위쪽이나 표면 부위에 포함되어 있는 입자는 국부적으로 스퍼터 마멸을 보호하며 표면형태의 미세조직을 하게 한다.

증강된 표면의 이동성은 타격을 입은 표면에 단결정들을 생산해낸다. 표면의 미세조직은 표면형태의 변화 이후로부터 표면에서의 스퍼터링 수율(2~3X)의 오랜 기간에 걸친 변화를 보여준다. 미세조직은 시각적·광학적 '트래핑(trapping)' 표면생성에 사용되며 뼈성장과 고착 증착을 위한 삽입보조물의 표면처리에 사용된다. 그리고 표면으로부터의 2차전자 방출을 감소시키는 데에도 이용된다.

만약 표면종이 외래 원자라면 그 제거과정은 탈착이며 유도된 이온의 탈착이나 세척이라고 부른다. 반동 주입의 과정은 화학적으로 흡착된 종의 각 단일층들의 탈착에서 매우 중요한 변수임은 잘 알려져 있다. 표면은 반응성 플라즈마 에칭에 의해 에칭되는데 이것은 화학적으로 활성인 종(CI, F)이 플라즈마에서 형성되고 반응하여 휘발성 종을 만들 때 일어난다.

전형적으로 휘발성의 화학 종은 표면에서 형성되고 휘발은 표면 종을 제거한다. 이 과정은 플라즈마의 성분과 충돌입자의 플럭스가 매우 변화가 심하므로 제어하는 데 조금 어려움이 있다. 만약 입자가 표면으로 가속되면 화학반응이 증가되고 이 과정은 반응성 이온에칭이나 반응성 플라즈마 세정이 된다. 약하게 결합된 표면 종의 탈착은 플라즈마 세정에 중요하며 증착층의 오염물질 감소에 사용된다.

탈착은 또한 반응성 증착공정에서 비반응성인 종을 떨어져나가게 하는 데 유용하여 좀더 화학량론적이고 화학적으로 안정한 증착을 일으키게 된다. 이온 보조 화학적 에칭에서 화학적으로 활성인 종의 분자상 빔과 불활성 가스이온의 빔은 동시에 표면에 충돌하여 에칭을 일으킨다. 이 기술을 이용함으로써 매우 빠른 에칭 속도로 매우 높은 에칭 분해를 할 수 있다. 표면에서 일어나는 충돌-보조화학적 공정은 잘 이해되고 있지 않다.

한편 화학적 활동도의 증가는 온도의 증가에 기인하며 온도의 증가는 충돌 이온의 운동량 전이에 기인한 것이다. 다른 한편으로 표면의 충돌에 의해 생긴 2차전자는 매우 중요한 역할을 담당한다. 몇몇 예에서 표면 변화는 화학반응을 위한 장소를 제공하는 충돌에 기인한다. 에칭과정은 흡수되는 활성가스의 양에 매우 민감하다.

## 나. 표면영역의 영향

표면영역은 충돌하는 종의 침투에 의해 영향을 받는다. 대부분의 에너지는 원자진동과 열로 변하게 된다. 따라서 계속되는 충돌의 결과 점결함이 생성되며 원자의 이탈에 의한 충돌 혼합이 일어나게 된다. 점결함의 밀도는 1~20atom% 정도 되며 결합하여 더 큰 크기의 결합이 되고 최악의 경우 재료의 결정구조를 파괴하여 무정질 형태로 변화시키기도 한다. 결함은 표면영역의 전기적 특성으로 받아들여진다. 실리콘을 예로 들면 충돌이 일어나는 표면의 전기적 영향은 쇼트키 배리어(Schottky barrier)를 만들어냄이 확인되었다.

격자결함이 역시 정상적인 종의 이동을 방해한다. 이온이 충돌하는 표면에서의 트래핑에 대한 연구는 이동을 방해하는 결함위치의 밀도가 1~20atom%가 됨을 보여주었다. 충돌하는 종은 그들이 확산에 의해 농도가 줄지 않는 한 매우 높은 원자 농도로 표면에 충돌할 것이다. 일반적으로 아르곤 이온이 충돌하는 타깃의 표면에서 1~10%의 결합이 걸려든 충돌종이 발견되었다. 아르곤 함량이 매우 급속히 증가함을 보여 주었다.

충돌 조건에 의해 성장하는 금막에 40atom%의 헬륨이 증착되었다. 헬륨은 정상적으로는 금에 불용성이다. 다른 가스도 좀더 복잡한 비정질 재료의 형태로 고농도로 증착되었다. 이와 같이 혼성된 가스는 재료를 취약하게 하고 증착온도가 상승할 때 가스를 발생시킨다.

방사성의 크립톤의 표면으로의 혼합으로 후속에 일어나는 열적 탈착과 부착을 크립토네이션(kryptonation)이라고 한다. 그래서 생성되는 것을 크립토네이트(krytonate)라고 한다. 탄화물의 수소이온 충돌은 수소전하와 같은 양상을 표면영역에 화학적 포텐셜을 가하며 이 포텐셜이 재료로의 수소의 확산을 증가시킨다. 질소 역시 수소와 마찬가지로 같은 결과를 나타낸다. 혼성을 가스의 탈가스는 하나의 막이 충돌한 표면에 증착되어 있을 때 밀착력 문제를 갖고 있다.

높은 결합밀도와 열의 결합은 급속한 확산과 변화된 층을 생성한다. 이 층의 조성은 벌크와는 다르다. 종의 충돌과 표면종의 반동 충돌은 옆의 표면영역의 피닝(peening)과 그 영역에서 압축응력의 형성을 야기한다. 또한 충돌과정은 충돌종을 표면 가까운 층 영역에 혼합시킨다. 이때 그 정상 용해한도를 넘기기도 한다. 퍼닝과 인코퍼레이션(incorporation)은 이 영역의 피막 응력에 영향을 준다.

### 다. 표층영역 효과

표층영역은 표면영역의 근접에 의해 영향을 받는다. 표면영역에서의 조성변화는 화학포텐셜을 증대한다. 포텐셜은 온도와 결합의 적층에 따르는데 포텐셜이 크면 이 영역에서 표면으로, 반대인 경우 역아로의 확산이 빠르게 일어난다.

표면영역에서 증대된 압축응력은 표면근처 영역에서의 인장응력에 의해 상쇄되고 이것은 표면하부의 결합과 파단은 압축응력이 가해지는 표면영역의 하단에서 발생하는 인장응력에 기인한다. 금의 이온 플레이팅 동안 금속 유리 기판의 결정화에서 온도상승에 대한 연구들은 표면근처 영역(10~15micron)에서의 온도상승은 500℃에 달한다.

### 라. 벌크 효과

주요한 벌크(bulk) 효과는 가열이다. 특히 기판이 적극적으로 냉각되지 않을 경우 벌크의 온도는 매우 높게 올라가게 된다.

## 5. 증착 원자들의 소스

이온도금에서 응축할 수 있는 증착종은 아마도 열적 에너지를 가지거나 고에너지의 충돌 유량의 일부이거나 전부일 것이다. 이 증착종의 소스(source)는 다음과 같다.

① 열적 증발이나 승화 소스
② 스퍼터링 소스(스퍼터링 이온 플레이팅)
③ 진공 아크 소스
④ 화학 기상종(species) (케미컬 이온 플레이팅)

### 가. 열적 증발

재료의 열적 증발이나 승화는 재료를 어떤 점까지 가열함으로써 이루어지는데 다음과 같은 가열방법이 있다.

① 재료를 직접 저항으로 가열
② 전기저항에 의해 가열된 표면에 재료의 접촉
③ 낮은 에너지, 접속되지 않은 전자의 충격
④ 높은 에너지, 접속된 전자의 충격
⑤ 고강도 소스로부터의 복사가열
⑥ 레이저빔에 의한 가열
⑦ RF 유도가열

전기저항 가열 소스는 재료를 기화시키는 데 주로 사용되는데 1500℃ 이하에서 증기압이 나타나는 재료에 적합하다.

낮은 에너지 전자들은 속이 빈 음극에 의해 생산되며 낮은 자기장에서 굴절한다. 이 전자의 에너지는 주로 100V 정도이며 이 값은 이온화에 필요한 최대값이 된다. 그래서 증기는 표면을 떠나고 전자구름을 통과하게 된다. 이온화의 가능성은 매우 높다. 이와 같은 시스템은 베릴륨에 은을 이온화시켜 증착시키는 데 사용되어 왔다. 은이온은 처음 스퍼터 세정에 이용되고 낮게 가속하는 전압으로 은막이 형성된다. 고에너지 전자빔 기화는 낮은 전류와 전자를 높은 에너지로 가속함으로써 성취된다. 전자는 자기장에 의해 굴절되고 일정치 않은 전기장에서 표면에 걸쳐 이동하게 된다. 이 기술은 고에너지 밀도의 점이 생겨 주사선이 표면을 포함하여 증발을 일으키게 한다. 따라서 이것은 내화성 물질의 증발을 가능하게 한다.

이 종류의 기화소스는 진공에서 이온총의 사용과 함께 사용될 수 있다. 이온총의 사용은 막성장의 충격에 불활성 가스이온을 공급하므로 이온 플레이팅을 하게 한다. 가장 주목해야 할 것은 광학적 코팅이 이런 식으로 형성된다는 것이다. 즉 생성되는 막은 좀더 높은 굴절도를 가지고 있고 좀더 환경적으로 진공증착막보다 안정하다.

광학코팅의 접착도는 동시에 일어나는 입자의 충격에 의해 증가된다. 빈응성 이온에 의한 충격막 성장은 TiN과 같은 화합물도 형성시킬 수 있다. 에너지 전자빔 증발은 플라즈마 환경에서도 노출되어 있지 않은 뜨거운 필라멘트와 마찬가지로 일어난다. 이것은 전자방출 필라멘트가 있는 전자빔 기화기아래에 있는 챔버를 차등적으로 펌핑하여 이루어진다.

## 나. 스퍼터링

표면의 스퍼터링은 전기장을 가하여 플라즈마에서 이온을 추출하고 타깃표면을 고에너지의 이온으로 충격시킴으로써 이루어진다. 이 증착물질의 소스는 스퍼터 이온 플레이팅에 사용된다. 스퍼터링은 별도의 플라즈마 챔버에서 생성하여 그리드 시스템(grid system)을 사용하여 챔버로 추출된 이온빔에 의하여서도 이루어진다. 스퍼터된 재료는 진공상태에서 증착되고 이온빔 소스는 증착된 층에 불활성이나 반응성에 빔을 조사하는데 이용된다.

## 다. 진공아크

진공아크 증발 소스는 진공 이온 플레이팅에서 막이온들을 제공한다. 아크증발은 고전류 저전압아크가 진공에서 전극 사이를 지나갈 때 일어난다. 아크는 고에너지밀도($10^{11}Wm^{-2}$)를 가진 점에 국한되어 있다. 증발된 물질은 막으로써 증착되며 종종 기판에 바이어스를 걸기도 한다. 아크 증발은 증기상태의 탄소를 탄소 박막으로 만드는 오래된 방법이다. 반응성 가스를 사용함으로써 화합물을 증착시킬 수 있다. 아크 증발에서 증발된 재료의 많은 부분이 이온화한다.

전위분배는 음극 가까이에 험프(hump)를 만들고 양극쪽의 험프는 가속되어 고전위가 된다. 이 기술에서 문제점은 아크의 안정성과 방출된 물질의 작은 구체를 형성하는 것이다. 음극 표면에 걸친 아크 굴곡과 플라즈마 굴절은 이 방울형성의 문제점을 감소시키는 데 적용되어 왔다.

진공아크에서 형성되는 이온은 바이어스기판으로 가속된다. 그래서 조사의 소스와 이온 플레이팅 공정에서의 증착이 성립된다. 진공아크 용해 공정에서 진공아크는 재료를 녹이는 데 이용되고 용해기구는 증착을 위한 이온소스가 된다.

## 라. 화학 증기 전구체

반응성 이온도금에서 증착되는 재료에 함유된 전구체 가스는 플라즈마로 방사된다. 이 때 전구체(precursor) 가스는 전체적이거나 부분적으로 분해되고 이온화되고 증착된다. 이 기술은 플라즈마 화학증착법(plasma enhanced chemical vapor deposition)과 유사하다. 화학기체는 이온화 소스 챔버로 들어가서 여러 개로 분열된다. 이것은 추출되어 증착 챔버로 가속되어 들어간다. 그리고 빔의 형태로 기판표면에 충돌한다. 이 공정은 i-carbon(hydrogenated carbon, i C-H)과 BN막을 증착시키는 데 이용되어 왔다.

## 6. 반응성 이온도금

반응성 이온도금에서 함께 증착되는 종이나 표면종은 반응하여 휘발성없는 응집된 종을 형성한다. 동시에 일어나는 입자의 충격은 반응공정을 활성화시키며 반응을 더 쉽게 만들고 반응하지 않은 종을 다시 스퍼터해서 더욱 화학량론적인 증착층을 만든다. 대부분의 화합물이 반응성 이온도금에 의해 증착된다.

제 5 장

# 박막형성의 메커니즘

# 5-1 박막의 형성

## 1. 박막의 형성단계

원리적으로 박막응집은 다음과 같이 3가지 다른 메커니즘으로 구분되며, 이것은 성장하는 막의 원자들 사이의 상호작용의 강도 및 막의 원자와 기판 사이의 상호작용의 강도에 의해 정해진다.

### 가. 박막응집의 메커니즘

① 층과 층에 의한 성장(van der Merwe 메커니즘)
② 3차원적 핵자 형성, 성장, 그리고 섬들의 연결(Volmer-Weber 메커니즘)
③ 단층의 흡착과 그 층 위에 계속되는 핵자 형성(Stranski-Krastanov 메커니즘)
대부분의 경우에는 ②가 일어나고, 앞으로 이에 대해 더 자세히 살펴보기로 한다.

### 나. 박막의 형성 : nucleation과 growth 과정

① 기판이 증기상에 노출됨으로써 작지만 이동도가 매우 높은 cluster와 island를 형성
② island가 합쳐짐(coalescence). island의 밀도는 감소하여 국부적으로 증착물이 없는 영역이 형성되고 여기에는 또 다른 핵이 생성된다. 그리고 coalescence는 비어 있는 채널들이 연결된 네트워크를 이룰 때까지 계속된다.
③ 비어 있는 채널이 채워지고 고립된 void를 남김
④ 결국 void도 채워지고 증착막은 연속성을 갖는다.

이러한 일련의 과정들은 증착의 초기 수백 Å 정도에서 일어난다.

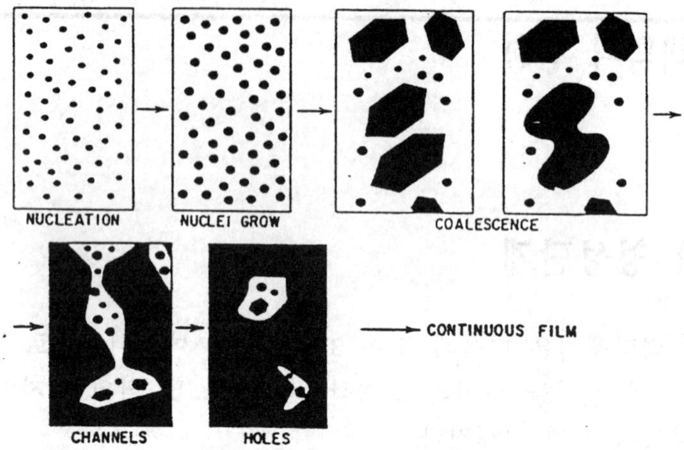


**[그림 5-1] 박막의 형성 진행과정**

[그림 5-1]에 박막형성의 진행과정이 도식적으로 그려져 있다. 이 그림은 이미 성장한 핵자를 나타내는 것으로, 생성 단계에서 핵자의 크기는 보통 전자현미경의 분해능에 미치지 못한다.

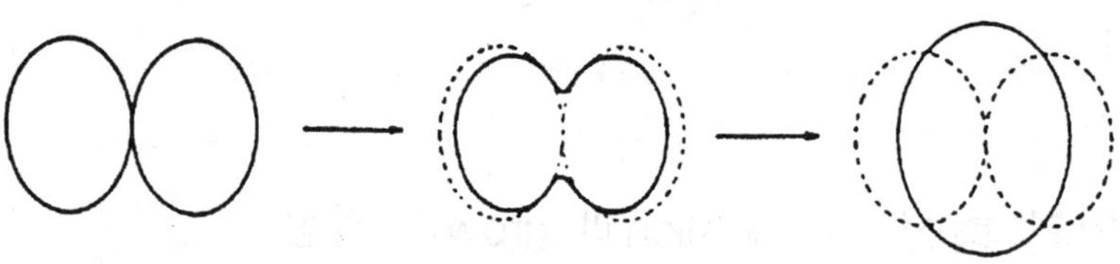

**[그림 5-2] 합체과정**

## 다. 박막성장의 기본적인 이론

### (1) Island 성장

가장 작은 안정한 cluster가 기판 위에서 핵 생성을 하여 3차원으로 성장하여 island를 형성한다. 이것은 증착하고자 하는 원자나 분자들간의 결합력이 기판과의 결합력보다 클 때 나타난다.

- 절연체, 알칼리 할로겐 화합물, 흑연 기판 위에 금속의 증착

### (2) Layer 성장

안정한 cluster가 2차원으로 퍼져나가면서 연결되어 planar sheet를 형성한다. 원자들간의 결합력보다 기판과의 결합력이 더 강한 경우가 layer 성장에 해당된다. 그리고 기판과 필름 원자간의 격자 일치성이 좋아야 한다. 첫번째 단원자층은 보다 약한 결합을 하는 두번째 원자층에 의해서 덮여진다.

- single crystal epitaxial growth

### (3) Stranski-Krastanov 성장(layer+island)

한 두 층의 단원자층이 형성되고 그 이후의 성장은 island 성장을 따른다. 계속해서 layer 성장을 하지 못하는 이유는 여러 가지가 있으나, 그 중에 기판과 필름 사이의 격사상수의 불일지로 인한 변형에너지의 축적때문이다. 이러한 축적된 에너지가 방출되면서 중간 layer의 계면에서 island 형성을 유발할 것이다.

- 금속과 금속, 금속과 반도체로 이루어진 계

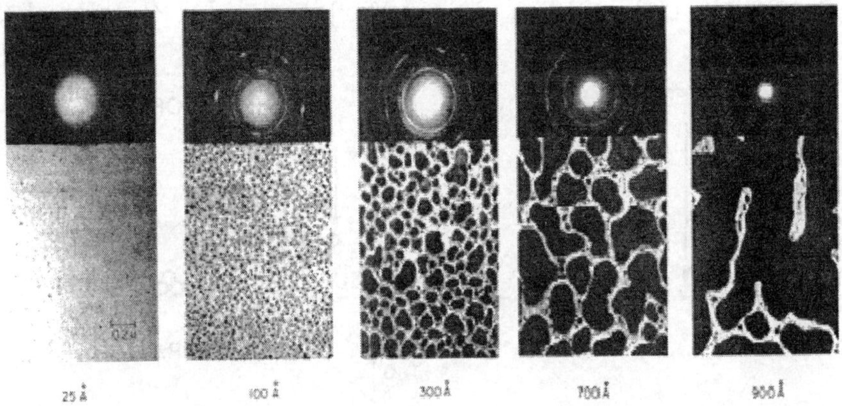

[그림 5-3] Nacl의 (111)면에 형성된 Ag핵자의 성장과 합체

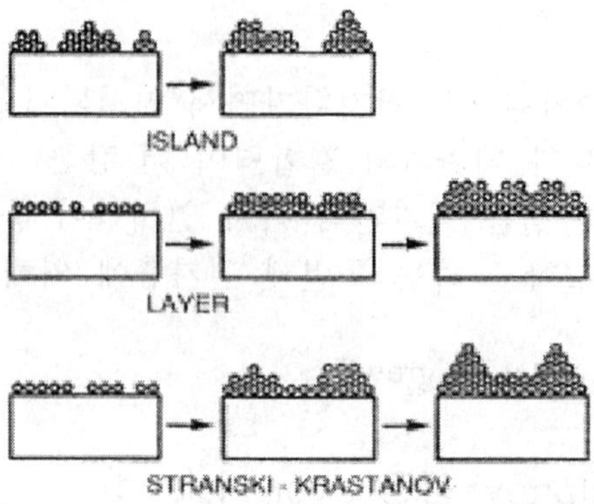


[그림 5-4] 박막성장의 기본원리

## 2. 모세관이론(Capillarity Theory)

막의 핵생성에 대한 정성적인 설명이 가능하나 정량적인 설명에는 부정확하다.

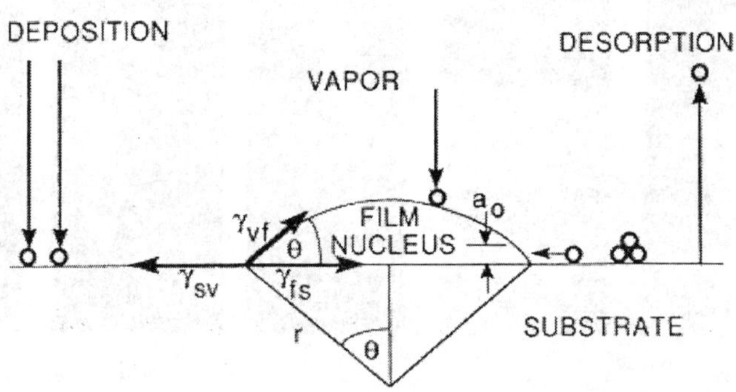


[그림 5-5] 증착하는 동안 기판표면에서 핵생성과정

반지름 $r$을 갖는 집합체의 생성에 따른 자유에너지 변화를 보면

$$\Delta G = a_3 r^3 \Delta G_V + a_1 r^2 \gamma_{vf} + a_2 r^2 \gamma_{fs} - a_2 r^2 \gamma_{sv}$$

만약 cap-shaped nucleus 경우이면

$$a_1 = 2\pi(1-\cos\Theta),\ a_2 = \pi\sin^2\Theta,\ a_3 = \pi(2-3\cos\Theta+\cos^3\Theta)/3$$

$$\gamma_{sv} = \gamma_{fs} + \gamma_{vf}\cos\theta$$

(서로의 계면에너지에 의해서 기계적 평형이 이루어지고 있을 때) 즉, 접촉각은 재료의 표면성질에만 의존한다.

3가지 성장모드에서의 평형을 보면

① island 성장 : $\Theta > 0$, $\gamma_{sv} < \gamma_{fs} + \gamma_{vf}$

② layer 성장 : $\Theta > 0$, $\gamma_{sv} = \gamma_{fs} + \gamma_{vf}$

이러한 조건에서는 ideal homo or autoepitaxial 성장이 가능하다.

③ S－K 성장(island＋layer) : $\gamma_{sv} > \gamma_{fs} + \gamma_{vf}$

단위면적당 필름의 변형에너지가 $\gamma_{vf}$에 비해 상대적으로 클 때 처음에 monolayer가 형성된 뒤 새로운 핵이 생성될 수 있다(S－K 성장). 단위면적당 필름의 변형에너지가 $\gamma_{vf}$에 비해 상대적으로 작을 때에는 layer 성장이 이루어진다. 핵생성에서의 임계반지름과 임계핵생성 에너지 장벽

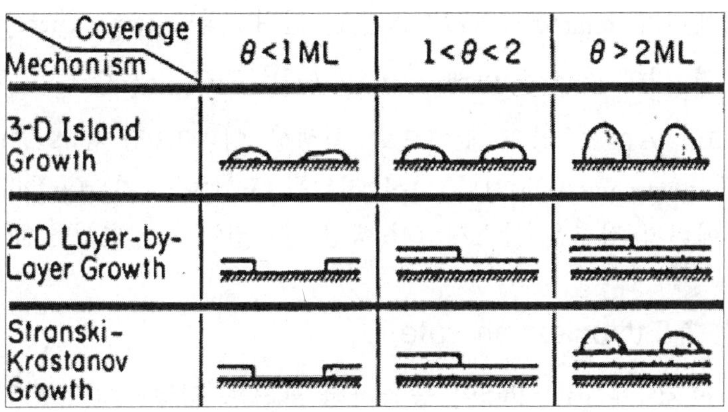


**[그림 5－6] 박막응집 메커니즘**

$d\Delta G/dr = 0$일 때

$$r^* = \frac{-2(a_1\gamma_{vf} + a_2\gamma_{fs} - a_2\gamma_{sv})}{3a_3\Delta G_V}$$

$r = r^*$ 일 때

$$\Delta G^* = \frac{4(a_1\gamma_{vf} + a_2\gamma_{fs} - a_2\gamma_{sv})^3}{27(a_3)^2\Delta(G_V)^2} = \left(\frac{16\pi\gamma_{vf}^3}{3\Delta(G_V)^2}\right)\left(\frac{2 - 3\cos\theta + \cos^3\theta}{4}\right)$$

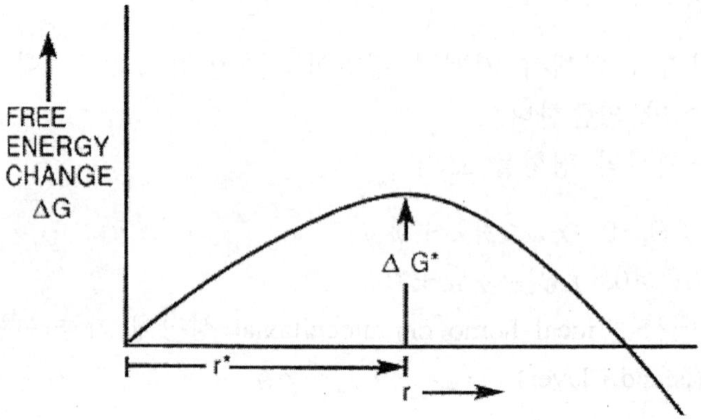


**[그림 5-7] 핵생성에서의 임계반지름과 임계핵생성 자유에너지**

만약 필름의 핵이 필름과 기판 사이의 결합의 불일치로 인하여 탄성적으로 변형되었다면 변형에너지 term( $a_3r^3\Delta G_s$, $\Delta G_s$는 단위체적당 strain energy)이 첨가되어야 한다. 그러면 위의 식에서 아래 항이 $27(a_3)^2(\Delta G_V+\Delta G_s)^2$이 되는데 $\Delta G_V$는 음의 값이고, $\Delta G_s$는 양의 값이므로 핵생싱 에너지 장벽( $\Delta G^*$)은 증가한다. 그러나 벽개계단(cleavage step)이나 나선 전위를 포함하는 기판(initially strained 기판)은 오히려 에너지 장벽을 감소시킨다(핵생성시 일어나는 변형을 해소).

### (1) 핵생성속도(Nucleation rate)

임계크기의 cluster에 gas atom이 충돌하면 핵으로 성장하지만 박막형성의 초기단계를 고려하면(핵의 밀도가 매우 낮음) cluster가 핵으로 성장하는 속도는 기판에 이미 흡착된 원자가 핵에 달라붙는 속도에 의존한다는 것을 알 수 있다.
에너지를 가진 원자들이 기판위에 충돌하여 표면에 머무르는 평균시간은 아래와 같다.

$$\tau_s = \frac{1}{\nu} exp\frac{E_{des}}{kT}$$

$E_{des}$ : 기체로 탈착되는 데 필요한 활성화 에너지
$\nu$ : 표면에 흡착된 원자의 진동주파수(일반적으로 $10^{12}sec^{-1}$)

원자들은 무질서한 확산점프를 하면서 서로 쌍을 이루거나 좀 더 큰 nuclei나 cluster에 달라붙는다. 이렇게 되면 흡착된 원자는 더 이상 기상으로 돌아가려 하지 않을 것이다. $E_{des}$는 기판의 불균일성(벽개계단, ledge를 포함하는 정도)에 의존한다. 즉 벽개계단, ledge를 많이 포함할수록 $E_{des}$는 증가한다. 이러한 이유로 인해서 벽개계단이나 ledge에서는 높은 밀도의 nuclei가 발견된다.

$$N = N^* A^* \omega \text{ nuclei/cm}^2\text{sec}$$

$$N^* = n_s \exp\left(-\frac{\Delta G^*}{kT}\right)$$

$N^*$ : 기판의 단위면적당 임계크기 핵의 개수

$n_s$ : total nucleation site density

$A^*$ : critical area( $2\pi r^* a_0 \sin\Theta$ )

ω : critical area $A^*$로 충돌하는 원자의 flux

정리하면

$$N = 2\pi r^* a_0 \sin\Theta \frac{PN_A}{\sqrt{2\pi MRT}} n_s \exp\frac{E_{des} - E_S - \Delta G^*}{kT}$$

$E_S$ : 표면확산의 활성화 에너지

즉, 핵생성속도는 핵생성 에너지 장벽과 온도에 크게 의존한다.

- 핵생성속도가 빠름 → 미세한 결정이나 비정질(amorphous) 형성
- 핵생성속도가 느림 → 조대한 결정 형성

### (2) 기판온도와 증착속도에 따른 핵생성속도의 변화

$$\Delta G_V - -\frac{kT}{\Omega} \ln \frac{\dot{R}}{\dot{R}_e}$$

$\dot{R}$ : 증착속도

$\dot{R}_e$ : 기판온도에서 박막 핵의 평형 증발속도

$\Omega$ : 원자부피

#### ① 기판온도 의존성

$(\delta r^*/\delta T)_{\dot{R}} > 0$ : 기판온도가 증가할수록 임계 크기가 증가하여 불연속적인 island구조를 이룬다.

$(\delta \Delta G^{*}/\delta T)_{R} > 0$ : 기판온도가 증가하면 핵생성 에너지 장벽이 증가한다.

② 증착속도 의존성

$(\delta r^{*}/\delta R)_{T} < 0$ : 증착속도가 증가하면 좀 더 작은 island를 형성한다.

$(\delta \Delta G^{*}/\delta R)_{T} < 0$ : 증착속도가 증가하면 에너지 장벽이 감소한다.

높은 증착속도에서는 핵생성이 쉬우므로 더 얇은 두께에서도 연속성을 가진 막을 형성시킬 수 있다.

- 결정립이 큰 구조나 단결정을 형성시키려면 : 높은 기판온도, 느린 증착속도
- 결정립이 작은 구조나 비정질 구조를 형성시키려면 : 낮은 기판온도, 높은 증착속도

(3) 모세관이론의 문제점

실제로 임계 핵의 크기는 단지 몇 개의 원자크기이므로 표면장력이나 핵반지름 같은 연속체의 개념을 사용하는 것은 무리이다.

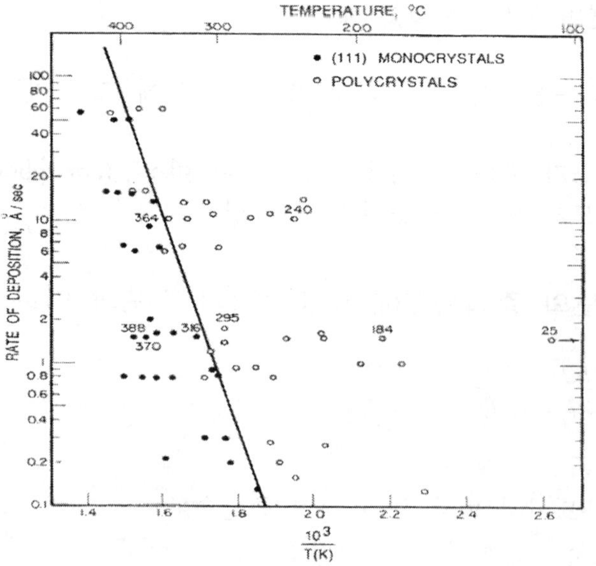


[그림 5-8] Nacl의 (111)면에서 Cu 박막의 기판 온도와 증착속도에 따른 핵생성속도의 변화

# 3. 핵자 형성의 통계적 이론

## 가. Walton - Rhodin 이론

cluster를 거대분자로 생각하고 그것을 사용하는 데 통계적 이론을 이용하였다.

$i^*$개의 원자로 이루어진 임계 cluster를 원자로 분해하는 데 필요한 에너지 (cluster 형성 에너지의 음의 값)

$$\frac{N_{i^*}}{N_0} = \left|\frac{N_1}{n_0}\right|^{i^*} \exp\frac{E_{i^*}}{kT}$$

$$\dot{N}_{i^*} = \dot{R}a_0^2 n_0 \left(\frac{\dot{R}}{\nu n_0}\right)^{i^*} \exp\left(\frac{(i^*+1)E_{\rm des} - E_S + E_{i^*}}{kT}\right)$$

$E_{i^*}$ : 임계 분해에너지

$N_{i^*}$ : 단위면적당 임계 cluster 개수

$\dot{N}_{i^*}$ : 임계 핵생성속도

$n_0$ : adsorption site의 전체 밀도

$N_1$ : monomer 밀도

모세관이론( $\Delta G^*$, γ, Θ의 측정이 쉽지 않고 부정확)과 달리 측정 가능한 parameter에 의해 핵생성속도를 표현한다는 장점이 있다. 단, $i^*$와 $E_{i^*}$는 부정확하다.

W-R 이론은 에피택시 성장을 설명하는 데 적용된다.

실험적 관찰에 의하면 저온, 과포화상태에서 $\dot{N}^*$는 $R^2$에 비례한다. 즉, $i^*=1$ (원자 한 개가 임계핵) 그리고, 고온에서는 $i^*$가 2나 3이어서 안정한 cluster가 평면적인 성장을 한다.

핵생성 활성화 에너지가 임계핵의 크기에 의존하므로 단원자 핵에서 2원자 핵으로 변화하는 온도가 존재한다. 핵생성속도를 같게 놓음으로써 임계온도를 구해보면( $N_{i^*=1} = N_{i^*=2}$ )

$$T_{1\to 2} = -\frac{E_{\rm des} + E_2}{k\ln(R/\nu n_0)}$$

핵생성속도와 온도와의 관계를 분석하면 다결정에서 단결정으로의 임계온도를

예측할 수 있다. 그리고 에피택시얼 성장은 임계온도 이상에서만 가능하다.

이것은 표면확산에 바탕을 두고 고려한 결과와 비교할 만하다. layer by layer 성장에서 원자는 다른 island가 생성되기 전에 확산점프에 의해 ledge에 도달해야만 한다. 보통 원자는 100~1000 원자 정도의 거리를 0.1초 정도의 시간에 이동하는데 $X = \sqrt{2D_s\tau_s}$에서 $10^{-8}$㎠/sec 이상의 확산계수를 필요로 한다.

즉, 에피택시얼 성장이 가능하기 위한 임계온도가 존재한다. 보통 4족 반도체의 경우 0.5Tm, 금속의 경우 0.3Tm, 알칼리 할라이드 물질은 0.1Tm의 천이온도를 갖는다.

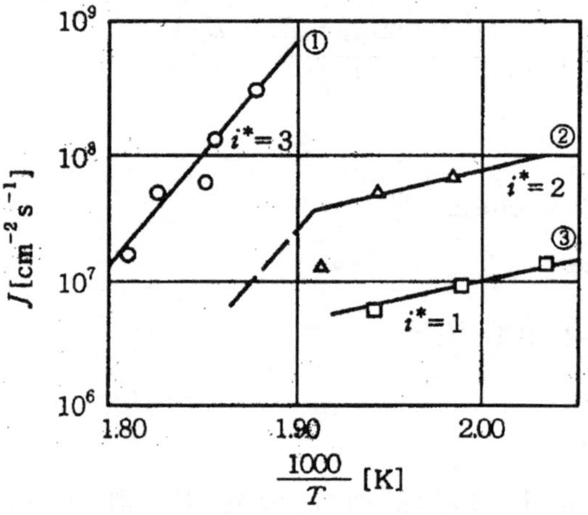


(a) 진공에서 NaCl 의 (100)면에 형성된 Ag 의 핵자 형성률
(증착률 : ① $6\times10^{13}\mathrm{cm^{-2}s^{-1}}$, ② $2\times10^{13}\mathrm{cm^{-2}s^{-1}}$, ③ $1\times10^{13}\mathrm{cm^{-2}s^{-1}}$)

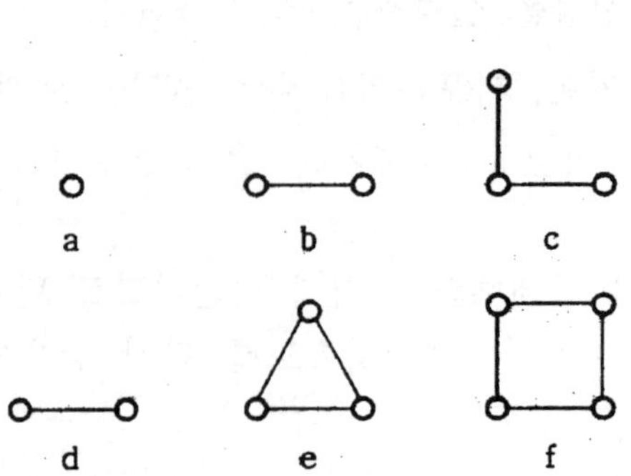


(b) fcc 결정표면에 있는 임계 핵자 및 가장 작은 안정한 핵자의 집단

[그림 5-9] 핵자 형성률과 임계 핵자 및 핵자 집단

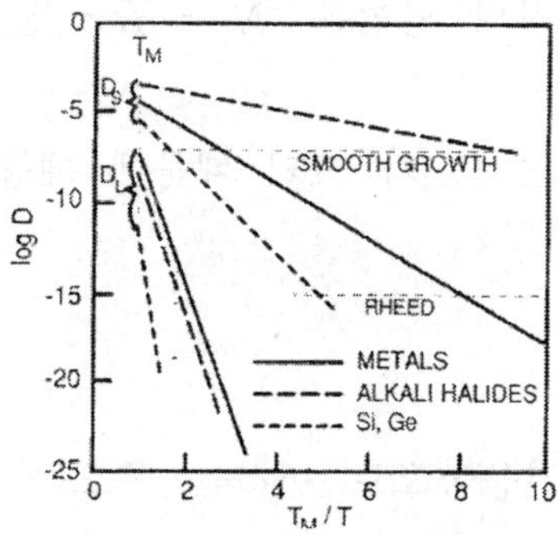


**[그림 5-10] 격자(DL)와 표면확산(DS)에서 반도체, 금속, 알칼리 할라이드 TM/T계수**

## 나. Kinetic models of nucleation

속도식은 시간에 따라 변화하는 cluster의 밀도로 나타나는데

$$\frac{dN_1}{dt} = R - \frac{N_1}{\tau_s} - K_1N_1^2 - N_1\sum_{i=0}^{\infty}K_iN_i$$

우변의 첫째항 : 입사속도
우변의 둘째항 : 탈착속도
우변의 셋째항 : monomer가 dimer를 형성하는 속도
우변의 넷째항 : 더 큰 cluster에 의해 포획된 monomer의 감소

$i$ 크기를 갖는 cluster의 일반적인 핵생성속도식은

$$\frac{dN_i}{dl} = K_{i\ \ 1}N_iN_{i-1} - K_iN_1N_i$$

우변의 첫째항 : $i-1$ 크기의 cluster에 원자가 달라붙음으로 인한 밀도증가
우변의 둘째항 : $i+1$ 크기의 cluster를 만들어서 감소한 $i$ 크기의 cluster 밀도 변화

### (1) $i^*$ = 1 인 경우

고온, 낮은 증착속도에서는 adatom의 재증발 속도가 adatom이 nuclei에 잡히는

속도를 초과한다. 흡착 - 탈착의 평형은 $N_1 = R\,\tau_s$일 때 이루어진다(불완전 응축).

저온, 높은 증착속도에서는 $E_{des}$가 크기 때문에 재증발 속도가 중요하지 않을 때 완전 응축상태가 된다.

### (2) $i^* > 1$ 인 경우

이때 완전응축에서 불완전응축으로 변하는 온도는 W-R이론과 같이 확연한 천이점이 있는 것은 아니다.

$$T_D = \frac{2E_S - 3E_{des}}{k\ln[(C\alpha^2/\beta)(\dot{R}/\nu n_0)]} \quad (\text{천이 온도})$$

$C$ : 박막형성자리 쌍의 수($C = 4$, 정사각형)

$\alpha$, $\beta$ : 불변계수(~0.3, 4)

i) T > TD인 경우

$$N(t) = N_s \tanh\left(\frac{\dot{N}_0(0)t}{N_s}\right)$$

$$N_s = \left(\frac{Cn_0}{\beta\nu}\right)^{1/2} \dot{R}^{1/2} \exp\frac{E_{des}}{2kT} \quad (N_S : \text{포화핵밀도})$$

ii) T < TD인 경우

$$N(t) = N_S\left\{1 - \exp - 3\eta^2 \frac{\dot{N}(0)t}{N_S^3}\right\}^{1/3}$$

$$N_S = \left(\frac{Cn_0^2}{\alpha\beta\nu}\right\}^{1/3} \dot{R}^{1/3} \exp\frac{E_S}{3kT}$$

$t \to \infty$ 일 때 $N(\infty) \to N_S$ 이 되고 모든 온도에서

$$\dot{N}(0) = \frac{C\dot{R}^2}{n_0\nu} exp\frac{2E_{des} - E_S}{kT}$$

이 식에서 핵의 밀도는 시간에 따라 선형적으로 증가하고, $10^9$~$10^{12}$ 정도에서 포화된다. 이때 그 값은 속도와 기판온도에 의존한다. 증착이 더 이루어지면 핵간의 병합에 의해서 핵의 밀도는 감소한다. 또한 포화핵밀도는 기판의 온도가 낮을수록 증가한다. 이것은 [그림 5-11]과 같다.

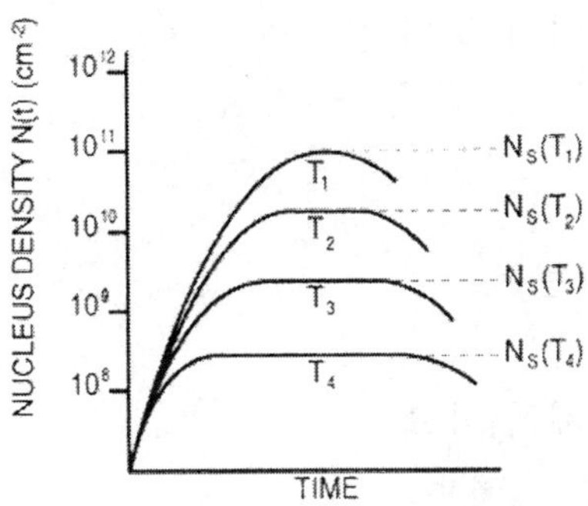


**[그림 5-11] 시간과 기판의 온도에 따른 핵의 밀도 ($T_4 > T_3 > T_2 > T_1$)**

(3) $i^*$가 임의의 정수인 경우

$$N_s = An_0 \left| \frac{\dot{R}}{n_0 \nu} \right|^p \exp \frac{E}{kT}$$

($p$와 $E$는 응축상태에 따라서 변하는 변수이다.)

**〈표 5-1〉 핵생성 응축상태에 따른 $p$와 $E$의 변수**

| Regime | 3D Islands | 2D Islands |
|---|---|---|
| Extreme incomplete | $p = (2/3)i^*$ | $i^*$ |
| | $E = (2/3)[E_{i^*} + (i^* + 1)E_{des} - E_S]$ | $E_{i^*} + (i^* + 1)E_{des} - E_S$ |
| Initially incomplete | $p = 2i^*/5$ | $i^*/2$ |
| | $E = (2/5)(E_{i^*} + i^*E_{des})$ | $(1/2)(E_{i^*} + i^*E_{des})$ |
| Complete | $p = i^*/(i^* + 2.5)$ | $i^*/(i^* + 2)$ |
| | $E = \dfrac{E_{i^*} + i^*E_S}{i^* + 2.5}$ | $\dfrac{E_{i^*} + i^*E_S}{i^* + 2}$ |

# 4. 합체 형성과 소멸(Cluster Coalescence and Depletion)

## 가. Ostwald 완숙

다양한 크기의 island가 모여서 작은 크기의 것을 소모하면서 큰 것이 성장하는 기구를 말한다. 이것은 계면에 의한 자유에너지의 증가효과를 최소화하기 위해 나타나는 현상인데 이때 다른 크기를 가진 2개의 구형상의 island를 고려해보면, 계면으로 인한 자유에너지 증가는

$$G_\gamma = 4\pi r_i^2 \gamma$$

원자 한개당 자유에너지는

$$\mu_i = \frac{2\Omega\gamma}{r_i} \quad (\Omega : \text{원자체적})\text{이고}$$

$$a_i = a_\infty \exp\frac{2\Omega\gamma}{r_i kT}$$

( $a_i$ : 기판 흡착원자 활성도, 유효농도

$a_\infty$ : 섬 물질의 평형압력에 해당하는 흡착원자의 농도)

즉, 평형상태는 지름 $r_i$인 island의 원자들이 단지 기판 흡착원자 활성도 $a_i$와 평형일 때 이루어진다. 만약 island 표면이 볼록하면(표면원자의 결합수가 적어짐) 곡률이 양이므로 원자가 떨어져나가려 하므로 $a_i > a_\infty$가 된다. 반대로 표면이 오목하면 원자는 표면에 달라붙으려 하고 $a_i < a_\infty$가 된다.

크기가 다른 집합체가 존재하면 둘 사이의 농도 구배에 의해 작은 집합체에서 큰 것 쪽으로 원자가 이동하여 결국 작은 것은 사라지고 큰 것은 더 커지게 된다. 이 메커니즘은 두 island가 직접적인 접촉없이 이루어진다.

### 나. Sintering

닿아 있는 island가 합쳐지는 과정이다. 고온에서 sintering을 할 경우에 neck을 형성하여($10^{-1}$sec 이내) 오목한 부분으로 원자가 이동하게 되어 결국 두 island는 합쳐진다. 이 때 neck growth의 구동력은 전체 계면 에너지 감소이다.

neck이 형성되면 볼록한 부위에 있는 원자의 chemical potential이 오목한 부위에 있는 원자의 chemical potential보다 크므로 확산이 발생하여 neck growth가 발생한다. 원자의 이동에 관한 2가지 기구로는 bulk diffusion, surface diffusion이 있다.

그러나 sintering으로 설명할 수 없는 것들이 있는데

① 원자의 확산이 거의 불가능한 77K에서도 coalescence가 발생한다.
② 불규칙한 형상을 가진 neck, 채널, 큰 곡률을 가진 island의 안정성이

폭넓게 변화함

③ neck이나 채널을 채우는 데 필요한 시간의 범위가 넓음

④ 기판에 전기장을 걸어주면 coalescence가 촉진

즉, 이러한 것을 보아서 다른 driving force가 존재하는 듯하다.

## 다. 성장에 의한 합체

island가 기판표면에서 이동하다가 다른 것들과 충돌하여 합체가 이루어지는 것으로 기판의 온도가 충분히 높으면 50~100Å의 지름을 가진 cluster는 마치 하나의 독립체와 같이 이동한다. 이때 단순히 이동만 하는 것이 아니라 rotate, jump upon each other, reseperate 등이 일어난다.

클러스터의 이동은 증기원의 공급이 중단되어 증착물의 양이 일정할 경우 (conservative system)에 관찰된다.

cap-shaped cluster의 표면 이동은 유효확산계수로 표현된다.

$$D(r) = \frac{B(T)}{r_s} \exp - \frac{E_c}{kT}$$

즉, 작은 cluster일수록 이동속도가 빠르다.

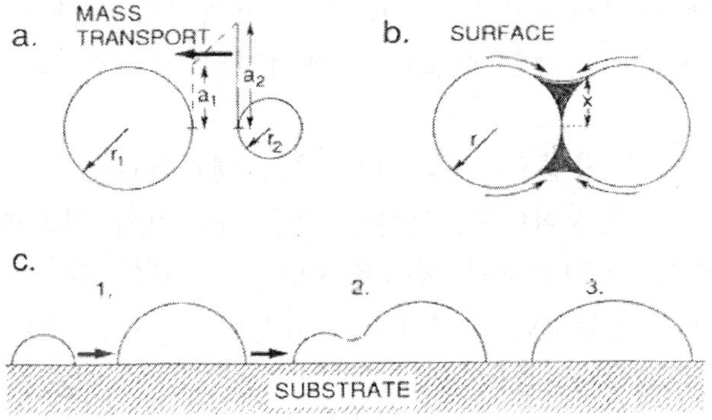


**[그림 5-12] 합체 메커니즘 (a) Ostwald 완숙 (b) Sintering (c) 성장에 의한 합체**

전기장을 가하면 합체가 촉진되는 이유는 반지름 $r$인 구형입자에 전기장을 가하면 원래 존재하던 계면에너지 이외에 전하에 의한 전기적 에너지가 첨가된다.

전체 에너지의 증가는 계면 면적을 늘림으로써 수용된다. 즉, 구형입자는 평평한 oblate spheroid 형태로 뒤틀린다. 이로(계면의 증가) 인해 Ostwald ripening, sintering, cluster migraion process 등이 촉진된다.

# 5-2 박막의 결정학적 구조

## 1. 박막의 결정 구조

우리는 이미 박막이 성장하는 실제적인 조건에 의존하면서 여러 가지 구조를 갖는다는 사실을 알아보았다. 막에는 3가지 구조인 비정질, 다정질 및 단결정의 구조를 갖는디.

비정질막은 실온에서 제조한다면 C, Si, Ge, Se, Te, Se 및 Te 의 몇 가지 화합물과 같은 물질로 형성할 수 있다. 이들은 일반적으로 흡착된 입자의 낮은 표면 이동도에 의해 특징지어진다. 그러므로 불규칙적인 상태가 주어진 물질의 결정학적 구조에 해당하는 가장 선호하는 에너지의 자리에 입자가 도달하기 전에 굳어져버린다.

비정질 금속은 다른 방볍으로 즉 매우 빠른 냉각(quenching)으로 형성할 수 있다. 비정질 상태는 준안정적이며, 이러한 막은 에너지의 해리로 수반된 재결정화가 쉽게 이루어진다. 비정질막의 형성을 이끄는 입자의 표면이동도의 감소는 결정성 막을 형성하는 정상적인 조건하에서 달성할 수 있을 것이다.

예를 들면, 산화현상은 잔류기체와 혼합하는 효과를 낳는다. $10^{-4}$에서 $10^{-5}$ torr의 압력에서는 쉽게 산화된 물질의 결정 형성을 막는다. 왜냐하면 생성된 산화물은 섬의 합체를 차단시키므로 큰 결정을 형성할 수 없기 때문이다.

다른 막에서 비정질 상태의 안정화가 여러 가지 불순물에 의해 이루어질 수 있다. 예를 들면, 작동기체 내에 있는 질소의 1원자 %가 W, Mo, Ta 및 Zr의 음극 스퍼터링에서는 충분하다. 일반적으로 응결의 신속한 냉각조치가 채택되면 비정질막의 형성에 유리하다.

그러나 순수한 금속은 공유결합을 형성하는 원소들과 반대로 비록 매우 작은 것(약 5mm)일지라도 액체 He 온도에서조차도 결정을 형성한다. 이러한 막의 회절무늬는 다결정 구조에 해당한다. 그것은 물론 고도의 불규칙한 상태이고, 이 사실은 막의 높은 잔류저항에 의해 나타난다.

금속은 입자의 배열이 불규칙적 배열과 다르지 않는 근접 밀접된(close-packed) 구조로 결정화된다. 그 외에 낮은 탈락 에너지를 갖고, 흡착입자로서 더 높은 표면 이동도를 갖는다. 금속막에서 이동도를 감소시키는 것이 가능하고 2가지 적당히 선택된 물질(즉, 16%의 SiO를 갖는 은이나 10%의 Cu를 갖는 주석의 경우)의 동시 증착으로 비정질 구조를 얻을 수 있다. 유사한 결과를 음극 스퍼터링에서도 얻을 수 있다. 보통 이러한 막은 0.30~0.35Ts의 온도에서 재결정화가 이루어지고 여기서 Ts는 두 성분의 평균비등점이다.

두 성분의 동시 증착에 의해 서로 녹지 않는 물질의 고체상 액체를 만들 수 있다. 물론 이렇게 생성된 액체는 준안정적이다. 약 0.3Ts의 온도에서 그 용액은 재결정되고, 단상(single-phase)의 준안정성의 합금으로 남는다. 0.5Ts의 온도에서 준안정상태가 붕괴되고 2가지 상(two-phase)의 시스템이 이루어진다. 이 방법에 의해 상대적으로 안정된 막을 얻을 수 있다. 변칙적인 합금과 고상 액체의 형태뿐만 아니라 보통의 것과는 다르게 순수한 결정으로 형성된다. 예를 들면, bcc로 표시하는 체심구조의 입방체로 결정화되는 W, MO 및 Ta은 fcc라는 면심구조의 입방체로써 박막형태로 제조될 수 있다.

CdS, CdSe, ZnS 및 ZnSe 등의 화합물은 섬아연광 구조의 결정에서 다이아몬드 구조로 변환된다. 이들의 변칙적인 구조는 보통 안정한 편이나 온도를 상승시키거나, 전자선을 조사시키거나 또는 전장이나 자장을 인가함으로써 정상상태로 전환시킬 수 있다. 비정질에서 정상적인 결정 상태로의 전환은 때때로 준안정상태를 거쳐서 진행된다. 다결정으로 된 막은 여러 가지 결정의 크기를 나타낸다.

만약 결정의 크기가 2mm보다 더 작으면 전자 회절방법으로 볼 때 비정질의 것과 구별할 수 없다. 실제로 비정질과 미세결정 사이의 명확한 경계는 없다. 박막의 결정학적 구조에 대해 더 자세히 이해하려면 결정학의 기본적인 개념을 도입해야 한다. 물질을 구성하는 원자나 이온의 공간적 배열이 어떤 대칭성을 보이는 결정이나, 만약 어떤 단위 셀(cell)의 규칙적인 공간적 반복에 의해 결정을 구성할 수 있다면 결정에 대해 이야기할 수 있다.

각 $\alpha$, $\beta$ 및 $\gamma$를 형성하는 어떤 길이의 3가지 벡터 a, b 및 c 에 의해 결정된 대칭성을 갖는 기본적인 결정학적 시스템으로 격자를 이룬다. 그것에는 입방체, 육방정계, 삼방정계, 정방정계, 사방정계, 단사정계 및 삼사정계 등이 있다. 이러한 셀의 대칭성은 결정의 대칭성에 가장 가까운 것에 해당하고, 그의 테두리는 원시 셀의 테두리보다 간단한 좌표계를 형성한다.

[그림 5－13](a)는 Ni격자의 기본 셀을 점선으로 나타내었다. 실선은 원시 셀을 위해 사용되었다. 기본 셀은 모서리에 운자를 갖고 있을 뿐만 아니라 육면의 중심에도 갖고 있다. 이것을 면심입방격자(fcc)라고 한다. [그림 5－13](b)는 체심입방격자(bcc)의 두 셀을 나타낸 것이다.

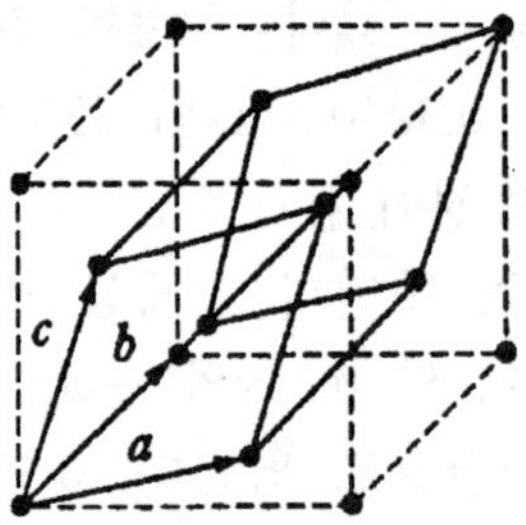


(a) fcc 격자

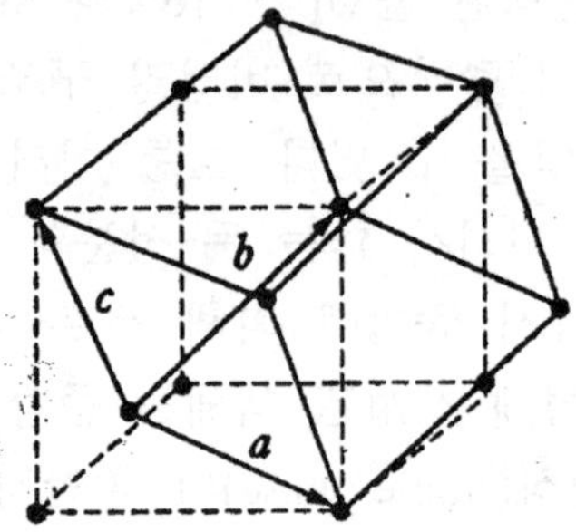


(b) bcc 격자

**[그림 5－13] 원시 셀(실선)관 기본 셀(점선)**

<표 5－2>에는 기본적인 셀의 특성을 나타내었다.

**〈표 5－2〉 결정학적 시스템에서 원시 셀의 변수**

| 계 (system) | 원시 셀(primitive cell)의 특성 | Bravais격자 |
|---|---|---|
| 입방정계(cubic) | a = b = c, $\alpha = \beta = \gamma = 90°$ | 단순, 체심, 면심 |
| 육방정계(hexagonal) | a = b= c, $\alpha = \beta = 90°, \gamma = 120°$ | 단순 |
| 삼방정계(trigonal) | a = b = c, $\alpha = \beta = \gamma \neq 90°$ | 단순 |
| 정방정계(tetragonal) | a = b ≠ c, $\alpha = \beta = \gamma = 90°$ | 단순, 체심 |
| 사방정계(orthorhombic) | a ≠ b ≠ c, $\alpha = \beta = \gamma = 90°$ | 단순, 체심, 면심, 저심 |
| 단사정계(monoclinic) | a ≠ b ≠ c, $\alpha = \beta = 90° \neq \gamma$ | 단순, 저심 |
| 삼사정계(triclinic) | a ≠ b ≠ c, $\alpha \neq \beta \neq \gamma \neq 90°$ | 단순 |

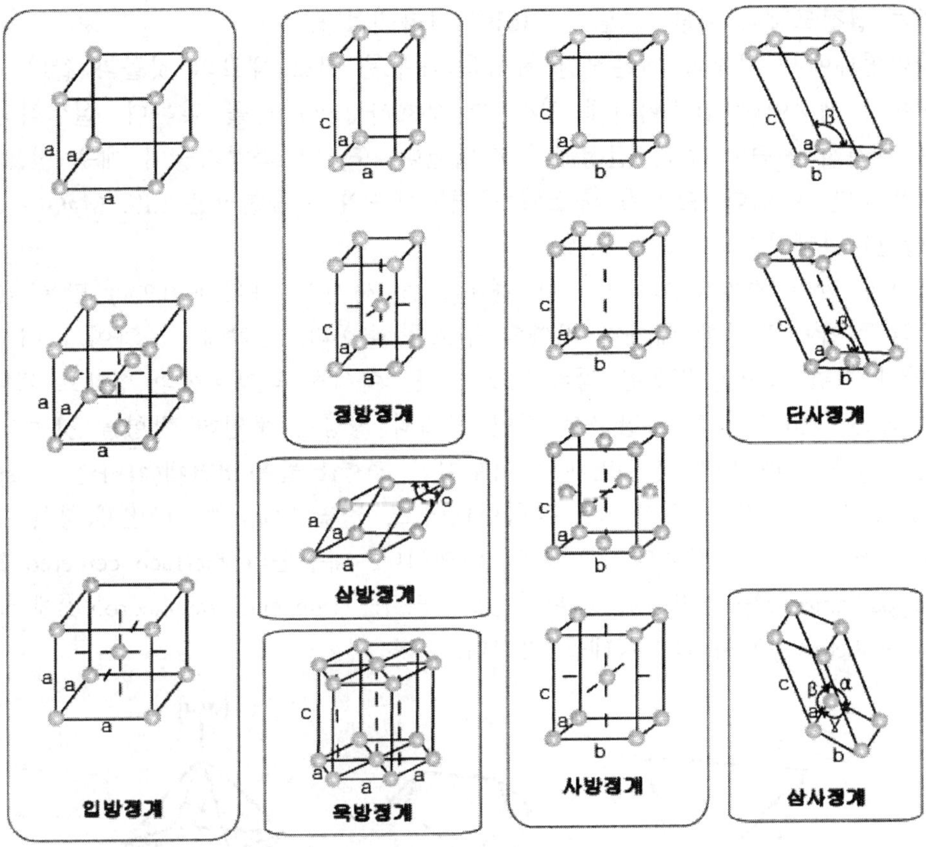


[그림 5-14] 브래비스 격자

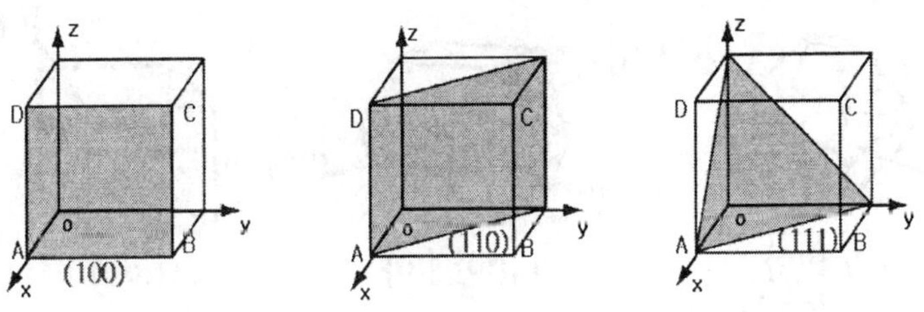


[그림 5-15] 입방체 시스템에서 가장 중요한 평면

7가지 전체의 결정학적 시스템에서 화합물 셀을 생각한다면 브래비스(Bravais) 격자라고 불리는 14가지의 다른 격자를 얻는다(이들 수가 7×4가 아닌 것은 그들 중 여러 개가 중복하기 때문이다). 이 격자들을 [그림 5-14]에 나타내었다.

즉, {1 1 1}은 다음 면들(1 1 1), ($\bar{1}$ 1 1), (1 $\bar{1}$ 1),(1 1 $\bar{1}$), ($\bar{1}$ 1 $\bar{1}$),(1 $\bar{1}$ $\bar{1}$),(1 1 1) 및 ($\bar{1}$ $\bar{1}$ $\bar{1}$)의 집합을 나타낸다. 면들의 각 기호로 표시된 박막에서 자주 발

생하는 결정모양의 예를 [그림 5－15]에 나타내었다.

박막형태에서 결정의 기본적인 특성은 대부분 벌크 재료의 것들과 같다. 격자상수에서 팽창이냐 압축이냐에 의해 그 부호가 +나 －를 갖는다. 실험적인 확증은 완전히 응력이 없는 결정에서 수행된다. 또, 그 측정기술이 매우 정교해야 하므로 매우 어렵다. 크기가 축소되는 격자상수의 수축현상은 LiF, MgO와 Sn에서 발견되었다.

기판과 막의 격자상수가 유사한 경우(그들 사이의 차이가 0.2%) 막은 10mm 수준의 두께에 도달할 때까지 기판의 구조를 취한다. 만약에 그 차이가 더 커지면 막과 기판 사이의 결합은 강해지고, 더 큰 차이는 격자결함의 형태로 된다.

[그림 5－16] 결정의 가장 일반적인 형태의 성장은 분명히 방향을 갖는다. 정사면체(a)나 양과 음의 정사면체로 이루어진 조합(b)들은 8면체(섬아연광 : sphalerite) 구조를 가지는 결정들의 평형형태이고, 정팔면체(c)는 12면체(형식 : fluorite) 구조를 가진 결정들의 전형적인 외형이다. 대부분의 fcc(face centered cubic close packing) 금속결정이나 다이아몬드 구조는 truncated octahedron(d)에서부터 tetra-decahedron(e) 사이의 형태를 가진다.

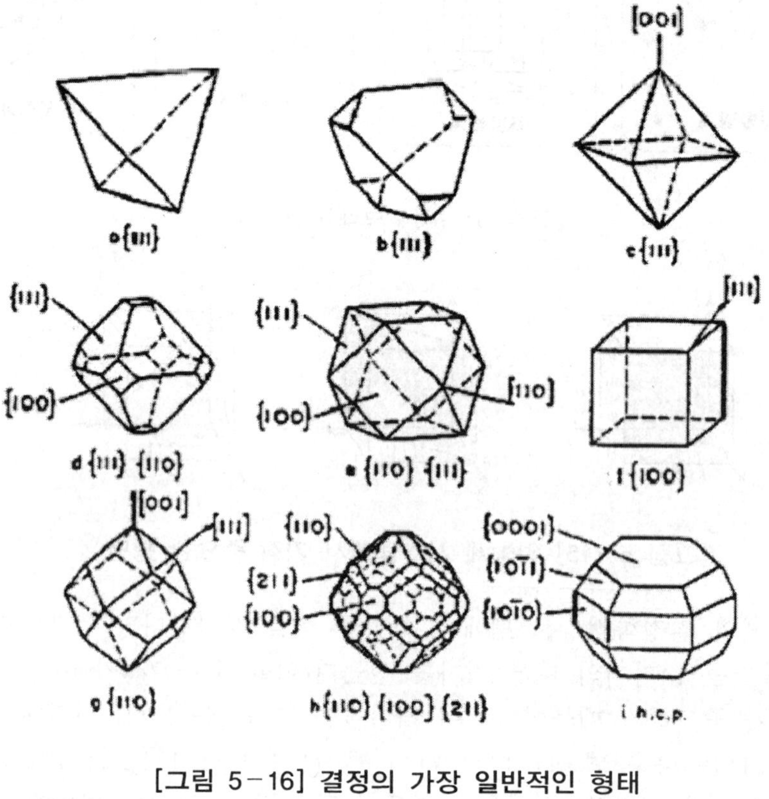


[그림 5－16] 결정의 가장 일반적인 형태

입방정(f) 형태는 NaCl 구조를 가지는 구조에서 주로 관찰되고, rhombic dodecahedron(g) 형태는 CsCl 구조 및 bcc(body centered cubic close packing) 금속 결정구조를 가지는 결정에서 잘 관찰된다. 후자의 경우 결정의 크기가 커질수록 {100}이나 {211}면이 발달된다. (h)와 (i)형태는 hcp(hexagonal close packing) 금속결정의 한 평형형태이다. 기판에서 결정 성장 가능한 방향을 [그림 5-17] 에 나타내었다.

[그림 5-17](a)의 경우는 결정축의 방향이 불규칙하게 분포되어 있는 완전히 무질서한 막을 표시한다.

[그림 5-17](b)의 경우는 모든 결정의 특별한 축이 비슷한 방향을 향하고 있는 상태를 나타내고 있다. 첫단계 방향이나 단 한 개의 조직에 대한 것이다. 일반 축을 조직의 축(또는 섬유의 축)이라 한다.

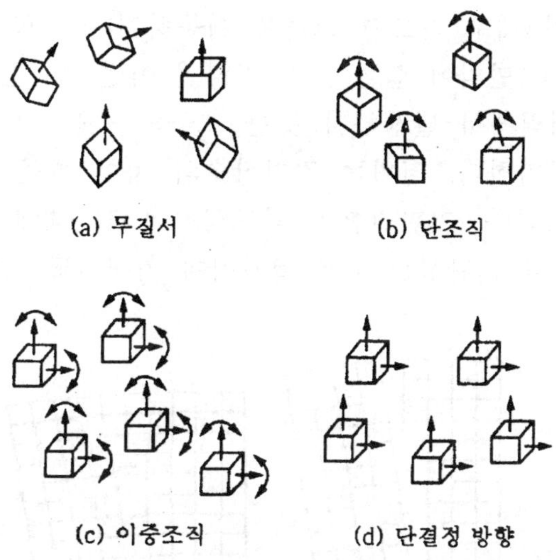


**[그림 5-17] 기판에 대한 결정의 방향**
**(이중화살은 우세한 방향에서 이탈한 것임)**

[그림 5-17](c)의 경우는 소위 2단계 방향 또는 이중 조직에 대한 것이다.

[그림 5-17](d)의 경우는 단결정 방향에 대한 것이다. 이것은 에피택시얼막의 경우를 포함하므로 매우 중요하다.

단조직은 금속과 동극성(homopolar) 결합을 갖는 반도체에서 주로 발생한다. 이것은 핵자형성 동안 계속 결정이 성장하기 시작한 후 뒤이은 열처리를 하는 동안에 발생한다. 특정조건에 의존하면서 조직이 성장하는 많은 경우가 있고, 조직형성에 대한 어떤 실험적 법칙이 유도되었다. 그러나 여기서 현상학적 모델이 제안되지 않았으며, 실제적으로 영향을 주는 모든 인자들을 고려해야 한다.

여기서 두 예를 살펴보자. fcc 격자를 갖는 금속들이 비정질 기판 위에 증착되었을 때 초기에는 [111]조직에서부터 더 두꺼운 두께에서는 [110]으로 전환된다. 육방정계의 결정을 갖는 금속들, 그리고 낮은 녹는 점을 갖는 경우 Wurtzite 구조의 화합물과 함께 핵자 형성의 단계에서 잘 정의된 [001] 방향을 갖는다. 수직에서 본 것에 대한 조직의 축은 보통 기판의 법선이 된다.

여기서, 매우 다양하게 존재하는 박막 내의 결정격자의 결함, 즉 전위, 점결함, 결정쌍, 임계 및 적층결함에 대해 살펴보기로 한다. Moire 기술에 의한 fcc 금속의 전자-광학적 검사는 분리된 핵자 내에서는 결함이 거의 없고, 합체과정이 시작된 후에만 발생한다는 것이 밝혀졌다.

가장 흔한 결함은 전위로 이것은 서로 약간 불규칙적으로 전위된 두 결정 영역의 경계에서 발생한다. [그림 5-18]의 전위들은 큰 선이 합체하는 동안에 발생한다. 만약에 섬이 매우 작으면 그들은 이동하거나 방향의 차이를 없애기 위해 약간 회전을 한다. 만약에 섬들이 더 커지면 이런 행동은 더 어렵게 되고, 그 이상 전위가 접촉영역에서 발생하지 못한 그들의 수는 큰 섬들의 합체의 최종 단계에서 특별히 증가한다. 전위는 격자상수의 차이 때문에 막과 기판 사이의 경계에서 역시 형성된다. 기판결함의 과도성장이 막 내에서 사라진다(즉, 적층결함). 결함의 수는 막이 완성된 후에 열처리에 의해서도 영향을 받는다.

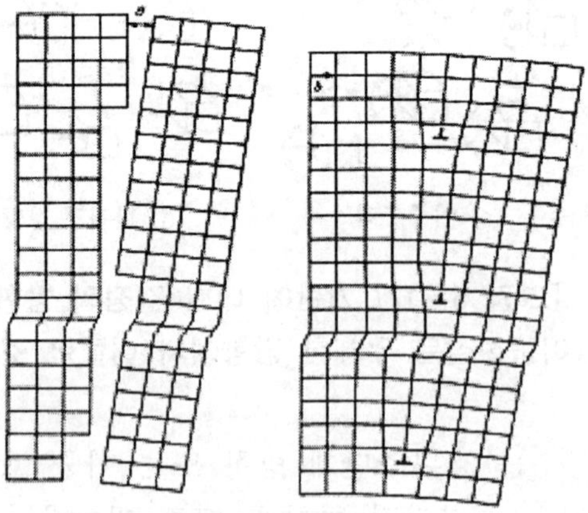

**[그림 5-18] 결정의 경계에서 전위의 근원**

결정격자의 기본적인 결함은 물론 표면 그 자체이고, 이것은 주기성의 단절을 나타낸다. 열역학적 평행에서 표면의 구조는 일반적으로 벌크 물질과 같은 모양이 될 수는 없다. 표면의 구조는 5가지의 가능한 평면격자 중 하나로서 설명할 수 있는 2차원적 격자를 형성한다(벌크에서의 14가지 브래비스 격자에 해당).

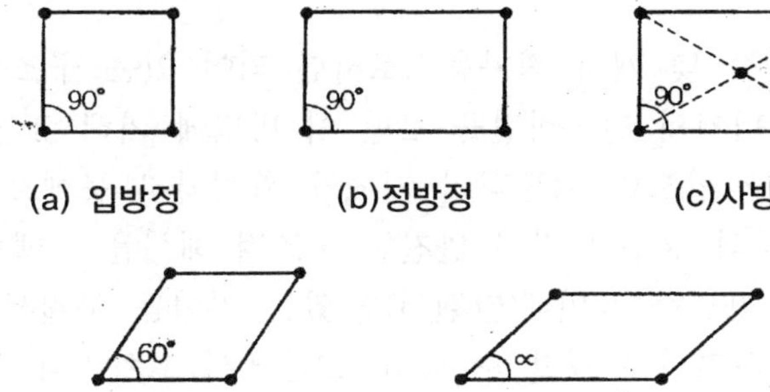


(a) 입방정 (b)정방정 (c)사방정

(d) 육방정 (e) 삼방정

**[그림 5-19] 5가지 면격자**

[그림 5-19]는 5가지 면격자를 나타낸 것이다. 표면 초구조(superstucture)나 기판에 흡착된 물질의 구조(흡착의 초기 단계나 낮은 덮임)는 그 물질의 구조에 연관지을 수 있다. 2가지 경우를 살펴볼 수 있고, 간단한 경우는 두 격자가 균형잡혀 있고 같은 형태이면 Wood의 공식이 사용된다.

만약에 흡착격자의 벡터가 $b_1$ 및 $b_2$이고, 기판의 벡터가 $a_1$ 및 $a_2$라면 관계식 $\frac{|b_1|}{|b_1|}$ 및 $\overleftrightarrow{\frac{|b_2|}{|b_2|}}$ 가 형성된다.

즉, $b_1 = 2a_1$ 및 $b_2 = 2a_2$라면 구조는 (2×2)로 나타내고, 격자가 중심에 모여 있다면 c(2×2), 두 격자가 30°를 이루고 있다면 (2×2)/R30°으로 표시한다. 몇 가지 예를 [그림 5-20]에 나타내었다.

균형잡히지 않은 격자와 다른 형태의 격자에 대해서 이 방법은 적용할 수 없다. 이 경우에는 다음과 같이 구성된 변환행렬 $m$이 적용되어야 한나.

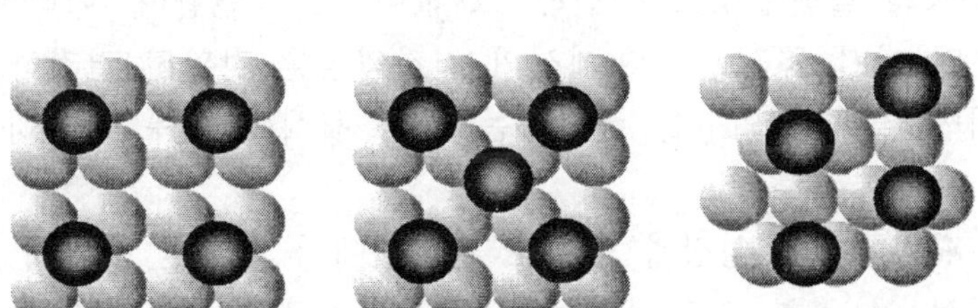

(a) (2×2) (b) C(2×2) (c)$(\sqrt{3}\times\sqrt{3})/R30°$

**[그림 5-20] 흡착된 물질구조의 예**

$$b_1 = m_{11} a_1 + m_{12} a_2$$
$$b_2 = m_{11} a_1 + m_{12} a_2$$

2차원 구조와 초구조는 몇 개의 원자층으로서만 되어 있는 구조를 밝히는 방법으로 관찰된 낮은 에너지의 전자회절을 보면 이 방법에 의해 표면구조의 결정학적 대칭은 밝혀졌지만 필요한 이론적인 기초가 확립되지 못했으므로 X선 회절로 조사한 3차원 격자의 경우와 같이 완전한 구조적 해석을 수행할 수 없다.

주어진 물질에 대해 가능한 표면배열(질서가 있는 것이든 무질서한 것이든)의 전체 수는 온도에 의존하면서 존재할 수 있다. 고온에서 고차원의 초구조, 즉 장거리 주기성(수백 nm)을 갖는 배열이 나타날 수 있다.

## 2. 결정성장 이론

### 가. Wulff's plot

Wulff가 제안한 어떤 결정의 평형형태를 결정하는 식으로

$$\frac{\sigma_1}{h_1} = \frac{\sigma_2}{h_2} = \cdots\cdots = \frac{\sigma_i}{h_i} = \text{일정}$$

(여기서, $\sigma_i$와 $h_i$는 각각 $i$번째 결정면의 비표면에너지와 중심으로부터의 거리) 윗식은 그 결정이 최소 표면에너지를 가질 때 주위 환경과 평형을 이룬다는 Gibbs의 이론과 잘 일치한다. 하지만 이 이론들은 미세한 크기의 결정을 가정하므로 이 식은 '평형상태'가 아닌 '성장형태'를 가지는 큰 결정의 외형을 설명하는 데는 한계가 있다. 그리고 $\sigma_i$는 그 정확한 값을 구하기가 힘들고 잔존 기체들의 흡착 및 조성의 불균일성으로 인해 그 값이 크게 변한다. 이러한 이유로 인해 윗식으로부터 어떤 특정한 상황에서의 결정외형을 정확히 결정하기는 힘들다. 그러나 일반적인 결정의 외형을 예측하는 데는 윗식이 매우 유용하다고 알려져 있다.

실험적으로 평형형태는 성장하는 모든 결정면에서 동일한 크기의 충분한 분자들이 공급되어서 어느 한 면의 성장속도도 물질전달속도에 의해서 지배되지 않을 때에만 얻어진다. 만일 분자들이 결정의 모든 방향에서 공급되지 못하거나 표면이동도가 낮아서 이러한 불균일한 물질공급을 완화시키지 못한다면 비록 작

은 결정이라 하더라도 결정의 외형은 평형형태에서 크게 벗어날 것이다. 결정의 크기가 커질수록 물질전달의 불균일성이 증가하므로 결정외형은 점점 평형형태로부터 벗어난다.

## 나. PBC 벡터

앞에서 언급한 Wulff plot에 의한 방법은 실제 결정면의 surface free energy를 구하기가 힘드므로 결정외형을 예측하는 데 있어서 실질적인 유용성이 부족하다. 따라서 Hartman과 Perdok은 surface free energy 대신에 'attachment energy'라는 새로운 개념을 도입하여 평형상태의 결정외형을 설명하고자 하였다. 'attachment energy'는 어떤 결정면에 기본적인 구성단위가 붙을 때 감소하는 결합에너지로 정의되며 구성단위 사이의 결합에너지 크기에 비례한다.

attachment energy가 큰 면일수록, 즉 결합에너지가 큰 면일수록 성장속도가 빨라서 결정중심으로부터 멀어져 쉽게 사라지므로 결정의 외형은 가장 강한 결합을 이루는 chain의 방향과 평행한 방향으로 면이 형성된다. 이때의 규칙적으로 반복되는 가장 강한 결합으로 이루어진 고리를 PBC(Periodic Bonding Chain)라 한다. 어떤 결정구조에서 PBC 벡터는 우선 결정화학적인 관점에서 가장 강한 결합들을 찾아내고, 이들의 중복되지 않는 배열이 주기적으로 반복되는 고리의 기본단위를 이루는지를 조사함으로써 구별해낼 수 있다. 예를 들면 다이아몬드 구조에서 가장 강한 결합은 (0, 0, 0)와 (1/4, 1/4, 1/4)에 위치하는 구성단위 사이의 결합이며, 이 결합들 중 2개를 연결하면 [1/2 1/2 0] PBC 벡터가 된다.

만일 2개 혹은 3개의 PBC 벡터가 서로 교차하면 그들은 어떤 격자면을 이루게 되는데, 이 면은 원자크기 단위의 매우 평활한 최밀충전을 이루고 'F(flat)-face'라 명명된다. 단지 하나의 PBC 벡터만을 포함하는 격자면은 그 벡터방향으로 최밀 충전된 안정한 원자들의 '열'을 가지게 되는데, 원자들이 계단모양을 이룬다 하여 'S(stepped)-face'라 명명된다.

아무런 PBC 벡터를 가지지 못하는 격자면은 원자크기 단위의 매우 거친 면을 이루고, 결합을 이루지 못한 dangling bond가 가장 많으며 'K(kinked)-face'라 명명된다. 이러한 PBC 벡터와 연관된 3가지 기본적인 면 형태를 단순입방격자에 대해 도시한 것이 [그림 5-21]이다.

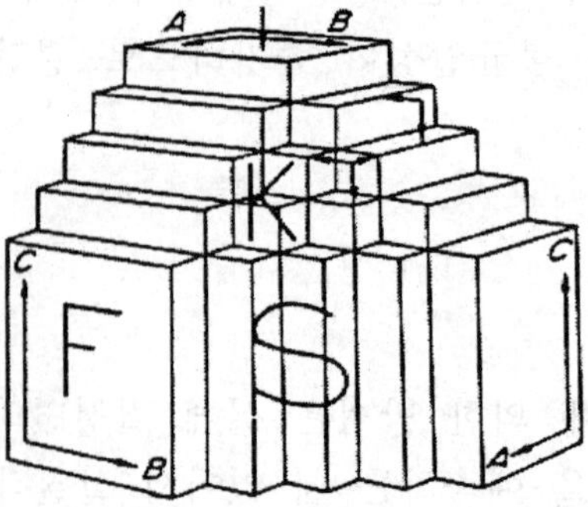


**[그림 5-21] PBC 벡터와 연관된 3가지 기본적인 면 형태. [100] (A), [010] (B), [001] (C). F-faces (100), (010), (001). S-faces (110), (101) (011). K-face (111)**

<표 5-3>은 몇 가지 결정구조에 대한 PBC 벡터와 F, S, K-face에 해당하는 면지수를 나타낸 것이며, [그림 5-22]는 이들 결정들의 PBC 벡터를 평면적 구조 위에 함께 도시한 것이다.

〈표 5-3〉 여러 결정 구조에서 PBC 벡터

| Structure | [NaCl] | [Diamond] | [Sphalerite][ZnS] cub. |
|---|---|---|---|
| PBC vectors | 3×<100> | 6×<110> | 6×<110> (2 type) |
| F-faces | {100} | {111} | {111}{-1-1-1} |
| S-faces | {110} {hko} | {100}{110} | {100}{110} |
| K-faces | {111} | {100}{311} | {311}{-3-1-1} |

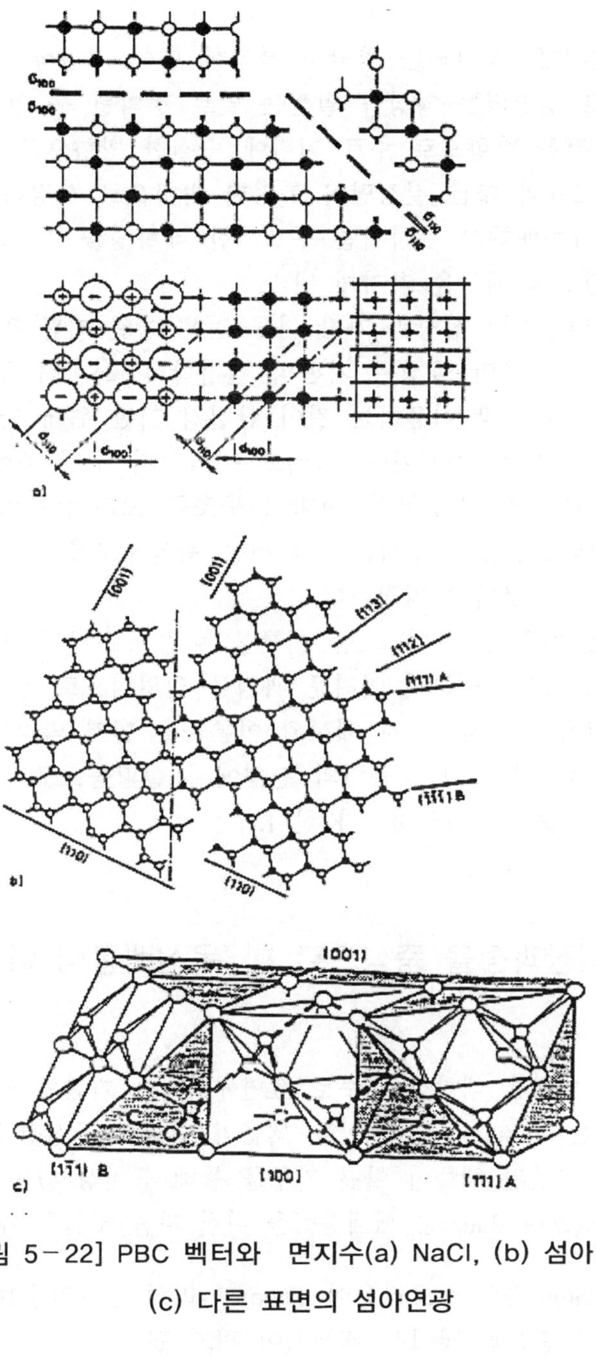

[그림 5-22] PBC 벡터와 면지수(a) NaCl, (b) 섬아연광,
(c) 다른 표면의 섬아연광

# 3. 박막의 우선배향성

박막의 우선배향성은 성장되는 박막의 특정한 면이 기판상의 어떤 특정한 방향으로 우선적으로 성장되는 양상을 일컫는 말로 정의될 수 있다. Bauer는 하나의 결정면만이 특정한 방향으로 주로 기판에 수직한 방향으로 성장하는 것을 1차배향이라 하고, 2개의 다른 결정면이 특정한 방향으로 성장하는 것을 2차배향이라 분류하였다. 1차배향이 무너지면 무질서한 배향성을 가지게 되고, 2차배향이 잘 발달하면 단결정 배향을 가지게 된다.

박막의 성장이 단결정의 성장과 가장 다른 점은 어떤 기판 위에서 성장한다는 사실이다. 성장되는 박막의 물성은 기판의 결정학적, 화학적 구조에 큰 영향을 받게 되는데, 이를 가장 잘 이용하는 것이 단결정 기판 위에 단결정박막을 성장시키는 '에피택시얼 박막 성장'이다. 그러므로 박막의 우선 배향성을 고찰할 경우는 반드시 기판에 대한 결정학적, 화학적 구조를 고려해야 하고, 박막을 이루는 물질만의 우선배향성을 연구하기 위해서는 특정구조를 가지지 않는 비정질 기판을 사용하는 것이 보다 합리적이다.

박막의 우선배향성에 관한 어느 한 이론을 바탕으로 핵생성부터 입자성장에 이르기까지의 복잡하고 이해하기 어려운 과정을 임의적으로 설명하는 것은 거의 불가능하다. 이 절에서는 지금까지 제시된 이론들을 먼저 박막의 성장과정에 비추어 살펴보고, 뒤를 이어 그 구동력의 관점에서 살펴봄으로써 박막의 각 성장단계에 따른 우선배향성을 이해하고자 한다.

## 가. 박막의 성장과정을 중심으로 한 우선배향성 이론

### (1) 초기단계

박막형성 초기단계에서 배향성은 주로 표면에너지와 기판의 영향을 구동력으로 하여 배향성을 갖는 핵의 형성 및 이들 핵들의 선택적인 성장에 의해 지배된다. 몇 개의 원자들로 구성된 핵들이 어떤 기구를 통해 규칙성 있는 배열을 하는지는 아직 밝혀지지 않았으나 Bauer는 핵배향성을 위한 다음 조건을 제시하였다.

첫째, 기판과 adatom과의 상호작용이 adatom끼리의 상호작용보다 약할 것

둘째, 과포화도가 충분히 낮아서 핵생성이 적게 될 것

셋째, 기판 위의 defect에 의해 핵배향성이 지배되지 않은 정도의 과포화도는 유지될 것

넷째, 반응성 gas의 존재로 반응성 화합물이 형성되지 않아야 할 것

다섯째, 결정학적인 면들로 표시될 수 있는 면들을 가질 정도로 핵의 크기가 클 것

이러한 핵배향성은 기판에 수직한 방향으로의 성장이 진행되면서 핵들간에 선택적인 성장이 일어나 그 정도가 심화되는데 이를 '배향된 핵의 선택적인 성장'이라 한다. 무질서하게 배향된 초기의 핵들도 이러한 선택적인 핵성장에 의해서 점점 배향성이 향상될 수 있다.

핵배향성의 전형적인 예로는 비정질 기판 위에 evaporation법으로 상온에서 증착된 <100>-I-O의 LiF, NaF, NaCl, PbTe 박막들이 있다. 이러한 초기단계의 우선배향성은 핵배향성과 핵성장 배향성이 일치할수록 향상되는데, 부착된 원자들의 표면이동도가 높지만 이들의 탈착은 잘 일어나지 않는 적당한 기판온도 조건에서 최고값을 보인다.

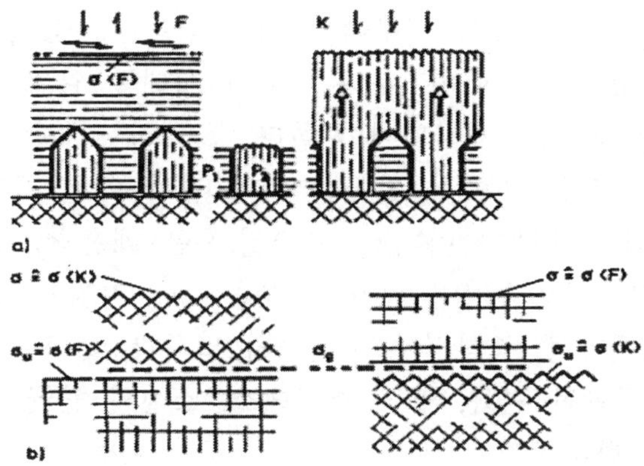

[그림 5－23] 박막의 성장양상 (a) kinetic, (b) 열역학적

(2) 후기단계

후기단계의 우선배향성은 초기단계의 구동력, 주로 표면에너지와 기판의 영향과는 다른 구동력에 의해서 결정된다. 초기단계에서 형성된 우선배향성이 기판에 수직한 방향으로 박막이 성장함에 따라 가지게 되는 새로운 구동력에 적합하면 그 배향성은 더욱 향상될 것이고, 만일 그렇지 못하면 원래의 배향성은 쇠퇴하고 다른 배향성이 우선적으로 발달된다.

Drift는 기판에 수직한 방향으로 박막이 성장함에 따라 배향성이 향상되는 현상을 'evolutionary selection' 과정을 통해 설명하였다.

[그림 5－23](a)와 같이 초기단계에서 주로 형성된 배향성 P1 외에 P2와 P3가 존재할 때, 후기단계에서도 과포화도가 크지 않아 초기배향성과 같이 최소 표면에너지 혹은 F-face 형성이 구동력으로 계속 지배하게 되면 초기배향성과 후기배향성이 일치하게 된다. 그러나 결정의 이방성이 크고 과포화도가 커서 K-face로의 원자부착이 선호되거나, K-face에 수직한 방향으로 열전달이 빨라서 열분산을 위해 K-face를 선호하게 된다면 후기배향성은 P1이 아닌 P2가 될 것이다.

[그림 5－23](b)는 기판과는 다른 배향성을 가지는 에피택시얼 박막의 형성을 도식적으로 보이는 것이다. σ는 표면에너지, g는 계면, K와 F는 각각 K-face와 F-face를 나타낼 때 $\sigma(K)+\sigma g(KF)<\sigma(F)$일 경우는 F-face에서 K-face로, $\sigma(F)+\sigma g(KF)<\sigma(K)$일 경우는 K-face에서 F-face로의 기판과는 다른 배향성을 가지는 에피택시얼 박막이 성장될 수 있음을 알 수 있다. 여기서 기판을 초기 배향된 박막이라고 가정하면 이 그림은 다결정 박막의 초기배향성에서 후기배향성으로의 불연속적인 변화를 설명하게 된다. 이러한 후기단계에서의 배향성은 그 구동력의 종류에 의존하는 여러 가지 기구에 의해 발달될 수 있다. 아직까지 이에 관한 명확한 이해는 없는 상황이며, 보다 명확한 이해를 위해서는 여러 가지 변수를 동시에 고려하는 기구가 제시되어야 한다.

우선배향성의 기구로는 위에서 언급한 바와 같이 어떤 특정한 배향성을 가진 입자의 단순한 비대 성장뿐만 아니라, 재결정(혹은 재흡착), 그리고 새로운 배향으로의 자연스럽지만 불연속적인 원자부착 등 여러 가지가 고려되어야 하며, 그 구동력으로는 초기배향성, 증착되는 물질들의 입사각 및 표면이동도, 외부조건의 영향, 일반적인 통계학적 변화, 열적 스트레스, 조성의 불균일성 등 여러 조건이 동시에 고려되어야 한다.

## 나. 구동력을 중심으로 한 우선배향성 이론

### (1) Walton-Rhodin의 가설

이 이론은 박막의 형성 초기단계의 핵생성 현상을 원자 각각 혹은 몇 개 원자들의 상호작용으로 설명하는 원자단위의 핵생성 이론이다. Walton은 $i^*$개의 원자들로 이루어진 'critical nucleus'를 가정한 후 이 임계핵을 각각의 원자단위로 분리하는 데 드는 에너지를 $E_{i^*}$로 정의하여 크기가 $i$인 임계핵 수 $N_{i^*}$를 다음과 같이 구하였다.

$$\frac{N^*}{N_o} = [\frac{N_1}{N_o}]^{i^*} \exp(\frac{E_i^*}{kT})$$

여기서 $N_o$는 전체 흡착자리 수, $N_1$은 단원자핵 밀도이다. 이 식을 바탕으로 임계핵 생성속도를 구한 후 이를 박막의 형성, 특히 에피택시얼 박막의 성장에 적용을 하였다. 이 이론에 의하면 (100) NaCl 기판위의 Ag박막을 증착시킬 때 과포화도가 높고 기판온도가 낮으면 $i^* = 1$인 임계핵이 많이 생기지만, 기판의 온도가 증가하면 $i^* = 2$ 혹은 3인 임계핵이 안정해져서 (111)이나 (100) 충전을 하게 된다. 이 이론으로는 비정질 기판 위에서 임계핵의 크기에 따라서 결정의 어떤 면이 기판에 평행하게 성장하게 될지에 관해서 구체적으로 예측하기는 힘들다.

### (2) 표면에너지(Surface energy)

일반적으로 비정질 기판 위에서 박막이 형성될 때 초기 핵들은 표면에너지의 지배를 크게 받을 것으로 생각되고 있는데, 이것은 박막의 부피에 비해서 표면적이 훨씬 크기 때문일 것이다. 따라서 초기 핵배향은 표면에너지를 최소화하려는 경향에 의해서 최소 표면에너지를 가지는 면이 기판에 평행한 방향으로 형성된다. 이러한 박막의 초기배향성은 성장되는 박막의 표면에너지의 이방성에 의해서 결정되는데, 금속의 경우는 원자들의 충전밀도가 가장 높은 면이 가장 낮은 표면에너지를 가진다는 것이 일반적으로 인정되고 있으나 비금속, 특히 산화물의 경우는 어느 면이 최소 표면에너지를 가지는지 확실하지 않다.

NaCl 구조를 가지는 결정에 관한 이론적 표면에너지 계산에 의하면 (100)면이 (110)면보다 더 낮은 표면에너지를 가지지만, (111)면의 표면에너지는 단위포내의 dipole moment가 (111)면에 수직한 방향으로 항상 존재하기 때문에 구할 수가 없다. 18같은 NaCl 구조를 가지는 TiN의 경우는 Pelleg 등이 sublimation energy와 broken bond를 고려한 다음과 같은 계산방식을 이용하여 $S(100) < S(110) < S(111)$ 순서로 표면에너지가 증가함을 보였다.

$$Shkl = Ls \cdot nhkl/z \ (J/cm^2)$$
$$= 6.5 \times 10^{-19} nhkl/z \ (J/cm^2)$$

여기서 Ls는 원자당 sublimation energy, n*hkl*은 *hkl*면의 단위면적당 broken bond 수, z는 배위수(6)이다.

이 결과는 fcc 금속에서 일반적으로 인정되는 $S(111) < S(100) < S(110)$과는 대조된다. $S(100) < S(110)$의 경향은 앞서 언급한 3가지 경우 모두 동일하지만 (111)

면의 표면에너지는 크게 차이가 난다. 이것은 표면에너지를 계산할 때 금속의 경우는 같은 금속원자 사이의 결합을 고려한 반면에 TiN의 경우는 Ti와 N사이의 결합만을 고려했기 때문으로 생각된다.

즉, 금속의 경우는 (111)면의 충전밀도가 가장 높기 때문에 dangling bond수가 가장 적어서 표면에너지가 가장 낮지만 TiN의 경우 예를 들어 TiN(111)면을 고려하면 Ti(혹은 N)의 충전밀도가 가장 높기 때문에 N(혹은 Ti)과 이루는 결합수가 많아져서 표면에너지가 가장 크게 된다.

Pelleg의 계산에 의하면 TiN과 같은 구조를 가지는 모든 물질들은 그들의 결정면들 중에서 (111)면의 표면에너지가 가장 커야 한다. 하지만 TiN 박막뿐만 아니라 TiN과 같은 구조를 가지는 NaCl, LIF 박막 등에서 관찰되는 (111) 배향성은 표면에너지가 매우 높은 면은 단결정의 외형뿐만 아니라 박막의 배향성에서도 나타나지 않는다는 일반적인 개념과는 크게 상반된다.

따라서 Pelleg 등이 사용한 방법에 의한 표면에너지 계산은 타당성이 부족하다고 볼 수 있다. 표면에너지와 연관된 박막의 배향성에 관한 모델은 표면에너지와 기판주위의 원자농도를 연관시킨 Lee, 표면에너지와 속도론적 요소를 함께 고려한 Dobrev, 그리고 표면에너지와 strain energy를 함께 고려한 Pelleg 등에 의해서 제시되었다.

### (3) 원자농도

기상증착에 있어서 과포화도(그는 '과포화도'라는 용어를 사용하지 않고 '원자 혹은 이온의 농도'라고 했다)가 작을 경우에는 표면에너지가 가장 작은 면이 기판에 평행하게 성장하고 과포화도가 증가할수록 표면에너지가 높은 면이 기판에 평행하게 성장한다는 일반적인 경향을 [그림 5-24]와 같은 2차원적인 모델을 도입하여 현상학적으로 설명하였다.

그는 결정면의 표면에너지가 ledge density에 비례한다고 간주하고, 기판 주위의 원자농도가 높을 경우는 원자농도가 [그림 5-24] (a)와 같이 ledge density가 높은 표면 에너지가 높은 면이 안정적으로 자라며, 기판 주위의 원자농도가 낮을 경우는 [그림 5-24] (b)와 같이 ledge density가 낮은 면이 안정적으로 자란다고 설명하였다. 그리고 기판 주위의 원자농도는 기판온도가 높을수록, 증발속도가 빠를수록 높다고 하였다.

이러한 모델은 박막의 우선배향성을 표면에너지 및 원자농도와 연관지어 설명하려 했다는 데서 그 의의를 찾을 수 있지만, 기본적인 가정에서 문제점을 포함하고 있는 현상학적인 설명이다. 그는 기판 주위의 원자농도를 박막증착시의 과포화도로 간주하였는데, 실제 과포화도는 원자농도뿐만 아니라 기판위 부착원자들의 표면이동도와 밀접한 연관을 가진다.

기판 주위의 원자농도가 높다 하더라도 부착원자들의 표면이동도만 보장되면 과포화도는 높지 않을 수도 있다. 게다가 evaporation이나 sputtering에 의한 박막 증착에 있어서는 그의 주장처럼 기판온도의 증가에 따라 기판 주위의 원자농도가 증가하여 과포화도가 증가하기보다는 기판위 부착원자들의 표면이동도가 높아져 과포화도는 오히려 떨어진다.

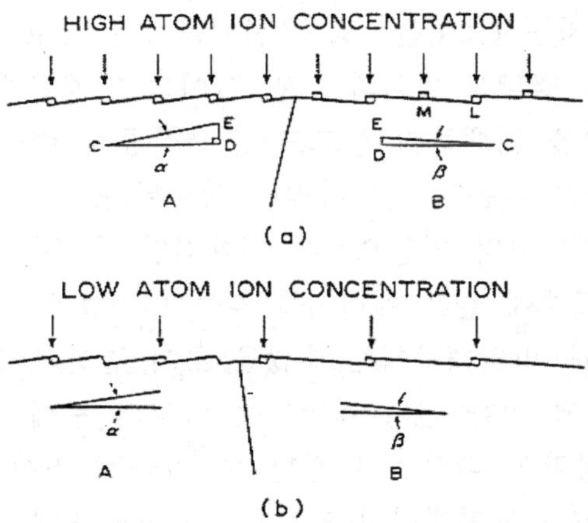


**[그림 5－24] 우선배향성 2차원 모델**

## (4) 속도론적 요소

Dobrev는 evaporation법으로 비정질 기판 위에 Ag, Sn박막을 증착하여 이들 박막의 우선배향성을 연구함으로써 박막의 우선배향성이 속도론적 요소에 의해서 크게 좌우된다고 제안하였다. 기판온도가 높거나 증착속도가 낮은 평형에 가까운 조건에서는 부착원자들이 이동할 수 있는 충분한 시간을 가지게 되어 최소 표면에너지면, 즉 최밀충전면으로 증착된다. 반면에 기판온도가 낮거나 증착속도가 빨라지면 부착원자들의 표면이동도가 낮아져서 원자들이 안정한 자리를 찾기 전에 다음 층이 증착되므로 최밀충전면이 아닌 보다 엉성한 면으로 성장한다.

이 이론은 실제의 많은 실험결과를 잘 설명할 수 있지만, 과포화도가 매우 클 경우에 구체적으로 어떤 면이 어떤 기구에 의해 배향성을 이루는가에 관해서는 설명할 수 없고, 초기 및 후기배향성의 변화에 관해서도 예측할 수 없는 역시 현상학적인 모델이다.

### (5) 변형 에너지(Strain energy)

박막에는 그 증착방법 및 조건에 따라 수축 혹은 인장압력이 걸리게 되는데 이러한 응력에 기인한 변형 에너지를 우선배향 형성의 구동력으로 제안한 사람은 Witt와 Vook 그리고 Pelleg 등이다. Witt와 Vook는 이러한 변형 에너지의 원인으로서 열적 응력을 도입하였는데, 이들의 이론적 계산에 의하면 fcc 금속 구조에서 최소 열적 에너지를 가지는 면은 (100)면이었다. 따라서 fcc 금속박막의 경우 두께가 얇아서 표면에너지가 지배적일 경우는 최소 표면에너지인 (111)면으로 우선배향되지만, 두께가 증가하여 변형 에너지가 지배적이게 되면 최소 열적 변형 에너지를 가지는 (100)면으로 우선배향되는 것으로 예측되었다. 그러나 대부분의 열적 응력이 냉각시 박막과 기판 사이의 열팽창계수 차이 때문에 생기고 냉각중의 원자확산을 기대하기 힘드므로, 냉각중에 형성되는 열적 응력에 의해 우선배향성이 바뀌는 것은 불가능하리라 생각된다.

Pelleg 등은 변형 에너지의 원인으로서 기계적인 응력을 제안하였다. 스퍼터링에 의한 박막은 증착도중에 높은 에너지를 갖는 입자들에 의해 타격을 받게 되는데, 이러한 과정을 통해 박막내부에는 수많은 초기 결함과 응력이 발생하게 된다. 이러한 기계적인 응력에 의한 변형 에너지는 박막의 두께가 증가함에 따라 커지게 되며 이로 인해 박막의 배향성이 변힐 수 있다는 것이다. 이들에 의하면 박막의 전체에너지 W*hkl*은 표면에너지 S*hkl*과 intrinsic 변형 에너지 U*hkl*의 합으로 주어진다. $Whkl = Shkl + Uhkl$이고, $Uhkl = \varepsilon 2E(1-\nu)$ (J/㎤), ε는 박막의 특정면의 strain, E는 TiN의 탄성계수, 그리고 ν는 TiN의 포아송의 비(poisson's ratio)이다.

박막의 배향성은 S*hkl*와 U*hkl* 중에서 큰 것에 의해 지배되며 W*hkl*을 최소로 하는 방향으로 형성된다. 위의 식에서 박막의 우선배향성에 따른 변형 에너지의 차이는 방향에 따른 E값 차이에 기인하므로 가장 낮은 E값을 가지는 면이 최소 변형 에너지면이 된다. TiN의 경우 아직 E*hkl*값이 알려져 있지 않으므로, 그들은 TiN이 TiC나 NaCl과 동일한 구조를 가지므로 E*hkl*값도 같은 경향을 가질 것을 가정하였다. 이로부터 이들은 $E100 > E110 > E111$을 얻었고, (100) 우선배향된 박막이 (111)이나 (110) 배향된 박막보다 높은 변형 에너지를 가진다고 주장하였다. 따라서 박막의 두께가 얇은 경우에는 앞절에서 언급한 바와 같이 그들의 계산에 의한 최소 표면에너지면인 (100)면이 지배적이고, 박막의 두께가 증가하여 변형 에너지의 기여가 커지게 되면 최소 변형에너지면인 (111)면이 지배적이 된다.

그러나 Pelleg 등은 이러한 자신들의 이론을 실험적으로 검증하지는 못했다. 오운철은 Ti 금속타깃을 사용한 DC reactive sputtering법으로 Si(100) 단결정 기판 위에 TiN을 증착하여 우선배향성의 변화를 관찰함으로써 이들의 이론을 검증하려고 하였다. 먼저, 얇고 낮은 power에서 증착된 박막에서는 (100)이, 두껍고 높은 power에서 증착된 박막에서는 (111)배향성이 우선적으로 발달됨을 확인하고, (100)배향성에서 (111)배향성으로 바뀌는 임계두께가 증착시 가해지는 power가 높을수록 얇아진다는 실험결과를 보임으로써 Pelleg의 이론을 증명하려 하였다. Pelleg의 이론은 두께변화에 따른 박막의 우선배향성의 변화를 에너지적인 관점에서 해석하려했다는 데서 그 의의를 찾을 수 있다.

그러나 이 이론 역시 어떤 기구에 의해 우선배향성의 변화가 일어나는지에 관해서는 다루지 못하고 있으며, 이론 자체도 다음 경우들을 고려하면 신빙성이 떨어진다. 첫째는 그의 가정에서 제시된 것과는 달리 TiN의 (111)면이 가장 높은 표면에너지를 갖지 않는 경우이다.

앞절에서 언급한 바와 같이 TiN박막에서 자주 관찰되는 (111)우선배향성이나, NaCl 구조를 가지는 단결정의 외형에서 자주 관찰되는 (111)면은 TiN의 (111)면이 가장 높은 표면에너지를 가지지 않는다는 것을 암시한다. 둘째는 TiN의 결정방향 중에 E111보다 낮은 E값을 가지는 방향이 존재하는 경우이다. 일반적으로 원자 사이의 거리가 가까울수록 결합력도 강하여 높은 E값을 보이는데, TiN 구조에는 <111> 방향보다 더 원자사이의 거리가 먼 방향이 무수히 존재하므로 E111보다 낮은 값을 가지는 방향 또한 많이 존재하리라 생각된다.

그리고 이 이론을 검증한 오운철의 실험에 있어서도 몇 가지 문제점이 발견된다. 첫째, 기판을 비정질이 아닌 Si(100) 단결정을 사용함으로써 박막의 우선배향성에 미치는 기판의 영향을 최소화시키지 못했다. 둘째, 변형 에너지를 직접 측정하지 못했다. 셋째, 변형 에너지를 증가시키는 방법으로 인가하는 전력을 증가시켰는데, 이러한 전력의 증가는 박막의 스트레스를 증가시키기도 하지만 어느 점 이상에서는 오히려 감소시킬 수도 있고, 박막의 조성을 크게 변화시켜 우선배향성을 바꿀 수도 있다. 넷째, 박막의 우선배향성이 박막의 에너지 상태에 의해서 결정된다면 (100), (111)배향성 이외에 적어도 그들의 계산에 의하면 이들과 유사한 에너지를 가지는 (110)배향성도 반드시 관찰되어야 함에도 불구하고, 그의 실험결과에서는 (110)배향성에 관한 아무런 흔적이 없다.

### (6) Ion channeling & plastic flow

Dobrev와 Harper는 성장되는 금속박막에 적당한 이온충돌이 가해질 경우 열린 구조를 가지는 면으로는 ion channeling이 일어나 스퍼터링되어 떨어져 나오는 확률이 작으므로 열린 구조를 가지는 면의 성장이 탁월하게 된다고 제안하였다.

그러나 Window 등에 의하면 성장되는 박막에 격심한 이온충돌이 일어나면 박막의 격자내부에 'plastic flow'가 일어나 다른 배향성을 가지게 된다. 이러한 모델들은 스퍼터링에서 피할 수 없는 입자충돌 현상이 박막의 우선배향성을 변화시킬 수 있다는 것을 또다른 측면에서 설명한 것으로서 이를 정량화하기는 매우 어렵다.

## 5-3 에피택시얼 박막

### 1. 에피택시얼 박막의 정의

에피택시(epitaxy)는 그리스 문자로 epi(위에) + taxis(배열)의 합성어로 물질(기판) 위에 기판과 같은 결정구조를 성장시키는 방법으로 기판으로 사용된 결정(웨이퍼)과 유사한 격자구조 및 방위를 갖는 박막을 기판 물질의 녹는 점보다 훨씬 낮은 온도에서 성장 가능하다. 용융온도에서 결정을 성장시킬 때 생기는 대표적인 불순물 혼입 등의 여러 가지 문제점이 제거(고순도)된다.

단결정 기판 위에 에피택시나 방향이 있는 막의 성장은 이론적인 면에서 매우 흥미있고, 실제적인 면에서도 중요하다. 보통 단결정 기판위에 같은 물질(즉, Ge의 단결정위에 Ge의 막)을 형성할 때 이것을 같은 종 에피택시(homoepitaxy)로 같은 결정구조 및 유사한 격자상수를 갖는 경우 기판과 다른 물질을 같은 결정구조의 단결정의 형태로 성장시키는 것이 가능하고, 또는 그 기판에 다른 물질의 막(즉, Nacl 위에 Ag의 막)을 형성할 때 이것을 이종 에피택시(heteroepitaxy)라고 부른다.

### 2. 에피택시얼 박막의 성장

기초 물질과 어떤 물질, 그것이 기체이든, 액체이든, 고체이든 상관없이 그들 사이에 화학적인 반응에 의해 기판 위에 성장하는 규칙적인 방향을 갖도록 하는

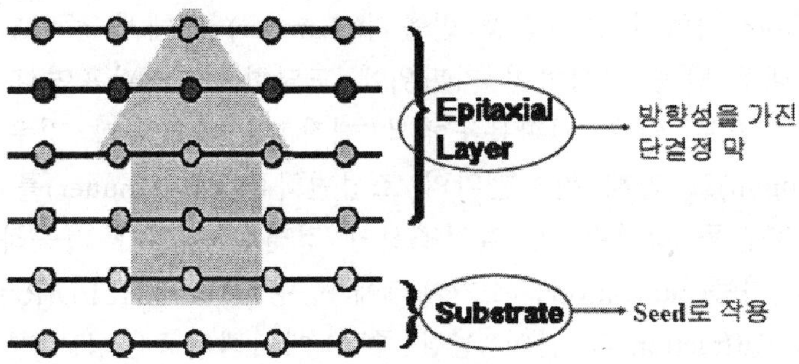


[그림 5-25] 에피택시얼 성장과정

반응성층의 형성법이 chemoepitaxy이다. 또한, rheotaxy라고 하는 비정질 물질이나 액체표면에 걸쳐 성장시킨 특별한 경우도 있다. 특별한 모양을 갖는 비정질 기판 위에 방향성을 갖는 성장은 graphoepitaxy라고 한다.

에피택시 공정을 분류하면 액상 에피택시(LPE: Liquid Phase Epitaxy)는 반도체 단결정을 녹는 점보다 아래의 온도에서 결정재료가 녹아 있는 포화용액으로부터 성장시키는 방법으로 GaAs(melting point of 1238℃) 기판에 낮은 용융점의 Si, GaAs, AlGaAs, GaP 에피택시얼 박막 제조에 널리 사용한다.

기상 에피택시(VPE; vapor-phase epitaxy)는 결정재료가 포함된 반응가스를 기판 위로 흘리면서 열에 의한 분해와 반응을 통해 기판 위에 결정을 성장시키는 방법으로 $SiCl_4$의 수소환원에 요구되는 온도는 대략 1150~1250℃로 가열된 결정 표면에서 반응이 일어날 경우 Si 원자들은 epitaxial layer로 표면에 증착 $SiCl_4 + 2H_2 \leftrightarrow Si + 4HCl(g)$로 HCl은 가스 형태이므로 에피택시얼막에 영향을 미치지 않는다.

즉 공정변수를 적절히 조절함으로써 반대 방향의 반응 유도가 가능하며 증착보다는 식각(etching)이 발생하며, 이것은 자동적으로 기판표면을 깨끗이 하는 데 사용($SiH_4 \leftrightarrow Si + 2H_2$) 가능하고 보다 낮은 온도(1000℃)에서의 반응으로 인해 기판으로부터 epitaxial layer로의 impurities migration이 감소하므로 Si IC 소자 및 GaAs, GaP, GaAsP 등의 LED 제조에 사용한다.

MOCVD, MOVPE는 메틸이나 에틸 등 알킬기를 갖는 유기금속 화합물을 원료로 사용하여 반응가스 종류를 달리해서 물질의 조성을 쉽게 바꿀 수 있으므로 GaAs나 InP와 같은 2원계 화합물뿐만 아니라 AlGaAs와 같은 3원계, 4원계 화합물 반도체 성장에 주로 많이 사용하며, Ⅲ-Ⅴ족 화합물 반도체로서 1960년에 InP 성장이 최초 태양전지, 레이저 등의 소자 제작에 이용하고, MBE(Molecular Beam Epitaxy)는 종래의 물리증착방식(physical vapor deposition, PVD)을 발전시킨 것으로 $10^{-9}$torr 이하의 초고진공 반응기(chamber) 내에서 증발된 결정재료가 분자나 원자 형태로 빔을 형성하여 기판위에 도달한 후 기판표면과 반응하여 결정성장이 되는 것으로 낮은 기판온도에서 제작 가능(GaAs의 경우 600℃)하고, 낮은 성장률(<1μm/h)로 인해 원자단위의 조성변화를 셔터(shutter)를 이용하여 조절 가능하므로 불순물 첨가량 및 결정조성의 정밀한 제어가 가능하므로 초격자(superlattice) 및 다층(multi-layer) 소자제작에 응용된다. RHEED(Reflection High Energy Electron Diffraction)과 같이 성장 중에 에피택시층을 분석할 수 있는 장치가 있어 정밀한 성장이 필요할 때 주로 사용한다.

에피택시막에서 기판은 성장하는 막의 특정한 방향을 갖게 하며 중요한 영향을 미친다. 에피택시는 다른 결정구조와 다른 화학적 결합을 갖는 물질들 사이에서 발생한다.

예를 들면, Au는 입방구조를 갖는 알칼리 화합물위, 단사정계(monoclinic)인 운모위 및 Ge 단결정의 여러 가지 결정면들 위에 에피택시로 성장할 수 있다.

그러나 각 경우에서 결과적인 막의 방향은 결정구조와 기판의 방향에 의존한다. 즉, fcc 금속들은 [100], [110] 및 [111]방향과 평행한 방향으로 Nacl 위에서 성장하나 운모 위에서는 그들의 [111]방향이 운모의 [001]에 평행하게 성장한다. 상호 접촉이 존재하는 기판과 막의 면들 사이에 매우 복잡하고, 어떤 관계가 존재한 기판과 막의 면들 사이에 매우 복잡하지만, 어떤 대칭관계가 존재한다(변환 대칭보다 회전이 더 흔하다).

에피택시를 위한 조건은 기판 위의 격자상수와 막의 것과의 사이에 얼마나 일치하느냐가 공식으로 인정된 것이다. 그러나 격자상수의 부정합도 에피택시를 위한 경우에서도 발견된다.

이종 에피택시에서 일반적으로 기판에서 결합력이 막의 것과 다르다. 이들 결합력이 밴드 구조(band structure)를 결정하고, 이 방법에서 역시 물리적과 화학적 특성이 정해진다. 이 경우 전이층이 항상 존재해야 하고, 그 두께는 적어도 두 단원자층은 되어야 한다.

W단결정 기판의 (001)면의 경계 위와 K에피택시얼층의 사이에서 병행하는 진정한 전이층의 구조에 대한 모델을 [그림 5-26]에 나타내었다.

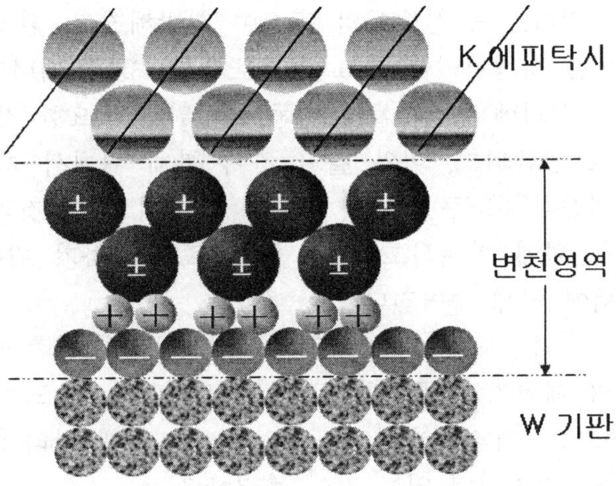


**[그림 5-26] W단결정 (001)면과 에피택시얼 사이의 천이층의 모델**

질서가 있는 전이층의 구조가 기판에 의해 도입되었으나 기판의 격자나 에피층의 격자 어느 것에나 정확히 기하학적으로 대응되지 않는다. 이 층의 구성은 기판의 것과 막의 것에서 그들의 크기, 전하, 전하분포, 결합의 종류와 강도에 대해 어느 것에서나 다르다.

단결정 기판을 덮은 얇은 중간층, 즉 부정합(misfit) 등을 연결하는 비정규직인 다중 구조, 기판과 막의 상호작용에 의해 형성된 층(즉, 합금, 중간단계 화합물, 고상 액체, 도핑된 층, 화학적 화합물), 그리고 흡착된 외부물질 등은 여러 가지 시스템과 증착조건에 따라 에피택시에서 결정적인 역할을 할 수 있다.

에피택시 현상에 대한 연구는 금속 위의 금속, 알칼리 화합물이나 운모 위의 금속, 알칼리 화합물 위의 알칼리 화합물, 반도체 형태로 다루어진다.

## 3. 에피택시얼 박막의 성장 인자

에피택시로 성장하는 데 기본적인 인자는 기판온도이다. 모든 다른 조건이 일정하다고 하면 물질들의 모든 쌍에 대해 어떤 에피택시의 임계온도가 존재하는데, 이 온도 위에서는 에피택시가 완전하고 그 이하에서는 불완전하거나 존재하지 않는다. 그리고 주어진 물질의 쌍에 박막형성의 계면으로부터 온도의 증가는 에피택시를 자극시킨다. 즉, 불순물의 흡착이 활발해지고, 과포화상태는 낮아지고, 표면의 원자들은 평형자리에 필요한 것보다 더 많은 에너지를 갖는다. 높은 온도에서 필요한 활성화에너지(그들의 이동도를 위해 필요한 것)보다 더 많은 에너지가 흡착원자로 공급되고, 이와 같이 하여 합체 위에서 재결정화된다. 또한 두 표면과 벌크 화산이 더 큰 섬들의 회전과 전이에 의한 것과 같이 높은 온도는 흡착원자의 이온화에 기여하고, 에피택시얼로 성장하기 위해 필요한 에너지가 역시 다른 방법에 의해 주어진다.

에피택시얼은 초음파진동에 의해서도 자극되는 것이 관측되었다. 단결정막의 성장은 입사입자의 에너지가 증가함으로써 향상되었다. 온도는 많은 다른 인자들에 의해 결정되므로, 에피택시얼 온도를 <표 5-4>에 나타내었다. 기판특성에 대한 어떤 체계적인 의존성이 있는 것이 분명하다.

에피택시의 더 중요한 인자는 증착률 $R$이고, 다음 식은 실험적인 것이다.

$$R \leqq A\ \exp\,(-Q_{dif}\,/\,kT_e)$$

여기서, $A$는 상수이고, $Q_{dif}$는 표면확산의 활성화 에너지이다. 이것은 다음 방법으로 표현할 수 있다. 흡착원자는 다른 원자와 충돌하기 전에 평형위치로 점프하기 위해 충분한 시간을 가져야 한다.

**〈표 5-4〉 알칼리 화합물 위의 Ag에 대한 에피택시얼 온도**

| 물질 / 온도 | Ag/LiF | Ag/NaCl | Ag/KCl | Ag/KI |
|---|---|---|---|---|
| $T_e$(℃) | 340 | 150 | 130 | 80 |

한 개의 결합을 갖는 핵자로부터 이중으로 갖는 핵자로 이동하기 위한 핵자 이론인 Walton-Rhodin 이론으로부터 유사한 관계가 유도되었다. 몇몇 경우에 낮은 증착률에서는 에피택시얼이 일어나는 반면 높은 증착률에서는 결정쌍이 형성된다. 일반적으로 비정질, 다정질 및 단결정상이 매우 넓은 온도영역에서 동시에 존재한다.

에피택시얼 성장에 영향을 주는 다른 인자들은 높은 작동 기체에서 잔류 기체의 흡착으로부터 생긴 오염이다. 흡착된 물질이 기판을 통해 흡착원자의 이동도에 얼마나 영향을 주는지를 고려할 때 에피택시얼 온도가 상승하거나 하강한다. 어떤 종(즉, 산소, 질소 및 수분)은 어떤 기판에 에피택시얼하게 흡착하고, 에피택시얼 성장에 더욱 영향을 주는 표면의 초구조를 형성한다. 다시 말하면, 물이 흡착된 운모 위에 알루미늄(Al)의 에피택시얼 성장의 경우이다.

에피택시얼 온도와 $10^{-4}$~$10^{-5}$torr의 진공도에서 기판의 갈라짐에 의해 생긴 오염의 효과를 <표 5－5>에 나타내었다. 여기에 관련된 금속들은 NaCl의 (100) 표면 위에 에피택시얼하게 성장시킨 것들이다. 공기에서 갈라짐 결정(A) 위에 제조한 유지한 막보다 진공(V) 속에서 갈라진 기판에 대해 에피택시얼 온도가 더 낮았다. 그러나 NaCl 위에 Cu, Ag 및 Au의 에피택시얼 성장은 좋지 않았다(그러나 Al과 Ni은 그렇지 않았다.) 초고진공에서 갈라진 결정 위의 막들은 때때로 정상적인 것과 다른 방향을 가졌고, 다시 말하면 (111)방향이 (100)대신에 나타났다.

**〈표 5－5〉 공기에 깨어진(A) 및 진공에서 깨어진(V)**
**(100) NaCl 위에 형성된 막의 에피택시얼 온도**

| 온도 \ 금속 | Au | Al | Ni | Cr | Fe | Cu | Ge |
|---|---|---|---|---|---|---|---|
| $T_e$(A)[℃] | 400 | 440 | 370 | 500 | 500 | 300 | 500 |
| $T_e$(V)[℃] | 200 | 300 | 200 | 300~350 | 300~350 | 100 | 350~400 |

이 사실은 어떤 경우에 표면 오염이 에피택시얼막의 형성에 필요하다는 것을 암시한다. NaCl 위 에피택시의 경우 물의 흡착에서 이루어진 오염이 결정의 표면을 깎아내고, 에피택시얼막의 성장을 잘되게 하여 재결정화의 효과를 나타낸다. 에피택시얼 성장에 효과를 마치는 부가적인 인자는 전장이다. 이것은 CVD로 만든 몇몇 반도체(Ge, Si 및 GaAs)에 이 전장이 그 성장을 가속시킨다.

앞에서 언급한 것과 같이 에피택시얼막은 화학적 성질과 구조에 따라서 매우 이종적이므로 진공 증착, 음극 스퍼터링 및 CVD로도 형성할 수 있다. 이들 현상의 복잡성과 많은 인자의 존재로 인해 일관성 있고 일반적인 이론을 발전시키기는 매우 어렵다.

예를 들면 Brück와 Engel은 금속의 원자(이온)와 할로겐 이온 사이의 거리의 합이 최소로 남게 하는 방법으로 알칼리 할로겐 위에 에피택시얼로 금속을 성장시킬 수 있음을 가정하였다. 이는 그 막에서 최대의 쿨롱(coulomb)의 힘에 해당한 에피택시의 온도의존성은 자유원자의 것과 비교하여 결정 표면에 흡착한 금속원자의 이온화 에너지내의 감소결과 설명된다. 이것은 상대적으로 낮은 이온에서 이온화가 발생하는 것을 허용한다.

에피택시얼은 이온화된 금속과 정전기적 상호작용이 너무 강하므로, 입자들이 방향성을 갖는 구조에 해당하는 평형위치를 점유할 수 있는 온도에서 시작한다.

이 이론은 정량적인 정보가 이온화 에너지의 감소에 대해서 알려지기 않았기 때문에 정성적으로 그 막의 거동을 설명하는 것뿐이다.

다른 가설은 표면상에서 아무런 원자의 이온화가 일어나지 않는다는 것이다. 원자들은 단지 분극되고, 온도의 효과가 원자적 분극도의 변화를 통해 작용한다는 것을 가정하였다.

막이 형성되는 동안에 막의 구조를 관찰하는 현재의 방법은 에피택시가 핵형성 단계에서 일어난다는 것을 밝혔으나, 섬의 성장과 합체의 단계가 때때로 막의 최종 구조를 위해 결정적이라는 것을 밝혔다. 그러므로 에피택시의 이론은 핵자형성이론으로 출발해야 하지만 막의 형성에 관한 그 이후의 단계를 포함해야 한다.

이와 같이 핵자형성의 모세관이론에 의하면 기판과 막 사이의 경계에서 방향을 위해 더 낮은 자유계면 에너지가 기대된다. 그러므로 임계핵자의 형성을 위해 필요한 에너지는 더 낮아진다. 원자적 모델에 의하면 에피택시는 임계핵자보다 1개 이상의 입자를 포함하고 제일 작은 덩어리의 배열로부터 생긴 결과이다. 과포화가 감소하면 임계핵자의 크기는 증가한다(하나, 둘 및 셋 원자 등). fcc 결정에 대해 [111]방향으로 형성되는 3원자 핵자에서 결합의 최소수가 존재한다.

4원자의 다음 덩어리는 [100] 방향을 형성하고, 5원자 덩어리는 [110] 방향에 해당한다. 유사한 대응성이 Au와 Ag의 에피택시얼막에서 관측되었다. 그러나 이들은 매우 특별한 경우이다.

## 4. 에피택시얼 박막의 응용

에피택시얼 박막은 미래의 빛, 광소자용 핵심소재 생산에 있어 뛰어난 고휘도, 고효율 LED 제작을 위해 에피웨이퍼는 필수적으로 차세대 조명 고효율 백색 LED 용도로 에피웨이퍼가 널리 사용되고, 차세대 Network 광선 VCSEL용도와 포토다이오드(photo-diode)의 제작, HBT/HEMT 용도로 응용, 데이터 저장용 고출력 레이저 다이오드에 응용된다. 최근 자외선 LED용 질화알루미늄 박막은 일본 NGK INSULATORS는 미에대학 공학부의 히라마쓰 가즈마사 교수와 공동으로 기판 위에 고품질인 단결정 질화알루미늄 박막을 성장시키는 기술을 개발했다. 사파이어 기판과 탄화규소 기판에서 성공, 질화알루미늄 박막으로서는 세계 최고 수준의 품질이라고 한다. 발광 디바이스 등의 기판재료에 응용할 수 있으며, 그 중에서도 자외 발광다이오드(LED)용 기판을 제조하는 실용적 방법으로서 기대할 수 있다고 한다.

개발된 기술은 가스를 원료로서 막을 성장시킨 유기금속 화학기상성장법 (MOCVD)에 의해 1000℃ 이상의 고온에서 직접 질화알루미늄막을 기판 위에 에피택시얼 성장시킨다. 이로써 2인치 사각의 기판 위에 막두께 약 1㎛, 표면의 평균조도(粗度)가 2Å 이하인 매우 고품질인 단결정을 얻을 수 있었다.

질화알루미늄 단결정 재료는 자외광에 이르기까지 막이 투명하고, 열전도율도 높기 때문에 자외광 영역의 LED 기판재료로서 유망시되고 있다. 그렇지만 종래의 제조방법으로는 크랙 등의 불편함이 생기기 쉬웠으며, 실용적인 기판의 제조방법은 개발되지 않았었다.

이 회사가 개발한 제조방법이라면 고효율로 고품질인 막을 얻을 수 있기 때문에 자외광 LED용 기판의 제조방법으로서 실용화를 기대할 수 있다. 또한 사파이어 기판과 탄화규소 기판에서 성공했기 때문에 LED 외에 녹색이나 청색의 대출력 레이저용 기판재료 등 폭넓은 분야에서의 활용을 기대할 수 있다고 한다.

제 6 장

# 박막의 특성평가

6-1 박막의 전자현미경학적 고찰

6-2 전자회절

6-3 X선 방법

6-4 전자빔 방법

6-5 이온빔 방법

6-6 박막의 측정

# 6-1 박막의 전자현미경학적 고찰

박막의 특성은 화학적 조성, 벌크내의 불순물의 종류, 결정학적 구조 등에 의해 결정된다. 박막의 특성을 조사하기 위해 여러 방법들이 개발되어 왔지만 그 중에서도 전자광학적 방법이 가장 널리 사용되고 있다.

전자광학적 방법은 광학현미경에 비해 분해능이 뛰어나며, 증착과정의 관측이 가능하다는 이점을 가지고 있다. 막의 결정구조를 통제하기 위해 전자회절을 이용한 여러 가지 개량방법이 유용하게 쓰이고 있다. 또한, 이온분광법 등 여러 가지 형광방법이 막의 화학적 조성, 불순물의 함량 결정 등에 사용된다.

**〈표 6-1〉 표면과 계면의 구성원소, 결합상태 및 에너지 준위 측정 장비의 종류**

| 장 비 | 입사광 | 측정신호 | 분석깊이 | 최소 분석면적 | 원 리 | 취득정보 |
|---|---|---|---|---|---|---|
| XPS | 특성 X선 | 광전자 | 10~100Å | 100㎛ | 광전자의 측정으로 에너지 준위 결정 | 화학결합상태, 원소분석 |
| UPS | 자외선 | 광전자 | 수십Å | 100㎛ | 광전자의 측정으로 에너지 준위 결정 | 진동주파수, 화학결합상태 |
| AES | 전자 | Auger 전자 | 20~60Å | 20nm | Auger 전자의 측정에 의한 원소분석 | 표면원소분석 |
| SIMS | 이온 | 2차이온 | 50~300Å | 1㎛ | 2차이온에 의한 질량분석 | 표면층의 고감도 원소분석 |
| ISS | 이온 | 산란이온 | 1㎜ | 1㎜ | 일정각도로 산란된 이온 측정 | 표면 원소분석 |
| SEM | 전자 | 2차전자, X선 | 100Å | 10Å | 가속전자에 대한 2차전자나 X선 | 표면의 형상, 원소조성 |
| TEM | 전자 | 투과전자 | 50Å | 10Å | 투과전자의 세기에 따른 명암 영상 | 격자구조, 경함의 관찰 |
| STEM | 전자 | 투과전자, X선 | 10Å | 3Å | 투과전자의 방출 X선의 영향 | 미소영역의 화학조성 |
| RBS | He, H입자 | 산란이온 | 20~200Å | 1㎜ | 후방산란된 이온의 세기 측정 | 정성, 정량분석 |
| LEED | 전자 | 산란전자 | 수원자층 | 수백㎛ | 표면 2차원 격자에 의한 산란 | 표면구조, 흡착원자 배열 |

| EPMA | 전자 | X선 | 1㎛ | 1㎛ | 특성 X선에 의한 원소분포 | 원소 정량 |
|---|---|---|---|---|---|---|
| SAM | 전자 | Auger 전자 | 10~100Å | 0.1㎛ | 방출된 Auger 전자로 영상 구성 | 화학성분 분포 측정 |

AES : Auger Electron Spectroscopy
SAM : Scanning Auger Microscopy
RBS : Rutherford Backscattering Spectroscopy
XPS : X-ray Photoelectron Spectroscopy(ESCA)
STEM : Scanning Transmission Electron Microscopy
SEM : Scanning Electron Microscopy

# 1. 주사전자현미경(SEM; Scanning Electron Microscopy)

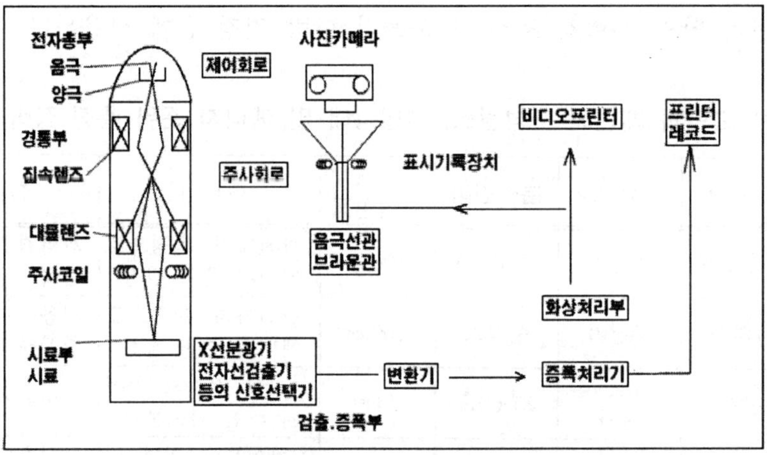


[그림 6-1] 주사전자현미경(SEM)의 원리

## 가. 원리 및 개요

주사전자현미경이란 $10^{-3}$Pa 이상의 진공 중에 놓여진 시료표면을 1~100nm 정도의 미세한 전자선으로 X-Y의 이차원방향으로 주사하여 시료표면에서 발생하는 secondary electron, backscattered electron, 투과전자, 가시광, 적외선, X선, 내부기전력 등의 신호를 검출하여 음극선관(브라운관) 화면상에 확대화상을 표시하거나 기록하여 시료의 형태, 미세구조의 관찰이나 구성원소의 분포, 정성, 정량 등의 분석을 행하는 장치이다. 주로 2차 전자가 시료의 형태관찰, backscattered electron이나 X선의 성분분석에 사용된다.

전자선은 전자총부의 원통내의 음극(filament)을 가열하여 발생한 전자가 양극으로 가속된다. 통상, 0.5~30kV로 가속되어진 전자선은 콘덴서 렌즈(condensor lens)와 대물 렌즈(objective lens)의 전자렌즈의 작용으로 최종적으로 3~100nm의 지름까지 미세해지며 시료표면에 조사된다. 이렇게 미세해진 전자선을 전자 프로브(prove)라고 부르며 이 전자 프로브는 주사코일에 의해 전자표면상의 X와 Y의 2차원방향으로 새롭게 설정된 면적을 주사시킨다. 전자 프로브의 주사와 동기된 브라운관 화면상에 시료로부터 발생한 신호를 각각의 신호로 변환시킨 검출기에서 검출, 증폭하여 영상으로 보여준다. 브라운관 화상은 전자 프로브의 주사면적을 작게 할수록 확대된다. 이 화상을 사진으로 촬영하거나 비디오 프린터로 기억하게 된다. 전자 프로브를 주사하지 않고 시료상의 한 점에 고정하여 얻어지는 X선을 사용하여 소사점의 원소분석이 가능하다.

## 나. 방출되는 신호

### (1) 2차전자(Secondary electron)

① 에너지가 적으며 높은 intensity를 가진다.
② 수 volt의 적은 bias voltage로 충분히 행로조절 및 억제가 가능하다.

### (2) 후방산란 전자(Backscattered electon)

backscattering coefficient : 입사전자 강도에 대한 후방산란 전자 강도의 비율로부터 시료구성원소 원자번호에 대한 정보가 얻어진다.

### (3) X 선

X선은 파장이 백색광으로서 여러 파장의 연속적으로 된 연속 스펙트럼과 원소에 따라 고유의 파장을 가지는 특성 스펙트럼으로 되어 있다.

### 다. 장점과 단점

| 장 점 | 단 점 |
|---|---|
| 초점심도가 높다.<br>사용배율의 범위가 넓다.<br>기기조작과 시료취급이 간편하다.<br>측정신호의 전자/전산처리가 용이하다.<br>TEM에 비해 시편 준비가 쉽다.<br>분석 소요시간이 짧다.<br>평면 관찰시 45° 까지 각도변경 가능하다. | TEM에 비해 해상력이 낮다.<br>진공유지가 필수적(액체 또는 젖은 시료 취급불가)이다.<br>시료의 벌크에 대한 정보습득이 불가능하다.<br>단색 사진만 얻을 수 있다. |

## 2. 투과전자현미경(TEM)

### 가. 원리 및 개요

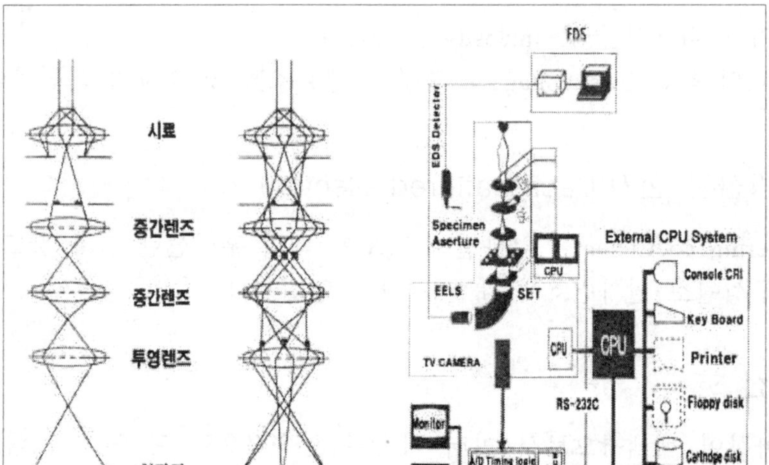


[그림 6-2] 각종 전자현미경의 원리

광학현미경의 광원 대신에 광원과 유사한 성질을 지닌 전자선과 렌즈 대신에 전자기 렌즈를 사용한 현미경으로서 상맺힘(結像)의 기본원리는 같다. 전자선은 광선과 비교하면 물질과의 상호작용이 현저하게 크기 때문에 시료는 아주 얇아야 하며 진공 중에 놓여지게 된다. 전자선이 시료를 투과할 때에 생기는 산란흡수, 회절, 위상 3가지의 명암(contrast) 발생원리를 이용한 장비이다.

[그림 6-2]와 같이 일정한 파장을 지닌 전자선을 시료에 조사하면 시료에서 산란된 전자선이 objection lens의 후초점면에 회절형상을 형성시킨다. 즉, 시료에서 일정한 방향으로 산란되어진 전자선이 후초점면에서 한 점으로 모이게 되고, 이 후초점면에서 2차파가 objection lens의 촛점에 확대상을 만든다. 이 상은 projection lens에서 형광판에 확대결상된다. 중간렌즈의 초점거리를 바꾸게 되면 현미경형상과 회절형상을 마음대로 얻을 수 있게 된다.

회절패턴은 시편에 입사된 전자빔이 시편의 결정면에 의하여 회절된 3차원적 역격자 배열이 전자현미경의 back-focal plane 높이의 평면에 의하여 잘린 면에 해당된다. 스크린상에 보이는 grain이 어떠한 물질의 결정이고 격자상수가 얼마인지, 그리고 grain의 결정학적 방향(Miller 지수)이 어떠한지를 알기 위해서는 적어도 3개 이상의 zone-axis에서 회절패턴을 얻은 다음 회절 spot들 사이의 거리와 각도를 측정하여 물질의 종류와 격자상수를 분석한다.

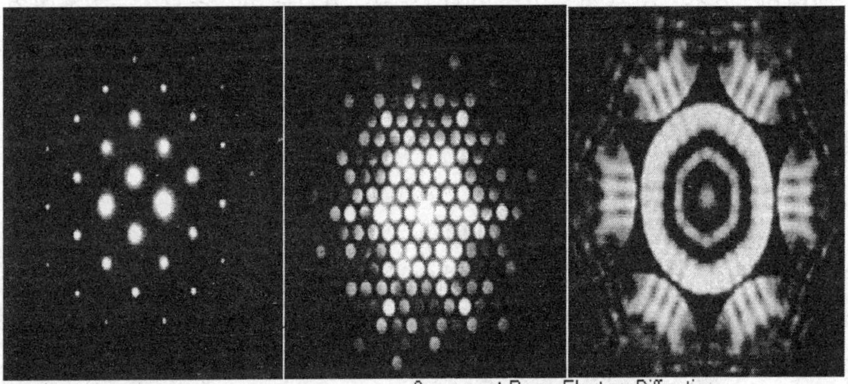


**[그림 6-3] 투과전자현미경의 회절무늬**

## 나. 특 징

TEM은 영상을 형성하는 광원이 매우 짧은 파장의 가속전자를 사용하는 현미경으로 전자가 투과하기에 충분히 얇은 시료로부터 구조적 정보를 얻기 위해 사용된다(투과시킨 후 전자기 렌즈를 사용해 수백만 배 이상으로 확대 관찰할 수 있음). 영상(명시, 암시 야상)으로 미세 현상, 두께, 결정립, 전위, 적층결함, 계면 등의 각종 결정결함의 크기와 형태를 수 Å단위로 직접 눈으로 관찰이 가능하고 전자회절상을 얻을 수 있어 결정성, 격자상수 및 결정면 간격측정, 대칭성 분석을 해 결정구조 분석을 할 수 있다.

그리고 전자빔은 물질과 아주 민감하게 반응해 강하게 회절하므로 고분해능 전자현미경 기술을 이용하면 결정이나 계면 국부적인 원자배열의 흐트러짐까지 관찰 가능하다. 그리고 시료를 구성하는 원소를 규명하고 원소함량의 정량적인 측정과 분포를 분석한다.

## 3. 간섭계를 이용한 미세표면의 3차원 측정

일반적으로 비전을 이용한 비접촉 측정기술은 비접촉 CMM 또는 AOI 장비로 대표되는 2차원 치수측정기나 2차원 검사기를 의미한다. 이러한 측정기술은 주로 2차원 평면상의 기하학적 형상, 예를 들어 원이나 선, 각도, 선폭 등을 측정하거나 패턴의 결함, 이물질, 비대칭성 등을 검사하며, 주로 광학현미경, 조명, 그리고 CCD 카메라로 대표되는 촬영소자로 구성된 프로브 시스템과 영상처리기술에 그 바탕을 두고 있다. 이러한 측정기술은 현재 산업계 전반에 걸쳐 주요한 측정 및 검사기술로 자리잡고 있으며, 고속검사 정밀측정이라는 모토 아래 많은 기술적 발전을 이루고 있다.

그러나 반도체, MEMS, LCD, Build-Up PCB 등 미세표면 형상을 제조하는 산업분야에서는 공정 및 제품관리를 위해 새로운 개념의 측정기술을 요구하고 있는데, 이에 대한 대안으로 최근 각광받는 것이 바로 광학식 3차원 미세형상 측정 기술이다. 이 측정 기술은 평면방향으로는 기존의 광학식 현미경의 분해능을 갖지만 광축인 수직방향으로는 nm 이하의 분해능을 가지며, 수 nm에서 수백 ㎛까지의 다양한 높이를 높은 분해능으로 측정할 수 있고, 특히 카메라를 통해 보이는 영역의 높이 분포를 한번에 측정할 수 있다는 특징을 가진다.

현재 생산현장에서 사용되는 광학식 형상측정기술로는 광삼각법을 필두로 수십가지의 기술이 적용되고 있지만, 여기에서는 광삼각법과 같이 일정 영역의 3차원 형상을 측정하기 위해 평면방향으로 주사(scanning)해야 하는 측정법을 제외하고, 영역측정이 가능한 3차원 측정기술을 중심으로 알아보도록 하겠다.

백색광 및 광위상 간섭법은 반도체 패턴측정에서부터 연질재료의 표면거칠기 측정, BGA 볼측정, 레이저 마킹 패턴측정, Via Hole 측정 등 미세형상에 대한 3

차원측정 전반에 폭넓게 적용되는 측정법이다. 이 측정법의 가장 큰 장점은 측정높이, 대물렌즈의 종류에 상관없이 nm 오더의 동일한 높이 측정분해능을 구현할 수 있다는 것이다.

공초점 현미경은 기존 현미경의 회절에 의한 수평분해능을 개선하고자 제안되었으나 현재는 물체표면의 형상측정에도 사용되고 있으며, 수십㎛ 단위의 큰 단차에 대해서 형상측정이 가능하다. 하지만 수직분해능은 사용하는 대물렌즈의 배율에 의존하기 때문에 낮은 대물렌즈 배율에서는 높은 수직분해능을 얻을 수 없다는 단점이 있다. 이 측정법은 세포와 같은 생체분야, 그리고 bumped wafer의 미세볼 형상측정에 적용된다.

모아레 측정법은 간편한 측정 시스템과 수십 mm의 측정영역을 가지는 장점을 이용해 BGA, QFP와 같은 패키징 분야의 인라인 검사에 많이 적용되고 있다. 피조 간섭법은 원리적으로는 광위상 간섭법과 동일하지만 수백 nm 이상의 대영역을 nm 이하의 분해능으로 측정할 수 있는 장점을 이용해 주로 웨이퍼의 평탄도(flatness), 미러(mirror), CD, DVD 픽업 렌즈의 형상정도 측정에 많이 적용되고 있다.

## 가. 백색광 및 광위상 간섭계의 기본원리

이 두 측정법은 서로 다른 측정원리를 갖지만 다중파장과 단색파장을 이용하는 점을 제외하고는 동일한 광학 및 측정 시스템에서 구현할 수 있으므로 상용화된 측정 시스템에서는 이 두 측정법을 함께 이용할 수 있다.

이 두 측정법의 공통적인 특징은 간섭신호를 이용한다는 점이다. 간섭신호란 임의의 기준점에서 동시에 출발한 광이 각기 다른 광경로(optical path)를 이동한 후 합쳐질 때 두 광이 지난 거리차(optical path difference)에 따른 물리적 현상이 빛의 밝고 어두운 형태로 표현되는 것을 말한다. 이중 한 개의 광을 기준광이라고 하는네, 이것은 고품위로 가공된 기준면(reference plane)에 입사되고, 다른 광은 측정광이라고 하며 측정하고자 하는 면에 조사된다.

기준면은 완벽한 평면으로 정의할 수 있으므로 백색광 및 광위상 간섭계의 카메라를 통해 획득되는 영상의 간섭신호는 이 기준면에 대한 상대적인 높이 정보를 포함하게 된다. 이러한 개념에서 보면 간섭신호란 결국 등고선과 동일한 의미를 지닌다. 지도에서 등고선이란 같은 높이를 가진 지형을 이어주는 선을 말하는데, 측정면의 간섭신호도 기준 평면에 대해 동일한 높이를 가진 지점을 이어준 물리적 현상으로 이해하면 쉽다.

[그림 6-4]는 이러한 간섭신호의 예이다. 그림에서 보이는 측정면은 골드 코팅된 평면 위에 구 형태의 패턴을 제작한 것이다. [그림 6-4](a)는 이 구형 패턴 위에서 나타나는 간섭신호를 보여주고 있으며, [그림 6-4](b)는 바닥인 평면에서 발생하는 간섭신호의 형태를 보여준다.

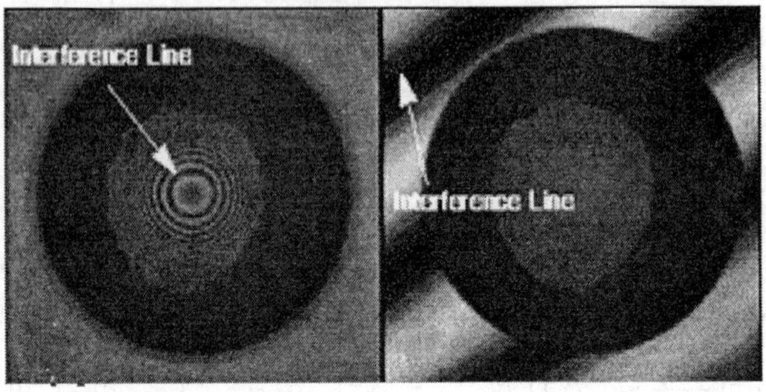


**[그림 6-4] 구면과 평면에서의 간섭신호 형태**

이와 같이 간섭신호는 구형 패턴에서는 그림과 같이 둥근 형태의 간섭신호가 발생하고, 평면에서는 직선 형태의 간섭신호가 발생하게 된다. 이러한 간섭신호는 사용하는 광원의 파상과 밀접한 관계가 있는데 일반적으로 간섭신호 간격, 즉 간섭신호의 주기는 사용하는 광원 파장의 반파장에 해당한다. 그러므로 그림 (a)에서 보이는 간섭신호간 간격은 광원이 600nm이므로 대략 300nm 간격으로 나타난다. 이러한 점을 이용하면 간섭신호 영상에서부터 직관적으로 대략적인 측정면의 높이 분포를 짐작할 수 있게 된다.

백색광 및 광위상 간섭계에서는 기본적인 간섭신호의 원리에 디지털 회로처리 기술을 이용해 더욱 세분해서 해석함으로써 측정면의 3차원 형상을 측정할 수 있다.

[그림 6-5]는 광위상 간섭법의 측정원리를 나타낸 것이다. [그림 6-5]의 (a)에는 기본원리가 도시되어 있는데, 단색 파장의 조명광을 각각 기준면과 측정면에 조사한 후 광분할기를 이용해 합치면 그림에서 보이는 측정면의 영상과 줄무늬의 간섭신호가 획득된다. 광위상 간섭계에서는 이러한 간섭신호의 복수개의 영상을 획득한 후 각 화소(pixel)에서 발생하는 간섭신호의 위상(phase)을 계산함으로써 높이를 측정한다.

초기의 간섭측정법은 간섭신호 추적법이라고 해서 앞에서 설명한 바와 같이 간섭신호의 간격이 300nm인 점과 그 사이의 간섭신호 변화를 조화함수로 보간해 간접적으로 간섭신호의 위상을 계산하는 방법이었다. 그러나 이 방법은 측정면이 복잡한 구조를 가질 경우 간섭신호 추적이 불가능하며, 보간법을 이용하기 때문에 측정오차 및 분해능에서 상당한 제약이 있었다. 하지만 간섭신호 해석법에 있어서 위상천이법(phase shifting method)이 개발되면서 nm 이하의 측정분해능을 구현할 수 있게 되었다.

이 방법은 간섭신호의 위상을 강제로 이동시키는 방법으로 그림에서 보듯이 기준 미러에 PZT 구동기와 같은 미세구동기를 장착해 기준면을 이동시키면서 여러 장의 간섭신호를 획득하고 이로부터 영상내의 각 측정점에서의 간섭신호의 형태와 높이와의 수학적 관계를 해석하게 된다. 이 원리는 1960년대에 개발되어 'Wyko'사에서 처음으로 산업계에 적용할 수 있는 측정기를 개발했다. 그러나 이 방법은 빠른 측정속도, 높은 측정분해능 등의 장점이 있지만, 2π 모호성으로 인해 인접한 두 측정점의 높이차가 광원 파장의 1/4 이상일 경우에는 측정오차가 발생하는 단점을 갖고 있었다.

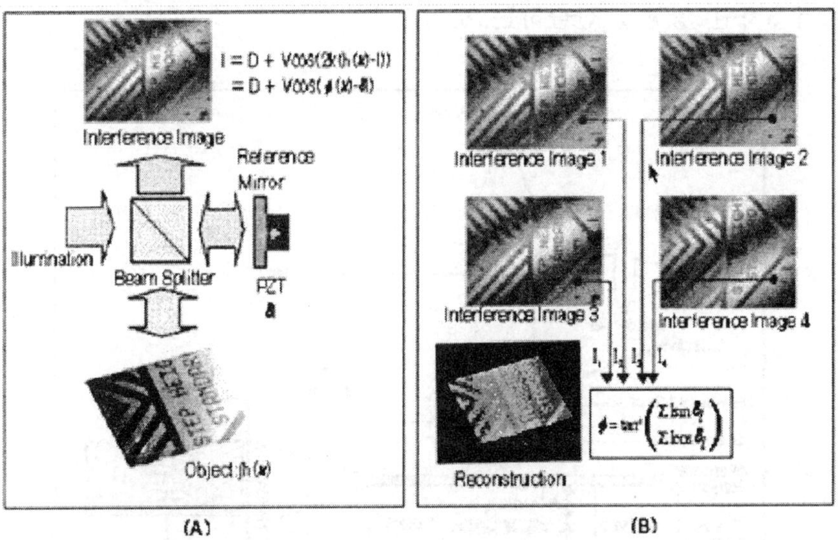


**[그림 6-5] 광위상 간섭법의 측정원리**

백색광 주사 간섭법은 이러한 광위상 간섭법의 단점을 극복하고 nm 오더의 높은 분해능을 가지는 새로운 측정법으로 1990년대 이후부터 상용화되기 시작했는데, [그림 6-6]은 이러한 백색광 주사 간섭법의 원리를 보여준다. 이 방법은 전술한 광위상 간섭법과는 달리 다중 파장의 광이 갖는 짧은 결맞춤(coherence) 길이를 이용한 방법이다.

결맞춤 길이란 사용하는 광원의 특성으로 간섭신호가 발생하는 광경로 길이를 의미하며, 기준광과 측정광이 지나는 물리적인 거리차로 표현된다. 레이저와 같은 광원은 이 결맞춤 길이가 수 km에 해당해 어떠한 상황에서도 간섭신호를 쉽게 얻을 수 있지만, 텅스텐 할로겐 램프와 같은 다중 파장의 빛은 여러 빛에 의한 간섭신호들이 서로 상호작용을 하기 때문에 대략 3~4㎛ 이내의 거리차에서만 간섭신호가 발생하는 특징을 갖는다.

백색광 주사 간섭계는 백색광의 이러한 짧은 결맞춤 길이를 이용한 것으로, 쉽게 생각하면 카메라의 자동초점 기능과 유사하다고 보면 된다. 단지 카메라에서는 자동초점을 카메라 영상의 선명도(contrast)를 이용하며, 백색광 주사 간섭계에서는 각 화소에서 발생하는 간섭신호를 이용한다. [그림 6-6]에서 보듯이 프로브 시스템이 광축 방향으로 수십 nm의 미소 간격으로 이동하면서 영상내의 모든 화소에서 간섭신호 발생여부를 점검한다. 임의의 화소점에서의 높이는 간섭신호가 최대로 커지는 위치로 설정되며, 이를 전체 영상내의 화소에 대해 수행함으로써 3차원 형상을 산출하는 것이다.

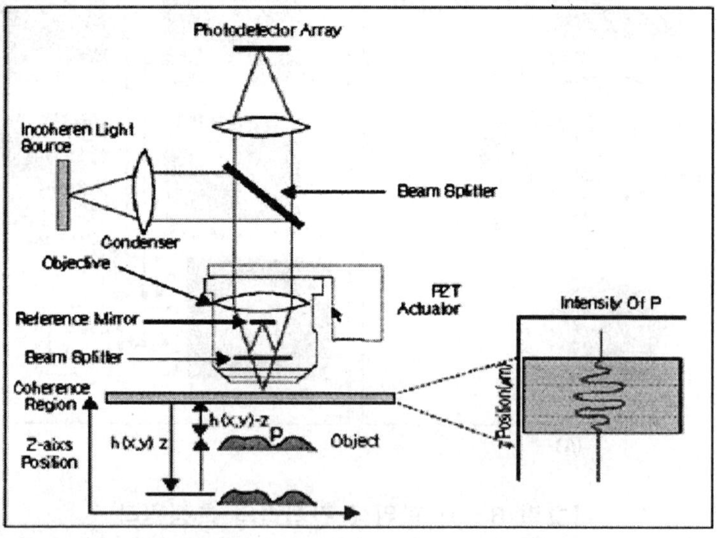


[그림 6-6] 백색광 주사간섭의 원리

## 나. 백색광 및 광위상 간섭계의 적용 예

[그림 6-7]은 앞에서 언급한 2가지 측정법이 가장 많이 적용되는 반도체 및 MEMS 분야의 측정 예이다. [그림 6-7]은 식각(etching)을 통해 제작된 표면의 형상을 측정한 결과로서 식각된 높이는 85.8nm이다. 이러한 측정결과로부터 높이분포, 경사면 각도(에칭 각도), 선폭 등을 측정할 수 있다.

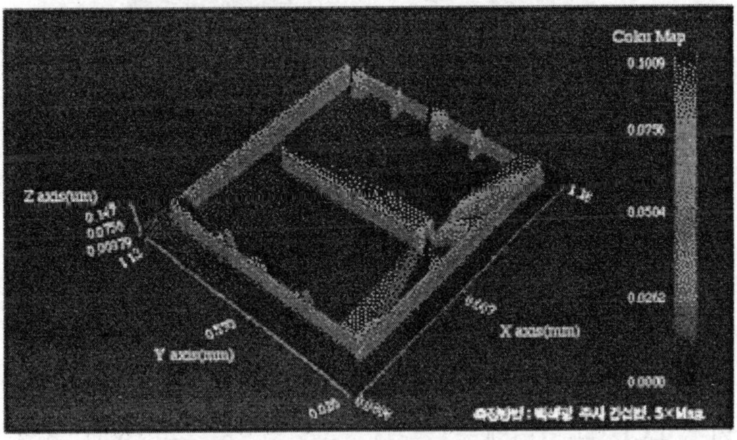


[그림 6-7] 반도체 패턴 측정 결과(높이 85.8㎚)

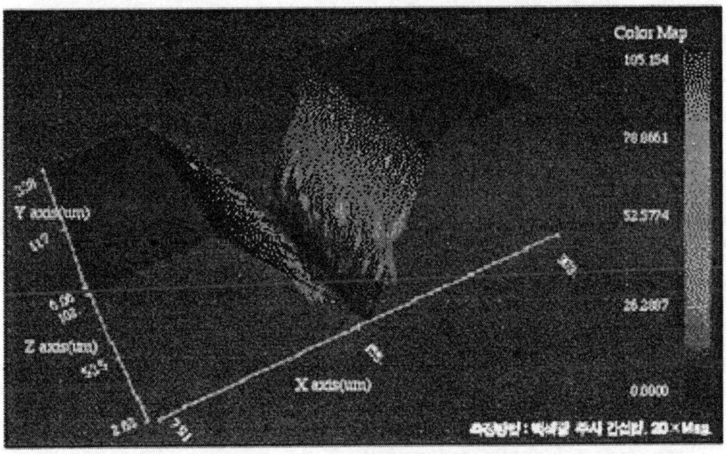


[그림 6-8] 에칭을 통해 식각시킨 V그루브

[그림 6-8]은 광부품 제조를 위해 개발된 광파이버용 V그루브(groove)를 식각 공정을 통해 제작한 결과이다. 이러한 측정에서 주요한 치수는 V그루브의 깊이, 그루브 각도, 표면거칠기 등이다.

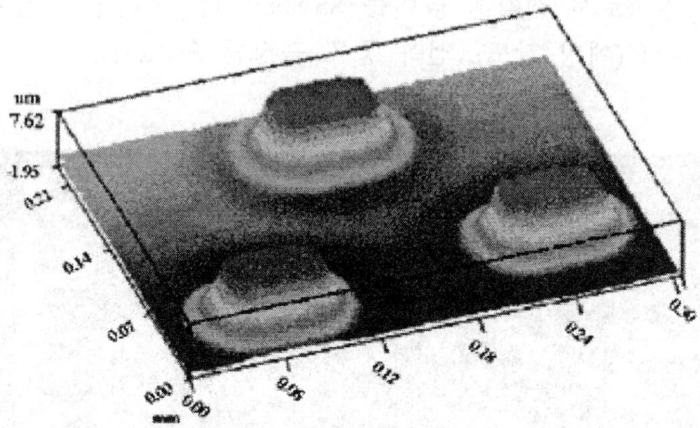


[그림 6-9] LCD용 BLU의 도트형상(광확산판)

[그림 6-9]는 LCD 모니터에 이용되는 도광판 중 도트(dot) 형태의 도광판의 표면을 측정한 결과이다. 도광판의 종류에는 이러한 도트 형태 외에도 심각파 형태 등 다양한 형태가 존재하며, 이러한 측정물에서서는 패턴의 피치, 크기, 부피 등이 주요한 측정요소가 된다.

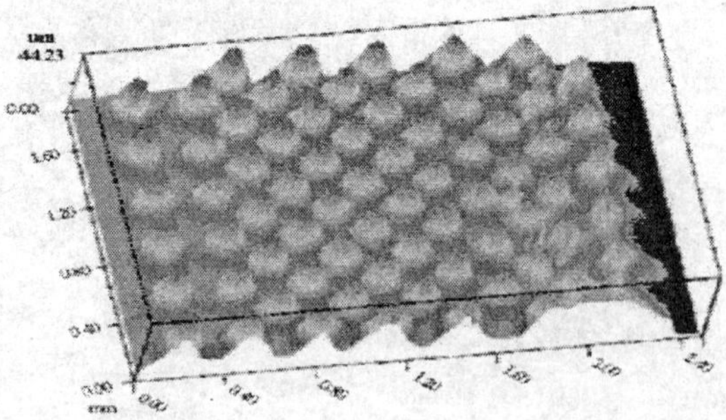

[그림 6-10] FC BGA의 Ball Area 측정결과

[그림 6-10]은 flip chip용 BGA의 ball area 중 일부영역을 측정한 결과이다. 이러한 측정물에는 각 볼의 높이, ball area 내에서의 등평면도(coplanarity), ball pitch, skewness, missing, large ball 등 다양한 측정요소가 있다.

# 6－2 전자회절

Bragg의 조건은 $n\lambda = 2d\sin\Theta$ 로 표현된다. 여기서 $n$은 정수, $2d\sin\Theta$는 경로차, $\lambda$는 파장이다.

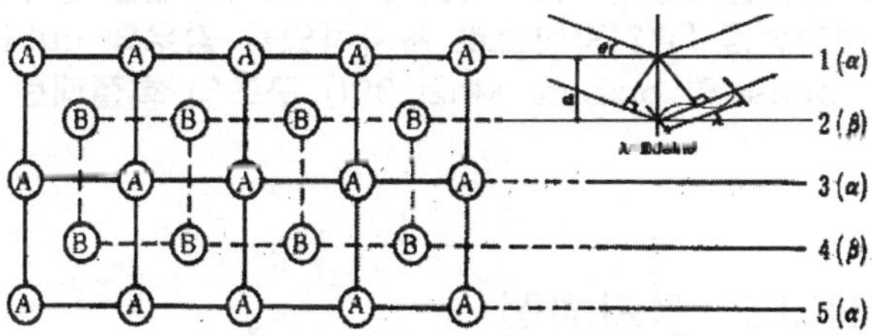


[그림 6－11] Bragg's 회절조건

## 1. 반사 투과에서 고에너지 전자회절

### 가. 고에너지 전자회절

박막 물리에서 박막의 구조 조사에 많이 쓰이는 방법으로 투과형 고에너지 전자회절(HEED : High Energy Electron Diffraction)가 있다. 전자는 수 kV로 가속되어 시편을 통과한다.

시편의 두께는 수백 nm 범위가 되어야 하며, 회절된 전자가 스크린에 도달하여 영상을 형성하거나 회절무늬를 제공한다. 박막의 기판은 비정질 재료를 사용한다. $10^{-12}$g까지의 작은 양도 관측이 가능하다. 성장하는 박막의 섬(island)의 구조도 관측이 가능하다.

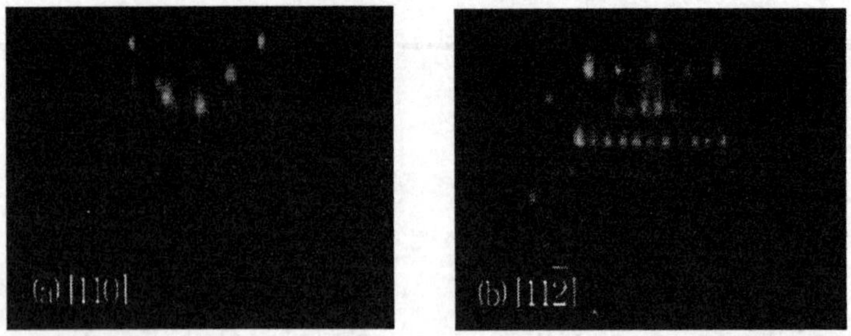

(a) (b)

[그림 6-12] Si(111)위에 Gd2O3Eu3+증착 후 RHEED 패턴 (a) 전자선을 [110] 방향으로 조사하였을 경우, (b) 전자선을 [112]방향으로 조사하였을 경우의 cubic phase인 bixbyte Mn2O3(II) 구조의 회절패턴

## 나. 반사형 고에너지 전자회절

표면층의 구조검사를 위해 반사형 고에너지 전자회절(RHEED : Reflection High Energy Electron Diffraction)로 낮은 각도(약 1°, 30~100kV)로 입사시키면 표면의 질에 따라 달라진 회절무늬가 나디난다. 평행선은 표면이 아주 매끄러운 경우이며, 선 위에 있는 것은 표면거칠기의 정도, 점이 선으로 되어 있는 경우는 불규칙한 표면을 뜻한다. 반사형은 투과형보다 정확도가 떨어진다.

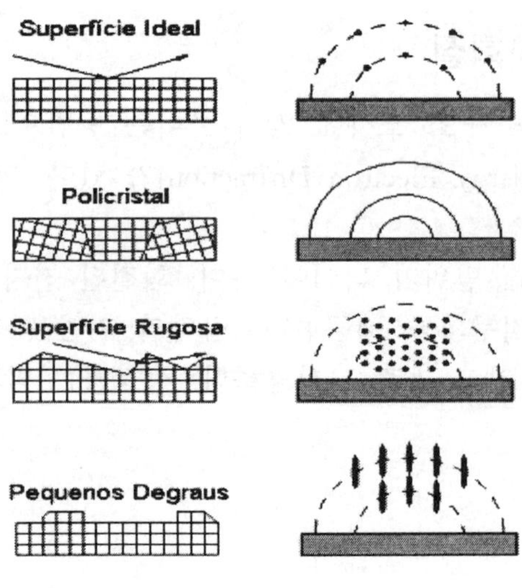


[그림 6-13] RHEED 무늬의 형성

## 2. 저에너지 전자회절

저에너지 전자회절(LEED : Low Energy Electron Diffraction)은 단결정표면의 구조(structure of single crystal surface)를 연구하는 데 있어서 가장 일반적인 장비이다. 이 장비는 넓은 영역의 주기적인 구조(long-range order of periodic surface structure)를 관측하는데 있어서 강력하고, 부분적으로는 불규칙적인 구조(disordered structure)에 대해서도 정보를 얻을 수 있다. [그림 6－14]는 그 장치를 나타낸 것이다. 전자총 $G_u$로부터 접속된 저에너지 전자선속(5~500eV)을 시편 S의 표면에 암사한다. 이 전자총은 낮은 일함수와 집속전극들로 된 열음극으로 구성되어 있다.

회절된 전자는 큰 투과도(약 85%)의 그리드 $G_1$, $G_2$, $G_3$를 통과해 눈으로 보거나 사진으로 찍을 수 있는 회절무늬를 생성하는 형광 스크린인 콜렉터에 도달한다. 시편과 콜렉터 사이에 약 4kV인 높은 가속 전압을 사용할 필요가 있다.

그리드 $G_3$은 그 계내로 높은 콜렉터 전위가 투과하는 것을 정전기적으로 차단한다. 그리드 $G_1$은 시편의 전위와 같고 그 주위에 전장이 없는 공간을 만든다. 그리드 $G_2$는 시편에 대해 음으로 대전되어 있어서 시편과 상호작용으로 에너지를 잃은 전자가 스크린에 도달하지 못하게 된다. 저에너지 전자들은 몇 원자층의 깊이까지만 투과할 수 있기 때문에 LEED에서 표면의 잔류 기체흡착으로 생긴 오염에 아주 민감하다.

이 사실 때문에 표면을 주의깊게 닦고 초고진공에서(<$10^{-9}$~$10^{-10}$) 작업할 필요가 있다. 이런 조건하에서 표면은 측정을 수행하기에 충분한 시간인 10~100분간 깨끗하게 남아 있다. 매우 느린 전자의 접속이 문제가 된다. 1$\mu$A차수의 전류에서 0.5mm보다 적은 지름의 선속을 접속시킨다는 것은 어렵다. 더 나은 접속을 얻기 위해 특별한 배치가 필요하다.

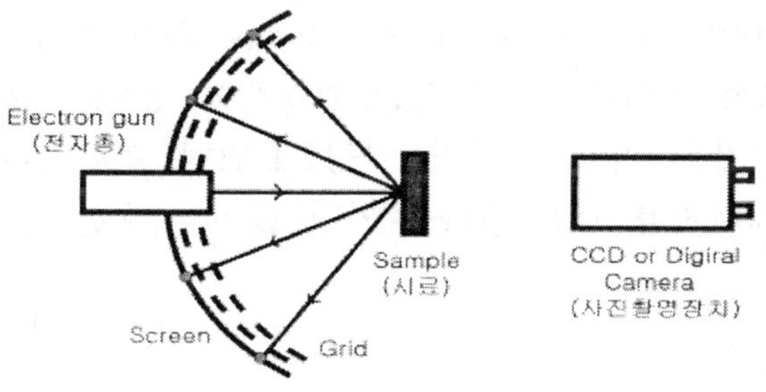


[그림 6－14] LEED 장치의 개략도

시편이 전도가 잘 안 되는 것이라면 낮은 에너지의 전자때문에 하전된다. 이 효과는 50Hz의 주파수에서 작은 값에서 큰 값으로 입사선속의 에너지를 주기적으로 적용해줌으로써 제거시킬 수 있다. 더 높은 에너지에서 시편에 대한 2차 방출계수는 1보다 더 크므로 저에너지의 전자에 의해 입사하는 동안 축적된 전하는 그 다음 고에너지 전자로 때리는 동안 제거된다. 합성 회절무늬는 시편의 처음 몇 표면 원자층의 배열함수이다. 극대 회절의 조건은 다시 Bragg의 조건과 맞아야 하나 격자는 2차원 구조의 특성을 갖게 된다. 즉, 만약에 시편이 다결정이라면 즉 모든 가능한 결정방향이 존재하면 회절무늬는 어떤 식별할 수 있는 점을 만들지 않는다. 그러므로 이 방법은 단결정 표면이나 어떤 주요한 방향을 갖는 표면에 대해서만 응용될 수 있다. 이 장치는 원자적 두께의 층에 의한 표면의 오염을 검출할 수 있다.

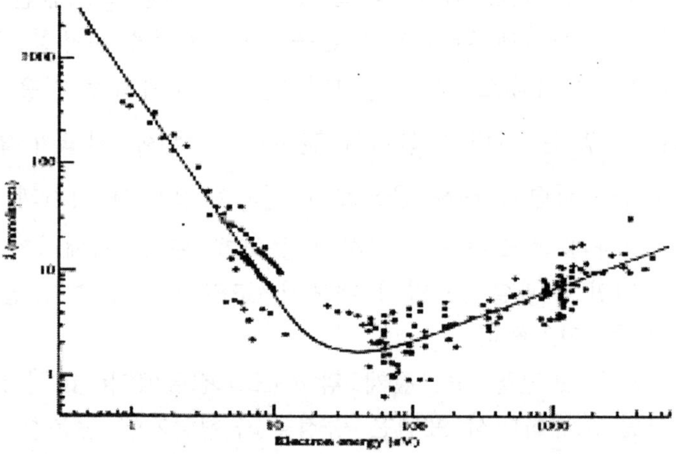


**[그림 6－15] universal curve for electron escape depth**

[그림 6－15] universal curve for electron escape depth에서 알 수 있듯이 전자를 시료에 입사시켜서 튀어나오는 전자를 검출하여 정보를 얻는 방법에서는 50~100eV 정도의 에너지를 가진 전자가 가장 표면에 민감하다. 따라서 LEED는 50~100eV 정도의 에너지를 가진 전자를 가장 많이 이용한다.

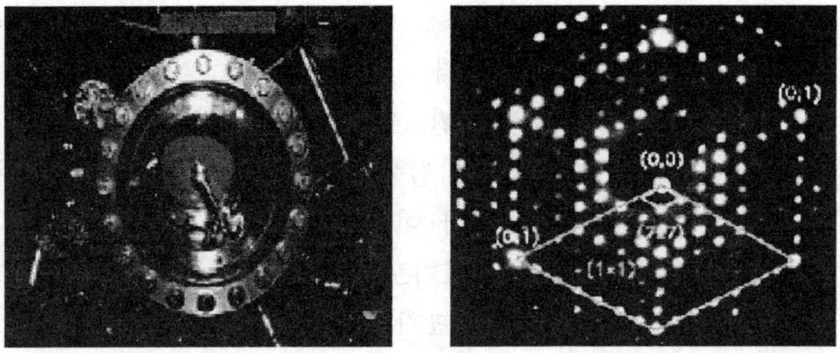


**[그림 6-16] LEED 장치 사진과 Si(111)7×7의 LEED 패턴**

[그림 6-16]은 LEED 장치 사진과 Si(111)7×7의 LEED 패턴 어떤 물질의 표면을 조사하는 동안 흔히 표면구조에서 예측되지 않았던 흥미로운 특성이 발견된다. 예를 들면 벌크의 것과는 근본적으로 다른 공유결합(covalent bonding)을 갖는 물질의 표면구조이다.

## 6-3 X선 방법

### 1. X선 회절(XRD : X-Ray Diffraction)

앞에서 언급한 이론은 원래 결정격자의 X선을 위해 개발된 것이고 이것을 전자 회절에 응용한 것이다. 박막 물리에서 전자회절은 X선 회절보다 더 많이 쓰인다. 그러나 X선 회절은 더 정확한 격자인자의 측정이 필요한 곳에 사용된다.

2가지 방법에 있어서 한 가지 차이는 X선이 더 깊은 곳까지 투과하며, 그 결과로 회절점이 약 $10^3$배 정도 전자에 비해 약한 것이다. 투과가 큰 것은 두꺼운 시편에 더 알맞다는 것을 의미한다.

그러나 X선의 회절무늬는 매우 얇은 시편에 대해서도(5nm 이하) 얻을 수 있으며, 매우 예리한 초점을 갖는 X선관을 사용하면 강도 또한 증가시킬 수 있다. 이때 노출시간을 약 1/4로 줄일 수 있다.

한편으로 X선에 대해 회절 각은 훨씬 커서 전자의 경우보다 훨씬 더 높은 정밀도로 격자인자를 결정할 수 있다. 회절무늬는 막 전체 두께에 의해 생성되며, 이것은 격자상수를 결정하는 데 있어서 이점이 될 수도 있다. X선 회절은 막 내의 역학적 응력을 연구하는 데 적용되기도 한다. 회절선의 폭으로부터 다음 식을 이용해서 다결정 박막의 결정립의 크기 a를 알 수 있다.

$$a = \lambda / D\cos\Theta$$

여기서, $D$는 강도의 반대극에서 회절선의 자폭이다. λ는 사용된 복사의 파장이며, $\theta$는 Bragg의 각이다. 이 방법으로 5 내지 120nm 범위의 결정의 크기를 결정할 수 있으며, 비록 유사한 측정이 전자적 회절에서 수행되었다 하더라도 이 방법만이 전자보다 훨씬 더 짧은 파장에 해당하는 약 10nm보다 더 적은 결정에 적용할 수 있다.

X선 회절 분석으로 얻을 수 있는 정보에서 회절선의 위치는 결정의 기하학적인 정보를 포함하며, 강도는 결정내 원자들의 형태 및 배열과 관련되어 있고 회절선의 폭은 결정성의 척도이다.

## 가. XRD 분석의 종류

### (1) 분말법(WAG : Wide Angle Goniometry) 회절분석

주로 실리콘, 화합물반도체, 초전도체, 세라믹 등 원재료의 격자상수, 결정면 등을 분석할 때 이용되며 Laue 회절패턴 등도 연구할 수 있다.

### (2) 박막(TFD : Thin Film Diffractometry) 회절분석

X선은 수 ㎛ 이상의 깊이까지 침투하여 회절하므로 박막두께가 수 천Å 이하로 얇을수록 회절감도가 상대적으로 감소하기 때문에 박막의 peak가 잘 나타나지 않는다. 따라서 박막에 관한 정보만을 얻기 위해 시료 표면에 대한 X선의 입사각(Θ)을 낮추어서 2°~4°로 고정시키고 검출기의 경로 $2\theta$만을 주사하여 분석한다.

### (3) 고분해능(HRXRD) / 쌍결정(DCXRD) 회절분석

정밀 각도 분해능을 가진 단결정 재료를 이용하여 입사되는 X선 빔의 파장을 단색화함으로써 분해능을 높이고, 일반 X선 이론을 진보시킨 동적 이론을 적용함으로써 미세한 회절각도 차이를 측정할 수 있으므로 주로 단결정 재료의 정밀한 격자상수 변화 및 결정성 등을 분석할 수 있다.

## 나. 활용분야

① 정성/정량 분석, 조성 판정, 결정의 상변화 등 결정구조 해석에 이용
② 결정화도(crystallinity)의 측정 및 계산, 결정의 크기, strain 측정
③ 금속 시료의 잔류응력과 집합조직 측정
④ 박막의 조성 및 구조해석
⑤ dislocation, stacking fault 등 격자결함, 결정방위면, 격자상수의 측정
⑥ 온도에 따른 상변화 및 결정 구조해석에 이용되며, 비파괴적 분석으로 분석시간이 빠르고, 분석비용이 저렴하나 정량분석과 비정질 재료의 분석이 어렵다.

# 2. X선 마이크로스코프

X선 마이크로스코프(microscope)는 결정격자 결합을 가시화하는 데 적당한 기술이다. 좁게 초점이 맞춰진 X선은 시편을 투과하고 부분적인 회절이 있는 후에 사진건판에 도달한다.

시편과 판은 나란히 있고, 복사가 시편의 다른 곳을 탐색할 수 있도록 시편과 판을 이동시킨다. 주사현미경처럼 시편의 전체 깊이에 있는 결함이 스크린상에 표시되며, 검사할 면적도 다른 것에 비해 넓다.

분해능은 $\leq 1\mu m$ 정도이다. 이 방법은 전위의 관찰에 잘 맞고 Ge, Si, GaAs 등 에피택시 반도체막의 연구에도 사용된다.

## 3. X선 형광분석

### 가. XRF의 특성

① 유기물과 무기물에 대한 원소의 정성 및 정량분석을 하는 데 사용된다.
② 시료를 용액으로 처리하지 않고서도 비파괴 분석할 수 있다.
③ 가벼운 원소 B(원자번호5)에서 Ur(원자번호92)까지의 전 원소를 미량까지 신속 정확하게 분석할 수 있다.
④ 1~10$\mu g/g$의 감도를 얻을 수 있으나, 신호는 X선의 낮은 흡수계수에 해당하는 더 두꺼운 층(1nm까지)에서 형성된다.

### 나. XRF의 장점

금속 또는 분말시료의 경우 비파괴 분석으로 시료조제가 용이하고 신속하다.

### 다. XRF의 작동원리

① 시료에 1차 X선을 조사하여 발생하는 형광 X선을 분광결정에 의해 분광
② 시료로부터 발산되는 2차 X선을 검출하여 물질의 정성, 정량 분석

# 6-4 전자빔 방법

앞에서 초점이 맞춰진 전자빔이 결정구조의 조사와 박막진단을 위해 사용될 수 있었다. 그러나 이 경우 결정격자에서 탄성적으로 산란되고 에너지 손실 없이 시편에서 탈출한 것만을 사용할 수 있었다.

이들 전자들은 시편에서 방출한 모든 2차전자 중 극히 일부분으로 되어 있다. 이에 곁들여서 전자들은 다른 효과를 일으키는데, 즉 가시광이나 UV광의 X선

여기, 전자유도 전도도, 전자 전압효과와 운동에너지에 의한 열로의 변환 등이다. 이들 모든 효과들은 결정의 다른 내용과 정보를 제공해 줄 것이며, 측정방법과 기술적 과정의 개발에 활용될 수 있다.

표적에 입사한 주어진 에너지의 전자가 물질내에서 감속되고 산란된다. 그들은 자신의 에너지를 다른 전자와 격자에 전달한다. 여러 가지 상호작용에 의하여 나오는 전자들은 표적을 떠난 2차전자의 에너지이다.

1차 에너지와 동일한 에너지에 있는 좁은 극대(narrow maximum)는 탄성적으로 산란된 전자에 속하며, 고정된 에너지거리 $\triangle E$에 있는 탄성적 극대 근처에 위치한 낮은 극대는 어떤 특성 에너지 손실로 한 차례 충돌을 경험한 전자들에 의해 형성된 것이다. 낮은 에너지에 있는 극대가 진정한 1차전자에 의한 극대이다. 즉, 대표적인 전자들은 1차전자들과 상호작용에 의해 여기된 것이다. 약 50eV에서 $E\triangle$(1차 가속 전위)까지의 넓은 면적은 비탄성 상호작용의 여러 가지 복합을 경험한 다중으로 산란된 전자에 의해 대부분 형성된 것이다.

그리고 표면에 관한 어떤 특성 정보도 없이 진공으로 돌아간다. 뒤로 산란된 전자(배면확산)와 시편에 흡수된 전자의 밀도분포는 Monte-Carlo 방법으로 계산한다. 다른 원자번호를 갖는 3가지 원소(Al, Cu, Au)에 대한 결과가 [그림 6－8]에 있다. 이때 $E_p$=30keV이다. 만약 측정방법의 감도가 충분히 높다면 이런 배경에서 작은 특성 극대가 나타날 수 있는데, 이들은 Auger 전자나 더 많은 특성 손실에 속한다.

이와 같은 간단한 설명으로부터 특성 손실을 갖는 전자의 에너지와 표적 물질의 구성에 대한 정보를 제공하는 Auger 전자의 에너지를 결정하는 것을 알 수 있고, 이에 대응하는 해석적 방법의 기초로서 받아들일 수 있다.

표적에서 속력이 늦어진 전자의 일부 에너지는 전자복사, 즉 X선(bremsstrahlung)으로 전환되는데 이것은 연속 에너지 스펙트럼을 갖는다.

1차전자의 일부는 핵레벨의 전자를 여기시킨다. 코어 레벨의 전공은 뒤에 짧은 시간에 너 높은 레벨의 전자로부터 채워진다.

이 천이로부터 해리된 에너지는 특성 X선 양자로 전환될 수 있다. 준위 K, L, M, N에 속해 있는 에너지가 각 개 원소의 특성이므로 특성 X선의 파장(또는 양자 에너지)의 측정은 전자 미세탐침 해석으로서 사용된다.

그러나 가벼운 원소에 대한 X선 발생확률은 매우 작다. 가벼운 원소에 대한 이완과정(코어에 있는 홀을 채우는 것)이 주로 Auger 효과를 거쳐서 진행되기 때문이다. 해리된 에너지는 다른 전자로 전달되고 아주 좋은 조건하에서 특성 에너지를 갖고 시편으로부터 방출될 수 있다.

# 1. Auger 전자분광기

AES(Auger Electron Spectroscopy)는 수백 angstrom 크기로 집속된 전자빔을 재료의 표면에 입사시켜 방출되는 Auger 전자의 에너지를 측정하여 재료 표면을 구성하고 있는 원소의 종류 및 양을 분석해내는 표면 분석 장비이다.

Auger 전자의 생성원리는 전자빔이나 X선을 이용, 원자의 하부각 전자를 쳐내면 hole이 생성되고 이 hole은 보다 상부각에 위치한 전자가 내려오면서 채워지게 된다. 이 과정에서 야기되는 binding 에너지의 차이는 X선으로 방출되거나 아니면 다른 전자를 방출함으로써 해소되는데 2keV 이하의 binding 에너지를 갖는 얕은 전자각에서 발생되는 hole은 Auger 전자의 방출에 의한 전이가 지배적이다. 이러한 Auger 전자의 kinetic 에너지는 전이에 관계하는 전자각의 binding 에너지들에 의해 구해진다. 이와 같이 binding 에너지에 의해 결정되는 Auger 전자의 에너지는 원소마다 고유하므로 이를 이용하여 재료의 구성원소를 구분해낼 수 있게 된다.

## 가. Auger Image Mapping

이차원 표면에 존재하는 특정원소의 분포상황을 보여주는 것으로 electron analyzer의 에너지 범위를 분석하고자 하는 원소의 Auger 특성 에너지값을 포함하도록 설정한 후 전자빔을 분석면에 주사시켜 위치별로 감지된 Auger 특성 피크의 신호경도에 따른 명암 차이로 나타내는 것이다.

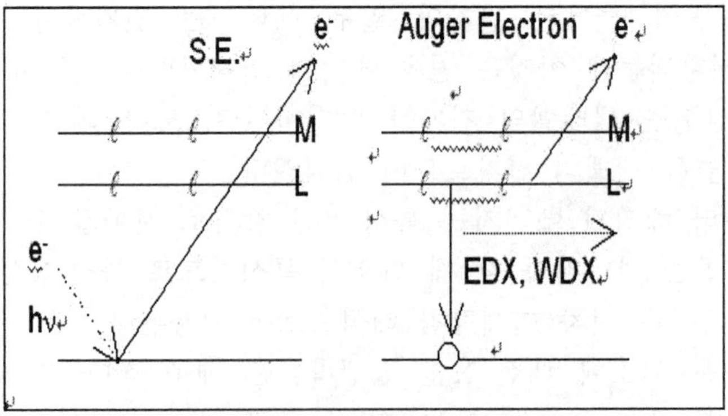


[그림 6-17] Photoelectron과 Auger electron emission 발생 원리

### 나. Auger spectra : 점 또는 면에 존재하는 원소의 정성, 정량분석 가능

#### (1) 정성분석

에너지별 전자 신호 강도 N(E)를 측정하여 원소별 Auger 특성 피크를 확인하여 원소의 종류를 알 수 있다.

#### (2) 정량분석

원소별로 Auger 특성 피크를 포함하는 에너지 범위를 설정하여 N(E)를 측정하고 원소별 감도인자(element sensitivity factor)를 고려하여 원소별 조성비를 얻을 수 있다.

### 다. 수직분포분석(Depth profiling)

시료표면에 에너지가 큰 불활성기체로부터 발생시킨 양이온(Ar＋)을 충돌시킴으로써 표면을 분당 수~수십Å까지의 깊이에 따른 조성변화와 화학적 상태변화를 분석하는 방법이다. 이온 식각은 Ion gun에 의하며 보통 컴퓨터에 의해 자동적으로 이온 식각과 스펙트럼 측정을 순차적으로 진행시키면서 결과를 얻는다.

## 2. 에너지 손실 분광기(ELS)

[그림 6－18]은 표준시편의 단면을 투과전자현미경을 사용하여 분석한 결과로서 실리콘 웨이퍼 위에 알루미늄 산화물 등 다양한 금속이 11층으로 코팅되어 있는 것을 알 수 있다. 사진 및 분석결과를 보면 0.5nm의 CoFe층을 제외하고는 1.1nm의 AlOx(알루미늄 산화물)층이 정확히 구분 가능하다.

[그림 6－19]는 나노 박막 분석용 투과전자현미경(TEM) 시스템으로 반도체용 초미세 다층박막의 분석에 사용되는 EELS(전자에너지 손실분광기) 및 EDS(에너지분산분광법)이 부착되어 있다.

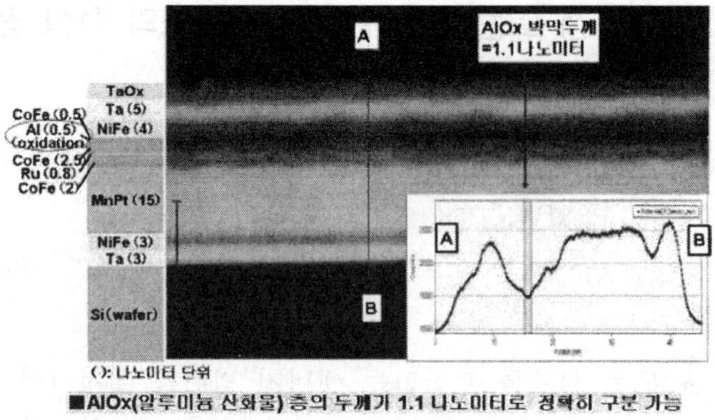


[그림 6-18] 전자에너지손실분광기로 알루미늄 산화물 박막측정결과

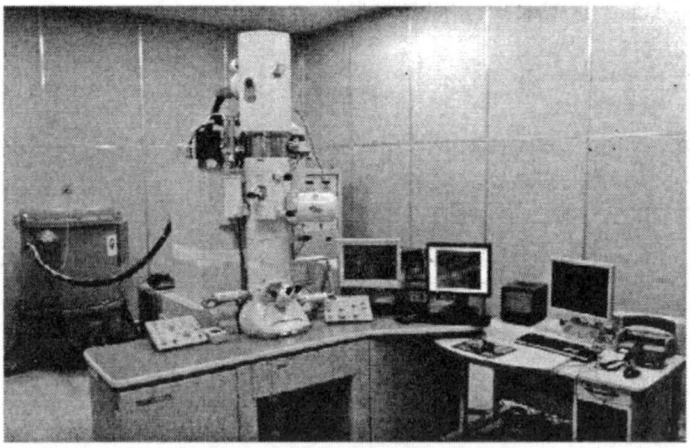

[그림 6-19] 나노박막 분석용 투과전자 현미경(TEM) 시스템(EELS, EDS 부착)

## 6-5 이온빔 방법

현재 이온빔 분석은 표면 및 표면 근처의 분석수단으로서 현대의 표면과학 및 반도체를 비롯한 박막소재의 특성평가에 필요불가결한 수단으로 자리잡고 있으

며 최근의 초미세 분야의 급격한 발전과 더불어 이온빔 분석기술의 활용이 더욱 중요해질 것으로 예상된다.

이온빔 분석이란 주로 정전형 가속기로부터 MeV급의 이온빔을 인출하여 분석하고자 하는 시료에 조사하여 여러 가지 반응을 유도하고, 그 반응산물을 측정하여 시료의 조성, 두께, 구조 등을 정량적으로 알아내는 분석법이다. [그림 6-20]에서 보는 바와 같이 반응의 종류는 상당히 다양하며 대부분의 반응을 분석에 이용할 수 있다. 때로 LEIS(Low Energy Ion Scattering)이나 MEIS(Medium Energy Ion Scattering)를 이 범주에 포함시키는 경우도 있다.

이온빔 분석의 일반적 특징은 절대 정량이 가능하고 따라서 비교체가 없이도 정량분석을 할 수 있다는 점이다. 이러한 특성은 이온빔 분석의 최대의 장점이기도 하며, 여타 분석법의 정량화 지표로 사용할 수 있다. 일례로 SIMS나 AES 등 일반적인 표면분석에 사용되는 표준시료는 거의 이온빔 분석에 의하여 정량된다.

## 1. 저에너지 이온산란(LEIS)

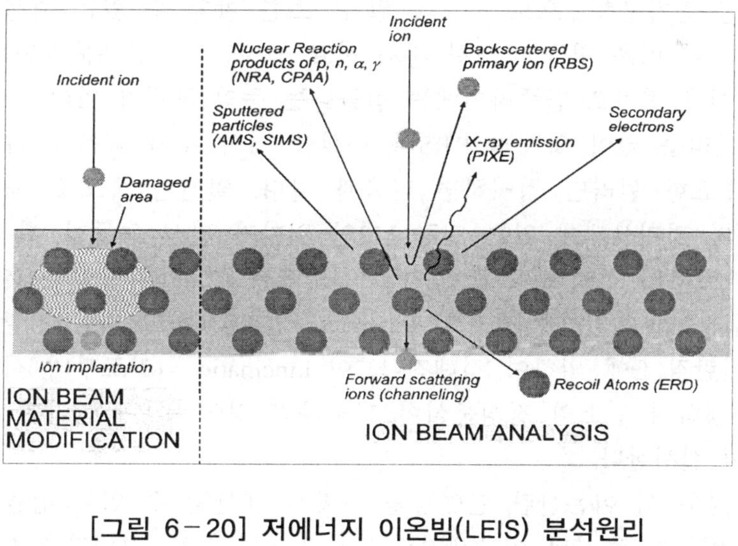


**[그림 6-20] 저에너지 이온빔(LEIS) 분석원리**

저에너지 이온산란을 이용한 극미세 표면/계면 분석법으로 초고집적 반도체 소자의 개발, 초고속 정보통신 소자의 개발, 그리고 고밀도 기록매체의 개발에는 수 원자층의 초박막 성장이 필수적이어서 이에 따른 초박막 표면/계면의 조성 및 구조에 대한 더욱 더 미세한 원자 단위의 인위적 제어기술을 요구하며, 이에 따른 박막의 표면/계면 분석에도 원자분해능의 극미세 분석기술이 요구된다. 예를 들면 256M의 고집적 기억소자에서 7nm의 실리콘 산화층 두께는 1G에서는 5nm로 줄어야 되며 고집적도가 증가할수록 더욱 산화층 두께는 얇아지는 것이 요구되며 10nm 이상에서 사용되어온 ellipsometer를 더 이상 사용하기가 힘든 수준이어서 산화초박막의 분석을 위한 새로운 기술이 요구된다.

또한 다층 금속박막을 이용한 고밀도 자기 기록매체 박막분야와 정보통신분야 관련 화합물 반도체 초박막분야에서도 이미 수 원자층의 초박막을 활용하고 있지만 각 초박막층의 조성과 구조 특히 각 계면의 구조에 대한 원자분해능의 자세한 이해는 이루어져 있지 못하다.

현재 개발되어 사용 중인 박막의 표면/계면 미세분석기술 중에서 원자분해능을 가진 대표적인 분석기술은 STM(Scanning Tunneling Microscopy)과 TEM(Transmission Electron Microscopy)을 들 수 있다. 그러나 STM는 박막 표면원자에 대한 구조 정보를 제공하여 표면구조 및 박막의 초기 표면성장 과정에 대한 이해에는 많은 도움이 되지만, 성장한 박막의 원자 구조, 특히 박막과 기판 계면에 대한 분석에 대하여는 사용할 수 없을 뿐 아니라 근본적으로 조성에 대한 분석은 불가능하여 그 실질적인 활용이 매우 제한적이라고 할 수 있다.

TEM 또한 원자분해능으로 박막의 원자구조를 밝힐 수 있는 최선의 기술이지만 시편 제작이 매우 힘들고 또한 전체 시료 중에 극히 일부분만을 관찰하여 박막 전체에 대한 평가로 간주하기에는 힘들다는 등의 문제가 있다.

LEIS의 원리는 많이 알려진 RBS와 사실상 거의 같기 때문에 자세한 설명은 생략하고 주요한 원리만 정리하면 다음과 같다. 일정한 속도로 움직이는 질량 M1인 입자와 정지상태에 있는 질량 M2인 입자가 탄성 충돌할 때 에너지는 움직이는 입자로부터 정지해 있던 입자로 전달된다. 이때 입사입자 M1의 초기 에너지에 대한 충돌 후의 에너지비를 kinematic 인자라 하고 다음과 같이 정의하며 M1, M2, 산란각 Θ에 의하여 정해진다. 이 kinematic 인자로부터 시료원자의 질량 값을 측정하여 원소의 정성분석이 가능하면 정량분석은 산란된 이온의 세기를 측정하여 실시한다.

MEIS의 경우 이 이온산란 단면적을 정확히 계산할 수 있어 검출기의 입체각을 한번 정해주면 측정된 이온세기로부터 원소의 농도 절대값을 얻을 수 있는 장점이 있다. 입체각의 교정은 표면층 원자의 면밀도를 정확히 알 수 있는 단결정 시료를 사용하거나 혹은 RBS 등을 이용하여 정량분석이 된 이온주입 시료나 초박막 시료를 사용하여 수행된다.

정리하면 총 산란이온수(A)는 산란단면적, 입사 입자의 총 갯수, 시료에 존재하는 표적원자의 수에 비례할 것이다. 즉, $A = \Sigma\ \omega \cdot Q \cdot Nt$가 성립한다. 여기서 Q는 입사 입자의 총 갯수, N은 시료에 존재하는 표적입자의 수밀도, t는 시료의 두께이다. 따라서, 실험으로 A와 Q를 알고 산란단면적 σΩ을 알면 시료내에 존재하는 표적원자의 단위면적당 개수 Nt를 알 수 있으므로 정량분석이 가능하다.

[그림 6-21] 저에너지 이온빔 산란장치

## 2. 러더포드 후방산란 분광법

이온이 높은 에너지(수백 keV로부터 몇 MeV까지)를 갖고 있다면 이온의 표적원자와의 상호작용은 간단한 정전기적 쿨롱 전위로 정확하게 해석할 수 있고, 따라서 유효단면적과 스펙트럼의 정량적 해석이 가능하다. 이온은 깊은 데까지 침투하므로 깊이 방향의 검사가 표면층의 제거가 없어서 예리한 극대가 나타난다. 더 두꺼운 시편에 대해서 이온은 깊은 영역에서 산란하고 비탄성 충돌로 에너지의 일부를 손실한다. 만약에 표적이 몇 개의 성분으로 구성되어 있다면 밴드들은 중첩되므로 특성 에너지들은 그 단계들에 상관된다. 가벼운 원자의 복합속에 있는 주원자의 적은 양도 식별이 가능하다.

RBS(Rutherford Backscattering Spectrometry)는 고에너지(MeV급) 이온빔 활용분야 중에서 헬륨이온(α-입자)을 주로 사용하여 박막이나 소재 표면층의 두께, 원소조성, 결정성에 관한 정보를 얻을 수 있는 유용한 분석방법이다. 고에너지 헬륨이온이 표적 물질의 원자핵과 탄성충돌을 하게 되면 표적핵의 종류에 따라 후방산란되는 헬륨입자의 에너지가 달라지게 되는데, 이때 검출기에 의해 계측된 후방산란된 헬륨입자의 에너지(channel)와 개수(yield)로 이루어진 스펙트럼을 분석함으로써 표면의 여러 가지 성질을 규명할 수 있다.

이온 스퍼터링에 의한 원소층의 파괴가 수반되지 않으므로 SIMS나 AES 등에 비해 상대적으로 비파괴분석이 가능하고, 깊이방향의 원소조성을 신속, 정확하게 알아낼 수 있으며, 스펙트럼분석이 용이하고, 모의 실험에 의한 예측과 다른 분석장치처럼 초고진공을 요구하지 않기 때문에 시료의 교체 및 조작이 간편하다. 그러나 다중원소로 이루어진 시료의 경우 피크의 중첩으로 인해서 시뮬레이션(simulation)하는데 어려움이 있으며, 무거운 원소 시료의 경우 질량 분해능에 문제가 생길 수 있고 가벼운 원소 분석에 어려움이 있다.

적용분야는 금속, 반도체, 세라믹 신소재 박막의 조성분석, 실리콘 등의 반도체에 이온주입된 불순물분석, 금속 및 반도체의 산화막분석, 재료내의 원자 확산분석과 단결정 시료의 경우 결정체 입자들이 배열되어 있는 방향으로 헬륨입자를 조사하면 조사된 입자가 격자 사이를 뚫고 보다 깊은 위치까지 도달할 수 있으므로 channeling 분석이 가능하고, 이러한 분석방법은 결정성, 결정 내의 불순물 등을 알아내는 데 좋은 방법이다.

## 3. 라만 스펙트럼

라만 시스템은 고체나 액체 시료의 라만 스펙트럼(Raman spectroscopy)을 찍는 장비로서, 라만 스펙트럼은 시료내 분자나 결정의 진동 모드(phonon modes)의 에너지에 대한 정보를 담고 있다. 시료에 가시광선대의 일정한 파장을 가진 레이저를 쏘면 산란된 빛의 대부분은 레이저의 파장에 해당되는 신호이지만 극히 일부는 레이저의 파장에서 시료의 진동 모드의 주파수만큼 변조가 되어 나오는 라만 신호가 있다. 이 신호를 분석하면 분자나 결정의 대칭성에 대한 정보를 알 수 있고 비정질 시료의 결정화 정도도 파악할 수 있다.

산란된 라만 신호는 회절발광분광기(grating spectrometer)로 보내져 파장별로 분석된 후 광전증배관(PMT)으로 증폭하여 컴퓨터로 보내지게 된다.

micro-raman 측정이란 현미경을 이용하여 레이저빔의 크기를 수 μm 정도로 줄여 시료의 표면에 맞춘 후 후방산란(back scattering)된 신호를 받아 분석하는 것을 말한다.

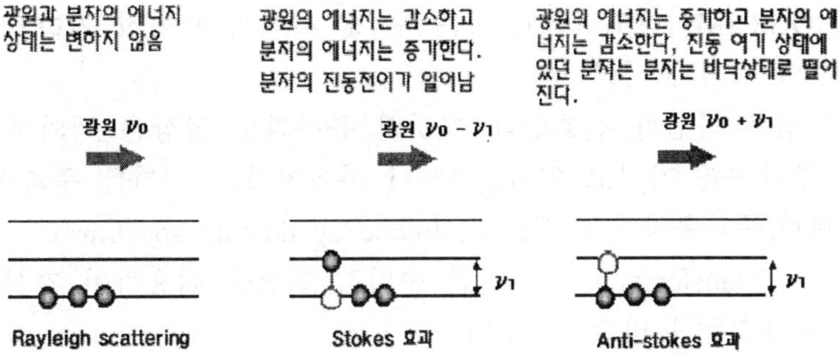


[그림 6-22] 라만 신호 광전 증배관(PMT)에서 증폭과정

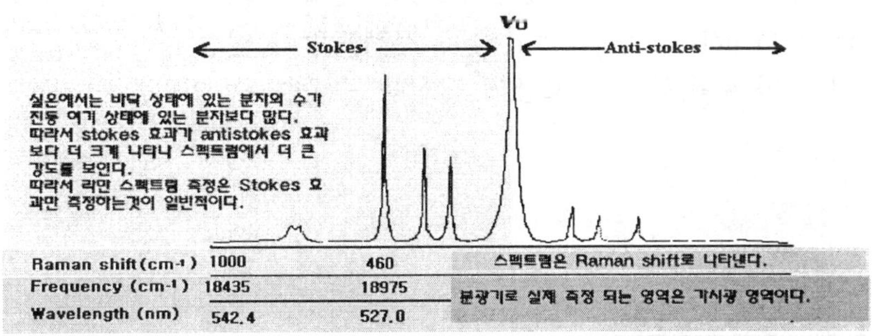


[그림 6-23] 라만 시스템 분석결과

# 4. FTIR

FTIR(fourier transform infrared spectrometer)기기는 Michelson 간섭계에 토대를 두고 있다. 광학적 경로(optical pathway)는 간섭그림(interferogram)이라 부르는 양상이 생기도록 설계되어 있다.

즉, 고전적 IR기기로부터 빛이 분할장치에 의해 두 부분으로 나누어지고 한 부분의 빛은 고정거울로서 다른 부분의 빛은 이동거울로 간다. 빛이 각각의 거울에서 반사될 때 이동거울에 의해 한 빛은 다른 빛에 대해 약간 어긋나게 되고 (상이 어긋남) 조합된 빛(모든 파장의 빛)은 간섭형태로 시료를 통과하기 전 나타난다.

시료에는 모든 파장의 빛이 동시에 조사되고 거울의 이동에 따른 시간별 간섭형태가 직선적으로 변화하는 속도에 따라 스캔된다. 시료에 의한 빛의 흡수의 결과는 시간영역단위(time domain spectrum)의 스펙트럼으로 나타나는데 이를 INTER-FEROGRAM이라고 하며, 이는 두 빛 사이의 광학적 거리차이에 의한 함수로서 흡수의 세기가 나타난다.

이 간섭그림은 복잡한 신호인데 그것의 유사파동 양상은 적외선 스펙트럼 영역의 모든 주파수를 지니고 있다. 그러나 화학자들은 세기를 주파수와의 관계로 그린 스펙트럼(주파수영역 스펙트럼, frequency domain spectrum)에 더 관심이 있다. FT(Fourier Transform)으로 알려진 수학적 연산을 이용하여 간섭그림으로부터 개개 흡수 주파수를 분리할 수 있다.

따라서 이 기기를 FTIR이라고 한다. 이 FTIR의 이점은 매우 짧은 시간에 간섭그림을 얻을 수 있다는 것이다. 그래서 같은 시료로부터 수십 개의 간섭그림을 모아서 컴퓨터에 저장할 수 있다. 모아진 간섭그림을 푸리에 변환하면 신호/잡음비율(signal to noise ratio)이 더 좋은 스펙트럼을 얻을 수 있다. 그렇기 때문에 FTIR기기는 빠른 속력으로 고감도 실험을 수행할 수 있다.

## 6-6 박막의 측정

### 1. 경도 측정

일반적으로 경도는 '변형에 대한 저항'을 나타내며, 금속의 경우 소성변형에 대한 척도라고 말할 수 있다. 경도는 상대적인 것으로 변형저항의 상태, 변형량, 저항측정 및 하중 부하방법에 따라 달라지게 된다. 경도를 측정하는 방법으로는 시험하는 방법에 따라 긁기경도(scratch hardness), 반발경도(rebound hardness), 압입경도(indentation hardness)로 나눈다. 이 중 압입경도가 금속재료의 경도측정에 널리 사용되고 있다.

압입경도를 정확히 측정하기 위해서는 압자는 시편 표면에 수직이 되어야 하고, 압자가 변형이 되면 사용하지 못한다. 그리고 충격적인 하중은 피해야 하며, 시편은 수평이면서 표면에 피트, 스케일 등은 깨끗이 제거되어야 한다. 시험편의 두께는 압흔 깊이의 10배 이상이 되어야 하며, 압흔은 시편 가장자리로부터는 지름의 2.5배, 압흔 자국으로부터는 지름의 5배 이상이 되도록 해야 한다.

나노 인덴테이션은 최근의 경도 측정방법으로 박막과 같은 수 μm order 이하의 미소영역에서의 물성평가를 위해 새로 개발된 시험법이다. indentor의 압입 과정을 전기적인 방법으로 측정하여 indentation curve를 측정하는 방법인데 이 curve를 통하여 plastic hardness와 universal hardness(소성 및 탄성변형 모두의 영향을 받은 경도) 및 탄성계수를 측정할 수 있다. 이에 따라 압입하중－변위곡선을 얻음으로써 재료의 탄성 및 소성변형에 대한 정보를 동시에 제공해주게 된다(압입하중 제거시 탄성회복 거동을 분석함으로써 탄성계수를 구하고 압입하중－변위곡선의 면적으로부터 재료의 변형에너지를 구할 수 있다).

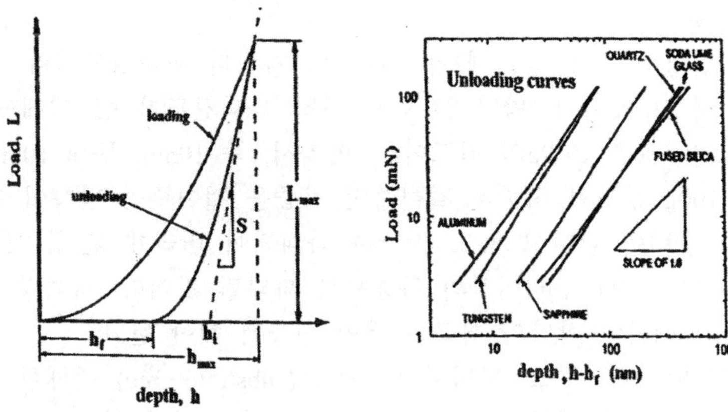


**[그림 6－24] 압입하중－변위곡선(하중인가곡선, 하중제거곡선으로 분류)**

$L_{max}$ : 최대 압입하중
$h_{max}$ : 최대 압입깊이
S : 하중제거곡선의 초기 부분에서의 접선의 기울기
$h_i$ : 이 접선이 하중이 0인 축과 만나는 점
$h_f$ : 하중 완전제거시 최종잔류깊이
총 압입깊이: 탄성깊이 ＋ 소성깊이
(탄성깊이는 시편표면의 휜 부분 소성 깊이= $h_{max}-w(h_{max}-h_i)$,
w : 압입자 형태에 따른 보정상수)

나노 인덴테이션에서 주로 사용되는 압입자의 형태를 살펴보면 berkovich 압입자가 사용되며 모양은 다이아몬드의 결정학적 방향에 따라 보다 날카로운 tip을 만들 수 있게 되어 있고 삼각뿔 형태이다. 지금은 이 나노 인덴테이션을 응용해 박막에 존재하는 잔류응력을 측정하고자 하는 연구도 진행되고 있다. 즉, 시편에 압축잔류응력이 존재하면 압입에 의한 변형이 구속됨으로써 동일한 하중에 대해 잔류응력이 없는 경우보다 압입깊이가 감소하게 되고 경도값이 증가하게 된다. 또 인장잔류응력이 존재하면 이와는 반대의 양상이 나타나는 원리를 이용하여 잔류응력을 평가한다.

## 2. 박막의 부착력 측정

박막을 연구한다든지 실용화한다든지 간에 그 취급에 있어서 기본적으로 중요한 성질은 박막의 튼튼함에 있다. 이 '튼튼함'은 박막의 표면을 무엇인가에 위해서 접촉당했을 때 파괴되기 어렵다는 의미와 화학적인 변질이 되기 어려운 정도(화합하기 어려운 정도)의 2가지의 의미를 지니는데, 이 절에서는 전자를 의미하는 것으로 한다.

튼튼함을 결정하는 요소의 제1은 재료 그 자체의 파괴강도이다. 이것은 많은 물질에 대해서 $10^9$Pa이고, 박막재료로서 가장 파괴강도가 큰 것에 속하는 석영($SiO_2$)에서도 그 값은 $10^9$Pa의 정도이다. 따라서, 폭 10nm, 두께 100nm의 석영의 박막단면에 100g 정도의 하중을 걸어주면 하중을 걸어주는 방향이 같고, 더욱이 하중에 의한 응력이 같다고 해도 박막은 파괴되어 버리게 된다. 보통의 금속박막이면 같은 단면에서 수g 이하의 하중으로 파괴될 것이다. 파괴강도는 대개 인자의 차이이기 때문에 박막의 취급은 당연 신중히 해야 한다.

위에서 설명한 것은 주로 박막이 단독으로(substrate free) 존재한 경우에 고려해야만 하는 것으로 그러한 경우는 실제로는 그다지 많지 않다.

요소의 제2는 박막과 기판 사이의 '서로 붙어 있는 상태'이다. 이 붙어 있는 상태는 부착, 부착력, 부착강도 등이라 불리는데 아직 물리적으로는 명확히 정의되어 있지 않다. 여기에서는 일단 부착력이라 부르며, 그것은 박막과 기판의 물리적 성질에 깊이 관계하는데 양방의 물질의 원자간 힘만으로 일의적으로 정해지지는 않는다. 그 실제의 측정치는 박막 형성시의 조건에 의해 현저히 변한다.

지금까지 붙어 있는 상태를 나타내는 지표로서 고려되어온 측정법에는 여러가지 종류가 있는데, 각각의 측정법에 의해서 경우에 따라서는 단위가 다른 물질량이 부착력으로서 측정되고 있다. 현재는 박막의 기판에 대한 붙어 있는 상태에 관계한 양이면 모두 부착력이라는 개념속에 들어 있기 때문에 여기에서는 부착력의 정의에 그리 구애되지 않고 측정법에 대해서 설명한다. 부착력의 측정법은

① 인박법(引剝法: tape test)
② 인장법(引張法: pull test)
③ 인도법(引倒法: topple test)
④ 인소법(引掻法: scratch test)

등이 있다.

이러한 측정법으로부터 얻어진 값을 서로 간계짓는 시도도 행해지고 있는데, 실용적으로는 하나의 측정법으로 얻어진 값의 순서를 앎으로써 만족되는 경우가 많다.

계면접합특성은 여러 인자들에 의해 다양한 영향을 받으며 이는 크게 박막과 모재의 물성 차이, 모재 표면의 상태, 코팅 공정, 코팅 후처리 등으로 나누어 볼 수 있다.

박막과 모재간에는 격자상수, 열팽창계수 등의 물성 차이가 존재하는데 이로 인해 잔류응력이 발생하고 계면특성이 달라지게 된다. 일반적으로 이러한 물성 차이가 클수록 계면접합특성에 부정적인 영향을 미치게 되며 박막과 모재 사이에 중간층 및 완충층을 삽입함으로써 완화 효과를 얻는 경우도 있다.

또한 모재 표면의 물리적·화학적 구조에 따라 형성되는 계면의 형태가 달라지기도 하며 표면조도 및 청정도, 순도 역시 영향을 미친다. 한편, 박막의 코팅 방법이 다양해짐에 따라 코팅공정이 계면접합특성에 미치는 영향이 더욱 중요시되고 있는데 코팅시의 입자에너지, 기체의 종류·압력 및 조성, 모재의 온도, 모재의 바이어스 전압, 플라즈마 밀도, 습도 등에 의해 증착속도, 계면반응 등이 영향을 받으며 이에 따라 계면접합특성이 좌우된다.

코팅이 완료된 후에도 안정화될 때까지 계면에서의 확산, 계면반응 및 계면구조의 변화가 계속 진행되므로 코팅후처리 역시 계면접합특성에 영향을 미친다. 이때 온도의 조절이 매우 중요하며 재료에 따라서는 어닐링에 의해 잔류응력이 감소하여 계면접합특성이 향상되기도 한다.

## 가. 인박법(引剝法 : Tape test),

예로부터 접착테이프를 박막에 붙여서 그 테이프를 뗄 경우 박막이 기판에 남는가, 테이프에 붙어 떨어지는가를 조사하고, 그것에 의해서 부착력의 크기를 추정하는 방법이 넓게 이용되어 왔다. 이 방법은 간편한데 단지 Yes-No 시험에 지나지 않고, 박막을 2가지 그룹으로 분류할 뿐으로 물리적인 측정방법이라고는 할 수 없다.

이것을 좀더 발전시켜 테이프를 인장하여 박막을 기판에서 인박벽을 측정함에 의해 정량적인 측정이 가능하게 된다. 여기에도 여러 가지 궁리가 되어 있는데, 간단히는 [그림 6-25]에 나타낸 바와 같은 방법으로 사용하면 된다. 즉, 테이프를 붙이고 그것이 떨어지기 시작할 때의 힘을 테이프의 접착력이 강력하여 될 수 있는대로 신축성이 없는 것이 바람직하다. 그러나 접착테이프의 접착력은 그리 강한 것이 아니기 때문에 부착력이 큰 물질에는 사용할 수 없다.

강력한 접착제 예를 들면 아랄다이트 등으로 약간 딱딱한 고분자성의 얇은 판, 예를 들면 폴리에스테르 등의 박판을 박막에 붙여서, [그림 6-25]에 나타낸 바와 같이 한쪽 끝을 칼로 자르고 나서, 지름 d의 원주의 쐐기를 넣고, 박막이 다 떨어진 거리 1을 측정하는 방법으로 부착에너지가 측정된다. 1이 큰 편이 부착에너지가 작다. 붙인 박판의 영륜을 알고 있다고 하고, 박판의 굽힘2차 모멘트를 P라 하면 부착에너지 U로 계산된다.

위에서 설명한 방법은 물리적으로는 의미가 있는 데이터를 제공하는 방법인데, 실제의 절차는 물리적으로는 좀 성가신 일이다. 공장 등에서 이용할 때는 보통 더욱 거친 방법이 사용되고 있다. 즉, 박막의 표면에 장기판의 눈금상으로 칼로 미세한 커트를 넣어서 거기에 접착테이프를 붙여서 박리를 일으킨다. 그때 테이프를 붙인 부분 중에서 어느 정도 수의 작은 조각이 테이프에 붙어 떨어지는가를 세어서 수가 많을수록 부착력이 작은 것으로 간주한다. 커트를 미세하게 하면 어떤 의미에서는 평균적인 부착력의 값을 알 수 있으나, 이 방법은 오히려 부착력의 크기가 아니고 부착력의 분포를 조사한다고 하는 편이 낫다.

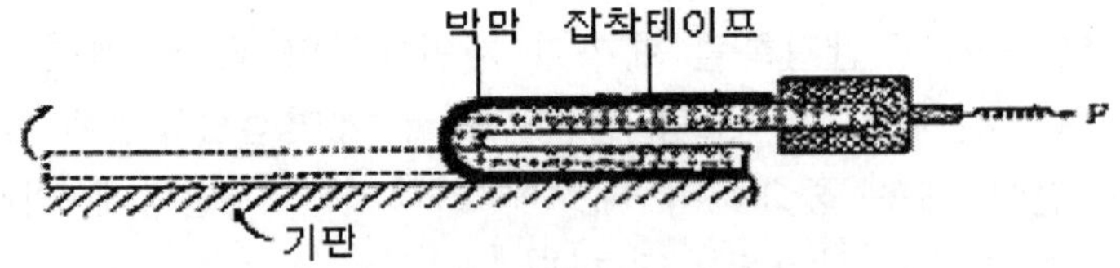


(a) 접착테이프를 이용한 경우

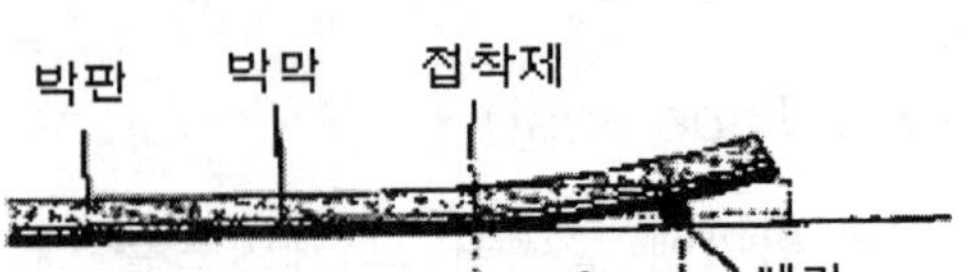


(b) 박판을 이용한 경우

**[그림 6-25] 인박법에 의한 부착력의 측정**

## 나. 인장법(引張法 : pull test)

박막이 기판에 붙어 있는 힘의 성질을 가장 확실히 나타내고 있다고 생각되는 측정방법은 면적이 정해진 박막의 어떤 면에 수직방향으로 힘을 더해서 박막을 인박하는 방법이다. 구체적으로는 딱딱하고 평평한 지면을 지닌 금속제의 원판을 박막의 표면에 강력한 접착제를 붙이고, 원판을 면에 수직방향으로 인장하여 떨어지는 순간의 힘을 측정한다. 이것이 인장법이다. 이 방법에 이용하는 장치의 한 예를 [그림 6-26]에 나타냈다.

이 방법은 리벳상의 금속을 박막에 붙이고 용수철저울로 인장하여 박막을 떼어내는 것으로 박막이 떨어지는 순간에 리벳은 스토퍼에 멈추고, 그때의 힘이 용수철 저울에 나타나도록 되어 있다. 리벳의 저면의 면적이 수 $mm^2$~$100mm^2$이면 인장하중은 글래스상 위의 Au증착막에 대해서 수 - 수십kg이 필요하다. 박막이 모재로부터 분리된 순간의 응력을 측정함으로써 계면접합특성을 평가할 수 있다.

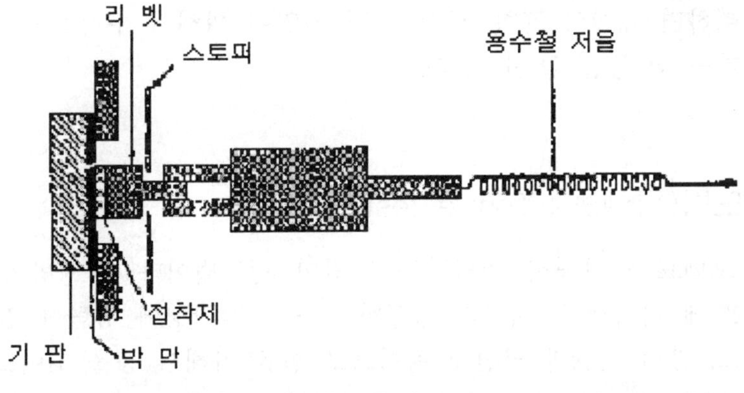


[그림 6-26] 인장법에 의한 부착력의 측정법

이 방법의 문제점은 박막을 정확히 수직방향으로 인장하는 것이다. 약간 수직방향에서 이탈해도 모멘트가 달라져서 박막과 기판 사이의 박리가 어느 한 개소에서 균열이 진행하게 되어 겉보기의 부착력은 약하게 관측된다. 주의를 하여도 10% 정도의 오차는 늘 들어오게 된다고 생각하면 된다.

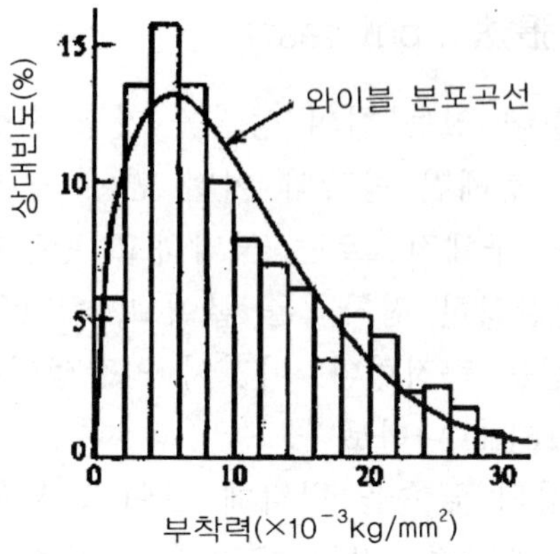


**[그림 6-27] 글래스 기판상의 Au박막에서 측정한 부착력의 데이터**

글래스 기판상의 Au박막에 대해서 이 방법으로 측정한 부착력의 데이터를 [그림 6-27]에 나타냈다. 데이터 분산이 매우 크기 때문에 히스토그램으로 나타냈다. 부착력의 데이터는 파괴강도와 같이 일반적으로 매우 크다. 그러나 수많은 데이터를 취하면 대개의 경향, 예를 들면 가열에 의해서 부착력을 비가역적으로 증가하여 가는 점 등을 알 수 있다.

### 다. 인도법(引倒法 : Topple test)

박막에 모멘트를 가해서 인박하는 방법이 인도법이다. 측정방법의 원리도를 [그림 6-28]에 나타냈다. 저면의 평평한 각봉을 박막상에 강력한 접착제를 이용하여 세우고, 봉의 선단과 막면에 평행으로 힘을 가해서 봉을 넘어뜨린다. 그 때에 필요한 힘은 박막과 기판 사이의 부착력에 의존하고, 이 힘이 클수록 부착력은 크다. 이 힘을 용수철저울로 측정하면 부착력의 지표가 된다.

이 방법은 다른 방법에 비해서 측정상의 오차는 들어가기 어렵다. 그러나 실제로는 다른 방법과 같은 원인은 잘 알 수는 없지만 실험결과에 많은 편차가 생기게 되는 것을 피할 수 없다.

### 라. 인소법(引搔法 : Scratch test)

인박법, 인장법, 인도법은 실제로는 부착력이 극히 약한 박막에만 적용되는 방법으로 주로 글래스 기판상에 증착된 Ag, Au의 박편 등 극히 한정된 물질의 조합에만 쓰인다.

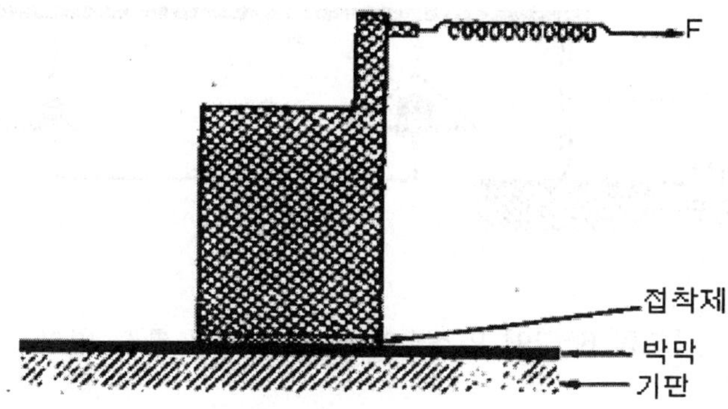


[그림 6－28] 인도법에 의한 부착력 · 측정법

인소법은 딱딱한 침(stylus), 예를 들면 다이아몬드나 사파이어의 침에 하중을 걸고 침의 밑에 박막을 움직여서 박막에 상처를 입히는 데 필요한 하중의 크기를 가지고 부착력의 크기를 나타내는 방법이다. 이 방법은 부착력측정법 중에서는 가장 부착력이 강한 박막에 적용된다. 단, 박막을 박리시키는 힘에는 기판의 경도가 관계하기 때문에 부드러운 기판에는 이 방법이 쓰이지 않는다. 또, 침에 의해서 박막이 벗겨지는 기구는 그리 확실하지 않지만, 침이 박막과 기판 사이에 전단응력을 미치는 것으로 고려된다.

전단응력을 통해 계면접합특성을 평가하는 시험법이다. 침에 하중을 주어 박막 표면을 긁어 박막이 모재로부터 분리된 순간의 응력을 측정한다. 이때 박막의 분리는 압입응력, 마찰력, 잔류응력의 복합적인 작용에 의해 발생하므로 응력 및 모재의 성질, 압입자의 반지름, 마찰력 등을 고려하여 전단응력을 계산할 수 있으며 또한 소성변형을 고려하여 Griffith이론에 적용해 변형에너지 방출률 G와 계면파괴인성 K를 얻을 수 있다.

$$G = \sum\left(\frac{\tau_{ij}^2}{2\mu_f}t + \frac{\sigma_{ij}^2}{2E}t\right) \qquad K = \left(\frac{2\mu G}{1-\nu_f}\right)^{\frac{1}{2}}$$

$\tau_{ij}$, $\sigma_{ij}$ : 재료에 작용하는 평균전단응력과 평균수직응력

$\mu_f$ : 박막의 전단계수

$\nu_f$ : 박막의 Poisson's ratio

하중을 걸어주는 방법은 여러 가지 있지만, 원리를 [그림 6－29]에 나타냈다. 침의 선단의 곡률반지름은 10~100㎛의 것이 많이 쓰이고 있다. 이 경우 하중이

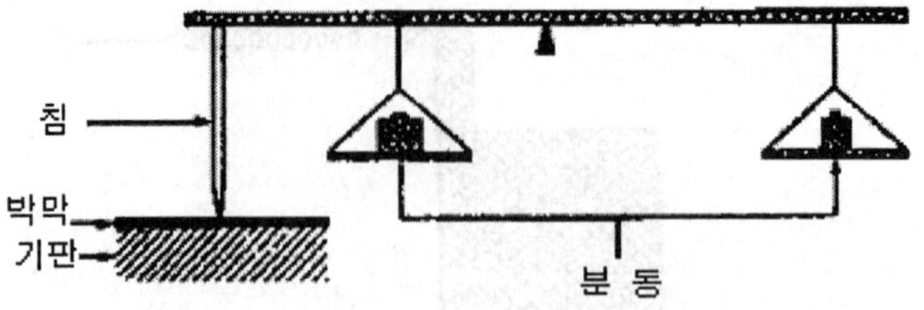


[그림 6-29] 인소법에 의한 부착력 측정 원리

1~100g으로 많은 박막에 인소상처를 낼 수가 있다. 이 방법으로 중요한 점은 박막이 박리한 것을 나타내는 상처의 검출방법이다. 간단히는 눈으로 보는 것만으로도 가능한데 정밀도를 높이기 위해서는 광학현미경, 주사형 전자현미경(SEM) 등이 이용된다.

최근에 음향방출(acoustic emission, AE)형 부착력측정기가 시판되어 보급이 되고 있다. 이 방법은 인소용 침(stylus)의 지지대에 음향검출기가 달려 있고, 침에서 나온 음파를 관측할 수 있도록 되어 있는 점에 특징이 있다. 침을 이용하면서 침에 걸리는 하중을 연속적으로 늘려가면 하중이 어떤 임계를 넘었을 때에 박막이 기판에서 떨어진다. 이때 침에서 큰 음이 발생하는 것으로 알려져 있다. 하중과 음의 세기와의 관계를 [그림 6-30]에 나타냈다. 박리가 제법 확실히 검출되는 것을 알 수 있다.

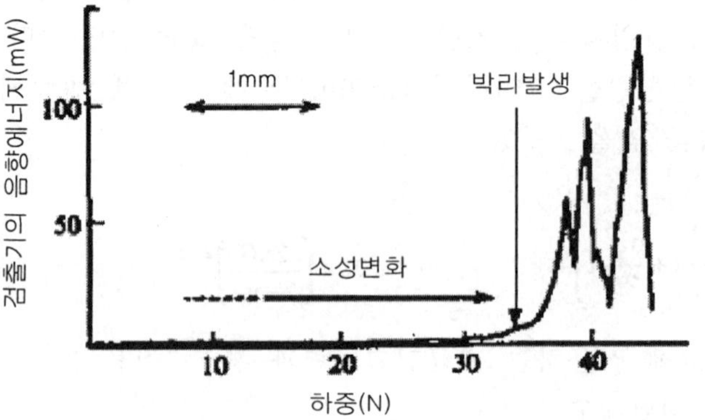


[그림 6-30] 음향방출(acoustic emission, AE)형 부착력측정기에서 하중과 발생음파 에너지와의 관계

한편, 박리가 일어났을 때의 하중에서 부착력을 계산하는 데는 어느 정도 가

정이 필요하다. 먼저 침의 선단은 곡률반지름 r의 완전한 구면이라고 하자. 침과 박막과의 접촉은 헤르츠 접촉(양방이 탄성변형을 하는 접촉)이라고 하는데, 여기에서는 침의 변형은 무시할 수 있을 정도로 작다고 간주한다. 침은 박막에 전단응력을 미치고 박리를 생기게 한다고 고려되기 때문에 박리에 필요한 최소의 전단응력을 부착력이라 하면 부착력 $F$는

$$F \mathfrak{I} E\sqrt{w/(\pi r2h-w)\cdot H}$$

로 주어진다. 여기에서 $w$는 박리에 필요한 하중, $H$는 기판의 브리넬경도이다. $H$의 정확한 값은 얻기 어렵기 때문에 윗식으로 주어지는 $F$의 값에는 어느 정도의 폭이 생기는데, 그래도 $F$의 척도를 나타내는 식으로서 잘 이용되고 있다.
원리적으로는 하중마저 크게 되면 얼마라도 부착력이 큰 박막에 적용되겠지만, 지지봉이나 침의 홀더의 강도에 한계가 있어 많은 장치에서 하중의 한계는 0.5~1kg이 되고 있다.

덧붙여서 말하면, 곡률반지름 30㎛의 침을 이용했을 때 글래스 기판상에 만들어진 후 충분히 오랫동안 공기 중에 방치된 박막의 부착력의 크기는 하중으로 표현하면, Au박막으로 2g, Ag박막으로 8g, Al박막으로 60g 정도가 되고, Fe, Cr, Mo 등에서는 하중 500g 이상되어 측정불능이라는 결과도 있다.

앞에서는 부착력의 측정이라는 타이틀을 언급하면서 부착력을 정의하지 않고, 부착력에 관계한 양의 측정법만을 설명했다. 또, 각각의 측정법 사이의 관계도 확실히 하지 않았다. 그것은 부착력이라는 낱말은 일반화되어 있음에도 불구하고 아직 엄밀한 정의가 되어 있지 않은 점, 각각의 측정이 어떠한 요소와 어떠한 관계를 이루고 있는가가 충분히 확실히 되어 있지 않은 점을 고려하였기 때문이다.

현재는 부착력의 데이터에 관해서는 정해진 측정법에 의한 측정치 사이에서의 상대적인 관계에만 의미가 있다고 고려해두는 편이 무난하다. 여러 가지 측정법에 의한 측정결과 사이의 관계를 확실히 하기 위해서는 먼저 박막과 기판 사이의 상호작용 및 박막의 기판에서의 박리의 기구를 확실히 할 필요가 있다. 이것에 대해서는 몇 가지 고찰도 있는데, 아직 시험단계이고 본서 범위 외의 것으로 고려되기 때문에 여기에서는 언급하지 않기로 한다.

부착력의 측정치는 어떠한 방법에 의해서도 상당한 편차가 있다. 이 편차는 박막의 박리의 기구에 관계하고 있을 가능성도 있다. 즉, 그 기구가 고체의 파괴기구에 유사하다고 하면 그것은 본질적으로 통계적인 현상이 되고, 당연히 분산이 나오게 된다. 어떻든 부착에 관한 식견을 얻으려면 많은 측정을 하는 것이다.

실제의 부착력 측정을 보면 글래스 기판상의 Au, Ag 등 부착력이 약한 박막에 관한 데이터가 압도적으로 많다. 인소법이 가장 부착력이 강한 박막에 적용되는데, 그래도 측정 가능한 물질은 한정되어 있다. 다른 방법을 이용하면 많은 박막은 접착제보다 강하게 부착하고 있기 때문에 부착력의 데이터가 얻어지지 않는 경우가 많다. 부착력은 실용적으로 매우 중요한데 꽤 신뢰할 수 있는 측정결과가 얻어지기 어려운 것이다.

### 마. Indentation cracking test

압입자로 박막에 압입하중을 주어 균열이 전파할 때의 변형에너지 방출로부터 계면접합특성을 평가하는 시험법이다.

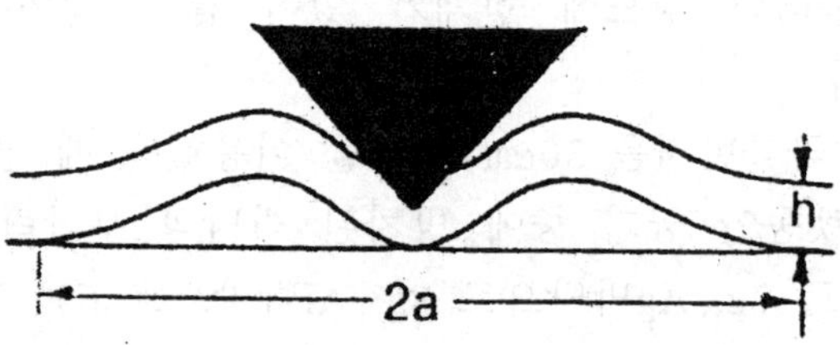


**[그림 6-31] 압입균열시험**(indentation cracking test)

제 7 장

# 박막제조의 응용

7-1 역학적 특성의 응용
7-2 금속인공격자
7-3 나노구조제어
7-4 전자공학에서 박막의 응용
7-5 비정질 실리콘 반도체의 응용
7-6 비정질 합금재료의 응용
7-7 단결정 및 비정질 박막의 제작기술 응용

# 7-1 역학적 특성의 응용

## 1. 박막 코팅층의 특성

박막은 마찰을 감소시키는 층으로나 부식을 방지하는 층으로 역학적으로 부하가 걸리는 부문에 마모를 줄이기 위한 코팅층으로서 많이 응용되고 있다.

① 베어링에 인듐박막을 도포함으로써 윤활특성을 갖게 된다.
② 납이나 세슘과 같은 박막을 도포함으로써 높은 유연성도 갖게 된다.
③ 유리의 표면저항은 그 표면에 $Al_2O_3$층을 증착함으로써 높일 수 있고, $SiO_2$층으로 도포하면 유리의 표면장력을 바꾸거나 계면에서 화학반응을 변경시킬 수도 있다.
④ 릴레이 접촉부위의 연소를 방지하기 위하여 희토류 금속의 박막을 도포해서 사용되고 있으며, 이 경우 이온보조 스퍼터링(ion assisted sputtering)법으로 도포하면 훌륭한 접착력을 갖게 된다.
⑤ 매우 단단한 질화티타늄이나 탄화티타늄의 코팅이 마찰의 감소와 고속도강 공구의 수명을 연장시키기 위해 사용된다.

이와 같은 박막증착에 저압 플라즈마 증착, 반응성 바이어스 스퍼터링, 반응성 이온보조 스퍼터링, 이온주입 등의 방법이 사용되며, 때로는 산소처리나 열처리 과정이 추가되기도 한다. 수 ㎛의 두께로 코팅된 소자는 수명검사에서 10배 이상까지 향상됨을 보이며, 표면의 모양에서도 훨씬 좋게 보인다.

TiN 박막은 매우 흥미있는 광학적 특성을 갖고 있는데 투명전극으로서 태양전지에 널리 쓰이고, 장식에도 사용되고 있다.

## 2. 박막의 광학적 특성

이온보조 스퍼터링법으로 제조된 고강도 탄소(i－C)나 고강도 질화보론(i－BN) 박막에서 매우 높은 강도, 낮은 마찰계수와 흥미있는 광학적 특성을 갖는다는 것이 발견되었다.

① 고강도 탄소박막은 다이아몬드 구조를 하고 있으므로, 강도는 모스(Mohs) 규격으로 9.4 정도가 되며, 비커스경도는 30~60GPa가 된다.
② 비저항값은 $10^7$~$10^{10}$ Ωcm 되며, 적외선 영역에서 투명하다.
③ 가시광 영역에서 반투명 특성을 갖는다.
④ 굴절률도 제조조건에 따라서 1.8~2.3이 된다. 수백 eV의 이온에너지가 고강도 탄소를 형성하는 데 필요하다.
⑤ 산이나 알칼리 및 유기용제에 대하여 화학적 부식에 매우 강하다.
⑥ 같은 방법으로 제조한 고강도 질화보론 박막에서도 고강도 탄소박막과 유사한 특성을 갖고 있다.

# 7－2 금속인공격자

## 1. 인공격자의 특징

### 가. 인공격자

주로 이종 물질간의 계면 물성을 탐구하는 기초 연구의 모델 시료로서 각 층의 두께를 nm 정도까지 얇게 한 다층막에 대해서 만들어 붙여진 용어가 인공격자이다.

막의 두께 방향에 적층된 이종 물질의 반복주기가 자연에 존재하는 결정의 격자간격에 거의 가까운 정도가 됨으로써 인공적인 1차원 격자로 보여지게 된다는 의미이다.

한편, 반도체 분야에서는 에피택시얼막을 취급하는 것이 많지만 인공적인 1차원 초격자구조의 의미로부터 인공초격자라고 부르는 이름이 주로 사용되고 있다.

또, 인공거울 연구의 분야에서는 단순히 인공다층막이라고 부르는 것이 많다. 그렇지만 이들의 명칭은 그 정도 엄격히 의식되어 있지 않고 거의 동의어로 보아도 좋다.

이상적인 인공격자의 모델도를 [그림 7-1]에 나타내었다. 마이크론 레벨의 층을 적층한 일반적인 다층막의 경우 물질 A, B는 각각 고유의 성질을 갖고 있지만, 기대되는 전체의 기능은 A+B 또는 A, B의 좋은 점만을 취하게 되는 복합재료라고 본다.

한편, 나노적층막이 되는 인공격자의 경우 다음에 언급하는 각종의 효과로부터 물질 A, B는 반드시 본래의 성질 A, B를 나타내지 않게 되고, 전체로서 새로운 성장 C를 나타내게 된다. 즉 신재료의 가능성이 기대된다.

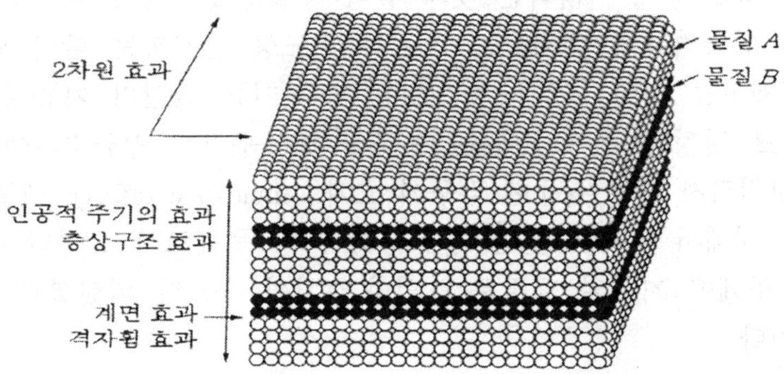


**[그림 7-1] 인공격자의 모델도**

## 나. 인공격자의 신기능

인공격자에는 [그림 7-1]에 나타낸 바와 같이 신기능을 나타내는 데에 몇 가지의 구조적 특징이 있다.

### (1) 격자왜곡효과

일반적으로 박막성장 초기과정에 대해서는 기판의 원자배열이 강하게 영향을 받지만 인공격자의 경우, 각 층이 수십 원자층 정도의 두께로 되기 때문에 보통 서로 짝이 되는 상대의 구조에 강하게 영향을 계속 받는다. 그 결과로 본래의 결정구조를 왜곡시켜서 새로운 이방성을 나타내거나, 역으로 벌크에서는 불안정한 비평형물질을 안정화시키는 것이 가능하다.

### (2) 계면효과

물질의 계면으로부터 수 원자층 정도의 원자는 그 물질 본래의 성질과는 상당히 다른 특성을 나타내는 것이 많다. 인공격자에 대해서는 각 층의 두께가 극히 얇기 때문에 계면 근방 원자의 비율이 높고, 또는 거의 계면근방 원자에 의하여 구성되는 것이 된다. 그 결과로 물질 전체의 성질이 그 특이한 계면특성에 의하여 지배되는 것이 된다. 또한 계면에 의한 광이나 전자의 산란효과도 현저하게 나타나게 된다.

### (3) 층상구조 또는 유한 막두께 효과

고온 초전도 재료 등에 나타나는 것과 같이 층상물질은 우수한 기능을 나타내는 예가 많다. 인공격자에 대해서는 기존의 벌크상 물질과는 달리 인공적으로 층상구조를 설계하는 것이 가능하며, 보다 더 신기능 발견의 가능성이 숨겨져 있다. 또한 벌크 결정의 전제가 되는 무한의 반복주기는 인공격자에 대해서는 두 방향으로 성립되지 않는다(유한 막두께 효과 : finite-size effect). 예를 들면, 전기전도 현상에 대해서 전자의 평균 자유행정이 막 두께로서 규정되고, 전자 수송 특성이 층 두께에 지배되는 경우가 있다. 1차원 우물형 퍼텐셜과 같은 양자효과가 그 예이다.

### (4) 인공적인 주기(초주기)의 효과

결정이 나타나는 밴드 구조는 그 결정의 주기 구조에 유래하지만 본래의 결정주기에 인공적인 초주기를 중첩시키면 밴드 구조에 인공적인 단주기 변조가 부가된다. 반도체 초격자는 당연히 그 아이디어로부터 출발하여 다양한 신소자 개발에 성공하고 있다.

### (5) 2차원성

특히 기초연구에서는 저차원 물성에 강한 관심이 집중되고, 2차원 전자에는 고온 초전도나 고이동도의 신기능도 기대되고 있다.

## 2. 금속인공격자의 제조법

현재 금속인공격자의 제조법은 스퍼터법과 MBE법에 한정되어 있다. 거의 MBE법에 의해 결정되어 있는 반도체 초격자에 비해서 금속인공격자는 스퍼터법이 보다 널리 사용된다.

### 가. 장 점

이것은 간편히 시료제작이 가능하고 양질의 막이 만들어진다는 것, MBE에 비해서 장치가 매우 싸다는 것이 최대 장점이다.

### 나. 스퍼터법

스퍼터법으로 금속인공격자를 제작하는 경우 단순하게는 [그림 7-2]에 나타낸 바와 같이 2개의 스퍼터원을 사용하여 일정 속도로서 기판을 회전시킨다. 회전주기에 맞게 인공주기가 형성된다.

2가지 층의 막두께 비가 1에 가까운 경우는 조금 더 간편한 스퍼터원을 하나 더 넣어서 스퍼터 타깃 2종을 설치하는 방법도 있지만, 독립된 스퍼터 조건제어가 되지 않기 때문에 정밀한 시료제작에는 적합하지 못하다.

MBE법에 사용되는 일반적인 수정진동식 막두께 모니터는 플라즈마나 복사열의 영향으로 스퍼터 장치에는 설치하기가 곤란하다.

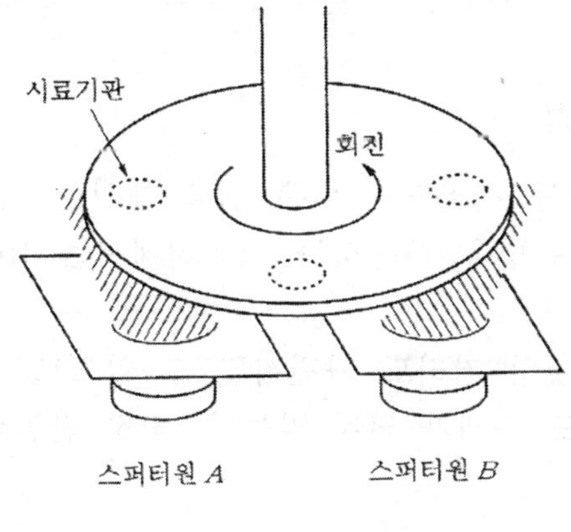


[그림 7-2] 단순한 스퍼터법 금속인공격자 합성장치의 예

따라서 보통의 스퍼터 장비에는 본래는 막두께 모니터는 행해지지 않는다. 그러나 스퍼터 가스압이나 스퍼터 전류 등의 조건을 변화시키면, 상당히 안정된 성막속도를 유지할 수 있으므로 성막 후의 시료를 별도의 막두께를 측정해서 성막속도를 측정한다.

### (1) 장점

① 보통의 박막합성에서는 성막속도가 좋은 마그네트론 스퍼터 방식이 주로 되어 있지만, 금속인공격자의 성장속도는 늦는 경우가 많음으로써 RF 스퍼터방식도 적층 가능하다.
② 기판에의 밀착성이 좋은 고융점 물질도 쉽게 성막된다는 이점이 있으므로 인공격자 거울제작에 스퍼터법이 사용된다.

### (2) 단점

① 스퍼터 때에는 $10^2$~$10^{-1}$Pa의 아르곤 가스압에서 작동되므로 MBE법에 의한 $10^{-7}$Pa 이하의 초고진공에 비해서 잔류가스에 의한 특히 탄소에 의한 약간의 오염에 대한 공포는 남아 있다.
② 스퍼터 중의 아르곤가스가 어느 정도 시료에 혼입하는 것과 RHEED를 시작으로 본래는 평가수단이 사용되지 못한다는 등의 이유로부터 정밀한 에피택시얼 성막에는 불리하다는 의견도 있다.
③ 버퍼(buffer)층이나 시드(seed)층 등을 위해서 타깃의 다원화가 곤란하고, 원료로서의 타깃이 고가이다. 기판과 스퍼터원의 거리가 짧음으로써 원료의 이용 효율이 좋은 반면, 기판표면의 온도상승을 일으키기 쉽다.
④ 플라즈마에 의한 시료표면의 손상도 일어나는 등의 문제가 있다.

### (3) 이온빔 스퍼터법

스퍼터법의 단점인 작동 진공도가 나쁜 점을 개선한 이온빔 스퍼터법이 최근 널리 사용되고 있다. 이온빔을 사용하는 스퍼터에서는 $10^{-2}$~$10^{-3}$Pa의 진공중에서 성막이 가능하다.

또한 기판과 원료 타깃의 거리도 가변시킬 수 있으므로 복사열이나 플라즈마에 의한 시료에의 손상도 문제가 되지 않는다. 수정 진동식 막두께 측정기도 사용 가능하다.

### (4) 스퍼터법과 MBE법의 비교

그러나 역으로 스퍼터법이 갖고 있는 장점도 몇 가지 있지만, 특히 장비가격이 MBE 시스템과 큰 차이가 있다. MBE법은 깨끗한 성막, 본래는 평가장치와 정밀한 성막 및 불순물조성 제어 등의 특징이 있다.

주의가 필요한 것은 일반적인 MBE 시스템은 저융점 고증기압 원료에 적당한 K-셀을 성막원에 설치하여 사용하지만, 금속인공격자의 제작에는 1300℃가 한계인 K-셀에서는 용도가 한정되어 있다.

2000℃ 정도까지 사용이 가능한 고온 K-셀도 원료에 맞는 보트(boat) 재료의 선택이 어렵고 일반성이 없다. E-gun 증발원을 기초로 한 실리콘 MBE 시스템에 사용되고 있지만 챔버 크기나 가격이 높아진다.

또한, 일반적인 K-셀이나 스퍼터에 비해서 E-gun의 성막속도의 안정성이 나쁘고, 수정 진동식 막두께 측정기 등의 모니터가 필수적이다. 고융점 원료의 성막은 가능하지만 열복사에 의한 수정 진동식 막두께 측정기의 신뢰성이 저하된다.

금속인공격자 재료에 이용되는 MBE법의 성막실의 전형적인 예를 모식적으로 [그림 7-3]에 나타내었다.

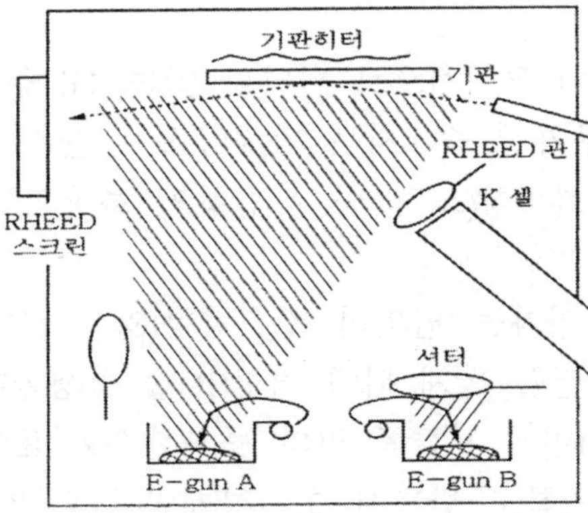


[그림 7-3] 전형적인 MBE장치의 성장실 모식도

## 3. 금속인공격자의 기능

### 가. 거대 자기저항효과(GMR)

금속인공격자에 의하여 나타나는 신기능 중에서 최근에 가장 주목을 받고 있는 것은 거대 자기저항효과이다.

기존의 금속자성체에서는 수% 정도의 변화율이 얻어지지 않는 자기저항이 Fe이나 Cr의 인공격자로서는 50% 가깝게 변화한다. 많은 연구자들에 의하여 여러 종류의 자성금속/비자성금속의 조성에 의한 인공격자가 연구됨으로써 GMR발생 기구가 명확하게 되었다.

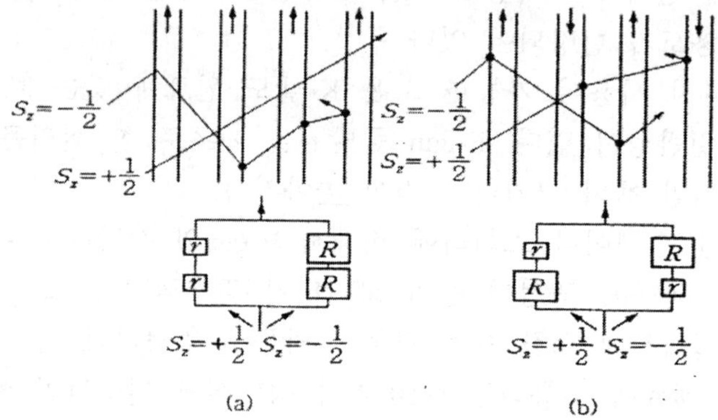


**[그림 7-4] 유체모델에 기초한 GMR 발생기구**

정성적으로 [그림 7-4]에 모식적으로 나타나 있는 2유체 모델로서 설명된다. 그림 중 오른쪽과 같이 무자장 중에서는 자성금속 층간에 반강자성적인 상호작용이 발생하여 Fe층의 자화방향(그림 중 윗방향의 화살표시)이 서로 다르게 정렬한다.

이때의 시료에 흐르는 전자는 임의의 스핀방향($S_Z=\pm1/2$)으로 되어 역방향의 자화층계면에서 강하게 산란을 받게 되어 저항(R)을 발생한다.

이것은 저항 $R>r$ 로 되어서 오른쪽 밑의 등가회로로 표현되며, $S_Z=+1/2$, $-1/2$ 어느 방향의 전자의 흐름도 반드시 고저항계면(R)을 통과하게 되므로, 시료 전체의 저항은 $(R+r)/2$로 표시되는 고저항값이 된다.

한편, 자장하에서는 자성층의 자화가 정렬되어 그림 중의 왼쪽과 같이 되어 자장방향의 스핀($S_Z=+1/2$)을 갖는 전자의 흐름은 고저항의 계면산란을 받지 않는 시료로 통과한다.

따라서, 시료 전체의 저항은 $(r+R)/2rR$로 낮게 된다. 이런 GMR 현상은 흥미있는 기초연구나 고감도 자기헤드 재료개발 등의 응용면에서도 주목받고 있다.

실용화의 관점에서는 더욱 적은 극성의 단순한 스핀 벌크막으로 이동하고 있으며, 인공격자에 대해서도 원리적 면에서는 고감도화가 기대되는 면직전류 배치막이나 터널 전류형 GMR막의 검토, 이어서 스핀 의존형 전자소자에의 발전 등의 연구가 진행되고 있다.

### 나. 광자기 기록재료

GMR 이외에도 광자기 기록재료로서의 기능이 기대되고 있다. 특히, Co/귀금속 인공격자로서는 청색파장 영역내에서의 광자기 성능이 기존 재료보다 우수하고, 광자기록 시스템에 의한 고밀도 기록화를 목표로 하는 레이저광의 단파장에 대해서도 차세대 광자기 기록재료로서 기대가 크다.

### 다. 기 타

그 외에 인공격자화에 의한 연자성 재료의 특성향상, 신규수직 자화막 개발, 고성능 비선형 광학재료개발, X선 현미경용 거울 등의 기초연구 레벨로서의 기능 발견이 나타나고 있다.

## 7－3 나노구조제어

나노구조제어에는 자기 조직화 나노구조제어 외에 3가지의 방법이 있는데, 첫째는 기판상에 있는 구조(패턴)를 형성하고, 그 위에 자기형성적의 나노구조를 성장시키는 방법, 둘째는 미경사(微傾斜) 기판상에서의 스탭한칭(step hanching)현상에 의한 자기형성된 다원자 스텝을 이용하는 방법, 셋째는 단주기 초격자성장 중에 일어나는 면내 왜곡유기의 조성변조현상을 이용하는 방법이 있다.

이들의 방법은 공정 손상이 적고, 양자효과의 나타나는 크기의 고품질의 나노구조를 제작하는 것이 된다.

# 1. V홈 구조상에 의한 구조제어

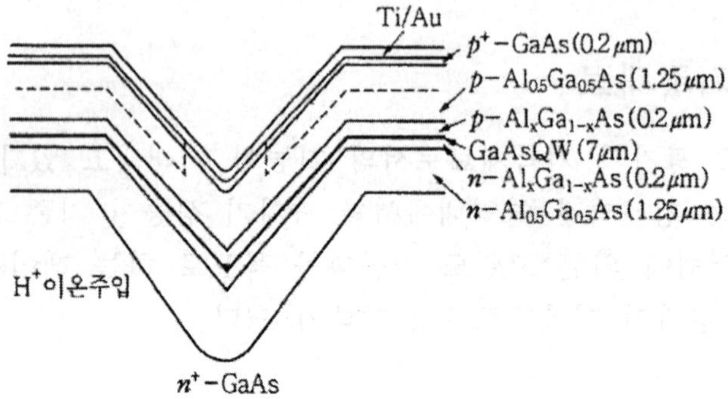


**[그림 7-5] V홈을 이용해서 형성한 양자세선의 단면도**

Bhat 등은 [그림 7-5]와 같이 보이는 습식 화학식각에 의한 V홈을 형성시킨 (100)면 GaAs 기판상에 AlGaAs, GaAs, AlGaAs의 다층구조를 MOVPE로 성장하여 양자세신 구조를 제작하였다.

AlGaAs 성장 중에는 식각에 의해 형성된 경사면을 유지하면서 성장하기 위하여 낮은 쪽의 뾰족한 V홈이 성형된다.

한편, GaAs 성장 중에도 Ga의 확산에 의하여 낮은 쪽이 두껍게 되는 선택 성장을 한다. 이 결과로서 V홈의 낮은 쪽에 GaAs의 양자세선이 자기형성된다.

V홈의 폭은 2~3㎛, 주기는 5㎛이다. 자기형성된 양자세선의 단면크기는 높이 10nm, 폭이 50nm 정도이다.

이 방법을 발전시켜 양자점의 자기형성이 행해지고 있다. (111)면 GaAs의 이방성 화학식각에 의하여 4면체의 정상을 밑으로 하는 구멍을 형성하고, V홈의 경우와 동일한 측면과 밑면과의 관계로 선택적인 성장을 이용한 밑면에 양자점이 자기형성된다.

# 2. 절연막 마스크 패턴상에 의한 나노구조제어

반도체 기판상에 스트립(strip)형, 소구경의 창, 또는 섬모양의 규칙 배열한 패턴을 갖는 $SiO_2$ 등의 절연막을 형성하여 그 위에 반도체의 선택적 성장을 시키는 것에 의하여 주기 배열된 양자세선 또는 양자점 구조를 형성하는 방법이다.

Fukui 등은 [그림 7-6]과 같이 (111)B면 GaAs 기판상에 삼각형의 작은 창의 주기배열을 갖는 $SiO_2$막을 형성하여 그 위에 MOVPE법에 의한 선택적으로 AlGaAs, GaAs, AlGaAs를 성장한다는 것에 의하여 GaAs의 양자점 배열을 자기 형성시켰다.

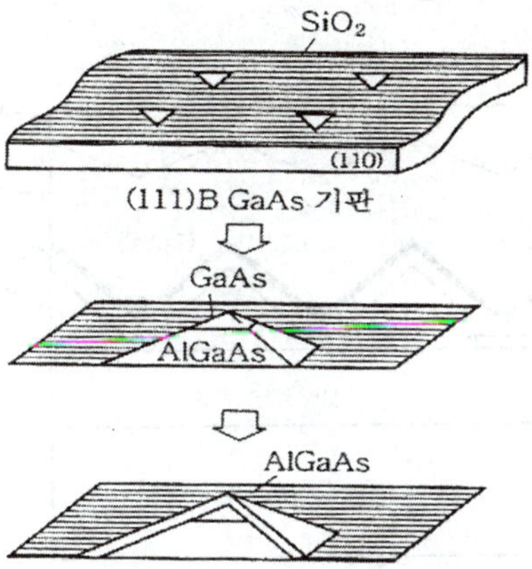


[그림 7-6] 절연막 마스크 패턴 위에 선택성장에 의한 양자점 형성의 순서

$SiO_2$ 막상의 삼각형의 작은 창은 포토 리소그래피 또는 전자빔 리소그래피와 건식 식각기술을 이용해서 형성한다. 또는 이들의 성장공정에 대해서는 AlGaAs, GaAs가 $SiO_2$ 막 위에서는 성장되지 않고, 창 부분의 GaAs 노출면상에서만 성장하는 MOVPE 성장조건을 이용한다.

또한 AlGaAs 성장 중에는 (110)offset면이 나타나고, 위쪽의 (111)B면의 크기가 성장의 진행과 같이 적게 되고 임의의 곡률의 선단이 나타난다. 그 위에 적당한 성장조건으로 GaAs를 성장시키면 거의 선단부뷰에만 GaAs가 성장한다. 이어서 싱장조선을 변화시켜서 4면체 구조의 표면이 덮이도록 AlGaAs가 성장하며, 이것으로부터 GaAs 양자점이 형성된다.

$SiO_2$막 위에 삼각형의 작은 창의 크기는 1.5㎛, 2개의 행방향의 반복주기는 5㎛이다. 양자점의 위치제어성, 배열제어성은 양호하다.

같은 방법은 (100)면 GaAs 기판상에서도 행하여지고 있다. 이 경우는 피라미드상의 AlGaAs/GaAs 입체구조가 형성된다. 20nm의 두께의 $SiO_2$ 막에 100nm 지름의 원형상 작은 창을 140nm 주기로 5000×5000개 형성되어 있다. 형성법은 전자빔 리소그래피와 화학식각으로 한다. 그 결과 종방향 크기 15nm, 횡방향 크기

25nm의 GaAs 양자점이 자기형성된다.

이상에서는 양자구조는 절연막 마스크의 GaAs의 노출된 부분의 상부에 형성되지만 절연막의 상부에 형성된 방법도 보고되고 있다. 이 방법에서는 전자빔 리소그래피에 의해 (100)GaAs 기판상에 먼저 스트립(strip)사의 미세 $SiO_2$ 패턴을 만들고, 그 후 GaAs의 MOVPE 선택성장을 수행하여 역시 V홈 구조를 결정성장에 의하여 만든다(그림 7-7 참조).

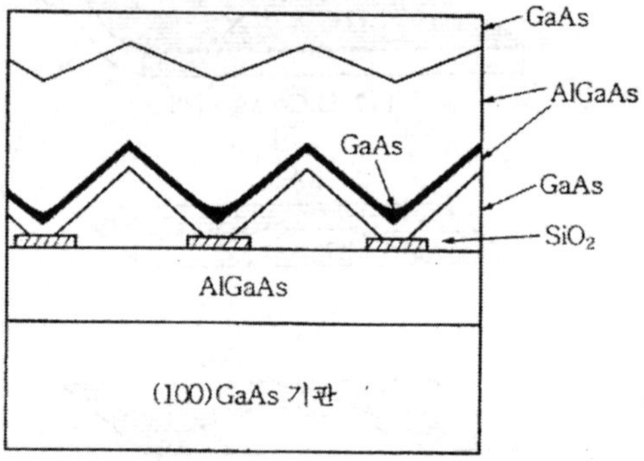


**[그림 7-7] 절연막 마스크 위의 V홈에 자기형성된 양자세선의 단면도**

스트립형의 미세 $SiO_2$ 패턴의 GaAs가 노출된 부분 위에 성장된 GaAs가 (111) offset면을 갖는 단면이 삼각형상의 기판면 방향으로 퍼진 구조를 형성하고, 그들이 서로 $SiO_2$ 패턴의 중심에서 밀착하여 V홈이 형성된다.

따라서, V홈의 밑부분은 $SiO_2$ 막 위에 위치한다. 이 V홈을 이용해서 V홈상 선택성장 자기형성 기술에 의해서 양자세선을 자기형성한다. 형성된 양자세선의 면내 주기는 200nm로 되었다. 양자세선의 폭은 약 15nm이고, 양자세선 간격은 (111) offset 위의 양자우물로 매끈하게 연결되어 있다.

## 3. 볼록형 스트립 구조상에 의한 나노구조제어

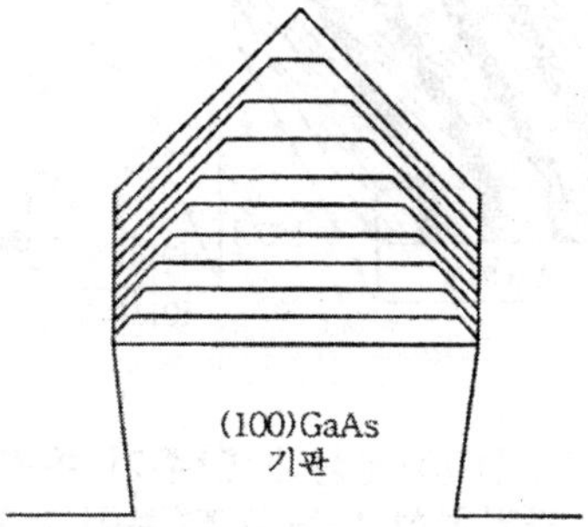


[그림 7-8] 볼록형 스트립 구조 위에 선택성장에 의한 리지 구조 형성과정의 단면도

2㎛ 정도의 좁은 볼록형 스트립(메사) 구조를 화학식각으로 형성한 (100) GaAs 기판상에 MBE 성장에 의한 GaAs 성장을 행하면 메사 위에는 성장의 진행에 따라서 (111) offset면이 나타나고, 메사의 폭은 좁고 리지(ridge) 구조가 형성된다(그림 7-8 참조).

이 위치 위에 AlGaAs, GaAs, AlGaAs 의 다층구조를 성장시키면 [그림 7-6]과 같은 방법과 같은 형태의 현상이 나타난다.

선단부분에 높이 8~9nm, 폭 17~18nm 정도의 양자세선이 자기형성된다. 이 경우의 스트립의 반복주기는 4㎛이다.

## 4. 면방위에 의한 나노구조제어

재차 면밀도의 높은 양자세선, 양자점 형성법으로서 면내 비틀림 유기조성변조법에 의한 방법이 있다.

가스 소스 MBE로 n분자층의 GaP와 m분자층의 InP의 반복으로부터 이뤄지는 (GaP)n(InP)m 단주기 초격자(n, m : 1~2)를 GaAs 기판상에 성장하고, GaAs 기판의 면방 위에 의존하는 종형 초격자 구조 또는 주상 구조가 자기형성된다. 즉, GaAs (100)면이나 GaAs (110)면에서는 종형 초격자구조는 [그림 7-9]이나 GaAs (111)면 (N : 2~5)에서는 주상 구조가 자기형성된다.

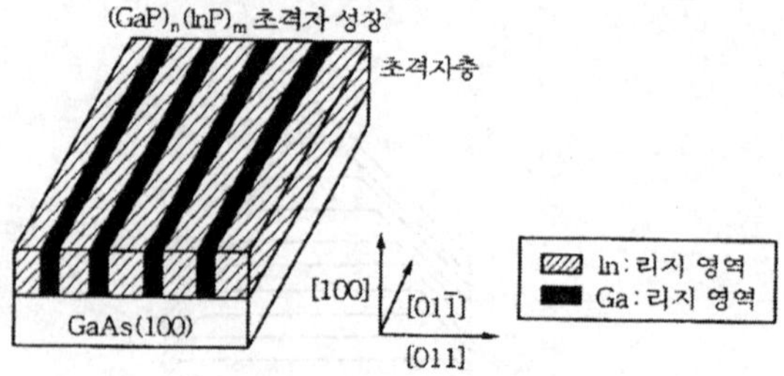


**[그림 7-9] GaAs (100)면상에 단주기 초격자(SLS) 성장에 의한 자기형성 나노구조(종형 초격자)**

이 자기형성 구조는 밴드 갭(band gap)이 크고, 또한 격자정수는 GaAs에 동등한 InGaP층에서 좁아지는 것처럼 양자세선 구조, 양자점 구조가 제작된다. [그림 7-10] 역시 GaAs (111)면에서는 자기형성은 일어나지 않고, 성장하는대로 초격자 구조가 형성된다.

GaP, InP는 GaAs에 대해서 각각 약 3.5% 격자정수가 작거나 큰 관계에 있으나, 본 방법에서의 세선, 점구조의 자기형성 구조는 (GaP)n, (InP)m 단주기 초격자 성장 중에 이 격자정수 차에 기초로 하여 내면 왜곡을 감소하게 되어 Ga, In 원자가 표면 확산하여 GaP, InP의 많은 영역이 주기적으로 형성된다.

기본적으로는 성장한 초격자 구조는 생성되지만 GaP층내, InP층내에 있어서 단원자층 크기의 주기적 두께변화가 생기고, 실효적인 밴드 갭의 주기적 변화가 형성되고 있다.

[그림 7-9]에 보이는 GaAs (100)면상에서 자기형성되는 종형 초격자 구조는 [011]방향으로 늘어나고, [011]방향으로 주기적인 구조이다.

세선의 [011]방향 면내 주기는 10~20nm이고, 면내 세선밀도는 $10^6 cm^{-1}$(1μm당에 100본)이다. GaAs(110) 면상에서는 직선성의 좋은 양자세선이 형성된다.

GaAs (111)면 위의 경우는 [그림 7-10]의 [011]방향 및 그것의 직각인 방향의 2 방향에 주기성을 유지하고, 면내 주기는 10~20nm이고, 면내 점밀도는 $10^{11}$~$10^{12} cm^{-2}$로 매우 높다.

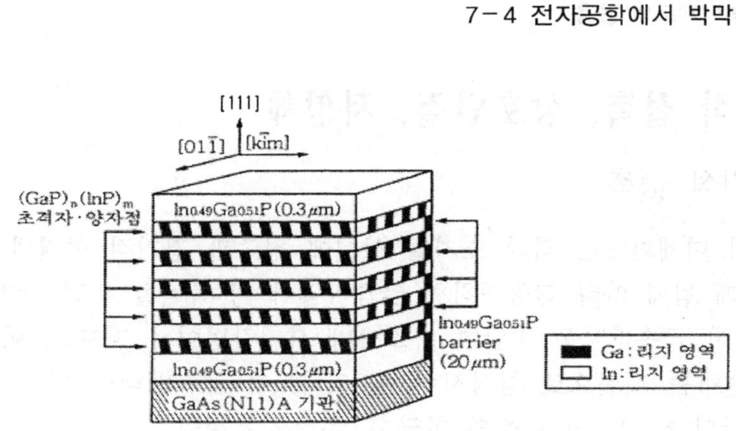


[그림 7-10] GaAs (111)면상 단주기 초격자(SLS) 성장에 의한 양자점

## 7-4 전자공학에서 박막의 응용

전자공학에서 박막의 응용에 대한 중요성이 과거 수년간 꾸준히 성장해왔다. 전자시스템의 크기와 무게가 작아지는 추세와 장기간 안정성, 즉 신뢰성 확보, 운용시간의 단축, 생산단가 저하 등의 차원에서 더욱 이 박막의 개발이 요구되어 왔다.

디지털 컴퓨터와 계측이나 제어를 위한 복잡한 전자시스템의 구성에 동일 기능의 전자소자의 대량 복제기술이 필요하게 되었나.

이런 기술의 발전은 집적회로와 같이 독립된 단위로 이들 소자를 한 곳에 집적화하는 것이 목적이며, 이들을 생산하기 위해 박막기술은 중요한 존재가 되었다. 전자시스템의 각 성분은 크게 2가지로 나눌 수 있다.

즉, 단지 에너지를 전달하는 수동소자와 에너지의 일부를 소모하는 진공관이나 트랜지스터와 같은 능동소자가 있다.

# 1. 전기적 접촉, 상호연결, 저항체

## 가. 전기적 접촉

전자회로의 미세화에는 각각 소자들 사이에 접촉과 전기적 연결에 심각한 필요성을 가지게 됨에 따라 진공증착한 금속박막이 이 목적을 위해 알맞다는 것이 증명되었다. 이 금속박막을 적당한 마스크나 사진각법이나 전자선, 이온, 레이저빔에 의해 원하는 패턴으로 형성시킬 수 있다. 이 금속박막의 재료로는 비부식성인 금, 알루미늄, 그리고 이들의 합금이 보통 사용된다.

## 나. 상호연결

접촉과 상호연결은 그들의 저항특성과 원하는 전류밀도에 의해 제한받으며 이것은 전자 마이그레이션(electron migration)과 연관되어 있다. 집적회로를 위해 낮은 저항의 상호연결로서 내화금속 실리사이드(silicide)막이 사용된다.

## 다. 저항체

전자 시스템에 사용되는 저항체는 다음과 같은 특성을 만족하여야만 한다.

① 비저항값의 정확성
② 낮은 온도계수
③ 작동조건하에서 안정성
④ 낮은 잡음수준
⑤ 적은 전압계수를 가져야 한다.

가장 완벽한 저항체는 권선저항이다. 그러나 이들은 고가이고, 미세화가 되지 못하므로 집적회로에 사용이 불가능하다.

<표 7-1>은 이들의 특성을 탄소저항체와 비교한 것이다.

〈표 7-1〉 전기저항체의 중요한 특성

| 저항체 | 저항체값의 공차(%) | 저항범위(MΩ) | 잡음 (μV/V) | 전압계수 |
|---|---|---|---|---|
| 탄소막 | 0.25 | 1~50MΩ | 0.3~0.5 | $2\times10^{-3}$ |
| 금속막 | 0.10 | 1~10MΩ | 0.1 | $10^{-4}$ |
| 권 선 | 0.01 | 1~0.05MΩ | only hot wire | 0 |

비저항값이 $10^{-3}$Ωcm 되는 금속을 진공증착해서 높은 저항의 박막저항체를 만들려면 매우 얇은 박막형성으로 만들 수 있다. 물론 이런 극히 얇은 막은 연속적이 되지 못하므로 실제에는 어떤 극단적인 특수한 성질을 발생하게 된다.

보통 박막저항은 $R_\square$양으로 특정지워지는데 이는 양단자쪽에서 측정한 평방막(square film)의 판 저항(sheet resistance)값이다. 이것은 $R = \rho / t$임을 의미하는데, 여기서 ρ는 비저항이고, $t$는 막의 두께이다. 이 저항의 단위는 Ω/□로 표시한다.

80 : 20의 비로 만든 Ni과 Cr의 합금인 니크롬을 50nm의 두께로 만든 박막저항은 $R_\square$ = 500Ω/□이 된다. 이때 증착방법으로 니크롬을 플래시(flash) 기술이나 전자선 포격으로 텅스텐 보트를 사용하여 증착한다. 또한, Ta, Ti, Nb 를 박막저항 재료로 사용하는 경우는 주로 음극 스퍼터링으로 증착하며 보다 더 낮은 저항값으로 된다. 그래서 정확한 저항값을 갖도록 추가 공정으로 양극 산화를 한다. 이 공정에서 박막의 표면이 산화되어 보호막이 형성되어 더 안정된 저항체가 얻어진다.

전체 저항값을 증가시키기 위하여 박막저항을 막대 위에 나선형으로 증착하거나 평판 위에는 꼬불꼬불하게 증착하여 필요한 패턴으로 정당하게 마스크나 기계적으로나 전자선으로 절단하여 만든다.

높은 값의 저항은 세라믹(cermet) 박막으로 만들 수 있다. 이것은 금속과 유전체의 혼합체이다. 이들의 비저항값은 유전체의 함량에 따라 달라지므로 매우 넓은 범위에 걸쳐서 변화시킬 수 있다.

Cr-SiO 세라믹에 대해서는 $10^{-5}$으로부터 $10^{1}$Ωcm까지 변화시킬 수 있다. 이것은 100nm두께의 막에 대해서 $R_\square$가 1Ω/□로부터 1MΩ/□까지 변화시킬 수 있다는 것을 의미한다. 박막저항은 통상 연마한 세라믹관이나 판상에 증착하여 제조한다. 증착한 박막저항체의 안정성을 높이기 위하여 인위적으로 경시처리하는데 이것은 수시간 동안 150~300℃에서 막을 처리한다. 경시처리하는 시간에 따라 저항값이 지수함수적으로 감소하므로 이러한 조치를 통해 박막내의 결함의 수를 감소시키기도 한다.

이론적으로는 어떤 시간 후에 안정한 상태로 도달하나 실제로 저항값은 표면에 계속되는 산화때문에 약간씩 계속 변하고, 또 주위의 기체로부터 흡착에 기인되어 계속 변한다. 그래서 저항체는 SiO층을 증착하거나 보호상자에 넣어 보호해야 한다. 안정성은 특히 고전류에 의한 전자수송(electron transport)에 의하여 박막의 일부분이 이동되어 얇아져서 구멍이 생기게 되므로 음극 근처의 물질이 없어지는 결과를 낳는다.

몇 가지 박막저항체의 특성을 <표 7－2>에 나타내었다.

〈표 7－2〉 박막저항체의 특성

| 성 분 | 비저항(Ωcm) | TCR(10－6/℃) | TCR의 온도범위(℃) |
|---|---|---|---|
| Pd, Ag | 38 | 50 | 0~100 |
| Cu(3), Mn(13), Mg(4) | 48 | 10 | 15~35 |
| Ni(80), Cr(20) | 110 | 85 | 55~100 |
| Ni(76), Cr(20), Al(2), Fe(2) | 133 | 5 | 65~250 |
| Ta($\alpha$) | 25~50 | 500~1800 | － |

※TCR= Temperature Coefficient of Resistivity

## 2. 커패시터와 인덕터

### 가. 커패시터

박막 커패시터의 제작은 <표 7－3>에 나타낸 바와 같이 고유전율의 유전체($TiO_2$ 등)를 초박막으로 제작하여 만든다면 매우 높은 용량의 것을 만들 수 있다는 큰 장점을 갖고 있다.

〈표 7－3〉 몇 가지 물질의 유전상수

| 물질 | SiO | $SiO_2$ | $Al_2O_3$ | $Ta_2O_3$ | TiO |
|---|---|---|---|---|---|
| $\varepsilon_r$ | 5~7 | 4 | 7 | 15~25 | 40~170 |

일반적으로 커패시터들은 유전체로 기름종이나 여러 가지 포일(foil)을 증착한 전극으로 만든다. 이들 커패시터는 한 가지 이점이 있는데, 즉 어떤 주어진 곳에 단락이 발생하여도 전극의 일부가 증발이 일어나서 커패시터는 단락회로로서 남지 않는다. 즉, 손상된 영역이 자기치유 역할을 한다.

그러나 미세화나 집적회로의 형성에는 커패시터의 기본적인 세 층 모두를 진공증착으로 제작해야 한다. 이때 주요한 문제는 핀홀(pin hole)이 없는 유전층과 불량을 일으키는 다른 결함이 없는 유전체층을 제작하는 것이다. 이들은 극히 얇은 박막제작에서 나타나는 것으로 보통 기판상의 먼지나 증착원으로부터 큰 입자들의 증발 등에 의한 것이다. 이러한 관점에서 보면 양극산화나 열산화에 의하여 유전체층을 만드는 방법이 보다 균일한 두께로 더 좋은 품질을 만들 수 있다.

커패시터는 전기 용량뿐만 아니라 부가해서 높은 단락 전압을 가져야 하고, 적은 손실각, 그리고 좋은 열적 안정성을 소유해야 한다.

유전 파괴전압은 보통 $10^6$V/cm 이상 되어야 하며, 예로서 $Ta_2O_3$ 유전체로 커패시터를 만든 경우 유전 파괴전압은 $5\times10^6$V/cm가 된다. 그러나 여기서 Ta는 상대적으로 높은 비저항을 가지므로 커패시터의 직렬저항의 증대로 손실각의 증가를 일으킨다. 이런 기본적인 증가현상은 Ta 전극 위에 금이나 백금과 같은 좋은 전도체를 증착시켜서 보상할 수 있다.

복합물 유전체는 증착하는 동안에 물질의 부분적인 해리가 발생하는데 이것은 손실각의 증가를 낳는다. 가장 자주 쓰이는 물질은 규소산화물, 알루미나, $Ta_2O_3$ 들이다. 특히, SiO와 같은 물질을 증착할 때 큰 입자가 증착되어 박막이 못쓰게 되는 것을 막기 위해 전용 증착원과 보트를 사용해야 한다. 그래서 전자선 가열증착, 음극 스퍼터링, 이온보조방법 같은 것을 사용하는 경향이 증가하고 있다.

$SiO_2$나 $Al_2O_3$는 높은 유전율을 갖지 못하지만 좋은 열적 인내성을 갖고 있으므로 널리 사용되고 있다. 즉, $Al_2O_3$의 경우 400℃ 이상에서도 사용할 수 있다. $Ta_2O_3$로 만든 커패시터에서는 50V의 전압인가로 0.22㎌/㎠ 이상의 용량을 얻을 수 있다. 더 높은 용량을 얻으려면 $TiO_3$나 TiN을 사용해서 얻을 수 있으나 이들 물질들로 양질의 박막을 제작할 수 있게 많이 연구해야 할 것이다.

## 나. 인덕터

박막 인덕터에 관하여 저주파수에서 충분히 높은 인덕턴스값을 구현하는 것은 어려운 일이다. 그러나 현재 박막 인덕터는 상자성체 기판상에 나선형으로 만든 마스크를 사용하여 진공증착한 형태로 만들어지고 있다.

더 높은 인덕터를 만들기 위해서는 페라이트 기판상에 증착하여 만들 수도 있다. 부가적으로 인덕턴스값을 더 높이기 위하여 보조 페라이트를 인덕터 위에 입혀서 그 효과를 얻는 경우도 있다. 그러나 이런 추가적인 방법은 생산단가를 높이므로 실용적이 되지 못한다. 그러나 박막 인덕터를 고주파수에서 사용될 때 이런 문제들은 거의 없어진다.

## 3. 능동전자소자

고체 전자공학의 기본 소자들은 다이오드와 트랜지스터이다. 소형화된 양극성 및 단극성 트랜지스터들은 박막공학의 기술로 생산될 수 있다.

### 가. 다이오드

다이오드는 원리적으로 적당한 접촉이 되어 있는 p－n접합들이며, 쇼트키 다이오드는 정류특성을 갖고 있는 비저항성 반도체－금속 접촉에 의하여 된다([그림7－11]의 (a), (b) 참조).

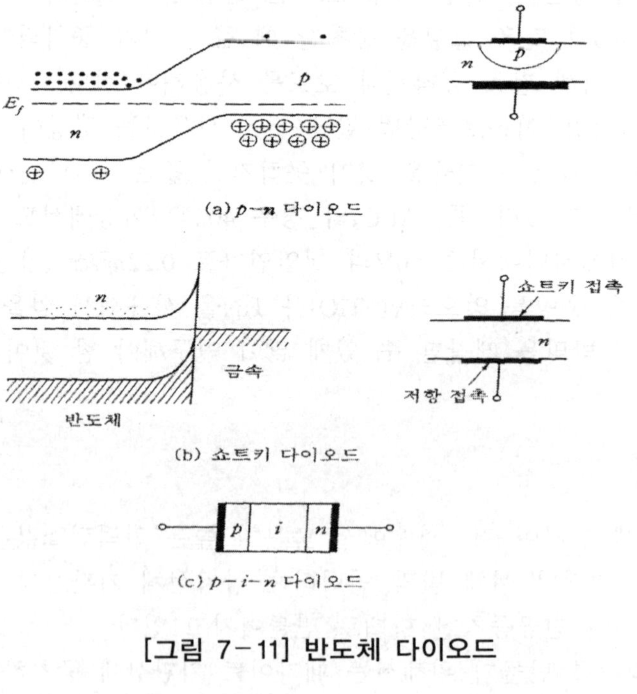


[그림 7－11] 반도체 다이오드

예를 들면, 매우 양호한 쇼트키 장벽은 분자선 에피택시(epitaxy) 방법으로 만든 GaAs의 단결정 박막 위에 Al박막을 증착함으로써 제조된다. 이 두 층은 진공을 깨지 않고 만든 것이므로 GaAs상에 산화층이 없고, 접촉도 합금법으로 만든 경우보다 훨씬 더 좋은 저항성(ohmic) 접촉을 갖는다.

이와 같이 만든 쇼트키 다이오드는 동작속도가 크게 개선되므로 mm파의 범위에서 믹싱(mixing)으로 사용되고 있다.

특별한 경우로 p-i-n 다이오드는 p형과 n형 반도체 사이의 진성(intrinsic) 영역([그림 7－11] (c) 참조)을 넣음으로써 이들의 동작속도나 고감도가 더욱 개선되어지므로 광다이오드로 널리 사용되고 있다.

## 나. 트랜지스터

### (1) 평판형 쌍극 트랜지스터

평판형의 쌍극 트랜지스터의 기본적인 형태는 [그림 7－12]에 나타내었다. 이 소자는 마스킹을 사용한 박막기술로 제조될 수 있다. 이 경우에 그 계의 몇 층들은 CVD에 의해 박막으로 제조되고, 증착이나 스퍼터링방법으로도 만들어진다. 이것은 진성층을 만드는 일반적인 방법이다.

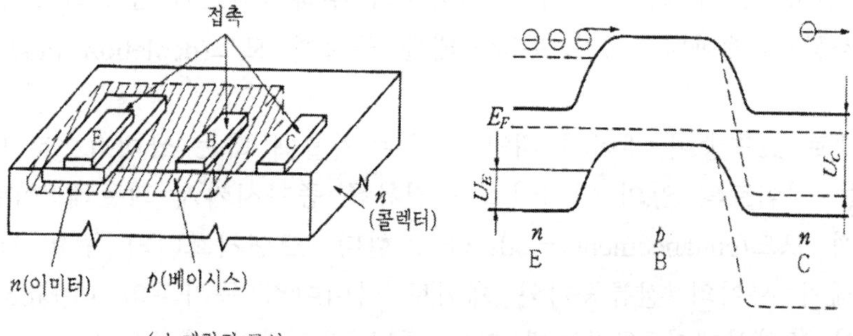


(a) 개략적 구성 (b) 에너지 그림

[그림 7－12] 평판형 쌍극 트랜지스터

### (2) 박막 트랜지스터

가장 흥미있는 박막 전자공학의 목표는 오로지 박막기술로만 박막 트랜지스터를 만드는 것이다. 그래서 공장규모로 제조되는 이러한 소자는 단지 한 가지가 있는데 소위 전기장 효과를 이용한 Weimer의 박막 트랜지스터(TFT ; Thin Film Transistor)인데, 이것은 한 개의 단극성 전기장 효과 트랜지스터(FET ; Field Effect Transistor)이다.

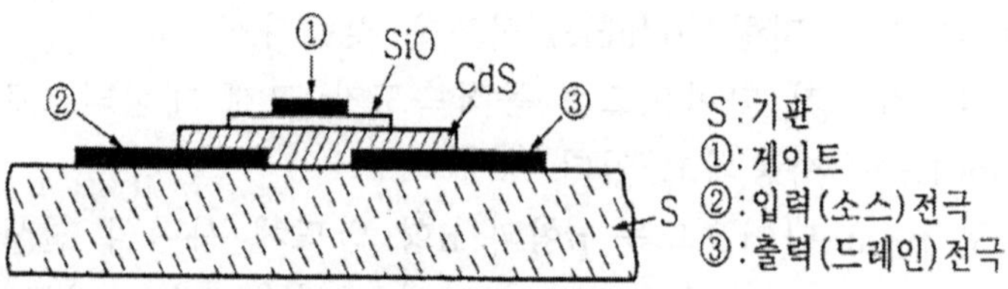


[그림 7-13] TFT의 단면도

TFT의 단면은 [그림 7-13]과 같다. 이것은 유리기판 위에 2개의 금속전극(소스와 드레인)을 증착한 후 그 위에 반도체박막 (a-Si, CdS, CdSe 등)을 증착하고, 그 반도체 박막 위에 유전체(SiO)의 박막을 도포한 다음 게이트 금속전극을 형성함으로써 소자가 완성된다. 그 소자의 소스와 드레인 사이에 전압을 걸어 주면 반도체박막의 저항에 의해 결정되는 전류가 소스와 드레인 사이로 흐르기 시작한다.

이 저항은 게이트 전극의 바이어스로 변경시킬 수 있는데 이는 바이어스의 작용이 전기장을 만들고 반도체의 표면에서 에너지 대역이 아래로 구부러진다면, 즉 그곳의 전자농도가 너 커진다면 게이트의 부바이어스가 소스와 드레인 사이의 전류감소를 초래한다. 이런 동작상태를 공핍형 모드(depletion mode)라고 한다.

만약 반대로 표면층이 에너지 대역을 위로 기울게 하는 상대적으로 낮은 전자농도로 되는 게이트의 양의 바이어스는 전류를 증가시키게 되는데, 이런 동작상태를 증식형 모드(enhancement mode)라고 한다. 트랜지스터의 주요 파라미터는 소스와 드레인 사이의 전류증가와 게이트 바이어스 증가와의 비(ratio)이다. 이 두 형태에서 포화상태가 생기는데 전도 채널은 드레인 전극으로부터 분리될 때 발생한다.

전류-전압 특성의 예를 [그림 7-14]에 나타내었다. 여기서, 충분한 크기의 게이트 바이어스 전압을 인가함으로써 그 전기장의 증가로 캐리어가 증가되어서 드레인 전류가 증가하게 된다. 즉, 그 특성은 반도체 내에 있는 불순물(도너나 어셉터) 농도에 크게 영향을 받는다. 또한, 반도체-절연체의 계면상에 있는 트랩들에 의하여도 영향을 받게 된다. 따라서, 기하학적 구조에 의해서도 역시 크게 영향을 받게 된다.

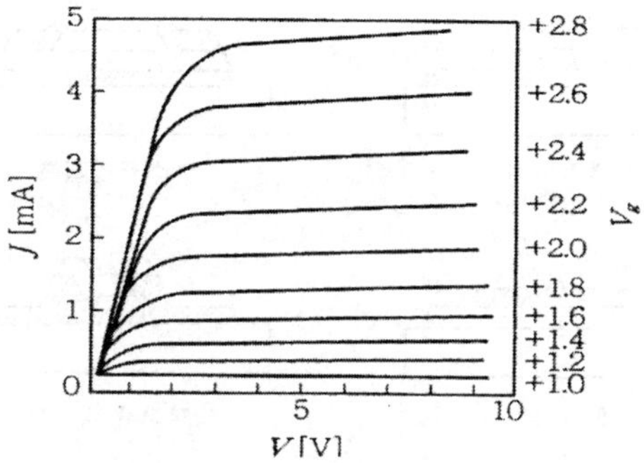


**[그림 7-14] 게이트 전압을 파라미터로 한 증식형 모드의 n형 CdS TFT의 특성**

### (3) 박막 트랜지스터의 종류

박막 트랜지스터는 활성화층(active layer), 게이트 절연층, 소스-드레인 전극과 게이트 전극의 제작순서에 따라 [그림 7-15]와 같이 크게 4가지로 나눌 수 있다.

먼저 게이트 전극과 소스-드레인 전극이 활성화층을 사이에 두고 있는 스태거드형(staggered type)과 게이트 전극과 소스-드레인 전극이 활성화층의 한쪽 면에 같이 있는 코플라나형(coplanar type)이 있다.

스태거드형 박막 트랜지스터는 소스-드레인 전극이 기판 위에 형성되고 활성화층, 절연층, 게이트전극의 순으로 제작된다. 이 형태는 활성화층 위에 주로 발생할 수 있는 단점이 있다. 코플라나형 박막 트랜지스터는 활성화층 위에 소스-드레인 전극, 절연층, 게이트 전극의 순으로 제작한다.

코플라나형은 스태거드형과 마찬가지로 절연층 제작공정에서 발생되는 계면결함 외에, 활성화층 위에 전극을 형성하기 위하여 필요한 식각(etching) 공정으로 인해 계면결함이 더욱 커지는 단점이 있다. 이때문에 비정질 실리콘 박막 트랜지스터에서는 널리 사용되지 않고 있다.

또 다른 구조는 위의 스태거드형과 코플라나형의 제작순서를 역으로 한 역스태거드형(inverted staggered type)과 역코플라나형(inverted coplanar type)이다. 역스태거드형이 비정질 실리콘 박막 트랜지스터에서 가장 많이 사용되고 있다.

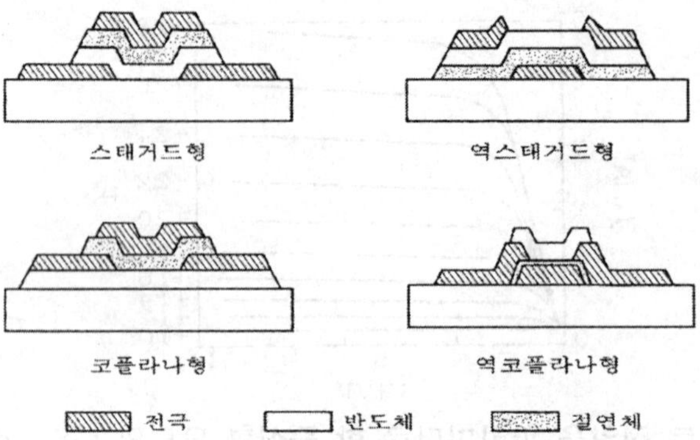


[그림 7-15] 박막 트랜지스터의 기본 구조

## 4. 집적회로

집적화에는 극소화시키는 문제가 공통적인 요구사항이 되고 있다. 우선적으로 납땜작업이 인쇄기판의 연결로 대체된 것이 그 하나일 것이다.

소위 미세모듈(micromodule)이라는 세라믹 기판에 전체 부품을 장착하고, 한편으로는 그 기판 위에 수동소자들을 직접 박막 형태로 제작하는 것이다. 세라믹 기판은 [그림 7-16]에 나타낸 바와 같이 연결되어 있어서 몇 개의 출구만 있는 콤팩트 부록에 장착된다.

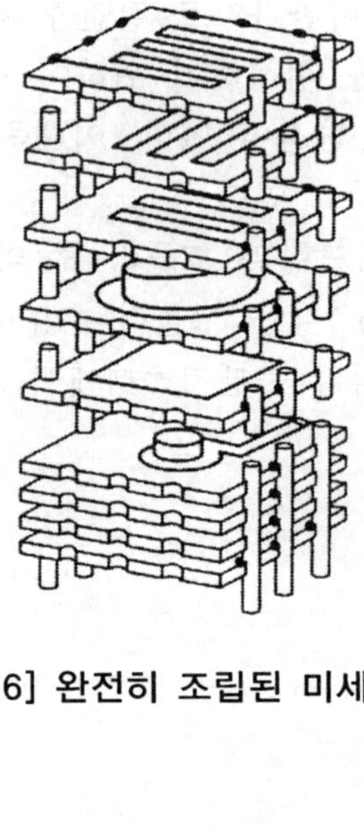

[그림 7-16] 완전히 조립된 미세모듈 단위

### 가. 박막 집적회로(TFIC)와 고체상태 집적회로(SSIC)

그 이상의 발전은 미세모듈로부터 집적회로쪽으로 가는 것이다. 이들은 주로 2가지로 구분된다. 박막 집적회로(TFIC : Thin Film Integrated Circuit)와 고체상태 집적회로(SSIC : Solid-State Integrated Circuit)이다. 이상적인 경우에서 TFIC의 모든 부품은 절연성 기판상에 진공증착으로 만들어지는 것이다.

### 나. 하이브리드 회로

한편, 수동소자들만 박막기술로 증착하고 능동소자들은 분리된 단위로 기판에 고정시키는 것이 하이브리드 회로(hybrid circuit)이다. 하이브리드 회로이 다른 형태로는 단결정 반도체 기반(Si)상에 만드는 것으로 능동소자를 불순물 확산에 의해 만들고 수동소자도 증착하여 만드는 방법도 있다.

### 다. 단순식각 고체전자 집적회로

단순식각 고체전자 집적회로는 주로 실리콘 단결정으로 구성되는데 능동소자나 수동소자를 마스킹이나 접촉기술 등을 혼합해서 적당한 방법으로 보통 반도체 공정기술을 이용해서 만든다. 저항체는 적당한 불순물을 특정지역에 도핑해서 생산되고, 절연층은 이산화규소를 열산화시켜 만든다. 전기용량은 역바이어스하에서 적당한 p-n접합에 의해 만들어진다. 이들 집적회로는 크기가 아주 작다.

## 5. 강성체와 초전도체 박막의 응용

### 가. 강성체 박막

비등방성 강자성체와 초전도성 박막은 정보 저장기능을 가지므로 메모리나 논리회로에 이용될 수 있으며, 특히 디지털 컴퓨터에 이용될 수 있다.

이런 비등방성 자기박막은 자장이 약 100Oe의 자장내에서 300~400℃를 유지하면서 유리나 세라믹 기판 위에 세라믹 도가니로부터 니켈과 철합금(permalloy)의 증착에 의해 이 목적을 위해 만들어진다.

이 방법으로 편이자화(easy magnetization)의 방향이 확립된다. 자화의 재방향 설정은 직접 반전에 의하거나 막의 면에서 벡터 M을 회전시키거나 어느 것으로도 가능하다.

앞의 경우(약 1$\mu$s)는 후자의 경우(1$\mu$s)에 비해 상대적으로 늦다. 그래서 회전을 통하여 방향을 재설정하는 것이 효율적인 면에서 바람직하다.

[그림 7-17]은 강자성체 기억소자에서 자화의 반전과정을 나타낸 것이다.

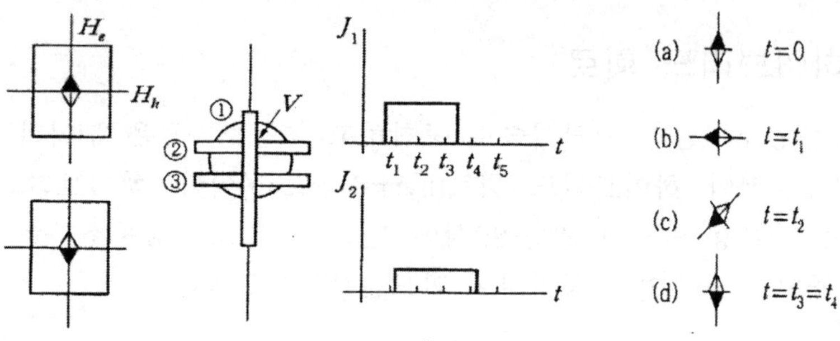


**[그림 7-17] 강자성체 기억소자에서 자화의 반전과정**

강자성체 박막을 가로질러 3개의 도체가 기판과 서로 고립된 상태로 증착되어 있다. 도체 ①과 ③은 기록용 선이고, ②는 판독용 선이다.

초기 단계에서 박막의 자화는 편이방향 중 한 가지를 따라 [그림 7-17]의 (a)와 같이 자침으로 표시되어 있다.

전류 펄스 $I_1$에 의한 자화는 [그림 7-17](b)와 같이 하드(hard) 방향으로 회전되며, 펄스 $I_2$는 [그림 7-17](c) 위치로 회전한다.

두 펄스가 가해진 후 자화는 자발적으로 [그림 7-17](d)에 나타나 있는 방향으로 간다. 즉, 자화상태를 판독하는 과정의 방향 중 하나는 0이고, 다른 하나는 ①이 되는 것이다.

판독선으로 어떤 펄스를 보냄으로써 수행되며 그 펄스가 선 ③내로 어떤 전류를 만들고 그 방향이 박막의 자화에 따른다.

기억소자의 동작속도는 자화방향의 재설정의 속도에 의해 정상적으로 결정되는 것이 아니며 연결된 전기적 회로에서 천이 절차의 속도에 의해 결정된다.

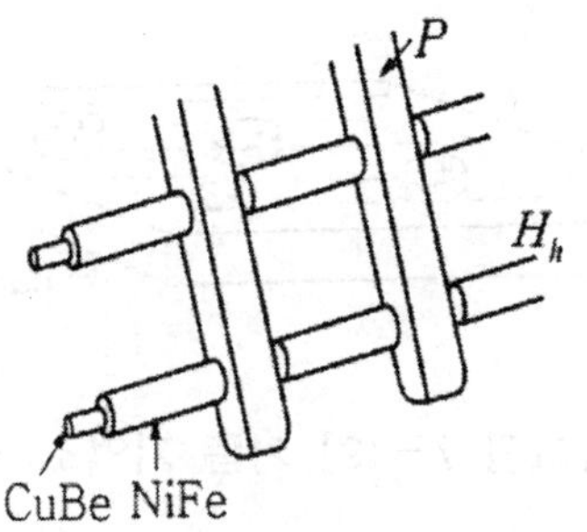


**[그림 7-18] 원통형의 강자성 자기 기억소자의 개략적 구조**

기억소자의 이런 평판식 구조 이외에도 [그림 7-18]과 같은 원통형으로도 만들 수 있다. 보통 CuBe 합금으로 만들어지는 도선은 전해방법으로 강자성체인 니켈과 철의 합금(permalloy)층을 도포한다. 자화축은 그 층의 외면에 놓이고 전류를 흐르게 해서 이룰 수 있다. 전선은 축에 수직으로 깔리고, 이런 모습의 상대적인 이점은 각개 소자의 자기적 회로가 닫혀져 있다는 사실에 놓여 있다. 즉, 그 곳에서는 탈자장은 없다.

자기 기억소자에서 제일 큰 문제는 박막의 균질성과 연관된 데서 만난다. 편이(easy) 축이 비균일한 두께와 내부응력때문에 모든 곳에서 동일한 방향을 갖지 않는다는 사실이다. 이론에 의하면 포화값 $H_A$와 같아져야 하는 항자성(coercivity) $H_K$는 실제에서 더 작다(소위 역박막이라는 경우에는 더 높다). $H_K$는 박막의 두께에 의존하고 보통 0.5~3Oe이다. $H_A$는 기판온도, 증착률, 막 내의 불순물에 의존하고 2~5Oe 값을 갖는다.

## 나. 거품 기억소자

자기 기억소자의 매우 진보된 형태로 이른바 거품기억(bubble memories)이라는 것이 있는데 [그림 7-19]와 같은 거품의 형태로 자기자구(magnetic domain)가 생성되고 이동하여 강자성체 박막에서 검출된다.

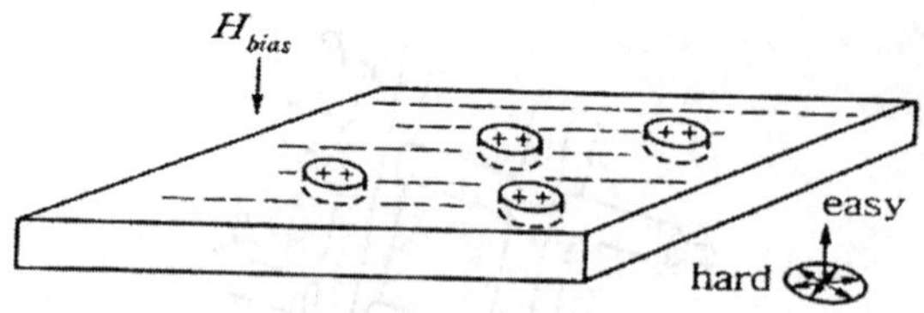


[그림 7-19] 거품 기억소자

## 다. 크라이오트론

크라이오트론(cryotron)이라는 초전도성 스위칭 소자는 매우 적은 크기와 에너지로 높은 동작속도로 동작하는 특성을 갖고 있으나 그들의 동작은 액체 헬륨(He)의 온도에서 구동한다. 박막성분이 없는 일반적인 크라이오트론의 형상을 [그림 7-20](a)에 나타내었다.

이 소자의 구조는 니오븀(Nb) 전선이 탄탈륨(Ta) 막대주위에 감겨져 있다. 액체 헬륨 내에서 두 도체가 초전도성 상태로 유지된다. 적당한 강도의 전류가 그 전선을 통해 흐르면 막대내의 초전도성 상태가 전류유도에 의한 자장의 작용 때문에 파괴되고, 탄탈륨은 정상적인 도체가 된다. 그러나 그 전류는 니오븀 전선 자체 내의 초전도성을 파괴시키지 않기 위해 아주 작아야 한다.

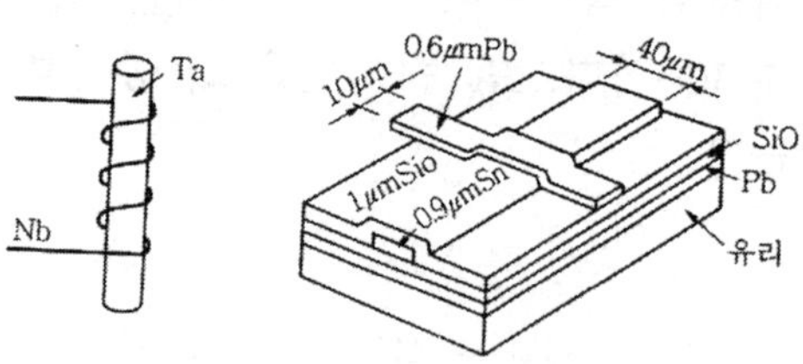


(a) 도선 (b) 박막

[그림 7-20] 크라이오트론

이러한 상태는 다음과 같은 물질의 선택에 의해서만 가능하며, 단 니오븀에 대해 TC는 8K이고, 탄탈륨은 TC는 4.4K이다. 막대내에서 초전도성의 소멸에 대한 적당한 전선에 흐르는 전류값은 도선 자체내에서 초전도성의 소멸에 필요한 것 보다 대단히 적다.

이와 같이 소자도 역시 증폭기와 같이 작동한다. 그러나 이 구조에서 그 소자는 상당한 자기-인덕턴스값을 나타내며, 이것은 천이속도에 결정적인 역할을 한다. 이러한 관점에서 [그림7-20](b)와 같이 박막형 평판 크라이오트론은 호감이 가는 것이다. 양 도체는 증착된 평판 줄(strip) 모양을 형성하고 있다.

니오븀과 탄탈륨은 증착하기가 어렵기 때문에 실제로는 납( $T_c=7.2K$)과 안티몬(Sb)이 사용된다. 절연막으로는 SiO의 증착 박막이 사용된다. 이러한 구조는 위에서 언급한 것보다 매우 적은 인덕턴스를 가지게 되며, ns수준의 스위치 오버 시간을 갖게 된다(정상상태에서 초전도 상태로 천이하는 데 필요한 시간은 $10^{-10}$초 수준이다).

이러한 소자들을 기초로 하여 기억소자의 단위가 개발되어 왔으며, 이들의 기능은 초전도성 회로내에서 어떤 유도된 전류가 실제로 무제한적 시간 동안 흐르게 한 사실이 있다. 그 형태는 [그림 7-21](a)에 나타내었다. 지름이 수 nm인 원형 개구로 된 초전도성(Pb)이 좁은 스포크 형태로 놓여 있다.

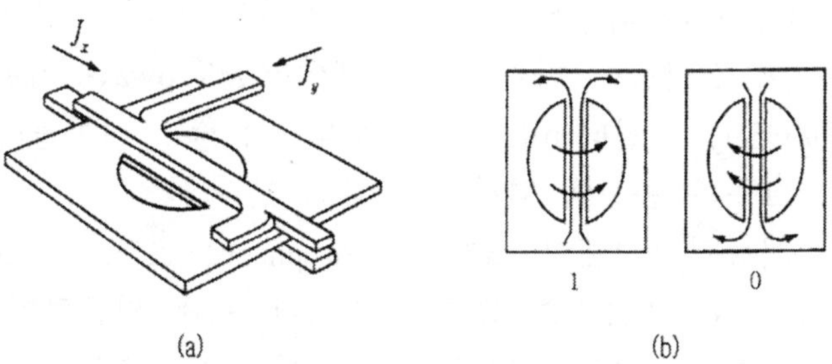


**[그림 7-21] Crowe의 크라이오트론 기억소자**

전류는 서로 절연된 두 개의 평행한 제어선에 의해 스포크에 유도된다. 전류의 통로는 [그림 7-21](b)와 같이 개구 끝에서 폐쇄되어 그 전류는 두 반대방향, 즉 0과 1상태에 해당하는 방향으로 흐른다.

막의 다른 면에 있는 판독선(reading line)은 2개의 기록선과 나란하게 놓여 있다. 유도된 전류는 막내에 있는 2개의 D모양의 폐회로(loop)를 통해 흐른다.

기록선에 의해 유도된 전류의 합은 그 전류로부터 감해지거나 합해진다. 전류가 감해지는 경우에는 스포크는 초전도성 상태로 남아 있고, 판독선에는 신호가 유도되지 않아서 0이 된다. 전류가 합해지면 유도 자장이 임계값을 초과하여 스포크는 정상상태로 변환된다.

정상적인 크기의 회로에서의 시정수는 10에서 20ns 범위에 놓여 있고, 초전도성 기억소자는 고속 컴퓨터의 발전을 위해서 전망이 유망하다. 이들 소자구동에 헬륨이 사용되지만 소모량이 많지는 않다. 예를 들면, 일백만 비트(bit)를 갖는 Crowe의 기억소자는 30L의 체적을 갖고 있음에도 시간당 2L의 헬륨만 소모된다고 밝혀졌다.

마이크로파 소자의 내부벽을 덮은 초전도성 박막은 저항을 무시할 수 있기 때문에 높은 작동 전류밀도를 갖는 회로(약 $10^6 A/cm^2$)나 공진회로, 또는 매우 높은 Q인자를 갖는 필터에 사용될 수 있다.

예를 들면, 고주파 표면저항이 주파수에 따라 증가함에도 불구하고 ($R_s \sim \omega^2$) 공통형 공진자(cavity resonator)가 30GHz에서도 Q=109의 값을 갖는다. 여기에 사용된 박막재료는 Nb과 Pb인데, 이런 소자에는 아주 좋은 표면이 필요하다. 응용 가능한 임계주파수는 Cooper쌍의 해리가 생기느냐에 달려 있고, mm파의 영역에 놓여 있다. 이때 양자들은 에너지 간극(energy gap) Δ(0)의 크기와 비슷하다. 이러한 공진자의 사용으로 높은 안정성을 갖는 공진회로가 제작 가능하다. 10초당 $\Delta\omega/\omega = 3\times10^{-13}$의 안정성을 갖는 반사형 클라이스트론 회로와 10초당 $1.3\times10^{-13}$의 안정성을 갖는 건 다이오드로 만든 발진기가 개발되었다. 가까운 장래에는 1년당 10－15까지의 안정성을 갖는 소자도 기대할 수 있다. 그들의 저잡음 수준 때문에 이 소자들이 마이크로파 메이저(microwave maser), 매개변수증폭기(parametricamplifier), 필터(filter), 저감쇠 동축 케이블선(low-attenuation coaxial line) 등의 고주파 통신에 역시 적용되고 있다.

매우 넓은 응용 가능성이 2개의 조지프슨(Josephson) 효과, 즉 AC와 DC를 이용한 것에 의해 제공된다. 조지프슨 효과는 자장에 그게 의존하기 때문에 감도는 [그림 7－22]와 같이 2개의 평행 연결된 약한 접합의 사용으로 더욱 향상된다.

그 소자는 SQUID(Super-conducting Quantum Interface Device)라 하고, 이것은 초전도체에 의해 닫혀진 폐회로 내에서 자속의 변화로부터 일어나는 두 접합 사이의 양자간섭에 근거를 둔 것이다.

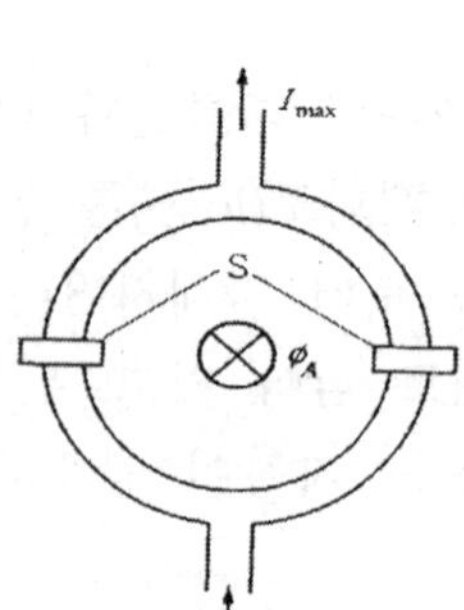


[그림 7－22] 2개의 조지프슨 접합으로 된 간섭 마그네트론 미터(S접합)

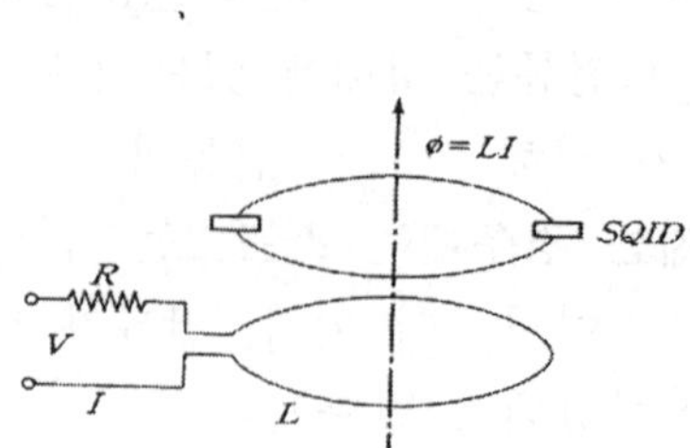


[그림 7－23] 2개의 접합으로 된 클라크 간섭 전압계

이와 유사한 원리로 전류에 의하여 유도된 자장을 측정하는 전압계와 미세 전류계를 기초로 하고 있는데(그림 7-23 참조), 그것들은 각각 $10^{-15}$V와 $10^{-6}$V의 감도를 가지며 이론적인 한계는 $10^{-19}$V 정도이다.

접합을 갖는 이 시스템은 약한 자장이나 전류로 초전도 상태에서 정상상태로 접합을 스위칭할 수 있으므로 논리회로에서 응용할 수 있다.

결과로서 전압이 약 $10^{-12}$초의 기간 안에 0에서 $V=2\Delta/e \sim 1$mV까지 점프(jump)할 수 있다.

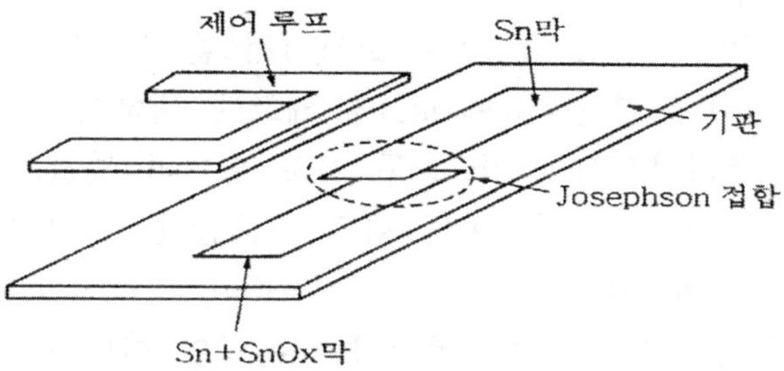


**[그림 7-24] 조지프슨 효과를 이용한 크라이오트론**

이러한 터널 크라이오트론을 [그림 7-24]에 나타내었다. 그 스위칭 시간은 약 $8\times10^{-10}$초로 측정되었고, 이것은 전체 측정 시스템의 상승시간(rise time)과 맞먹는 것이다.

조지프슨의 교류효과는 마이크로파의 발진에도 사용할 수 있다. 주파수는 1에서 1000GHz의 범위이다. 그 선폭은 주로 한 개 전자와 Cooper쌍의 숏 잡음(shot noise)에 의해 결정된다. 그 선의 분광 선명도는 약 $10^{-7}$이다. 직렬저항 R과 점접촉으로 된 접합에서 선폭은 RT에 비례한다. 이 사실은 측정온도를 수 mK까지 낮추는 데 적용되고 있다.

조지프슨 접합의 전류-전압 특성에 대한 입사 전자기 복사의 영향을 고려해서 복사의 감도 검출기가 sub-mm수준의 범위와 $10^{-10}$W의 에너지 레벨까지 낮추어 구성될 수 있다.

조지프슨 접합은 특히 비선형 특성을 나타내기 때문에 적외선 영역까지의 혼합기(mixing)로 사용될 수 있다. 고정밀도를 갖는 전압-주파수 사이의 관계로 $2e/h$ 값을 정확히 안다는 가정에서 그 가능성을 결정할 수 있다(현재 시점에서 이 상수는 $0.12\times10^{-6}$ 내에 있다고 알려져 있다).

## 6. 표면파를 이용한 마이크로 음향소자

이 연구분야는 지난 몇 년 동안 현실로 다가와서 고주파영역(10MHz에서 3GHz까지)에서 작동하는 소자에 관하여 매우 밝은 전망을 보이고 있다. 전자기파와 비교해서 이 파의 낮은 전파속도와 작은 감쇠는 이들의 주요 장점이다.

더욱이 표면파에 기초를 둔 이 시스템은 높은 안정성을 보이며, 제조기술면에서도 미세 전자공학의 소자를 생산하는 데 있어서 그 표준방법 외의 어떤 특별한 것도 요구되지 않았다.

표면파의 기초 위에서 능동 및 수동 소자이건 둘 다 제조될 수 있는데, 수동소자에 관해서는 이미 도파관(waveguide)의 제조에 대하여 논의한 바와 같이 이것은 높은 출력의 분리기로서의 기능, 두 회로 사이의 연결기로의 기능, 지연선, 공진자, 필터로서 작용할 것이다. 이들 회로는 분산된 파라미터로 거동한다(그들의 크기는 그 파장과 비슷하다).

증폭기에는 여러 형태가 있는데, 여기서는 분리된 미디어 증폭기(SMA : Separated Media Amplifier, [그림 7-25] 참조)만을 취급한다. 이 증폭기는 상대적으로 아주 좋은 파라미터를 나타내고 있다.

인터디지털 트랜스듀서(interdigital transducer)에 의해 여기된 탄성파는 압전물질($LiNbO_3$)의 표면을 따라 전파된다.

이와 같이 생성된 전자기장은 반도체(Si) 내로 공극(air gap)을 통해 투과해 들어가서 직류전압의 작용으로 움직이는 전자와 같이 행동한다.

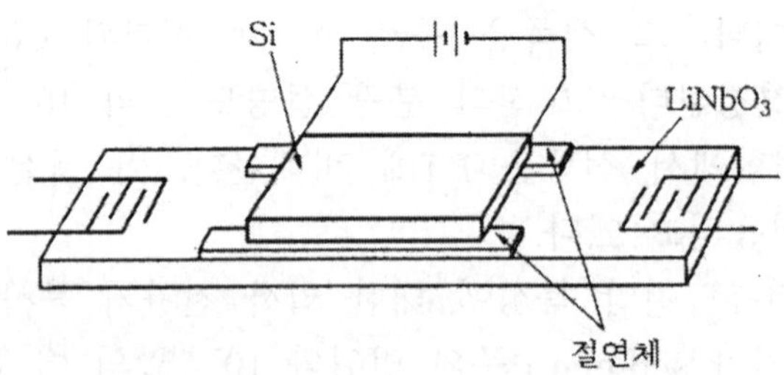


**[그림 7-25] 분리된 미디어 증폭기(SMA) 회로의 다이어그램**

이런 증폭기의 주파수 응답은 공극 두께가 2가지인 값에 대해 [그림 7-26]에 나타내었다.

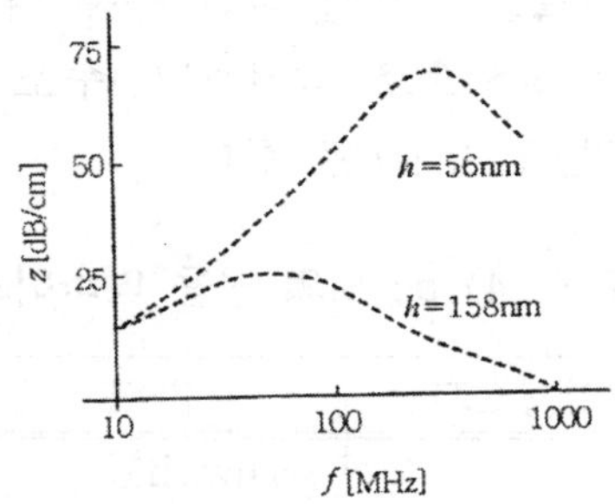


[그림 7－26] 공극이 다른 SMA의 주파수특성

# 7－5 비정질 실리콘 반도체의 응용

## 1. 서 론

비정질 반도체재료 중에서 결정질 반도체만큼의 활발한 연구개발이 수행되어 왔고 어느 정도의 실용화도 이루고 있는 것은 유기고분자(organic polymer) 재료를 제외하면 이 테트라헤드랄(tetrahedral)계 반도체, 특히 비정질 실리콘(a-Si)의 응용 디바이스이다.

이미 태양전지(solar cell), 컬러검출기가 상품화되었고, 팩시밀리용 광검출기, TV 촬상관 타깃, 복사용 감광체 등의 광전변환 디바이스 및 박막 트랜지스터, 열전효과형 전력검출기 등 <표 7－4>에 표시한 것과 같은 여러 방면에 응용되고 있다.

테트라헤드랄계 반도체에 대한 종래의 연구/개발 분야는 단지 결정질 반도체와 칼코게나이트 반도체를 사용하여 만들어진 디바이스를 어떻게 하면 대신할 수 있는가였지만 비정질 실리콘 특유의 물성을 살린 새로운 디바이스의 개발이 최근의 연구방향이다. 여기에서는 우선, a-Si 태양전지에 있어서 조금 상세히 서술하고 다음에 a-Si과 관련재료를 사용한 다른 응용 디바이스의 개발상황을 소개한다. 여기서 비정질실리콘을 a-Si으로 약기하고, 수소 또는 불소의 존재의 문제로 하는 경우는 a-Si : H 또는 a-Si : F로 한다.

〈표 7-4〉 a-Si의 응용 디바이스

| 기초현상 | 기능소자 | 구 조 | 응용 디바이스 |
|---|---|---|---|
| 광기전력효과 | 광 다이오드 | sandwich형<br>pin<br>MIS | 태양전지<br>광센서 |
| 광도전성 | 수광소자 | 평판형<br>sandwich형 | 광센서<br>촬상관 타깃<br>전자사진감광막<br>광위치검출기 |
| 전계효과 | FET | MIS | 박막 트랜지스터 |
| 열기전력효과 | 열전대 | pn | 파워미터 |
| 광흡수 | 광선택투과막 | pin | 하이브리드형<br>solar 시스템 |
| 화학반응성 | | 미립분말 | |
| 응력에 의한 저항변화 | | | 굴곡 게이지센서 |

## 2. 태양전지

1973년 이후 2번의 석유위기에 의해서 대체에너지 개발의 필요성이 인식되어 연구투자가 행해져 왔다. 자연에너지의 이용에도 여러 가지 방식이 제안되어 왔지만, 대부분의 것은 경제적이든 기술적이든 실용성이 없는 것이라는 것이 차츰 밝혀지고 있다. 이와 같은 상황 가운데서 태양전지(solar cell)에 대한 발전은 무한한 태양에너지를 가장 깨끗한 형태로 비교적 고효율로 이용할 수 있고, 재료자원도 풍부하며 발전에 이용되는 시스템의 가격도 현행의 발전방식과 동등하게 인하시킬 수 있다. 이와 같이 태양전지는 여러 가지의 장점을 가지기 때문에 장래의 에너지 공급을 담당하게 될 방식의 하나로 인식, 발전해왔다.

<표 7-4>에서 나타낸 바와 같이 광기전력효과를 이용한 응용 디바이스에는 태양전지와 광센서가 있다. 이러한 광기전력효과는 반도체의 pn 접합의 공간전하영역을 새로운 진성(intrinsic) 반도체층으로 고려한다면 pin구조의 해석에서 가

장 기본적인 성질의 하나이다.

원리를 간단하게 설명하기로 하면, 얇은 pn 접합에 빛이 입사하면 접합부근에 빛이 흡수되어 전자 · 정공쌍(electron-hole pair : EHPs)이 생성된다. 광 생성 EHP 중에서 소수캐리어, 즉 n형 영역의 정공과 p형 영역의 전자는 확산에 의하여 접합에 이르고 접합부의 드리프트 전계에 의하여 접합의 반대쪽으로 흐르게 되어 다수 캐리어 속으로 매몰한다. 이렇게 하여 증가한 다수 캐리어의 분극전하가 외부에 전류로 나타나게 된다.

여기서 Is는 접합의 포화전류(saturation current), $I_L$은 빛에 의한 생성전류(optical generation current)이다. 이 경우 전류 I 와 인가전압 V 와의 관계는 [그림 7-27]과 같이 된다.

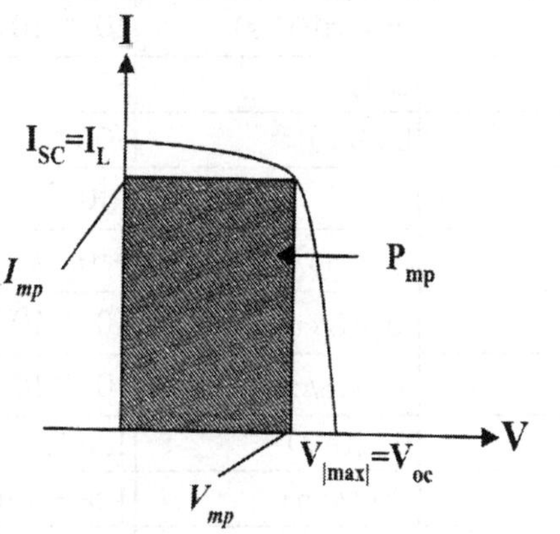


**[그림 7-27] 태양전지에 광이 입사된 경우의 전류-전압특성**

이 곡선이 V 축으로 교차하는 경우가 최대 전압이 된다. 즉, $V_{MAX}=V_{OC}$이 되며 $V_{OC}$는 외부에 전류를 취하지 않는 경우의 전압으로 개방전압(open circuit)이라 부른다. 또 이 곡선이 I 축과 교차하는 경우가 $I_L=I_{SC}$이다. $I_{SC}$는 부하저항이 0인 경우의 전류로 단락전류(short circuit current)라 한다. 그림의 사각부분은 이 태양전지에서 나오는 최대전력 $P_{mp}$를 나타내며 $P_{mp}$와 입사광 power비를 광전변환효율(conversion efficiency) η로 표시한다.

결국 $I_{SC}$나 $V_{OC}$가 크더라도 곡선인자가 작으면 외부에 충분한 전력을 보내는 것이 불가능하다. 곡선인자는 보통 0.25~1 사이의 값을 취한다. 태양전지로 이용할 수 있는 소자는 빛이 입사했을 때 [그림 7-27]과 같은 전류-전압특성이 얻는 것이라면 좋으므로 p-n접합 외에 MS(또는 MIS)의 쇼트키 접합이나 pin 접합 및 헤테로 접합(hetero junction) 등 여러 가지 접합을 이용할 수 있다.

## 가. a-Si 태양전지

태양전지의 재료로서는 단결정 및 다결정 Si, a-Si, Cds 등의 화합물 반도체가 사용되어 왔다. 태양광 발전의 대규모 실용화에는 대면적, 고효율의 반도체소재를 싼값으로 제조하는 공정 개발이 필요하다.

〈표 7-5〉 c-Si과 같이 비교한 a-Si의 물성과 태양전지 제조공정의 특성

| | 항 목 | 기호(단위) | a-Si | c-Si |
|---|---|---|---|---|
| 물 성 | 국제준위밀도 | $N_s$(1/㎤eV) | $10^{16}$~$10^{17}$ | ~$10^{12}$ |
| | 전자이동도 | $\mu_e$(㎠/V s) | $10^{-1}$~$10^{-2}$ | 1500 |
| | 정공이동도 | $\mu_h$(㎠/V s) | $10^{-2}$~$10^{-4}$ | 500 |
| | 전자확산길이 | $L_e$(μm) | ~1 | 30 |
| | 정공확산길이 | $L_h$(μm) | ~0.1 | 200 |
| | 전자수명 | $\tau_e$(s) | ~$10^{-5}$ | 2.5 × 10 |
| | 정공수명 | $\tau_s$(s) | ~$10^{-5}$ | 2.5 × $10^{-3}$ |
| | 암전도도 | $\sigma_d$(S/cm) | $10^{-7}$~$10^{-5}$ | 4 × $10^{-6}$ |
| | 광전도도 | $\sigma_{ph}$(S/cm) | $10^{-4}$~$10^{-5}$ | ~1 |
| | 광에너지갭 | $E_{opt}$(eV) | 1.5~1.8 | 1.1 |
| | 광흡수계수 | $\alpha$(1/cm) | 1.5~3×$10^4$ | 5 × $10^3$ |
| | 분광감도의 적합성 | | 충분 | 불충분 |
| 제조공정 | 대면적화 | | 용이 | 곤란 |
| | 제조시 에너지소모 | | 작음 | 큼 |
| | 원료(금속 Si)소모량 | g/$w_p$ | 0.6 | 140 |

<표 7-5>는 c-Si과 a-Si의 물성과 태양전지 제조공정의 특징을 나타낸 것이다. 표에 나타낸 바와 같이 a-Si은 대면적의 박막광전 변환소재로서 결정 Si(c-Si)을 능가하는 몇 가지 특성이 있다.

a-Si(특히 a-Si:H) 박막이 태양전지로서 특히 주목되는 이유는 다음과 같다.

① a-Si의 광에너지 값은 이론적으로 최대 광전변환효율을 주는 약 1.4~15eV에 가까울 뿐 아니라 태양광 에너지 분포의 최대 피크인 500nm파장(약 1.48eV) 부근의 빛에 대한 흡수계수가 c-Si에 비교하여 약 1자리수(order) 정도 크다. 또한 c-Si는 간접천이형(indirect transition type)이기 때문에 400nm보다도 장파

장인 빛에 대한 흡수계수는 그다지 크지 않다. 이러한 사실은 a-Si 태양전지가 약 1자리 수 얇은 박막에서도 c-Si과 같은 정도의 변환효율이 얻어질 가능성이 있는 것을 의미하고 있다. 박막두께가 얇은 경우에서는 a-Si:H쪽이 c-Si보다도 유리하다.

② 박막제조의 공정에 있어서도 a-Si은 c-Si보다 매우 간단하고, 가격 면에서 유리하다. 예를 들면, 글로우방전 분해(GD) 방법으로 제작되는 a-Si 박막의 경우 최적의 특성을 갖는 기판온도가 250~300℃ 정도이다. 이 온도범위는 열분해 CVD 방법에서 $SiH_4$ 가스로 다결정 실리콘막을 형성할 때의 최저온도인 약 650℃에 비교하여 매우 낮다. 이러한 사실로부터 우선 기판가열을 위한 전력이 적게 되므로 박막형성시의 소비전력이 절약된다. 또한, 기판으로 스테인레스나 유리를 이용하더라도 a-Si:H박막과 반응하거나 바람직하지 않은 불순물을 확산하거나 하는 염려가 적다

③ $SiH_4$에서 글로우방전 분해에 의하여 직접 박막이 형성되므로 박판을 꺼내는 경우와 비교하여 낭비가 적고 순수한 박막을 형성하기에 용이하다. 또한 $B_2H_6$, $PH_3$ 등의 불순물을 혼합하여 확산시키므로 p-n 제어나 접합 형성을 용이하게 할 수 있다. 이 때문에 a-Si은 반도체 디바이스 재료로서의 가능성이 보여지면서 연구 초기로부터 채 10년도 지나지 않아 기초 물성과 응용에 관계하는 많은 연구가 진행되어 왔다.

이상과 같은 이유로 1976년에 RCA에서 변환효율 5.5%의 a-Si 태양전지를 개발하였다고 보고된 이래 저가의 태양전지재료로서 주목을 받아왔다. 그렇지만 광의 흡수계수만 예측하면 1㎛의 박막두께에서 10% 이상의 변환효율이 얻어져야 할 a-Si 태양전지도 그것을 실현하기 위해서는 몇 가지 문제점을 해결해야만 했다.

비정질반도체와 같이 금지대내에 많은 국제준위를 가지는 반도체에서는 광여기된 캐리어가 바로 자유롭게 움직일 수 있도록 되는 것은 아니다. 즉 광여기된 전자·정공쌍은 이동도가 작기 때문에 서로의 Coulomd-필드에 의해 속박되어 외부전계가 열에너지의 도움을 빌려서 비로소 자유롭게 된다. 외부전계가 작은 경우에는 자유롭게 되는 것은 아니고 그 필드에서 재결합되어버린다. 그 때문에 양자효율의 외부전계 의존성이 나타난다. 이런 종류의 재결합은 쌍자-상(geminator)재결합이라 하며, a-Se이나 유기 광도전체에서 관측되지만 a-Si:H에서도 존재하며 낮은 전계에서의 양자효율을 저하시킬 가능성이 있다.

전자사진이나 촬상관의 축적형 소자에서 쌍자-상 재결합이나 낮은 이동도는 높은 전계가 걸려 있는 박막의 두께방향으로만 캐리어를 이동시켜 박막의 면방향으로는 캐리어의 이동을 일으키지 않으므로 고해상력을 유지하는 데 오히려

바람직하다고 생각된다.

그러나 태양전지는 전자 사진에 비하여 훨씬 낮은 전계에서 동작하기 때문에 박막의 대부분에 전계가 걸리도록 p-n접합뿐만 아니라 pin 구조를 채용하는 것이 보통이다. 또한 a-Si:H에서는 전자의 확산길이보다도 정공의 확산길이가 짧으므로 광입사측을 p형으로 하여 소수캐리어인 전자를 확산시키는 편이 효율면에서 유리하다.

이상과 같은 문제점은 모두 a-Si 태양전지의 효용을 향상시키기 위해서 극복하지 않으면 안되는 것이지만 최근에 비정질반도체내의 국제준위를 줄이기 위하여 비정질상과 미결정상과의 혼합상을 이용하든가, p형층의 금지대폭이 좁아지게 되는 것을 방지하기 위해서 다량의 수소를 혼합하여 주입한다거나, 실리콘과 탄소와의 혼합 비정질 박막을 창(window)재료로써 이용하든가의 실험이 행해지고 있다.

일반적인 경우 a-Si 태양전지는 c-Si 태양전지보다 높은 $V_{oc}$를 가지지만 $I_{sc}$ 및 FF에 있어서는 떨어지는 경향이 있다. 높은 $V_{oc}$는 높은 에너지 갭(band gap)에 대응하고 낮은 $I_{sc}$와 FF는 셀의 내부저항이 큰 것과 더불어 순방향 바이어스 V가 $V_{oc}$에 근접할 때 *i*층에 걸린 전계가 저하되고, 확산 길이가 짧은 캐리어의 재결합이 일어나기 쉬워진다. 즉, 광전류 바이어스 의존성에 기인한다고 생각된다. 그러나 최근 막제작기술이 진보해서 c-Si 태양전지에 필적하는 FF > 0.7의 cell도 얻어지고 있다.

1976년 2.4%로 시작한 변환효율도 해마다 1% 정도의 신장을 계속해서 소면적(≤1㎠)의 cell에서는 이미 11~12%를 넘었고, 대면적(≥100㎠)의 셀에서도 이미 효율 8%(AM 1)를 해결하고 있다. 비교적 고효율 a-Si 셀의 I-V 파라미터값을 <표 7-6>에 나타내었다.

〈표 7-6〉 효율 10.5% a-Si 태양전지의 I-V특성 파라미터

| 파라미터 | 측정값 | 파라미터 | 측정값 |
|---|---|---|---|
| 입력광 밀도, $P_{in}$ | 100mW/㎠ | 곡선인자, FF | 0.689 |
| 단락전류, $I_{sc}$ | 1.922 A | 광전변환효율, η | 10.50% |
| 개방전압, $V_{oc}$ | 0.83V | 면적, S | 1.05㎠ |

## 나. a-Si 태양전지 구조와 제조법

결정 Si과 화합물 반도체를 사용한 태양전지는 일반적으로 p-n접합형 셀구조를 가지지만 비정질 실리콘의 경우 P를 첨가한 n형과 B를 첨가한 p형의 a-Si으로부터 직접 p-n 접합을 형성해도 양호한 정류성 및 광전변환 특성은 관측되지 않는다. 이것은 p와 n층에 결합준위가 많고, 접합부에서 터널전류가 지배적으로 되기 때문이다.

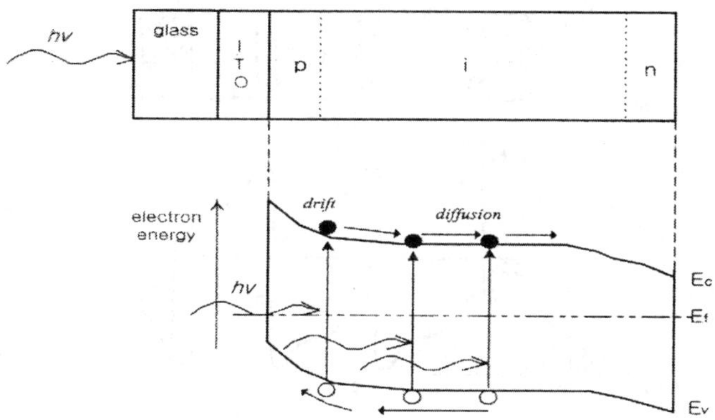


**[그림 7-28] a-Si의 기본적 구조와 밴드 모델**

a-Si 태양전지는 [그림 7-28]에 나타낸 바와 같은 pin 구조(p, n층 사이에 진성반도체층 i를 끼운 구조)를 하는 것이 보통이다. 광을 흡수하는 i층에는 전도대로 밀어올려진 전자(•)와 가전자대의 정공(◦)대가 생성되고, 이들 캐리어는 양측의 p, n층에 의해서 생기는 전계로 분리되고, 서로 역방향으로 흘러 p, n층에 접합한 전극을 통해서 외부회로에 유출된다.

댕글링결합 등에 기초로 한 캐리어 국재준위를 많이 가지고, 캐리어의 확산길이가 짧은 a-Si의 결점은 광흡수계수가 크고, 박막(~0.5㎛)화 할 수 있는 특성 및 전계가 i층에 걸친 셀 구조상의 연구에 의해서 보상되고 있다.

또한, a-Si은 낮은 온도에서 형성되는 박막이므로 박막소자가 아니고는 할 수 없는 다층구조의 셀도 제안되었다. [그림 7-29]는 그 일례지만, p-i-p-i-n-…이라는 구조를 취하여 n층과 p층이 직접으로 접하고 있는 부분에서의 재결합을 이용하여 비대칭의 기전력을 얻기에 성공하였다.

이러한 구조는 실질적으로 태양전지를 몇 개 직렬로 접속한 것으로 되고 높은 기전력이 얻어지지만 변형구조로서 광의 입사면에서 순서대로 금지대폭이 점점 좁아지게 되는 재료를 이용한다면 입사에너지를 유효하게 이용할 수 있다.

또한 재료 그 자체로서 a-Si : H이 350~400℃의 비교적 저온에서 수소를 방출하고 변질하는 결점이 있는 경우에 더욱 결합력이 강한 불소(F)를 수소 대신에 이용하는 것도 제시되고 있다. 불소계 a-Si(a-Si : H : F)은 수소계에 비교하여 내열성은 뛰어나지만 제작방법이 어렵고 태양전지로의 성능도 특히 뛰어난 것은 얻어지지 않고 있다. a-Si 태양전지의 신뢰성 향상은 해결해야 할 과제이다.

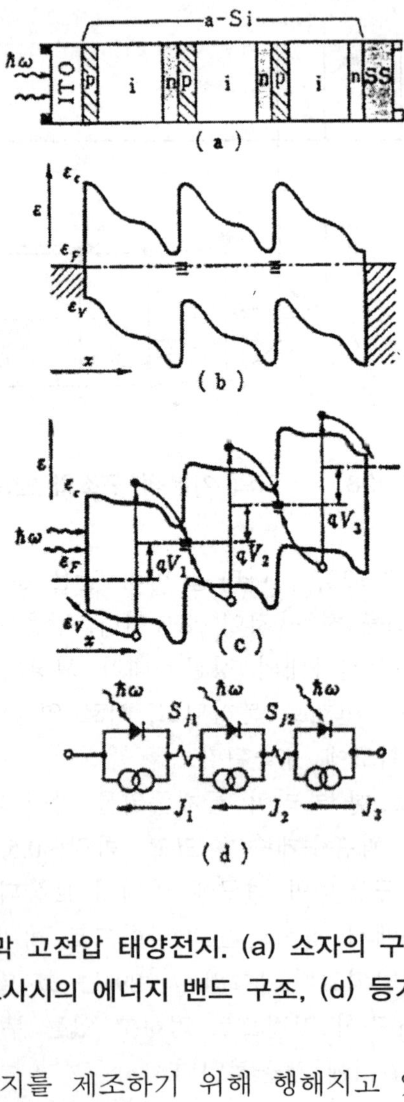


[그림 7-29] 다중층막 고전압 태양전지. (a) 소자의 구성, (b)열적 평형상태 (c) 광조사시의 에너지 밴드 구조, (d) 등가회로도

비정질 실리콘 태양전지를 제조하기 위해 행해지고 있는 플라즈마 CVD법에 의한 a-Si : H막의 제조에서는 원료 가스(통상 $SiH_4$) 및 도핑을 위한 불순물($PH_3$, $B_2H_6$)도 기체이기 때문에 반응계에 공급하는 기체의 절환만으로 pin형 광전변환

소자를 만들 수 있고, 다른 소재를 사용한 공정보다 매우 간단하다. 또 반응온도가 낮고(약 300℃), 생성되는 막은 비정질이기 때문에 기판으로서 유리 고분자, 금속, 세라믹 등 다양한 종류의 재료를 사용할 수 있는 것도 큰 특징이라 할 수 있다.

a-Si 태양전지는 Spear가 1975년에 $SiH_4$의 글로우방전 분해(GD)에 의한 a-Si막의 가전자 제어를 발표한 다음해에 재빨리 RCA사의 Carlson들에 의해서 [그림 7-28]에 나타낸 것과 같은 pin형의 셀(변환효율 2.4%)로서 출현했다.

그 후 일본 등에서 활발한 연구개발에 행해지고, 1980년에는 일본 삼양전기가 세계에서 처음으로 a-Si 태양전지의 공업생산을 개시했다.

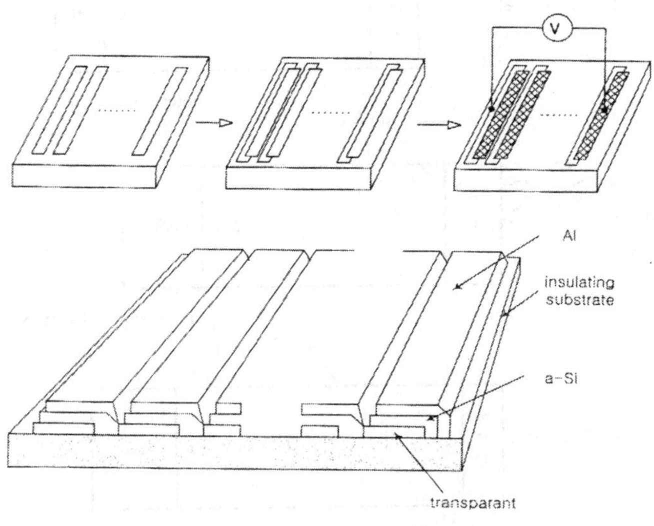


**[그림 7-30] 집적형 비정질 실리콘 태양전지**

태양전지의 재료는 미국에서는 1984년말의 시점에서는 아직 결정 실리콘(c-Si)계가 주류이지만, 일본에서는 전자식 탁상계산기, 손목시계, 충전기 등 각종 민생기기의 전원용을 중심으로 a-Si 양전지의 수요가 급증하여 1982년에 들어서 2.1MW/g의 광발전용 셀의 생산량의 56%를 a-Si계가 차지하기도 하였다.

이 민생기기의 전원에는 특성 및 제조공정상의 이점을 살린 [그림 7-30]에 나타낸 제조 공정, 즉 몇 개의 pin형 셀을 직렬, 병렬로 접속하고, 소정의 출력을 얻을 수 있도록 설계된 집적형 셀이 이용되었다.

그밖에 $SiH_4$와 $CH_4$에 소량의 $B_2H_6$를 가해 혼합가스의 플라즈마 CVD로 제작한 p형 a-SiC는 에너지 갭이 넓고 단파장 - 광을 흡수해서 광도전선을 표시해서 다른 광은 잘 통하기 때문에 창재(window)로서 우수하다. $SiH_4$을 $H_2$로 저농도로 희석하고, 높은 방전전력을 투입해서 글로우방전 분해하면, 미결정화한 $\mu$C-Si가 생성된다. 링을 드롭해서 n형으로 하고, 창층에 사용하면 전도성이 높고 캐리어를 효율좋게 수집한다. 에너지갭이 넓은 a-SiC와 SiN을 함유한 창측으로 붙이고, 반대측에 갭이 좁은 a-SiGe 등의 셀을 쌓아올린 다층구조 셀은 a-Si태양전지의 변환효율을 18~24%까지 높일 수 있는 가능성이 있다(그림 7 - 31 참조).

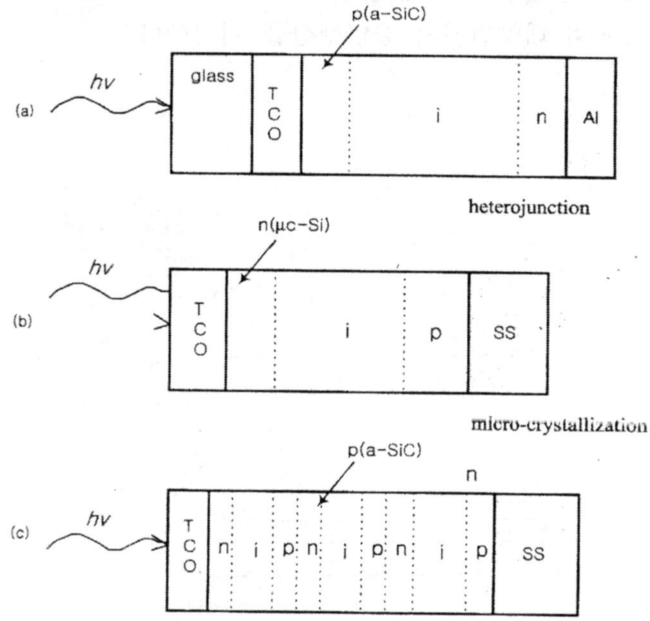


**[그림 7 - 31] 고효율 태양전지의 셀 구성(TCO : 투명도막, SS : 스텐레스기판)**

태양전지의 용도는 최근까지는 전자식 탁상시계, 시계 등의 소형 민생품, 벽지의 등대와 무선 중단소 등의 특수한 전원뿐만 아니라 주택, 학교, 공장에서의 전력공급을 가정한 실험발전설비의 설계를 포함한 대규모 광발전의 실용화를 목표로 한 연구도 이미 진행되었다.

결정계에 비해서 1/100의 Si 소요량으로 충족되는 a-Si 태양전지의 개발은 원료 자원면에서도 중요하다. 박막 제조공정과 디바이스 설계면에서는 한층 광전변환효율의 향상(대면적 셀로 10~12% 이상), 고속제조법의 개발, 광조사의 동반하는 a-Si 박막의 열화(Stabler-Wronskin 효과)방지를 함유한 내구성의 향상 등이 차후의 연구과제이다.

## 3. 광전변환 디바이스

a-Si은 태양전지 이외의 광전변환 디바이스의 소재로서도 주목받고, 기업을 중심으로 하는 활발한 응용연구가 수행되어 왔다. <표 7-4>에 나타낸 바와 같이 태양전지와 같은 광기전력효과를 이용하는 것과 비정질 칼코게나이드에도 보여진 광도전효과를 이용하는 것이 있다. 후자의 특성을 응용한 전자사진 감광막, 촬상관 타깃에는 종래의 칼코게나이드를 사용하는 것보다도 더욱 우수한 성능이 요구된다.

광센서는 미소한 반도체소자(의 집합)에 노출된 광파워를 감지하여 전류로 변환하는 디바이스이다. 입사광의 색을 식별하는 컬러센서, 소자를 직선상(1차원)에 배치해서 대상물체로부터 반사하는 빛의 농담을 식별하는 팩시밀리용 밀착 이미지 센서, 빛 평면상(2차원)에 배열된 소자 배열을 이용하는 고체 촬상판 등이 실제의 응용 디바이스로서 이용된다.

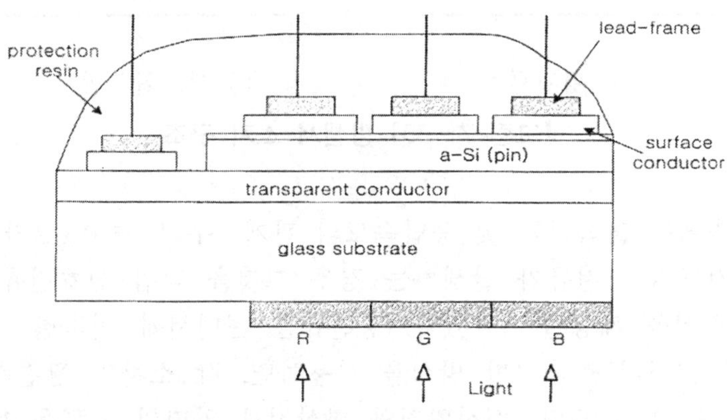


[그림 7-32] 집적형 a-Si 컬러센서

광센서 소자는 보통 다이오드형과 저항형의 2가지 타입이 있고 광전류 발생 메커니즘, 소자구조 및 신호검출방식에서 차이가 있다. 다이오드형 광센서는 실질상 pin 접합 또는 쇼트키 장벽을 가지는 a-Si 태양전지와 같은 것이고, 광기전력 효과에 근거해 1차의 광전류가 출력신호로 된다. [그림 7-32]에 나타낸 a-Si 컬러 센서는 이런 형식이고, 색 유리 필터를 소자의 입사면상에 접착해서 특정 파장 영역 광, 즉 색을 식별한다.

광센서소자의 구조는 [그림 7-33]에 나타난 평판형과 샌드위치형으로 분류된다. 평판형은 전극간에 바이어스를 걸어두고, 광조사에 의해 a-Si 박막의 도전율 변화에 동반하는 2차의 광전류를 검지한다. 가공상의 제약 때문에 전극간 거리는 10㎛ 정도로 되고, 응답속도에서는 뒤지지만 박막의 pinhole은 문제가 되지 않는다. 샌드위치형에서는 얇은(0.5~1.0㎛) 박막에서 두꺼운 박막 방향으로 광전류가 흘러서 고속 저전압 동작에 적합하다.

두 타입 센서의 I-V 특성은 서로 크게 다르며 a-Si 막이 저항으로서 기능을 하느냐 광다이오드로서의 기능을 하느냐에 달려 있다.

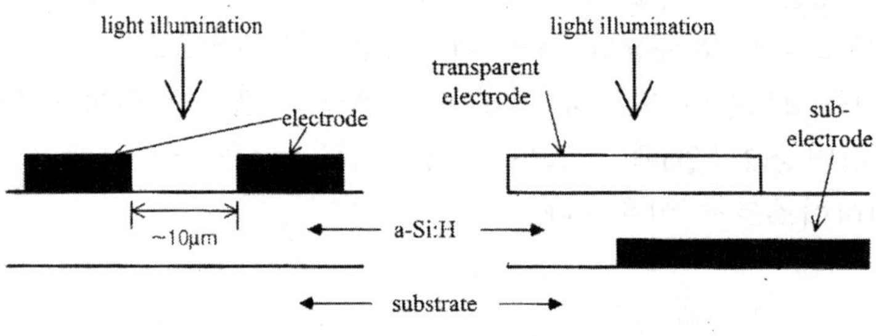


(a) 평판형　　　　(b) 샌드위치형

**[그림 7-33] 광센서 소자 구조**

신호의 검출에는 출력이득 및 응답속도의 관계로부터 약 0.1μA가 필요하다. 소자당 0.1μA 정도의 광전류가 발생하는 경우 그것을 직접 신호전류로 하는 실시간형의 검출방식을 채용할 수 있다. 광전류를 콘덴서에 비축한 후 순간적으로 신호전류로서 읽어내는 축적형 방식을 사용하면, 각 소자의 광전류가 1μA 정도라도 읽어낼 수 있게 된다. 팩시밀리와 화상정보 처리의 입력용 1차원 밀착 이미지 센서의 구조를 [그림 7-34]에 표시하였다.

IC 센서를 사용한 종래의 이미지 센서는 20~30nm의 크기로 한정되어 있기 때문에 A4, B4의 원고사이즈에 대해서 상을 축소 투영하는 광학계를 필요로 한다. 원고와 렌즈 사이즈 간의 거리는 300~400nm를 요해서 장치의 소형화를 곤란하게 하고 있다.

a-Si을 사용한 이미지 센서는 대면적화가 가능하고, 원고와 같은 폭으로 만들어지기 때문에 장치를 소형화할 수 있다. 또 경합하는 CdS-CdSe 등의 칼코게나이드계의 밀착형 센서에 비교해도 광응답속도, 내열성, 기계적 강도에서 우수하다.

TV카메라 등에 쓰이는 촬상 디바이스는 수광면에 투영시킨 광상을 광전류로 변환시켜 전하를 축적하고, 수십 ms마다 전자빔을 주사시켜 읽어들이는 2차원의 축적형 수광 디바이스이다. 구조는 칼코게나이드를 광도전층으로 하는 것과 거의 동일하고, a-Si : H의 막질, 디바이스 구조의 개선에 따라서 a-Si 촬상관을 실용화하기 위한 연구개발이 진행되어 왔다.

센서 소자를 2차원으로 배열시켜 수광부로 하고, IC를 신호 독출(읽어냄)용으로 하는 고체 촬상판도 실용화되고 있다. 수광부와 주사회로부가 동일 평면상에 형성되어 있는 초기의 구조 때문에 양자를 적층해서 입체적으로 배치하고, 1칩에서 컬러 화상신호가 얻어지는 소자도 만들어졌다. 보통 복사기에 쓰이는 전자사진 감광체로서는 a-Se이 압도적 우위를 지켜왔다.

a-Si : H는 점도(viscosity)가 1500~2000kg/㎟로 a-Se계의 30~40배의 감도를 가지고, 내구성, 감도, 독해속도, 내열성에도 우수하고, 장치의 소형화에도 유리하기 때문에 a-Se을 대신할 감광체로서 이용되고 있다. 복사기의 시장규모는 크기 때문에 이미 실용화된 태양전지용과는 다른 성질 즉, ① 높은 박막 암저항과 ② 15~20㎛의 두꺼운 막(태양전지는 1㎛ 이하)이 요구된다.

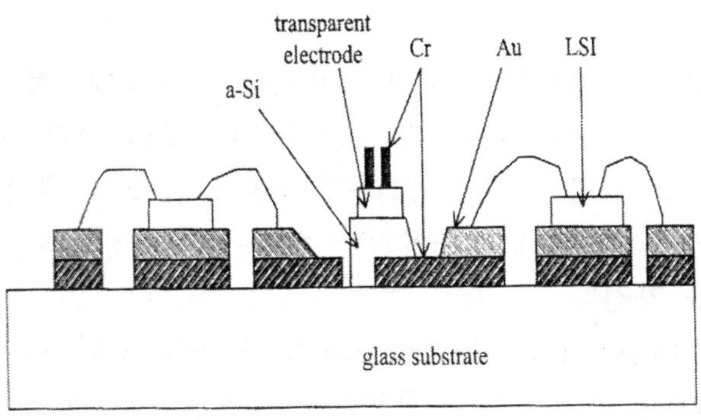


[그림 7-34] 1차원 밀착 센서의 구조, 화소밀도

$SiH_4$를 원료로 하는 종래의 PCVD법에서는 막형성속도가 1~2A/s로 빠르고, 고속반응법의 개발에 의해 가격의 절하가 실용화의 열쇠가 되었지만 1984년부터 월 1000개의 감광 드롭의 생산이 가능하게 되었다.

[그림 7-35]의 광위치 검출기(PSD : Position Sensitive Detector)는 광도전성의 응용 디바이스의 예를 나타낸 것이다.

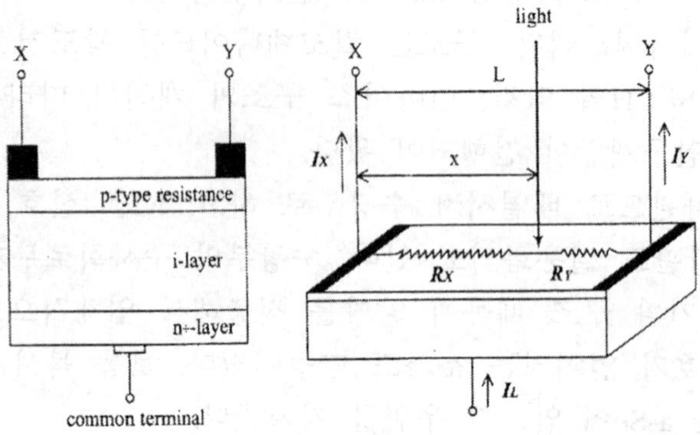


[그림 7- 35] 광위치 검출기

# 4. 박막 트랜지스터

현재 실용화되고 있는 반도체소자의 대부분은 결정질재료를 이용한 것이고 특히 이극 트랜지스터(BJT)나 전계효과 트랜지스터(FFT) 등의 능동소자에는 주로 단결정만을 이용하고 있다. 이것은 캐리어 이동도나 소수 캐리어의 수명시간 등이 단결정에서 가장 뛰어나기 때문이지만 반면에 단결정이기 때문에 대면적화가 곤란하다는 결점을 가진다.

한편, 액정이나 EL(Electro-Luminescence)을 이용한 평면 디스플레이용의 스위칭 회로나 구동회로용 소자에서는 동작속도를 조금 느리게 하더라도 유리 기판 위에 직접 형성하는 것이 바람직하다.

이와 같은 요구조건에 따라 초기에는 CdSe, Te 등을 이용한 박막 트랜지스터가 개발되었다. a-Si : H에서 전계효과가 보고된 이래 이것을 박막능동소자에서 이용하려는 시도가 몇 가지 수행되어 왔다.

전계효과트랜지스터(FET)는 반도체층에 a-Si : H를 사용하고, 전극과 절연층도 증착, 스퍼터, 플라즈마 process 등의 박막형성법으로 퇴적하는 것에 의해서 박막화할 수 있다.

이와 같은 박막형의 FET를 박막 트랜지스터(TFT : Thin Film Transistor)라 한다. 액정표시 디바이스에 있어서 액정층에 걸린 전계를 제어하는 matrix array에 응용하고, 브라운관을 대체하는 대면적 패널 디스플레이를 저전압, 저전력으로 구동하는 소자로 이용된다.

한 예가 TFT-액정디스플레이(liquid crystal display)이다. a-Si : H 박막은 250℃ 정도의 저온에서 제작할 수 있다는 사실로부터 유리기판 위에 박막회로를 형성할 수가 있다. 그러나 캐리어 이동도면에서 CdSe박막이나 다결정 Si박막에는 미치지 못하여 고속성에 문제가 있다. 현재 실용화되고 있는 TFT-LCD 분야는 거대한 시장을 갖는 단결정 반도체소자 시장과 경쟁할 수 있는 별도의 분야라 할 수 있다. a-Si TFT를 이용한 집적화 수광소자의 한 예를 [그림 7-36]에 나타내었다.

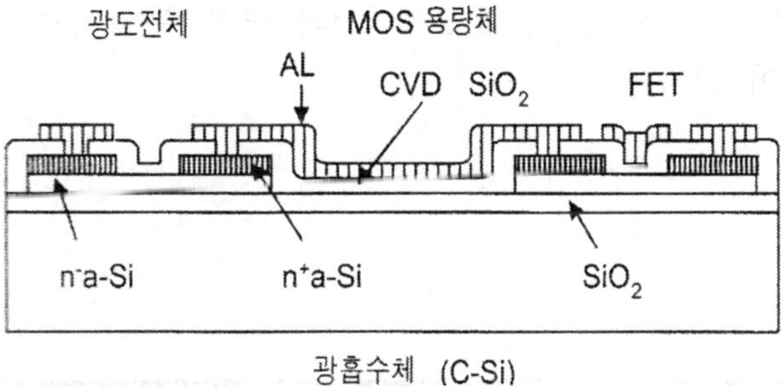


[그림 7-36] a-Si 박막 트랜지스터(TFT)를 이용한 집적화 수광소자의 한 예

## 5. 실리콘계 비정질 재료의 응용 디바이스

a-Si을 사용한 박막 열전대(thermocouple) 센서, 파워 센서 및 굴곡-게이지 센서의 개발연구가 진행되어 왔다. $SiH_4$와 $NH_3$의 PCVD에 의해서 만들어진 a-SiC : H와 a-SiN : H 각각이 태양전지의 창-재료 및 TET의 절연막으로 사용되고 있다.

a-SiC는 박막 시미스터(thermistor) 등의 응용이 고안되었고, 또 a-Si막은 광의 선택투과성 소자에 응용 가능성도 있다는 것이 알려져 있다. 이것을 응용해서 유리관에 a-Si 태양전지를 형성하고 셀1을 투과하는 적외선광으로 관내의 물을 데우고, 태양광과 열에너지 양자를 효율적으로 이용하는 하이브리드형 태양 시스템도 개발되어 있다.

그밖에 메탄 등의 탄화수소의 PCVD에 의해서 a-Carbon 박막이 생성될 수 있는데, 반응조건을 선택하면 다이아몬드의 미결정을 함유한 막(diamondlike carbon film : DLE film)도 만들 수 있다. 유기물의 글로우방전 분해는 일반적으로 플라즈마 중합으로 일컬어지지만 반응 장치적으로나 메커니즘적으로도 PCVD와 같은 것이다.

플라즈마 중합에 의해서 pin-hole 이 없는 유기 박막이 생성되고 플라즈마 개시 중합에 의해서 고분자량($\geq 10^7$)의 폴리머가 생성된다. 플라즈마 중합은 여러 가지 물질의 표면의 개질(질을 고침)과 코팅에 쓰인다. 예를 들면 가소제가 용출하기 쉬운 폴리염화비닐 상태에 표면 코팅을 입혀서 용출을 억제하는 것은 혈액 주머니로서 사용되는 것이고, 유기 고분자 재료의 대부분은 비정질상이다. a-Si :H은 말하자면 석탄에도 대비될 수 있는 고도의 다리를 놓는 일종의 고분자(열경화성 수지)로 볼 수가 있다. 실제 a-Si : H의 구조 분석에는 고분자 분석의 방법이 많이 도입되어 있다.

## 7-6 비정질 합금재료의 응용

비정질 합금(amorphous alloy)은 균질하게 흐트러진 원자구조를 가지고 있기 때문에 결정질 금속과 비교해서 실용적으로 다수의 유리한 특성을 가질 것이라고 짐작할 수 있다.

비정질 합금이 공업용 재료로서 주목받게 되었던 것은 1970년대에 들어서 용융급랭(melt-quenching)법이 고안되고, 그 이후 비정질 금속의 실용화연구는 급속히 발전해 왔다. 현재에는 주로 자성재료와 관련된 응용분야에 한정되어 있으며 비정질 합금을 사용한 제품의 상당부분이 시판되고 있다. 또한, 자성체 이외의 다른 분야에 있어서도 실용화되어 있는 예가 많다.

### 1. 고강도 재료

융체로부터 초급랭법에 의해 제작되었던 비정질 합금은 높은 강도, 경도, 인성을 지닌 특성을 가지고 있어서 일반 고강도 재료에 있기 쉬운 저인성의 발현을 동반하지 않고, 매우 높은 인성을 나타내므로 종래의 결정질 금속재료를 훨씬 능가하는 우수한 고강도 재료라 할 수 있다.

이와 같은 고강도 성질에 착안해 steel radiator, steel belt 등으로 대표되는 고분자재료의 복합재 등으로의 응용이 시도되었지만, 결국 성공을 거둘 수 없었다. 가장 큰 이유는 비정질 합금재료의 본질적 약점인 열적 불안정성에 있다. 비정질 합금은 가열됨과 동시에 결정화가 일어나고 현저히 포화된다. 결정화에 이르지 않는 100~200℃ 정도의 온도에 있어서도 장시간 동안에는 기계적 특성이 변화한다. 특히, Fe계 비정질 합금에는 현저한 포화를 일으키는 것이 있다고 알려져 있다.

양산 가능한 비정질 합금재료의 형태가 얇은 띠, 가는 선, 가루형태에 한정되어 있는 이상 용접이 곤란한 것도 큰 결점이다. 또 경도와 인성 모두 큰 것이 가공성의 결점으로 이어지고, 가공비가 높아지고, 희망하는 가공정도를 얻기 어렵게 되는 것도 많은 경우 무시할 수 없는 요인으로 되고 있다.

그러나 비정질 합금이 고강도 재료로서의 응용에 있어서 차후의 발전가능성이 없는 것은 아니다. 고강도 특성과 다른 우수한 특성, 특히 내식성을 조합해 상온 이하의 온도에서 이용하는 용도, 이른바 콘크리트 철근 같은 용도로 사용될 수 있다. 그 밖에 복합재료 소재로서의 가능성도 유망하다. 고강도 재료의 분야는 경합하는 소재가 많고 비정질 금속재료의 실현을 거두는 중요한 것은 생산가격이고 차후의 양산기술의 발전이 이 분야 발전의 동력이 될 것이다.

## 2. 트랜스 재료

비정질 자성 합금은 지벽의 운동을 방해하는 입계와 석출물이 존재하지 않은 균질한 금속조직을 가지고, 결정의 경우와는 다르게 원자구조의 이방성이 극히 작기 때문에 결정자기 이방성을 가지지 않고 본질적으로 연자성으로 되어 있다. 따라서 이력손실이 대단히 작은 재료를 얻을 수 있다.

전기저항도 결정질 금속과 비교해서 5~6배 크기 때문에 과전류 손실도가 작다. 이 결과 대단히 손실이 작은 트랜스 코아 재료를 실현할 수가 있었다. 이 특성은 전력용 트랜스 재료로서 기본적으로는 1회의 용해와 응고의 과정으로 제조하는 것이 가능하고, 어떤 단계로도 거치는 복잡한 열처리가 필요한 통상의 결정성 자성 재료와 비교해서 제조에 필요한 에너지를 큰 폭으로 줄일 수 있는 것이 가능하게 되었다.

이와 같이 비정질 트랜스 재료는 에너지 절약의 관점으로 볼 때 큰 가능성을 갖춘 재료이고 많은 연구가 진행되어 왔다.

전력용 트랜스 재료로서 필요한 자기특성은 ① 낮은 철손, ② 적은 경시변화, ③ 높은 자속밀도, ④ 높은 투자율, ⑤ 낮은 자왜 특성이다.

그 중 ①과 ④는 효율로, ②는 성능의 안정성으로 ③은 자성 재료의 사용량으로 각각 관련되어 있다. ⑤의 자왜가 크면 트랜스 소음이 커지게 된다. 비정질 트랜스 재료가 현재 널리 쓰이고 있는 K-소강판에 대해서 유리한 것은 ①과 ④이고 다른 점은 불리하다.

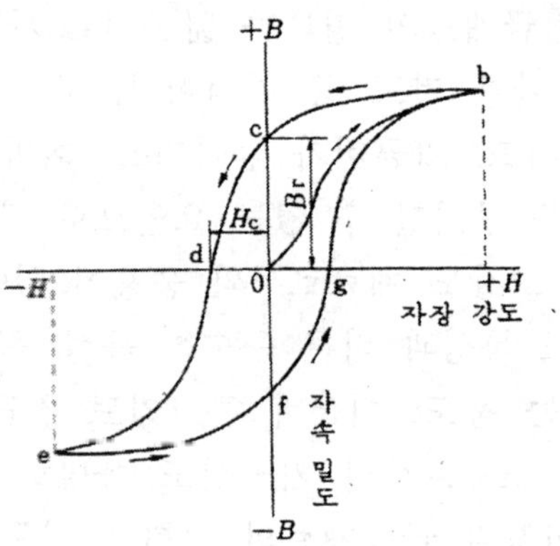


**[그림 7−37] 강자성체와 자화곡선**

철손이 많은 것은 외부로부터 교번자계가 걸려 있을 때인데, 이때의 자화 곡선은 [그림 7−37]과 같다. 이력곡선에서 구부러진 면적이 1주기 정도로 잃어버린 에너지에 해당한다. 따라서 그림에 나타난 보자력 $H_C$가 작고 저항률이 크기 때문에 철손이 극히 작아서 이것이 트랜스 재료로서의 가장 큰 이점이 되고 있다. 또한 비정질 합금 자성재료는 본질적으로 투자율이 높기 때문에 트랜스에 이용되는 경우 여자전류를 작게 할 수 있어서 효율이 좋다.

한편, 비정질 합금의 포화자속밀도가 아무래도 3% K-3소강판보다 작은 것은 중대한 결점이라고 생각된다. 실제 에너지(절약) 때문에 K-철강판을 사용하는 경우 낮은 자속밀도를 채용하는 예가 많아지고 있다. 따라서 현재로서는 포화자속밀도가 크지 않은 것이 비정질 합금의 치명적인 결점이라고 간주할 필요는 없다.

실용 트랜스 재료로서 구비조건들은 ① 낮은 가격, ② 제조 용이(비정질 형성 능력이 우수)와 열적 안정성 우수, ③ 가공이 쉬워야 한다.

이같은 관점에서 유망한 비정질 합금에는 Fe-B-Si 및 Fe-B-Si-CrP 합금이 있다. 코발트(Co)를 첨가하는 것으로 투자율과 포화자속밀도가 우수한 합금을 얻는 것이 가능하지만, 코발트는 고가이기 때문에 비용이 중시되는 전력용 트랜스 재료에는 적당하지 않다.

Fe-B-Si계 합금의 포화자화에 대한 조성의존성을 보면 보자력의 최소치와 투자율의 최대치가 모두 $Fe_{78}$, $B_{12}Si_{19}$의 부근에서 얻어진다. Fe-B-Si계 합금에 C를 적당량 첨가하면 포화자속밀도를 크게 할 수 있다. C가 너무 많으면 보자력을 증대시키고 열안정성도 열화하기 때문에 C의 첨가량은 통상 3% 이하로 억제시킨다.

이와 같은 특성 밸런스를 고려해서 실용 트랜스 재료의 후보가 결정되지만 현재의 포화자속밀도를 크게 하는데, 주안을 둔 Fe함유량 80~82%의 계와 Fe함유량 77~79%의 철손을 작게 하는데 주안을 둔 계가 있다.

이와 같이 해서 결정된 비정질 트랜스 재료를 사용해서 10~50kVA의 용량의 배전용 트랜스를 실제로 제작해서 실용적 견지에서 평가를 수행하는 개발연구가 미·일에서 행해진 바 있다.

## 가. 경시변화

경시변화 특성을 조사하는 것은 상용화에 처해서 가장 중요한 것이지만 현재의 자료로는 전력용 트랜스에 요구되는 약 30년의 수명기간에 걸친 특성변화를 예측하기에는 불충분하다. 그러나 환경조건을 엄격하게 했던 가속실험으로는 일단 만족할만한 결과가 얻어지고 있다. 특히, 비정질 합금의 경시변화에서는 분위기의 영향이 크기 때문에 주의를 요한다.

## 나. 리본의 표면 형성능력

단일 low법에 의해서 제작했던 리본은 일반적으로 분위기 기체의 영향을 받아서 평탄한 표면을 얻을 수 없다. 표면이 거칠면 철손과 보자력의 영향력이 있다. 게다가 심각한 것은 비정질 재료가 차지하는 체적률을 낮춰버리게 된다. 리본은 20~40㎛로 얇기 때문에 영향은 매우 크다.

덧붙여서 단일 low법으로 만들어진 두께 30㎛의 비정질 리본이 차지하는 체적률은 80~85%이고, 두께 300㎛의 K-소강판의 95%와 비교하면 꽤 작다. 이것도 비정질 합금을 사용한 전력용 비정질 시험제작품에서는 총 중량이 종래 제품보다 20% 정도 큰 원인의 하나로 되고 있다. 비정질 리본 표면의 평탄도는 제작시의 분위를 진공 또는 헬륨 가스로 하면 크게 개선된다는 것이 보고되고 있다. 또, 용량의 온도, 분출압, 냉각로의 회전수 등 제작시의 파라미터에 대한 의존성도 크다.

## 다. 후처리에 따른 자성의 개선

제작된 비정질 리본은 350℃ 부근의 온도에서 열처리함으로써 자기성능을 개선할 수 있다. 이것은 제작된 그대로의 리본은 남아 있는 나쁜 여파를 남김으로써 연자기 특성을 열화시키고 있기 때문이다. K-소강판의 경우라면 효과가 있다고 보고되고 있다. 이른바 열처리할 때 자장을 거는 것은 특히 효과가 크고, 장력의 부여, 자구(자기, 자장구역)의 세분화 처리 등도 효과가 있다.

## 라. 전력용 비정질 트랜스 재료의 장래성

비정질 합금은 전력용 트랜스 재료로서 우수한 특성을 가지고 있고, 몇 가지 문제점을 가지고 있기는 하지만 실용재료로서 유망하다고 고려된다. 그러나 전력용 트랜스 재료는 비교적 대량으로 사용되는 것이기 때문에 무엇보다도 가격경쟁력이 우선된다. 이 면에서는 비정질 재료는 과거에는 재료비가 K-소강판과 비교해서 매우 비싸고, 중량도 컸기 때문에 불리하였다. 그러나 매년 에너지 가격이 상승하기 때문에 에너지 절약의 중요성이 더욱더 커져서 비정질 트랜스 재료의 저손실 특성은 주목받고 있다.

비정질 합금은 결정자기 이방성을 가지고 있지 않기 때문에 작은 자왜의 조성을 찾아 비정질 리본을 제작해서 유도자기 이방성을 억제하는 처리를 행하면 고 투자율의 자성재료를 얻을 수 있다.

합금조성을 선택하면 슈퍼 퍼멀로이(permalloy)와 같은 정도의 투자율이 얻어지며, 더욱이 전기저항률이 크고 경도가 높아지는 우수한 특성을 가지고 있기 때문에 고투자율 재료는 가장 먼저 응용이 고안되었던 분야이다.

응용대상은 전자부품과 센서이고, 이것들은 사용하는 양이 적기 때문에 재료가 고가이더라도 성능순서로 채용을 결정하는 것이 많아서 비정질 재료는 실용화의 선두를 달리고 있다.

## 3. 자기 헤드로의 응용

비정질 자성체를 사용한 오디오용 테이프기록 헤드, 전자계산기용 자기 헤드, 계측기용 센서 헤드 및 비디오 헤드 등은 이미 실용화되어 있다. 비정질 자성재료는 고주파 특성이 좋은 탓인지 오디오 헤드, 카트리지 모두 고음의 음질이 좋다는 것이 일반적인 평가이다. 이 같은 헤드 재료를 시작으로 하는 센서 재료에 요구되는 특성은 다음과 같다.

① 포화 자속밀도가 큰 것 : dynamic range가 큰 고보자력의 자성체를 사용한 자기테이프 등의 기록층에 고밀도로 기록, 재생하기 위해서 필요하다.
② 실효 투자율이 큰 것 : 헤드의 기록효율 및 재생효율을 크게 한다.
③ 전기 저항률이 큰 것 : 과전류 손실을 적게 하고 고수파의 특성을 양호하게 한다.
④ 내마모성이 큰 것 : 헤드와 센서의 수명을 길게 한다.
⑤ 자성에 기인하는 잡음이 적은 것 : 일반적으로 잡음을 줄이기 위해서 보자력이 작은 재료를, 또 테이프 레코더에서는 접동 잡음을 작게 하기 위해서 자왜 계수가 작은 재료를 쓸 필요가 있다.
⑥ 가공성이 좋은 것 : 헤드와 센서의 자성체는 소형이고, 더욱이 복잡한 형태를 하고 있기 때문에 재료는 정밀한 가공을 할 수 있을만큼 가공성을 가질 필요가 있다. 또한, 가공에 따라서 회복 불능한 자성의 열화를 일으켜서는 안된다.

헤드 재료와 센서 재료로서 비정질 고투자율 재료의 특징은 첫째로 결정자기 이방성을 가지지 않는다는 것이다. 비정질 합금은 결정격자를 구성하지 않기 때문에 결정의 이방성에 기인하는 자기 이방성을 일으키지 않는 것은 명백하다. 결정자기 이방성은 투자율을 감소시키는 보자력과 히스테리시스 손실을 증가시켜서 연자특성을 나쁘게 하는 원인이 되기 때문에 결정자기 이방성을 가지지 않는 것은 비정질 합금이 본질적으로 유리하다.

비정질 고투자율 재료는 자기 이방성의 영향을 작게 하기 위해 자왜를 거의 0의 조성을 선택하기 때문에 자왜가 주 원인인 접동잡음은 매우 적다. 비정질 합금은 전기저항률이 통상의 합금에 비해 수배 이상이나 커서, 자심으로서 사용될 때 두께 20~40㎛ 정도의 특히 얇은 리본을 적층한 모양을 형성될 수 있어서 과전류에 대한 저항이 큰 고주파특성을 지배하는 과전류 손실이 대단히 작아진다.

비정질 합금의 또 한 가지의 이점은 경도가 커서 내마모성이 우수하다는 것이다. 이것들의 특성은 비정질 합금 자성 재료가 본질적으로 자기센서 재료로 적당하다는 것을 나타낸 것이다.

자기 헤드 재료로서 비정질 합금 재료의 최대 약점은 포화자속밀도가 고보자력 녹음 테이프인 메탈 테이프의 녹음에 충분한 정도로 크지 않다는 것이다. 또 가공과 실온 이상의 온도 사이클을 가함에 따라 유도자기 이방성이 발생해서 자기 특성이 열화하는 고투자율 재료가 일반적으로 가지는 약점도 남아 있다. 가공성에 대해서도 어려움이 있다. 비정질 합금은 높은 경도와 인성을 함께 갖추는 장점을 갖지만, 가공에 대해서는 이것이 마이너스로 동작해서 정밀한 가공에 시간이 걸리게 된다.

<표 7－7>을 보면 결정 금속 자기 센서 재료와 비정질 재료의 자기 센서로서의 특성을 비교할 수 있다.

이 표로부터 알 수 있듯이 비정질 합금에는 강력한 라이벌이 존재한다. 용융급랭법으로 제작된 리본 형태 sendust 합금은 매우 우수하고, 비정질 합금의 우수함에 뒤지지 않는 특성을 나타낸다. 비정질 합금이 새롭게 등장해 온 신자성 재료의 특성을 견뎌내고, 현재 쓰이는 자기 헤드 재료, 자기 센서 재료와 치환해 가기 위해서는 앞에서 말한 문제점의 제거방법과 더불어 조성, 열처리, 가공법 등의 면에서 연구를 진행해나갈 필요가 있다.

비정질 합금은 결정성 합금보다도 훨씬 넓은 범위에서 연속적으로 조성을 바꾸고, 유연한 각가지 재료마다 합금 원소를 받아들일 능력을 가지고 있기 때문에 차후에 연구 발전에 큰 기대를 할 수 있을 것이다.

**〈표 7－7〉 고투자율 비정질 합금과 결정 합금과의 비교**

| 비정질 합금 | | | | | 결정 합금 | |
|---|---|---|---|---|---|---|
| | | | | | Mo 퍼멀로이 | Miners |
| 조성(%) | FeB | FeBSiC | FeCoNiSiB | CoCrZr | NiMoFe | FEAlSi |
| 초기투자율 $\mu i$ | | 2,500 | | | 20,000 | 30,000 |
| 최대투자율, $\mu MAX$ | 320,000 | 300,000 | 120,000 | 34,800 | | |
| 포화자속밀도 (gauss) | 16,000 | 16,100 | 54,000 | 5,400 | 8,700 | 11,000 |
| 보자력(Oe) | 0.040 | 0.04 | 0.002 | 0.007 | 0.05 | 0.05 |
| 비저항(Ωcm) | $1.4\times10^{-4}$ | $1.25\times10^{-4}$ | $1.9\times10^{-4}$ | $1.26\times10^{-4}$ | $5.5\times10^{-5}$ | $8.5\times10^{-5}$ |
| 퀴리－온도(℃) | 374 | 370 | 480 | 360 | 460 | 500 |

## 4. 고투자율 합금의 그 밖의 응용

비정질 고투자율 합금은 자기 헤드 이외에 자기 실드 재료, 자기분리용 재료, 자기증착 재료에 이용되고 있다.

전자(기)장과 저주파의 교번 자장을 차폐하기 위하여 사용되는 자기 실드 재료로는 매우 복잡한 열처리를 필요로 하는 퍼멀로이 계열의 합금이 사용되어 왔지만 이 합금은 고가인데다가 약간의 충격과 가공으로 특성이 크게 변화해 버리는 특성이 있다.

비정질 고투자율 재료의 특성을 살려서 자기증폭 재료로써 사용하고 회로의 간략화를 꾀하고 고장이 적은 스위치 전원이 개발되어 시판되고 있다. 비정질 재료의 채용에 의해 부품 개수를 대폭을 줄일 수 있었을 뿐만 아니라 스위치 주파수를 높게 하는 것이 가능하게 되고 소형으로 고신뢰성, 고효율의 전원이 실현됐다. 폐유 배수 등의 정화에 쓰이는 자기분리재는 내식성이 우수한 비정질 합금으로 가능한 응용분야이고, 환경정화에 대해 강한 사회적 요청과 함께 연구개발이 진행되어 왔다.

자기분리란 강한 자장의 힘으로 강자성 불순물과 상자성 불순물을 흡착분리해서 폐지 액체의 정화를 행한 것이어서 고투자율뿐만 아니라 고포화 자속밀도, 고내식성이 요구된다.

비정질 합금을 이용한 자기분리 장치는 분리 처리속도가 종전보다 3배 향상되고 분리가 곤란한 약한 자성 불순물도 처리 가능케 된다고 보고되고 있다. 이 기술은 장래 해수 등의 희박한 액수로부터 강자성 혹은 상자성 물질을 분리하는 새로운 기술로도 응용 가능하다고 기대된다.

## 5. 광자성 박막 재료

박막형 비정질 자성합금의 응용분야가 열리고 있는 것은 현재 페리자성(ferrimagnetic) 특성을 가지는 비정질 희토류 천이금속(rare-earth transition-metal)이다. 이 계의 합금은 페리자성 합금이 자기 보상온도 부근에서 보자력이 급격히 변화하는 것을 이용한 자기 전사와 강자성 이상 홀효과가 큰 것을 이용해서 자기 센서로서 응용하는 것이 제안되었지만 주목해야 할 것은 다음에서 서술되는 2종류의 기억매체로서의 응용이다. 박막 비정질 자성 합금의 제법은 주로 스퍼터링법에 의해 이루어진다.

## 가. 자기 버블 메모리 재료

1973년에 스퍼터링법으로 제작된 GdCo계 비정질 합금 박막에 자기 버블(bubble)이 발견된 이래 IMB사를 중심으로 희토류 천이금속 비정질 합금 박막의 연구가 진행되어 왔다. 자기 버블이라는 것은 보자력이 작은 자화가 막면에 수직으로 향하고 있는 자성막에 있어서 관찰되는 원통형의 미소 자구(magnet)이다.

자기 버블의 운동은 쉽게 외부로부터 제어할 수 있기 때문에 그것의 유물을 각각 1과 0으로 대응시킨 것으로 전자계산기의 메모리로서 사용할 수 있다. 이 자기 버블의 지름은 수 ㎛ 이하로 할 수가 있기 때문에 특히 고밀도의 메모리를 실현할 수 있다.

비정질 자기 버블 재료로서 a-GdCo, TbFe 합금은 기판으로 가격이 싼 유리를 쓸 수 있게 된 이후 큰 면적의 막을 비교적 쉽게 얻을 수 있어서 크게 주목 받았다. 그러나 자기특성인 온도안정성과 경시변화, 막의 균일성과 열안정성 등에 있어서의 문제를 해결할 수 없는 채로 연구의 중심으로 되어 있던 IMB사가 개발을 단념하기에 이르렀다.

단결정 자성 자기 버블 메모리 디바이스에 있어서도 현재의 상황은 심하다. 수십 메가비트 이상의 용량을 실현시킬 수 없기 때문에 대용량의 기록장치에서 자기디스크와 경합할 수 없고, 지금까지 급속한 발전을 이루고 있는 반도체 메모리에 처리속도와 가격면에서 대항할 수 없다. 중 용량 분야에서는 가격면에서 플로피디스크에 당해내지 못하기 때문에 먼지와 티끌에 강한 특성을 나타내고 공장같은 악조건에 설치되는 장치에 사용되고 있다. 이 때문에 일본의 몇몇 회사를 제외하고는 미국의 인텔사가 제조를 하고 있는 실정이다.

그러나 일본의 메카는 비정질 자기 버블 재료를 방치하지 않고 연구를 진행하고 있다. 자기 버블 메모리는 퍼스널 컴퓨터의 기록장치로서 가장 적당하고, 단결정 자기 버블 메모리와 비교해서 값싸게 할 수 있는 가능성이 큰 비정질 자기 버블 메모리가 실용화되어 양산화되므로 가격의 저하와 함께 넓게 사용되었다.

## 나. 광자기 디스크

희토류 천이금속 비정질 합금은 페리자성을 가리키고, 희토류 원자와 천이금속원자의 자화가 역방향을 향하고 있다. 이들의 자화는 다른 온도변화를 띠고 있기 때문에 이때 온도에서는 각각을 서로 없애는 자발 자화가 소실되어 버린다. 이 온도를 자기 보상온도($T_{comp}$)라고 하고, $T_{comp}$가 서로 실온 부근의 재료를 사용한 경우 레이저광으로 스폿을 가열해주고 외부로부터 코일 등이 있는 큰 자장을 가해주면, 가열부 이외는 보자력이 크기 때문에 가열부 스폿만의 자화를 반전시킬 수가 있다.

1과 0을 스폿의 자화방향에 대응시킴으로써 메모리할 수가 있다. 이것이 비정질 칼코게나이드의 phase-cahnge 광메모리와 마찬가지로 rewri-table 메모리이다. 읽는 방식은 자화의 방향에 따라서 반사광 편광면의 회전각이 다른 것을 이용한다(Kerr effect).

광자기 디스크에서는 외부로부터 가해진 자장방향이 막면에 수직이기 때문에 자화방향이 수직일 필요가 있고, 수직 자화막을 얻기 쉬운 희토류 천이금속 비정질 합금막은 대면적 막면을 비교적 용이하게 제조할 수 있고, 조성을 바꾸면 $T_{com}$와 $T_c$를 연속적으로 변화시킬 수 있다. 이것은 기록단위가 미소하기 때문에 결정자성체를 사용하려면 단결정막이 필요하고, 비싼 것으로 되어버린다.

광자기 디스크의 특징은 기록밀도가 높은 것이다. 일반적 자기디스크에는 자기 헤드를 사용해서 기록 매체로 정보를 자화 방향의 변화로서 기록, 검출하는 것인 데 비해 광자기 디스크는 자기 코일에 의한 외부자장과 레이저광을 사용한 미소부분의 온도 상승효과의 조합에 의해서 기록을 하고, 자기 Kerr효과에 의한 편광면의 회전각 변화에 따라서 생기는 반사광의 강도차에 의해 검출한다.

광을 사용한 기록검출법으로는 광을 레이저에 의해서 매우 미소한 스폿으로 범위를 좁힐 수가 있기 때문에 일반적인 자기디스크에 사용되고 있는 형태의 큰 자기 헤드의 기록방식에 비교해서 단위기록당 필요한 매체의 면적을 대폭으로 작게 하는 것이 가능하고, 기록밀도를 수 십배 이상 증가시킬 수 있다. 이와 같이 기록 밀도가 높기 때문에 기록용량당 가격이 매우 낮다.

광자기 디스크의 실용화에 대한 문제점은 자기 Kerr효과에 의한 편광면의 회전각이 0.5도 이하로 자기 때문에 출력신호 SN비가 나빠지면 신뢰성에 대한 확신이 없다.

신호대 잡음비(SNR)의 향상에 관해서는 자성체 막 위에 반사막을 코팅해서 레이저광을 다중 반사시킨 방법의 채용에 의해 해결 목표를 두고 있다. 또한, 광자기디스크에서는 기록단위를 sub-㎛로 매우 작게 한 센서 헤드를 구동하는 기구로 고정되는 곤란함이 있지만 다행히 최근 민생용의 레이저 디스크 플레이어의 개발과 더불어 이와 같은 요구를 충족시키는 기구를 매우 싼 값으로 제작할 수 있게 되었다.

[그림 7-38]은 비정질 합금 박막을 사용한 광자기 디스크의 단면구조이다.

이와 같이 광자기 디스크의 상용화는 다른 여러 분야에 상당한 영향력을 발휘하여 전문가 사이에서는 'IC 메모리의 다음 제2메모리'라고 불려지기 시작할 정도였다. 극소형이고 값싼 대용량의 외부기록 장치는 초대형 전자계산기로부터 퍼스널 컴퓨터에 이르기까지 일체의 계산기 소프트웨어와 사용형태를 혁명적으로 변화시켜 왔고 급속한 진보를 거듭하고 있는 마이크로프로세서, 반도체 메모리의 최상인 VLSI기술과 광자기 디스크을 결합함에 따라 과거 대형 전자계산기와 같은 정도 능력의 전자계산기를 소형의 퍼스널 컴퓨터로서 일반 가정에서 개인용으로 사용되고 있다.

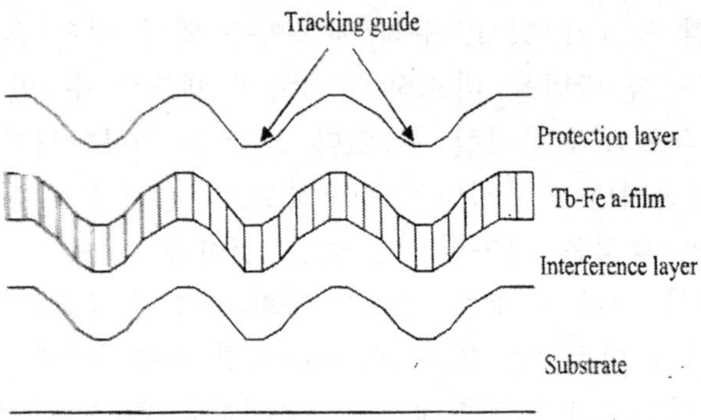


**[그림 7-38] 비정질 Tb-Fe계 합금 박막을 사용한 광자기 디스크의 단면 구조**

# 6. 그 밖의 응용

이제까지 서술해온 분야 이외에도 여러 가지 곳에서 비정질 합금의 응용이 이루어졌다. 여기서는 그 몇 가지를 간단하게 살펴보기로 한다.

## 가. 고자왜 재료

Fe계 비정질 합금에서는 투자율과 자왜계수들 모두가 큰 것이 많다. 이와 같은 재료에서는 당연히 전기기계 결합계수와 ΔE 효과가 크다. 이 성질을 이용해서 초음파 변화소자, 변위계측소자로서 널리 실용화되어 있다. 응용의 예로서 가변진동자, 지연선, 탄성파 필터, 왜게이지, 압력 센서 등이 있다.

## 나. 수소 흡입 합금

깨끗한 연료인 수소는 가스상태로 저장하는 것은 위험하기 때문에 고체로 흡입시키는 방법이 주목받고 있지만, 비정질 합금은 공극률이 높기 때문에 이용도의 재료로서 최적이라고 생각된다. 사실 수소화합물을 형성하기 쉬운 Ti, Zr 등과 천이금속을 조성 결합한 비정질 합금은 대량의 수소를 흡입하는 것을 볼 수 있다. 또 흡수 방출의 사이클을 반복하더라도 결정금속과 같이 간단히 미분화하지 않는 것을 알고 있다.

이 분야의 연구는 아직 충분하지 않고 비정질 합금의 실용화가 가능할 것인가 확실하지 않지만, 흡입량이 많은 것과 미분화하지 않는 특성은 차후의 진전에 크게 기대를 한다.

## 다. 전극재료

비정질 합금은 다성분계라도 균일한 고용체를 형성하기 때문에 요구되는 전극활성을 가진 전극재료를 실현시킬 가능성을 가진 재료이다. 아직 연구 예는 많지 않지만, Pd-40, Ir-18P 합금의 Ir의 일부를 Ti, Rh, Pl으로 치환한 비정질 합금은 식염전해용 재료로서 양호한 내식성과 현재 사용하는 전극재료보다 꽤 높은 염소 발생의 전극활성을 나타낸다는 것이 보고되고 있다.

## 라. 초전체 재료

초전체(superconductor)는 널리 알고 있듯이 극저온으로 전지저항이 완전히 0이 되는 현상이고, 대전류를 흘려도 전력 소비가 없으므로 열을 발생하지 않는다. 이 때문에 강자장의 발생과 전력의 수송에 중요한 역할이 기대되고, 이미 고에너지 가속기 핵융합로, 자기부상열차 등에 대해서 대규모의 응용연구가 진행되어 왔다. 초전체 재료의 개발은 초전체 현상을 보호, 지지하기 위한 임계온도 TC, 임계자기 HC, 임계전류 JC가 높은 것을 구해서 대폭으로 연구를 행해 왔고, Nb-Ti 합금, $Nb_3Sn$ 및 $V_3Ga$ 금속간 화합물 등의 우수한 재료를 얻고 있다. 이런 재료들은 아무래도 약하기 때문에 많은 개발 연구를 선재료의 제조법과 가공법의 연구에 기울여왔다.

비정질 합금으로 '초전체를 나타내는 것이 다수' 고찰도 있지만, 유감스럽게도 현재의 결정 금속을 능가하는 특성을 나타내는 것은 없다. 비정질화시키면 아무래도 결정 모양에 비교해서 $T_C$가 내려가버린다. 비정질 합금 가운데에서 $T_C$가 높은 것에는 $Mo_{80}P_{10}B_{10}$, $Mo_{78}Si_{10}B_{13}$ 등이 있다.

비정질 초전체 합금은 결정금속에 비교해서 초전체 특성은 떨어지지만, 기계적 특성은 우수하다. 비경질 합금 본래의 성질은 고강도와 인성을 합쳐서 가지고 있다. 또 방사선 손상에 대해서도 매우 내성이 크다. 이 특성은 핵융합로용 재료로서 귀중한 것이다. 덧붙인 한 가지 더 특성으로서 상전도체 능력으로부터 안전한 초전도체 능력으로 변화하기까지의 온도차인 천이온도 폭이 0.05K 정도로 극히 좁은 것을 들 수 있다. 이것은 비정질 합금이 조성적으로 매우 균질한 것의 반영이다. 이 성질을 발생시켜 액체 헬륨의 액면계를 고안했다.

현재의 이론으로는 비정질 합금의 초전도체 점이 결정상에 뒤떨어진다고 하는 근거가 없기 때문에, 차후의 연구에 있어서 비정질 합금의 특성을 살린 우수한 초전도체 재료의 등장을 기대할 수 있을 것이다.

## 마. Low 부착재료

액체급랭법으로 비정질 모양을 얻을 수 있는 합금은 공정 부근 조성의 것이고, 구성 원소보다도 매우 융점이 낮다. 따라서 비정질 합금은 low 부착 재료로서도 사용할 수 있다. 현재 실용화되어 있는 비정질 합금 low 부칙 재료는 스텐레스강과 내열강의 low 부착용으로 개발된 Fe, Si, B, P, Cr, Mo, W를 첨가한 Ni 기(기본)합금이지만, 조성이 미시적으로도 균질하다고 하는 비정질상의 특징 때문에 다음과 같은 우수한 특성을 얻을 수 있고, 정밀하고 견고한 low 부착을 실현할 수가 있다.

① 바인더와 플럭스가 필요없고, 특히 진공 중에서의 low 부착에 적합하여 작업성이 대폭으로 향상한다.
② 녹음이 구별되는 현상을 나타내기 어렵고, 유동성에서 우수하다.
③ 완성 표면이 매끈하다. 차후 다른 금속재료의 대해서도 우수한 low 부착 특성을 가진 A합금이 발견되리라 기대하고 있고, A합금 low 부착재가 일반적으로 보급되는 날은 가까울 것이다.

# 7-7 단결정 및 비정질 박막의 제작기술 응용

## 1. 단결정 박막

증착이나 스퍼터링으로 만들어진 박막은 결정구조에 따라서 단결정 박막, 다결정 박막, 비정질 박막으로 분류된다. 이 중 가장 간단히 될 수 있는 것은 다결정 박막이고, 다른 2종류를 만들기 위해서는 제작시에 특별한 제어가 필요하다. 박막을 이용한 반도체 디바이스를 만들기 위해서도 제작시에 특별한 제어가 필요하다. 또 박막형성의 기초적인 연구의 입장에서도 단결정 박막에 대한 관심이 매우 깊다.

단결정이라는 것은 임의의 결정축이 시료의 어떤 부분에서도 같은 방향을 향하는 결정성의 고체를 말하며, 진공증착법이나 스퍼터링법으로 만들어진 박막은 선상 구조의 섬이 점점 성장하여 서로 붙어 있는 것이다. 그 때문에 어떻게 해서도 많은 결정립의 집합이 되고, 따라서 많은 결정립계가 들어박힌다. 그 때문에 박막으로 단일의 결정립으로부터 되는 시료를 만드는 것은 곤란하다. 보통은 결정축이 인접 동지의 결정립으로 근소하게 다른 집합체라도 그것을 단결정이라 부르고, 여기에서도 그 의미로 이용하는 것으로 한다. 많은 단결정 박막으로 칭하는 것은 크기가 ㎛정도의 결정립의 집합체이다.

단결정 박막을 진공증착법이나 스퍼터링법으로 만들기 위해서 고려해야만 하는 중요한 요소는 적당한 기판과 적당한 온도이다. 그 외에 박막형성시의 진공이나 박막의 형성속도도 어느 정도 영향을 미친다.

단결정 박막을 만들기 위해서는 단결정 기판이 필요불가결하다. 단결정 기판의 위에 기판과 일정한 방위관계를 갖는 단결정 박막이 성장하는 현상을 에피택시(epitaxy)라 한다. 이 현상은 어느 종류의 단결정 기판면상에 어느 종류의 박막이 성장할 때는 단결정상에 성장하는 쪽이 비틀림 에너지가 작아지기 때문에 생기는 것으로 고려된다.

실용적으로는 기판과 박막이 같은 물질의 조합, 예를 들면, n형 Si단결정의 (111)면상에 p형 Si의 단결정 박막을 성장시키는 것과 같은 에피택시가 많이 이용되고 있는데, 에피택시는 반드시 같은 물질을 조합시켜서 일어나는 것은 아니다. 기판과 박막의 물질이 다른 헤테로 에피택시도 많이 알려져 있다(액체의 이

〈표 7－8〉 각종의 박막물질과 단결정 기판의 조합에 대한 에피택시 온도

| 박막물질 | 이소에피택시 온도(K) | 단결정 기판 | | | | |
|---|---|---|---|---|---|---|
| | | NaCl | Mica | $CaF_2$ | $Al_2O_3$ | Ge |
| Ag | | 420 ~ 570 | 550 ~ 670 | | | |
| Au | | ~470 | | | | |
| Al | | 570 ~ 710 | | | | |
| Bi | | | 370 ~ 390 | | | |
| Cu | | 570 ~ 620 | | | | |
| Fe－Ni | | ~590 | | | | |
| GaAs | 695 ~ 720 | | | | | ~795 |
| Si | 820 ~ 1520 | | | 970 ~ 1170 | ~1220 | |
| Ge | 820 ~ 1070 | | | 820 ~ 845 | | |

종 기판상에서의 단결정 성장은 레오 에피택시라고 하는데 여기에서는 언급하지 않겠다).

이소 및 헤테로 에피택시의 어떤 경우에도 물질의 조합을 결정하면 언제나 단결정이 생기는 것은 아니다. 단결정 기판을 어떤 온도 이상으로 유지할 필요가 있다. 그 임계의 온도를 에피택시 온도라고 한다. 이 온도는 물질의 조합에 따라서 변함과 함께 또, 진공이나 박막형성 속도 등에 의해서도 변할 수 있기 때문에 얻어진 데이터에는 상당히 큰 편차가 생기고 있다.

<표 7－8>에 지금까지 얻어진 에피택시 온도를 나타내었다. 에피택시 온도는 아직 연구단계에 있는 물리량이기 때문에, 실제로 단결정을 만들 때는 이 표를 척도로 하여 각자가 실험조건을 엄밀히 정해서 그 온도를 결정해야만 한다.

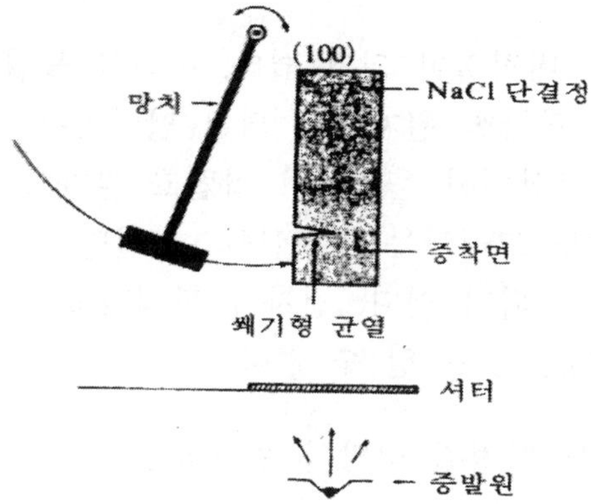


**[그림 7－39] 단결정 기판면의 진공중 벽개이 방법**

실제의 단결정 박막의 작제법은 이미 설명한 진공증착법이나 스퍼터링법과 다름이 없다. 단지 기판을 적당한 온도에 유지하면 된다. NaCl의 경우 진공중 벽개면을 이용한 쪽이 좋은 단결정 박막이 얻어진다는 결과도 있다. [그림 7－39]에 나타낸 바와 같이 암염에 미리 쐐기형의 균열을 벽개면[여기에서는 (100)면]에 평행으로 넣어두어 진공장치 중에 배치하고, 박막을 작게 하기 시작하기 직전에 해머로 두들겨서 벽개면을 내어 거기에 박막을 붙이는 방법이 이용되는 경우가 있다.

## 2. 비정질 박막

### 가. 비정질 박막의 특징

비정질 박막을 진공증착법으로 만들기 위한 외적 조건은 거의 기판온도뿐이라고 해도 좋은데, 물질에 따라서 비정질이 되기 쉬운 물질과 되기 어려운 물질이 있다. 어떠한 물질이 비정질이 되기 쉬운가를 정리하면 거의 다음과 같다고 할 수 있다.

① 결정상태가 FCC나 HCP구조를 지닌 물질은 비정질이 되기 어렵다. 이것은 증발원에서 날아온 분자는 랜덤이지만 제법 조밀한 형태로 쌓여지기 때문에 그것이 FCC나 HCP의 결정으로 전이하는 것에는 그리 큰 에너지가 필요없다

고 고려된다.

② 공유결합성의 물질은 비정질이 되기 쉽다. 이러한 물질은 일반적으로 증발할 때는 2~4개의 원자가 결합한 원자단이 되어 날아온다. 이러한 원자단은 구상이 아니기 때문에, 기판상에서 움직이기 어렵고 원자의 재배열이 방해되어 비정질이 생기기 쉽다고도 고려되는데 확실히 한 설명은 없다.

③ 전이 금속은 비정질이 되기 쉽다. 전자가 관계하고 있을지도 모르겠지만 어떤 관계가 있는가에 대한 것은 알 수 없다.

몇 가지의 원소 중에서 비정질 박막이 형성되는 것이 알려진 원소를 <표 7-9>에 나타내었다.

**〈표 7-9〉 비정질 구조가 관측된 원소의 예**

| 족 | 원소 |
|---|---|
| Ⅱa | Be |
| Ⅲa | Y |
| Ⅳa | Ti |
| Ⅴa | V Nb Ta |
| Ⅵa | Cr W |
| Ⅶa | Mn Re |
| Ⅷa | Fe Ni Co Pd |
| Ⅲa | Ga |
| Ⅳa | C* Si* Ge* |
| Ⅴa | Sb* Bi* As* |
| Ⅵa | Se* Te* |

(*표시는 원자단이 증발하는 물질임)

## 나. 비정질 박막의 제조장치

실온에서 증착을 하면 비정질이 되어버린다. 한편, V, Bi 등은 액체 헬륨온도 부근에까지 냉각된 기판에 증착할 필요가 있다. 액체헬륨을 이용한 저온 증착장치의 예를 [그림 7-40]에 나타내었다. 이런 장치를 주의깊게 설계하면 $10^{-8}$Pa대의 진공에서 증착을 행할 수 있다. Sb 등은 액체 헬륨을 이용할 필요가 없고, 드라이아이스온도 이상에서 비정질을 형성할 수 있다. 비정질을 형성시키는 기판

온도의 상한(임계온도)의 정리된 측정결과는 별로 없지만 지금까지 얻어진 결과의 일부를 <표 7-10>에 나타냈다.

이렇게 해서 만든 비정질 박막은 그대로는 많은 결점을 지니고 있다. 비정질의 결점이란 보이드(Voids, 공극), 부유결합(dangling bonds) 등이다. 완전한 비정질 박막을 얻기 위해서는 풀림(annealing)이 필요하게 된다. 단, 비정질상태는 준안정상태로 어떤 온도 이상으로 가열하면 결정화가 일어난다. 거기에서 결정화가 일어나는 온도의 근처까지 올려 풀림하는 것이 바람직하다.

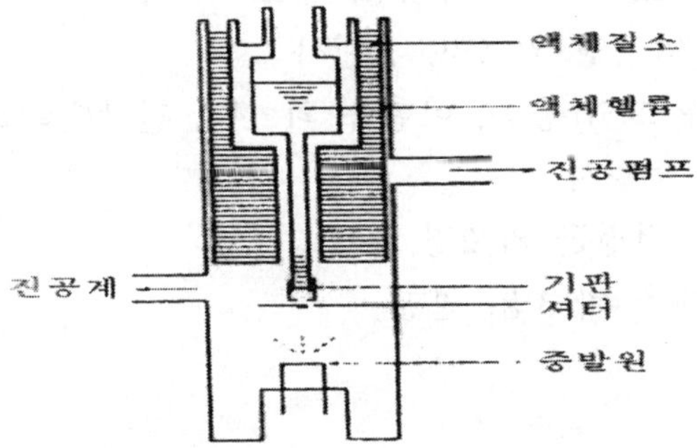


[그림 7-40] 액체헬륨을 이용한 진공저온 증착장치의 예

〈표 7-10〉 각종 원소에 대한 비정질 형성을 위한 기판의 임계온도의 예

| 원 소 | 임계온도(K) |
|---|---|
| V | 3~4 |
| Pd | ~250 |
| Ga | 20~25 |
| Ge | 400~620 |
| Sb | 240~400 |
| Bi | 15~25 |
| Se | 300~350 |

# 참고문헌

1. 박막기술과 응용, 히라오 다카시 외 2명, 겸지사
2. 박막프로세스의 기초, 이형직 외 2명, 반도출판사
3. 박막공학의 기초, 최시영 외 5명, 일진사
4. 비정질 박막재료와 그의 응용, 이현용 외 1명, 전남대학교 출판부
5. 표면공학, 김선규, 두양사
6. 금속현미경조직학, 김정근 외 2명, 골드
7. 재료시험입문, 오세욱 외 3명, 원창

# 찾아보기

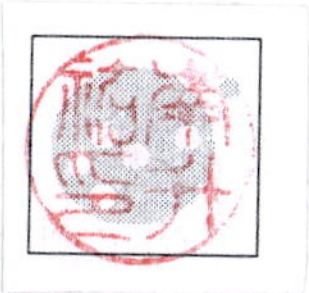


**소재분석 및 증착 실무**

2009년 10월 10일 1판 2쇄 발행

저 자 은상원 · 장용수 · 황경주 · 배대성

발행인 남 승 우

발행처 도서출판 상尙 학學 당堂

서울특별시 동작구 사당3동 220-43
TEL : 02) 595-1692～4
FAX : 02) 595-1394
E-mail : namdoo6@unitel.co.kr
신고 : 2-155호 (1968. 11. 29)

**정가 17,000원**

ISBN 978-89-85437-37-0 93560